生產與作業管理（合訂精簡本）

Operation Management

本書基於易讀性及啟發性，內容處處穿插圖例說明，以及140餘篇引人入勝的專欄故事，為英國當代五位頂尖教授精心之作，邏輯思路清晰，架構完整綿密。

Nigel Slack · Stuart Chambers · Christine Harland
Alan Harrison · Robert Johnston / 著
李茂興 · 黃敏裕 · 蔡宏明 · 陳智暐 / 譯

本書的適用對象

本書是作業管理入門書，適用於所有希望了解作業管理原理與實務用途的學生，包括：

- **商學、工業技術，以及綜合性大專院校的學生** 即使從未修習作業管理，研讀本書，必能對作業管理的理論架構與學習途徑，獲得一完整清晰的概念。
- **所有 MBA 學生** 也能從本書諸多作業管理實例的探討，提高其作業管理歷練，獲益必然匪淺。
- **其他各專門領域的研究生** 更能從本書旁徵博引，根據充分且獨樹一格的批判方式，重新思維作業管理的相關課題。

本書的有效使用方法與策略

市面上有關企業管理的教科書，多少都已把現實社會裡各種組織、企業的那種紛擾紊亂的真實面貌予以簡化、分割成便於研究、討論的獨立單元或主題，而事實上，這些主題或單元在現實世界都是相依並存、彼此息息相關。例如，引進科技會影響工作的設計與安排，進而影響品管控制；然而，人們向來都是個別處理、探討這些主題。因此，有效使用本書的第一項要領就是，**仔細探究所有個別主題之間的關聯性**。同時，儘管這些主題的編排順序，雖依章節的邏輯順序出現，但並不表示研讀過程，非得按照此一順序進行不可。本書除第 1 章、第 4 章、第 10 章以及第 18 章各爲每一篇的引介導論，自成獨立單元外，建議先按此等順序優先研讀，掌握架構大綱。其它章節，則可依個人興趣、喜好或需要，自行決定順序或步調，進行研讀。從每一篇的引言導論著手，「綜覽」整篇各個主題與探討要目，故建議讀者**預先研讀上述的第 1 章、第 4 章、第 10 章、第 18 章以及每章的重點摘要**。在進行溫習或複習時，不妨如法炮製——**先研讀上述的第 1 章、第 4 章、第 10 章、第 18 章以及每章的重點摘要**。

本書大量利用各種作業管理的實例與圖表說明。不少雖得自本書作者熟識的公司與朋友，但許多資料則摘自專刊、報章雜誌等，可引導大家重視這一方面的資源；因此，讀者諸君若想了解作業管理在日常企業環境所扮演的重要角色，**每天應當多看報章雜誌刊登的作業管理決策實例與圖解說明**。本書所舉實例，日常生活俯拾皆是，用心觀察，作業管理無所不在；走進便利商店、進入餐廳用餐、到圖書館借書或搭捷運乘公車，**隨時以顧客身分，思考所有作業相關的管理問題，或設身處地，你是老闆又當如何？**

研習**個案**有助於思考該章探討的主題。藉由問題討論自我評量一下，對該章重點與特定課題的了解程度。**若不能回答這些問題，應重讀相關的重點與課題**。每章結尾的**個案問題探討可以磨練分析個案的邏輯思考能力**。獨自做完這些練習之後，**盡量找機會與同學討論**。最重要的是，每回開始進行**個案演習**，或分析其它作業管理的個案或實例，務必捫心自問，以下兩個基本問題：

- 這個組織、企業正採取何種策略與對手競爭？如為非營利組織，要如何才能達成策略目標？
- 作業部門能做出哪些貢獻，俾有助於該組織、企業，提升其競爭力？

本書編排架構

Part One 導論		
第 1 章 作業管理	第 2 章 作業系統的 策略性角色與目標	第 3 章 作業策略
Part Two 設計		
第 4 章 作業管理的設計	第 5 章 產品與服務的設計	第 6 章 作業網路的設計
第 7 章 工廠佈置和製造流程	第 8 章 製程技術	第 9 章 工作設計與工作組織
Part Three 規劃與控制		
第 10 章 規劃與控制的本質	第 11 章 產能的規劃與控制	第 12 章 存貨的規劃與控制
第 13 章 供應鏈的規劃與控制	第 14 章 物料需求規劃	第 15 章 及時化 JIT 的規劃與控制
第 16 章 專案的規劃與控制	第 17 章 品質的規劃與控制	
Part Four 改進		
第 18 章 生產作業的改進	第 19 章 防錯與復原	第 20 章 全面品質管理
Part Five 作業管理所面臨的挑戰		
	第 21 章 作業管理所面臨的挑戰	

目錄

1 作業管理

作業管理探討組織如何生產物品與提供服務的課題。本篇緒論將檢視作業管理的通則與作業經理人的工作要務，見圖 1.1。

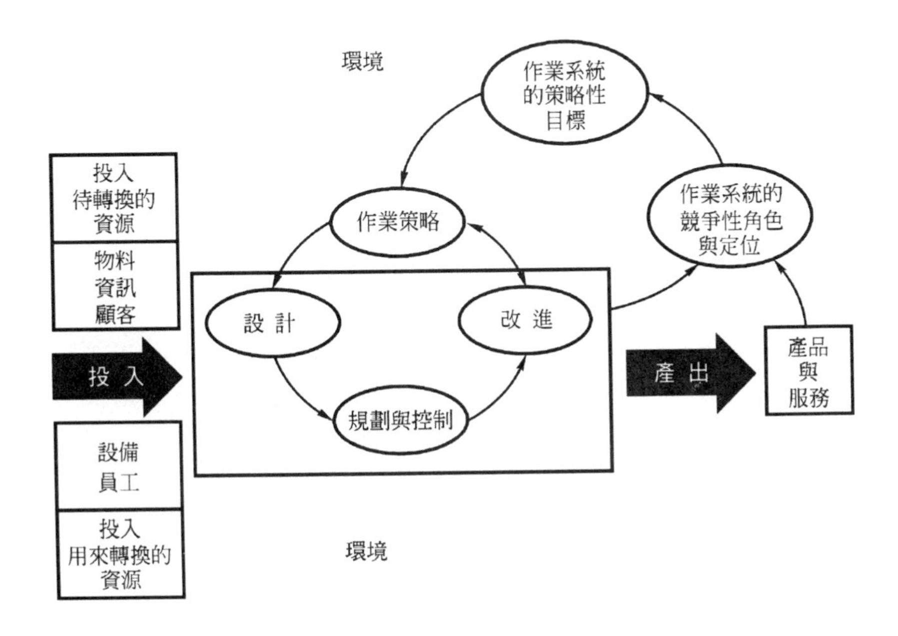

圖 1.1 作業管理的一般化模式

學習目標

- 作業管理在組織中扮演的角色；
- 作業功能在組織架構中的地位；
- 如何利用「投入—轉換—產出」模型，來描述各種型態的作業；
- 總體作業與個體作業及組織內部的「顧客—供應者」關係等概念；
- 各種不同型態的作業，及如何以四個構面加以分類；
- 作業經理人的活動。

有效的作業管理

作業管理的最大特色在於：它所處理的是實際的問題。茲以北歐一家以作業原創性享譽國際的傢具商 IKEA 爲實例，來探討什麼是有效的作業管理。

IKEA

IKEA 是一個別具一格的傢具廠牌，散佈世界 15 國的 100 家大型賣場均經刻意佈置，顧客平均停留店裡的時間為一個半小時到兩個小時——遠較其它對手為久。IKEA 賣場的作業系統設計理念，可追溯到 Ingvar Kamprad 於 1950 年代在瑞典創立的第一家店。Kamprad 先生以型錄郵購銷售傢具起家，當初為滿足顧客參觀傢具的要求，才在斯德哥爾摩開了一家展示中心。展示中心選在郊區，而非寸土寸金的市中心；不採用裝潢昂貴的展示區，只把傢具依家居風格擺設；請顧客直接到倉庫提貨，而不是將倉庫搬到展示中心。這種「反傳統服務」奠定了今日 IKEA 業務鼎盛的根基。

IKEA 傢具以「拆卸包裝」存放與銷售，顧客容易自行組裝。賣場佈置全依 DIY 的概念設計——包括店址路標、停車場位置、入店參觀的動線、訂貨及提貨等作業，都簡明易懂。賣場入口豎立的巨型招牌指引新顧客如何參觀選購，附近並擺放產品精美型錄供人取閱。此外，提供了專人看顧的兒童遊樂區與嬰兒間。父母在選購時可將幼兒委託該區照顧，也可借用嬰兒車推著孩子一同參觀。

展示中心闢有「樣品房間」依家居實況擺設，好讓顧客多作比較。IKEA 的經營理念是讓顧客在完全自在的氣氛下決定，所以不會去「打擾」顧客。若顧客需要建議，可利用展示中心內的多處資訊站，身著鮮紅制服的職員會提供丈量尺、畫草圖用紙等。每件傢具掛牌標示：規格尺寸、價格、使用材質、製造國別、可選顏色、倉庫擺放位置等資料。參觀展示中心後，顧客來到「自行取貨區」直接取下較小件傢具，放入黃色背袋或推車中。接著，顧客進入一個「自助倉庫區」提取展示中心中選購的傢具。

IKEA 的創新不僅表現在硬體佈置與店面設計，還革新了管理與思維方式。IKEA 經營理念的點點滴滴，業已深植每位員工心中。茲摘錄該公司的理念如下：

- 產品種類齊全：我們的特色。我們提供貨樣齊全、物美價廉的傢具，不僅功能一流、品質卓越、設計精良，且人人買得起。
- IKEA 的精神：生生不息的實踐力。IKEA 的基礎：服務的熱誠、不斷創新的意志、節省成本的意識、承擔責任的意願、簡單樸素的服務行為。
- 嚴格自我要求以更經濟的方法研發新產品，採購更好的原料及節省成本。
- 以最少投入達到最大效果。
- 簡單便是美德。繁複的規定令人退化，浮誇的計畫註定失敗。
- 與眾不同、敢於突破傳統。「為什麼?」向來是挑戰舊觀念的關鍵。
- 承擔責任。越勇於負責任事的人，越不會推託敷衍，越討厭繁文縟節。

IKEA 經營的成功因素主要歸因於成本的嚴格控制、了解顧客的需求、產品設計符合顧客預期的價值。IKEA 作業部門的內部服務傳送方式結合了賣場的店員、供應商聯絡人、倉儲運送人員、流程設計規劃人員——這一切都整合納入作業管理體系。

由 IKEA 個案得知，若要提高作業系統的效能，須有效善用資源來生產或提供滿足顧客需求的商品與服務。同理，非營利組織若能提升作業系統的效能，也將有助於達成長期的策略目標。

企業、組織的作業系統

企業會採用不同形態的組織架構，並設置不同的功能部門。與作業平行的功能，在組織中扮演根本的角色，尚有三大**主要部門**：

- 行銷部門
- 會計與財務部門
- 產品／服務研發部門

此外，還有供應並支援作業部門的**後勤部門**，包括：

- 人力資源部門
- 採購部門
- 工程／技術部門

表 1.1 舉例說明這些部門的工作內容。

表 1.1 幾種組織之不同部門的工作內容

功能部門	教堂	連鎖速食店	大學	傢具製造商
行銷	造訪新居民 說服信教	打電視廣告 設計促銷函件	設計簡介 寄發簡介手冊 參加教育展	登雜誌廣告 擬訂價格策略 針對傢具店促銷
會計與財務	計算奉獻金 管理救濟金申請 繳付房租 付帳單	支付供應商貨款 收取權利金 付員工薪水	支付教職員薪水 監督開銷費用 收學費	支付員工薪水 支付供應商貨款 編製預算 現金管理
產品／服務研發	探索人生意義 詮釋聖經新義	設計漢堡披薩等食譜 設計餐廳裝潢	設計新課程 設研究所	設計新傢具 搭配流行顏色
作業系統	舉辦婚禮 舉辦喪禮 靈魂救贖	製造漢堡披薩 服務顧客 清潔工作 設備維修	傳授知識 進行研究 安排課程	製造零組件 組裝傢具
人事	訓練傳教士 評量傳教士績效	培訓員工 設計薪資制度	訓練職員 簽訂契約 評量績效	招募員工 訓練員工
採購	購買消耗品 準備祭袍等用品	購買食物 購買餐盤、紙盒、紙巾等	購買設備 購買消耗品	購買原料木材等 購買布料
工程／技術	教堂建築等維護修繕	研發或購置鍋爐等設備	採購視聽設備 設施保養維護	設計機器 採購木工機器

作業的轉換模式

任何作業都是經由**轉換程序**產出產品或提供服務。轉換程序就是利用投入的**資源**改變某些物品的狀態以製造**產出**的過程。典型的作業**轉換模式**見圖 1.2。

所有作業系統可藉此典型的「投入－轉換－產出」模式來描述。例如，醫院的投入資源包括：醫生、護士以及行政、清潔等支援人員；病床、醫療器材設備、藥品、血庫，衣物等。這個作業系統的產出，除了治癒的病人外，還有醫療檢驗報告、醫學研究、以及卓越超群的醫術。表 1.2 描述不同行業的作業轉換程序。

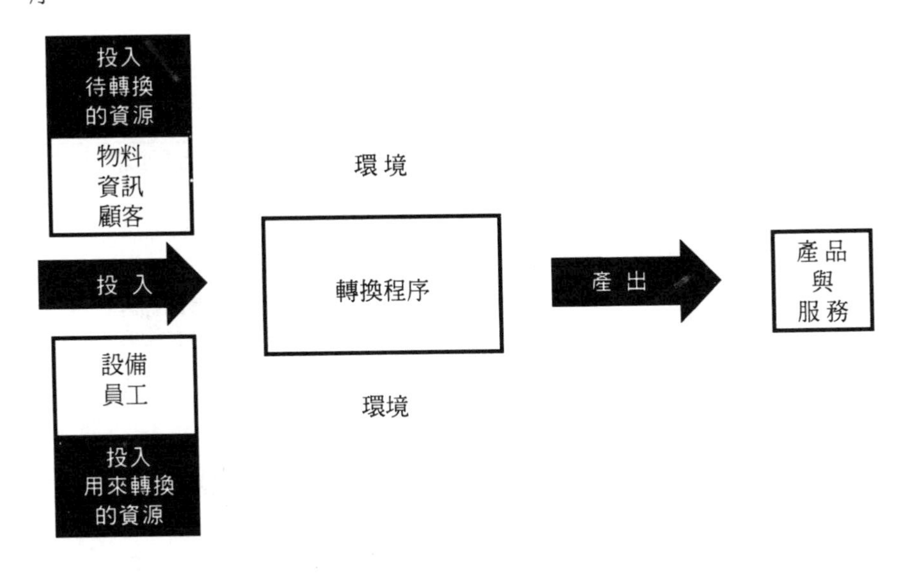

圖 1.2　所有作業系統都是「投入－轉換－產出」程序

轉換程序的投入

作業系統的投入可粗分爲兩類：

- **接受轉換的資源**：等待以某種方式處理、轉換或改變的資源；
- **用來轉換的資源**：用來影響或改變上述待處理之資源的資源。

表 1.2 以「投入－轉換－產出」程序，說明幾種作業系統

作業系統	投入資源	轉換程序	產出
航空公司	飛機 機長和服務機員 地勤人員 乘客與貨物	將乘客與貨物運送到世界各地	運達目的地的乘客與貨物
百貨公司	待售商品 銷售人員 電腦收銀機 顧客	展示商品 推銷、建議 銷售商品	顧客購買到商品
牙醫診所	牙醫 牙科醫療器材 護士 病人	檢查與治療牙齒 建議如何防治蛀牙	牙齒與牙齦健康的病人
動物園	動物園管理員 動物 模擬原野環境 遊客	動物展覽表演 教育顧客 飼養動物	娛樂顧客 受過教育的顧客 瀕臨絕種動物的存活
印刷廠	印刷工和設計師 印刷機器 紙張、油墨等	設計 印刷 裝訂	印製品
貨櫃碼頭	船隻與貨物 港務局職員 貨櫃處理設備	裝卸貨物	卸貨或裝妥的貨輪
警察局	警察 電腦系統 資訊 民眾與嫌疑犯	預防犯罪 消弭犯罪問題 嚇阻歹徒	守法安定的社會 大眾安全有保障
會計師事務所	會計人員 資訊 電腦系統	作帳 提供理財建議	客戶經認證准予上市
冰凍食品廠	生鮮食品 作業員 食品加工處理 冷藏設備	加工處理食物 冷藏冷凍處理	冷凍食品

接受轉換的資源

作業系統取得或購進的待轉換資源，通常是原料、資訊、顧客的組合，見表 1.3。

表 1.3 各種不同作業之待轉換處理的主要對象

處理物料爲主	處理資訊爲主	處理顧客爲主
所有的製造業	會計師事務所	髮廊
礦業與煉油公司	銀行總行	飯店
零售業	市調公司	醫院
倉庫	財務分析顧問公司	捷運系統
郵局	新聞媒體	劇院
貨櫃裝卸業	大學的研究單位	主題公園
運輸公司	電信公司	牙醫診所

用來轉換的資源

各作業系統中用來轉換的資源差別較少，通常分成兩大類（見表 1.4）：

- **設備**：建築物，機器設備，廠房以及作業系統的製程技術；
- **作業人員**：負責操作、保養維護、規劃以及管理作業系統的所有人員。

表 1.4 三種不同作業系統用來轉換的資源：設備和員工

	渡輪公司	造紙廠	廣播電台
設備	船隻	紙漿處理桶	播音設備
	導航儀器	造紙機	錄音室和錄音設備
	船塢	捲紙機	發射器
	物料搬運處理設備	裁紙機	室外播音車
	辦公大樓	包裝機	
	電腦訂位系統	蒸汽鍋爐	
	倉庫		
員工	水手	作業員	DJ
	機師	化學家與化學工程師	播音員
	貨運人員	製程工程師	技術人員
	岸上商店助理		
	清潔人員		
	維修人員		
	票務人員		

轉換程序

物料處理

專門處理物料的作業系統，可改變投入物料的**物性**（如外表形狀，物理結構或特性），大多數製造業屬之。有些作業的處理方式是轉換該物料的**位置**（如快遞公司）。有些作業，如零售商店，則是變換該物料的**所有權**。另外，還有一些處理物料的作業系統，則以**提供場所儲存或保藏物料**爲主，例如倉庫。

資訊處理

專門處理資訊的作業系統，可改變**資訊的性質**，如會計師所從事的工作。有些作業可變換資訊的**擁有者**，如市調公司。有些作業則以**儲存**與**保藏資訊**爲主，如檔案管理機構與圖書館。還有一些作業可變換資訊的**地點**，如電信公司。

顧客處理

專門處理顧客的作業系統，以各種不同方式來改變顧客；有的採類似處理物料的方法改變顧客的**外觀特徵**；有的是處理顧客爲主的作業，提供**住宿**場所；有的則是移轉顧客**所處的位置**；有的以改變顧客的**身體狀況**爲主；另外還有一些作業系統專事變換顧客的心理狀態。表 1.5 歸納出幾種常見的轉換過程。

轉換過程的產出

轉變過程的產出就是產品和服務，兩者性質差異分別敘述如下。

可觸摸性

產品通常是有形實體，如電視機或報紙。服務通常是無形的，如理財諮詢建議或理髮服務。

✏ 可儲存性

產品具有形體，因此可於製造後予以儲存。服務通常無法儲藏，如「旅館房間住宿服務」今晚沒人訂位就自動取消，明天同一間客房服務又屬不同的產出。

✏ 可運送性

具有形體、可觸摸的產品能搬運、移動，如車輛、機器及照相機等。無形的服務既不可觸摸，也無從搬移運送，例如醫療服務。

表 1.5 不同類型作業的轉換過程

	實體特性	資訊特性	所有權轉換	位置移動	儲存／住宿服務提供	生理狀態	心理狀態
物料處理業者	所有製造業 礦業與煉油業		零售業	郵政業務 貨運服務 港務局	倉庫		
資訊處理業者		銀行總行 會計師 建築師	財務分析 市調公司 大學 諮詢顧問 新聞業	電信公司	圖書館 檔案管理保藏處 醫院		
顧客處理業者	髮型師 整型醫師			大眾運輸 計程車	飯店	醫院 其它醫護業者	教育機構 心理分析師 戲劇院 主題公園

✏ 同時發生性

產品大都在顧客看到前就產製完成，如 CD 等都是成品陳列。服務卻都是在消費或使用同時才供應或發生的，如 CD 唱片行提供的銷售服務。

✏ 顧客接觸性

有些顧客與產製產品的作業單位絕少來往接觸，如人們每天都在買麵包，但可能從沒見過麵包產製廠的作業情形。服務則不然，因係在消費的同時才發生，因此顧客與作業系統之間的接觸頻繁。

✏ 品質

由於顧客看不到產品製造過程，通常會根據產品外觀印象來評斷其生產作業的品質。就服務而言，顧客不光從服務的結果判斷作業品質，還會從生產方式與程序的每個角度一一評估。

有些作業部門專製造產品，有些則只提供服務。然而大多數作業都是既生產商品，又提供服務。圖 1.3 將許多作業系統，從「純粹」生產商品，到「純粹」提供服務，排成一系列。

作業系統的層級架構

「投入－轉換－產出」模式也可應用於個別作業系統內。大部份的作業本身也是由幾個不同部門或單位所組成。

比方說，大型電視公司製作部的投入，包括節目製作與技術人員、攝影機、錄影與轉播設備、新聞與節目資訊、錄影帶等等。該公司將這些投入轉換爲供電視網播放的各種節目。整個電視廣播系統可稱爲**總體作業系統**，其管轄的各個部門則稱爲**個體作業子系統**（見圖 1.4）。這些個別子系統也有投入，部份來自總體作業系統的外部供應商，大部份則來自內部其它子系統。

此一作業層級概念具兩點重要涵義：（1）所有個體作業系統互相連接，構成內部顧客－內部供應者的關係；（2）我們可把組織的每一部份都視爲作業系統，全都需要作業管理。

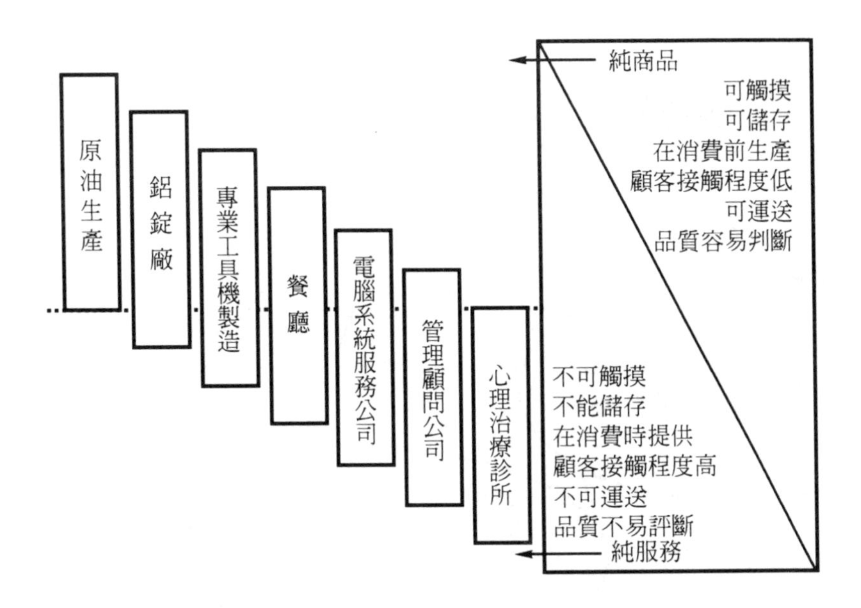

圖 1.3 大部份作業系統的產出都兼具商品與服務的性質

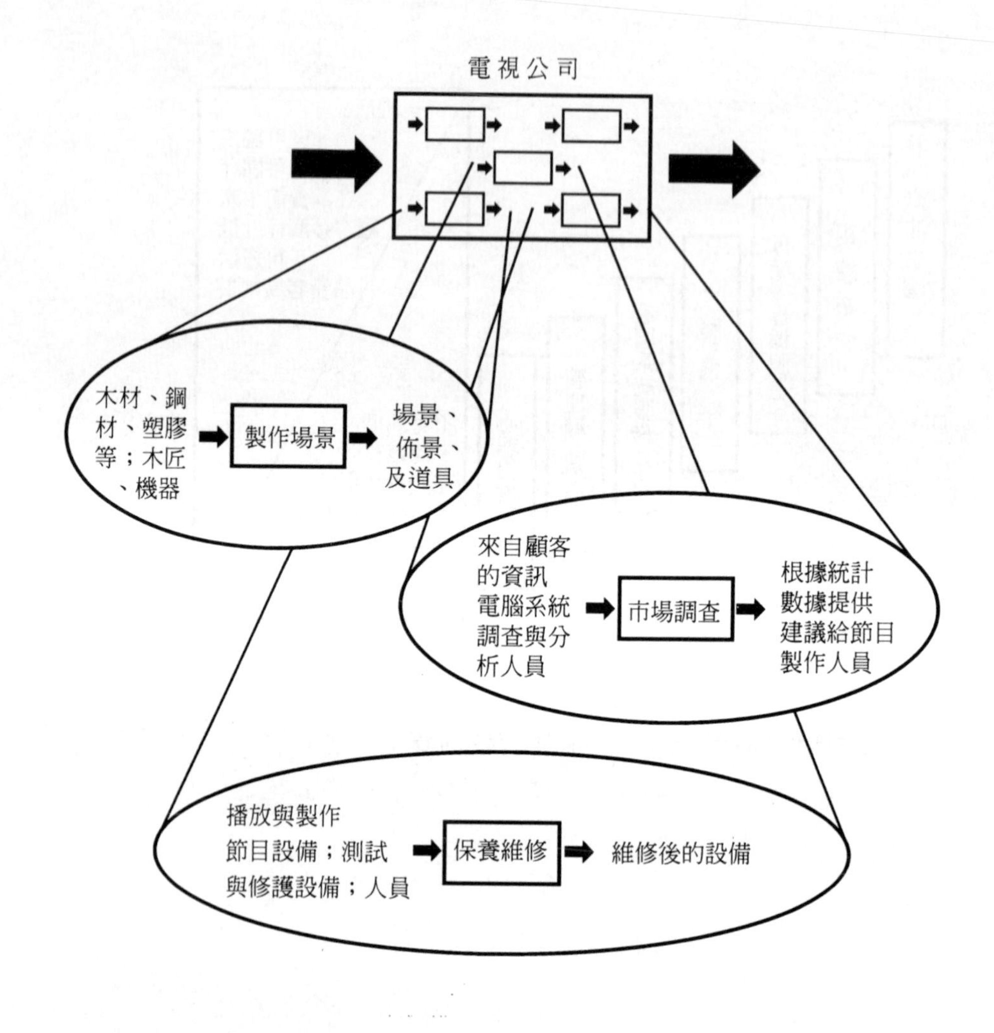

圖 1.4 任何作業系統都由很多個體作業子系統所組成

✏ 內部顧客—內部供應者的關係

內部顧客與**內部供應者**可說明任何個體作業接受投入、並提供產出給任何個體作業的現象，見圖 1.5。

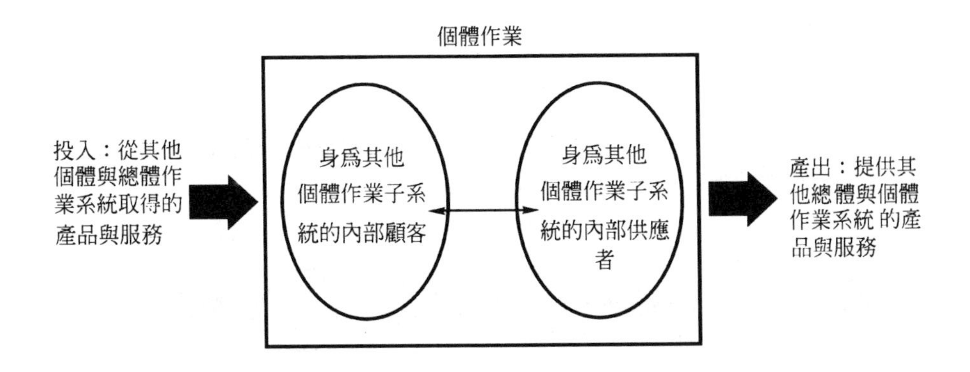

圖 1.5 任何總體與個體作業系統都兼具顧客與供應者的角色

✏ 組織內每個單位都是作業系統

許多處理總體作業問題的方法及技巧，也都可用於組織中每一單位、甚至個人身上。例如，組織的行銷部門可視爲一「投入－轉換－產出」系統：其投入包括市場資訊、職員、電腦等，接著職員將資訊轉換成行銷計畫、廣告策略與銷售編組等產出；行銷部門也可細分成小單位，取得內部供應者的投入，再轉換成產出，其中不乏要回饋給內部供應者；足見行銷部門也是個微型的作業部門。

作業系統的緩衝措施

身處今日變動劇烈的經營環境，作業系統面對市場供需的莫測變幻，作業經理人爲緩和這種「環境」衝擊，都要採取緩衝措施，常見方法有二：

- **實體性緩衝措施**：轉換過程的投入和產出面，都爲資源規劃存貨；
- **組織性緩衝措施**：對組織內各不同部門，分別賦與責任，使作業部門能獲得其它部門的支援保護，免受外界環境衝擊。

實體性緩衝措施

若要避免作業的轉換過程因環境因素停機斷線而影響作業品質，應先建立資源倉庫以便在供應中斷時能夠適時補充（見圖 1.6）。

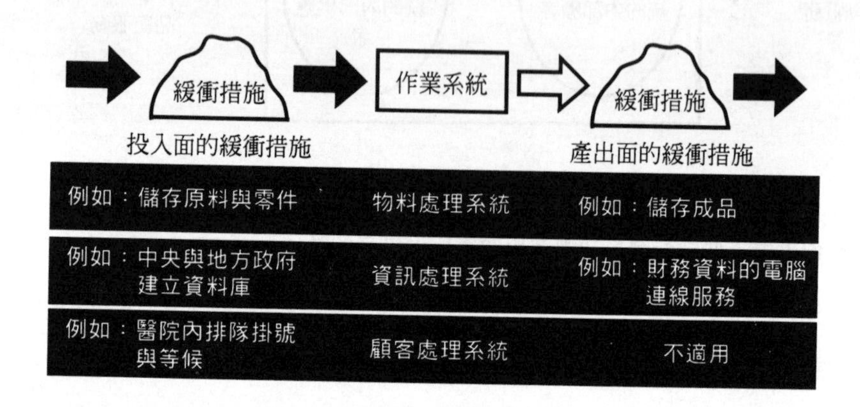

圖 1.6　實體性緩衝機制可減少作業受環境變化的衝擊

組織性緩衝機制

組織各部門在作業系統的外界環境之間，也可以提供緩衝（見圖 1.7）。

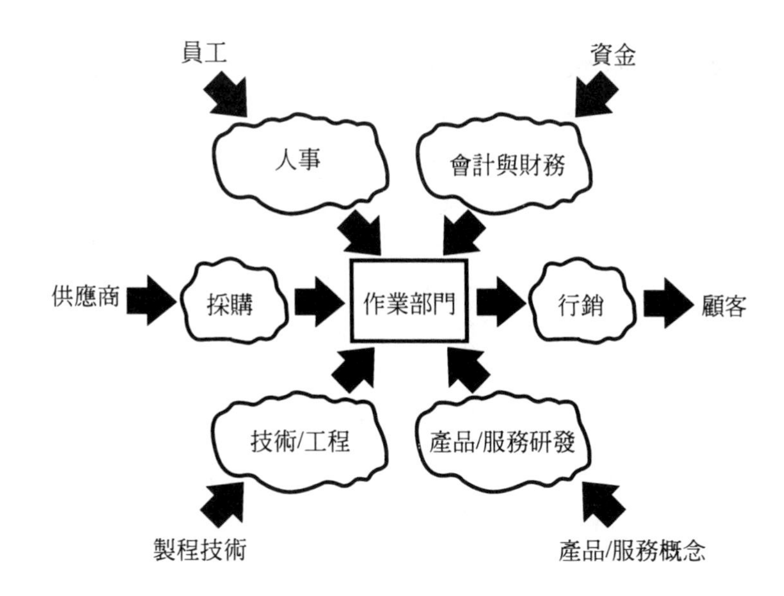

圖 1.7 組織其它部門能緩衝環境變化對核心作業的衝擊

✏ 緩衝機制有何缺點？

緩衝機制的概念也不是無懈可擊，持反對意見者其理由不外乎：

- 提供緩衝作用的部門與作業部門之間，溝通的時間落差，使改變變得困難。
- 作業部門不設法去了解外界環境（如人力或科技市場）。
- 作業部門不須爲本身的作爲負責。遇有錯失則導致部門之間衝突。
- 實體性緩衝措施易造成存貨囤積、成本提高、作業系統無法改善。
- 實體性緩衝措施用於處理顧客的作業系統，排隊等候顧客的可能不滿。

美體小鋪（Body Shop）的環保作業

美體小鋪最廣為人知的是經營成功的獨特小店，堆滿色彩鮮豔的乳液、香皂、洗髮精、髮油、防曬油等，其生產作業以推動環保觀念名聞國際：包裝力求簡單、使用再生材料與可重複使用之容器、不以動物做實驗、盡可能使用天然原料。凡此種種，使得美體小鋪的環保作業成為業界的領導者。這項哲學理念，從以下幾方面影響其作業管理政策的擬訂：

- 負有社會責任的採購方針：美體小鋪一度向德國公司購買木製按摩滾輪，如今改在印度村落設廠生產，訓練當地孤兒謀得一技之長；生產成本雖大為降低，但仍支付相同價錢給工廠，所增加的收入用於改善當地教育，提升健康與營養水準。
- 使用可循環使用的資源：美體小鋪率先促請尼泊爾紙廠不再砍伐原木破壞森林，而改用可重複使用的資源。
- 廠址選在能促進社會繁榮的地點：美體小鋪將英國格拉斯哥貧窮區一家廢棄廠址改建為肥皂廠，如今年產 2 億 5 千萬個肥皂。除了提供當地不少就業機會，還將利潤的四分之一捐作社區發展基金。
- 鼓勵物質回收再利用：每家美體小鋪都提供回收再利用服務，用過的空塑膠瓶罐收回重新裝填，可獲折價優待。每年光在英國，就有超過 2 百萬空瓶回收再利用。
- 廢棄物利用：大部份回收的保特瓶都先予以分類。美體小鋪訂有塑膠包裝材料分類標準，使再生利用方便易行。

作業系統的種類

數量構面

大量生產的最重大影響是降低**單位成本**，因為作業系統的固定成本，如能源開支和房租，都可平均分攤到這許多的產品與服務上面。表 1.6 列出多量或少量作業系統的實例。

表 1.6 高產量與低產量的作業系統

高產量的作業系統	低產量的作業系統
電視機製造	飛機製造
速食餐廳	小型的高級餐廳
普通手術	大手術
大眾捷運系統	計程車
主題公園	視聽劇場

種類構面

多樣性的服務的確更能滿足顧客需求，但服務的靈活、彈性是要付出代價的。表 1.7 比較多樣化與少變化的作業系統。

表 1.7 多樣化與少變化作業系統的比較

多樣化作業系統	少變化作業系統
接顧客特別訂製的生日蛋糕坊	生日蛋糕量販點
量身裁製、尺碼齊全的西服廠	尺碼固定的成衣西服廠
大學裡個別指導的導師	大學裡的課堂上課
會計師事務所節稅諮詢服務	會計師事務所的報表審核
百貨公司	牛仔服飾專賣店
法人金融投資	信用卡交易處理作業

需求變動構面

需求的劇烈起伏變動表示作業系統須對產能作某種方式的調整。若產出的物品可以儲存（如製造業的產品），便可事先預測未來需求以儲存一些產出。表1.8 列舉這兩類作業系統。

表 1.8 需求變動大與需求變動小的兩種作業系統

需求變動大的作業系統	需求變動小的作業系統
電力公司	麵包廠
煙火製造廠	會計師事務所的諮詢服務
會計師事務所的申報稽核	購物中心的安全作業
警察與急難救助	冷凍食品的運輸配銷
地鐵系統	整型外科
婦產科病房	

顧客接觸構面

企業組織可以依其發展目標決定作業與顧客接觸的程度；如服裝零售業可走傳統連鎖專賣路線，直接面對消費大眾；也可專作目錄行銷，不須店面也無須接觸顧客。表 1.9 列舉此等作業系統實例。圖 1.8 則歸納四個構面的涵義。

表 1.9 與顧客高度、低度接觸及混合型的作業系統

高度接觸的作業系統	混合型	低度接觸的作業系統
醫療服務	到府維修電腦服務	大多數的製造業
房屋改建承包商	銀行分行	銀行的後勤作業系統
餐桌上烹飪佳餚的餐廳	家常小館	三明治大盤製造商
牙醫	房地產仲介	齒模技師
音樂老師	大學	利用電腦遠距教學的學校

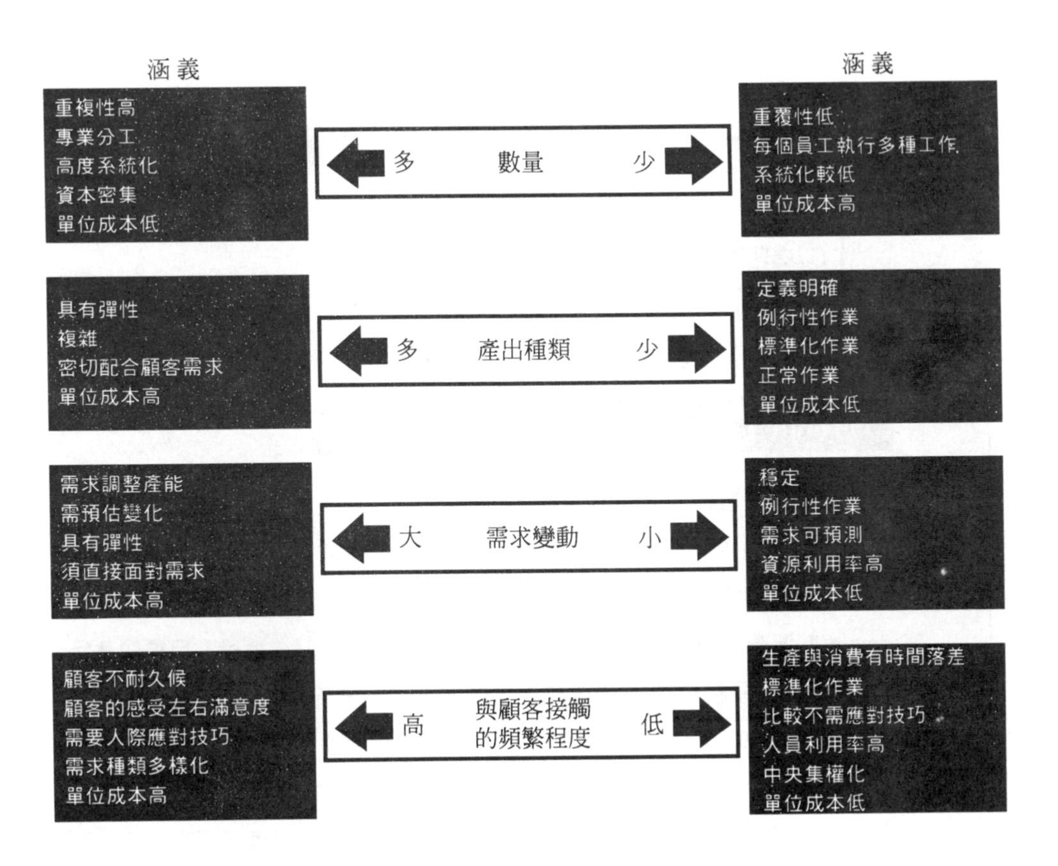

圖 1.8 作業系統的分類

混合型的作業系統

以機場作業爲例：有些工作經常要與顧客接觸（如票務人員、服務台、餐飲部、海關檢查人員），即「前檯」的作業部門。機場其它部門與顧客極少直接接觸（如處理行李的工人、地勤人員、機艙清潔工、廚師），可歸類爲作業系統的「後檯」作業。機場前檯業務和後檯業務要求的技術層面不相同，工作的處理方式以及作業目標也不盡相同，見圖 1.9。

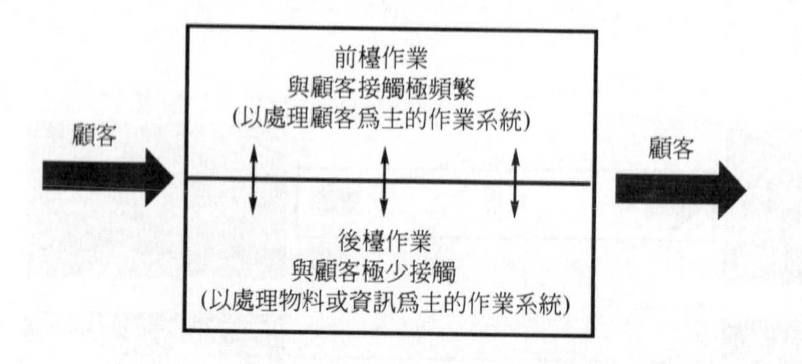

圖 1.9 混合型的作業系統常區分為前檯和後勤作業

Formule 1——人人住得起的平價連鎖旅館

旅館是與顧客接觸最頻繁的典型服務業實例，既要投入大批作業員工，又要應付變化多端的顧客需求與期望。Formule 1 旗下的平價旅館遍佈歐洲與南非，採用與傳統旅館不同的標準作業與創新科技，推出品質卓越的住宿服務。

Formule 1 連鎖旅館通常設於卡車行經的路口附近的工商業地段，目標顯著且出入方便。飯店採最新科技的預鑄成型立體造型，共分五種格局——分別建有 50、64、73、80 及 98 間客房。客房排列、配置配合當地的地理特性，各具獨特風格。

客房面積一律都是 9 平方米，間間設計得美觀大方，功能完備且隔音良好。最重要的是客房清掃維護容易，擁有同樣的傢具，包括雙人床、行軍式折疊床、洗臉檯、置物櫃、辦公桌椅、衣櫥以及一台電視。

Formule 1 接待櫃台只在早上 6:30 到 10:00 與晚上 5:00 到 10:00 才有人值班。其它時間全由機器代勞處理來客的租房手續、分配房間、製發收據。科技的應用更在浴室大顯身手，淋浴設施與抽水馬桶每次用畢會自動清洗，並以噴嘴噴灑殺菌劑，接著自動烘乾機會加以烘乾。

圖 1.10 顯示幾種配置實例。

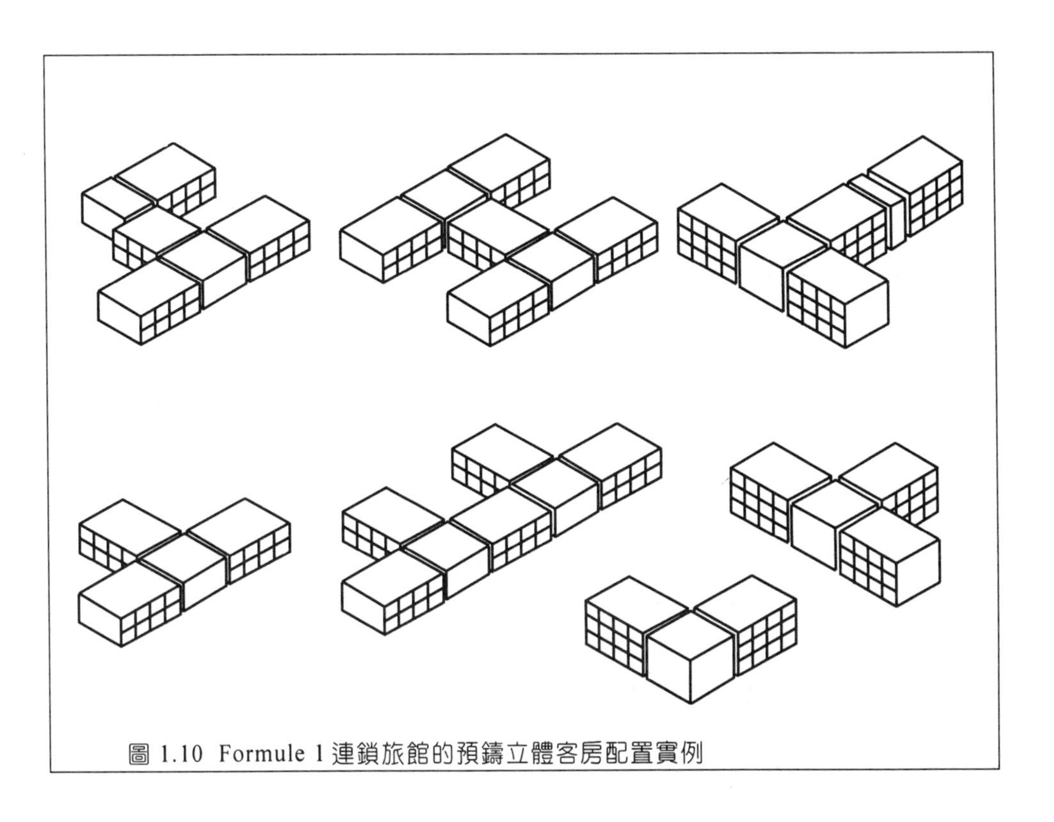

圖 1.10 Formule 1 連鎖旅館的預鑄立體客房配置實例

作業管理的工作

作業經理人的間接責任

一般來說，作業管理的間接責任可歸納以下幾點：

- 讓其它部門知道，作業系統現有產能所提供的機會與受到的限制
- 與其它部門討論如何調整作業計畫以配合各部門的計畫，使彼此均能受益

- 鼓勵其它部門提供建言，使作業部門改善對其它部門的「服務」品質

這種「共同承擔責任」的做法，正是**內部顧客—內部供應者**的概念。

作業經理人的直接責任

作業部門的直接責任，決定於組織設定作業部門的目標與任務。不論各部門的權限如何劃分，有些一般性的工作適用於各種作業系統。這些工作包括：

✏ 認清作業系統的策略性目標

作業管理小組的首要任務就是認清作業系統的目標。首先，釐清作業系統在組織中所扮演的角色，即作業部門對於達成組織長期目標所應有的貢獻。其次，將組織目標轉換成作業的績效目標，包括產品與服務的品質、供應顧客的速度、承諾交貨的可靠性、改變產品的彈性、以及產出的成本等五大績效目標。

✏ 為組織研擬作業策略

作業管理最實際任務是進行數以百計、分秒必爭的大小決策。作業經理人必須擁有一套決策準則，俾能朝著組織的長程目標前進，即所謂的**作業策略**。

✏ 設計組織的產品、服務及製程

作業管理設計即是設定一套工作規範供其它相關作業活動依循。從最高的策略層次觀之，製程設計係指整個作業網路的設計。在比較接近實際作業層次，作業經理人須設計製程配置與待轉換資源在作業系統中的流程。設計問題包含作業系統的兩大要素：處理技術和人力資源。

✏ 作業系統的規劃與控制

設計工作應將作業系統的所有資源妥善配置並有效運用這些資源。規劃與控制決定作業資源應如何運用，及確保這些資源都按規劃順利運作。

✏ 改進作業系統的績效

作業經理人的永續責任是持續改進作業績效。若改進速度不能與競爭對手並駕齊驅，或趕不上顧客期望的水準，表示作業功能仍有缺失。

作業管理的模式

本書所採用的作業管理模式：第一個觀念是「投入－轉換－產出」模式。第二個則是作業管理活動的分類，見圖 1.11 說明。從此一轉換模式，可看到兩個環狀迴路，代表兩組息息相關的活動。下面的迴路代表通稱的作業管理，上面的迴路則是作業策略。

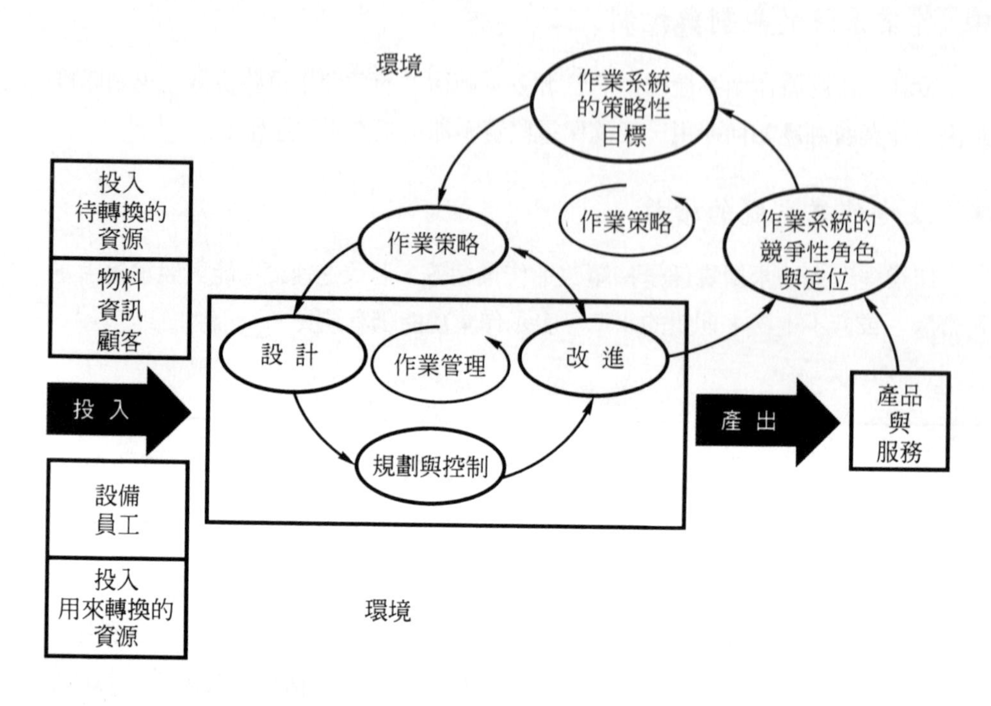

圖 1.11 作業管理與作業策略的一般化模式

現身說法——專家特寫

United 餅乾公司的 Andrew Hawley

Andrew 在公司的前五年，先是在工廠負責每天例行的監督工作，不久升任特製品廠的副廠長，之後調回總公司負責作業面與策略面的規劃工作。

從協助整個工廠的營運轉到一個只有 6 個人的工作小組，我面臨許多全新的挑戰。這項工作變化多端，有時候要及早發現潛在問題，找出預防方法；有時要參與研擬後勤補給方案，以節省可觀的成本浪費。

很多人認為生產管理只不過是「動手去操作」罷了。但據我所知，任何其它領域都不可能比生產管理需要更多投入。我一直負責確保所有產品都能符合嚴格的標準；這不僅要督導作業部同仁與製程系統，還要與其它部門充分溝通以達成最佳績效。製造部經理也要參與企業策略的研擬，尤其要與行銷部門密切配合。

本章摘要

- 任何企業組織都有作業部門，負責生產產品與服務；任何組織也都有作業經理人統籌作業部門的運作。
- 將作業系統簡化成「投入—轉換—產出」模式，可有效描述作業的內涵。投入資源分爲：（1）用來轉換的資源（如作業人員與機器設備）；（2）接受處理的資源（如原料、資訊以及顧客）。
- 作業系統的產出通常包括產品與服務。不過，有的作業純粹生產商品，有的純粹提供服務。
- 轉換模式也可用來描述同一組織不同單位間的供需關係，而構成一層級性的作業體系。組織層次的作業系統，稱爲總體作業系統，其下轄的各單位、部門，稱爲個體作業系統。個體作業系統在作業部門內，自成一個含有內部顧客—內部供應者關係的網路系統。
- 總體作業系統的投入與產出，會受外部環境的影響。組織爲了緩和這些衝擊，有時會採取存貨制度，有時會採取組織性的緩衝措施。但對作業系統過度保護，會降低作業系統對外界環境的反應能力，而無法適時回應供應者與顧客。
- 作業系統可用四個構面來分類：產量、種類、需求變動、與顧客接觸的頻繁程度。組織在這些構面的定位，決定其作業系統的許多特性。

- 作業管理的直接職責包括：（1）認清作業系統的策略性目標；（2）界定作業策略；（3）設計作業系統的產品、服務及製程；（4）規劃與控制；（5）持續不斷地改善績效。
- 作業系統的「投入—轉換—產出」模式可結合作業部門活動的時間順序，而形成作業管理的一般化模式。

個案研究：比利時——布魯塞爾機場觀感日記

班機在空中盤旋了 20 分鐘，我們終於降落在一條剛清理過的跑道上。此時滑行跑道仍受管制；我們得知須等停機坪除好冰，所有飛機才能滑行到分配的機坪與空橋。整個機場閃著信號燈、飛馳通過的掃雪車、餐飲供應車、油罐車、行李裝運拖車、接送機員與乘客的巴士、警車以及其它各種車輛，急速奔向本身的任務地點。布魯塞爾機場每年有超過 1 千萬的旅客進出其間。

一小時後我們的飛機在一個機門前停住，大家依次步出機門；因延誤而坐立不安的乘客，到處留下垃圾。我們行經一組在外待命的清潔維修人員。「今天早上他們的工作會更加吃重，而時間必須縮短，因為飛機須馬上趕下一班按時起飛。」我對同事說。行李與貨物——卸下、餐車抵達、油罐車忙著加油、維修技術人員檢查引擎與控制儀錶——每個人都全力以赴，希望盡快作好本身的工作。

候機區擠滿延誤已久的乘客焦急地等著登機門登機指示。為了擠到人群前頭，我們快步通過一間間販賣店，希望能避開早上常見的入境檢查長龍。我是應該謹記「欲速則不達」的古訓，因為我的下一站卻是被送往急救室！我讓地板上沒來得及清除的咖啡給滑倒，跌得腳踝扭傷了。

經過細心包紮，我拉著同事一拐一跛地排隊準備入境檢查，好不容易挨到行李提領處。旅客通常都會比行李先到，但由於一大早的意外，一切都改變了！抵達班機代號在電腦螢幕上遍尋不著，我們未領的行李顯然已從轉盤搬到附近的辦公室暫放。簡單簽了個字，我們領到行李馬上趕到計程車候客處。我們原盼望雇輛計程車趕到市區，想不到寒風中的長龍使希望落空了。我們只好改搭每 20 分鐘一班的地下鐵。我們又剛好錯過一班！

在布魯塞爾的辦公室度過忙碌的一天後，叫部計程車趕上晚上尖峰時間回機場。出境報到處位於新建航站大廈樓上。計程車下客處一進門就迎向一整面電子顯示板，上面打出之後幾小時內的起飛班機及報到櫃台編號。報到手續經過徹底改善，我們一行三人只消幾分鐘就拿到登機證。行李也快速輸送到地下二樓的貨運分配大廳。小冊子介紹說：這座新航站大廈保證旅客從報到櫃台到最後登機只要花費 20 分鐘。同時，運用最新科技的現代化自動行李處理系統也已啟用。比較上次來機場路上塞車的狀況，我發現這個系統的確管用。但我懷疑，如果人人都趕在起飛前 20 分鐘才到機場，這系統是否還有用？難怪航站建議人們起飛一小時前報到，同時也讓旅客有更多時間逗留免稅商店多多消費！

此時此刻，我扭傷的腳感覺陣陣抽痛。機場人員幫我安排輪椅，帶我通過出境檢查亭與安檢處。在同事搭電扶梯步入出境大廳時，我搭乘速度較慢的電梯也到了，三個人正好在免稅商店前碰頭。我們還有點時間，所以再去買幾盒比利時巧克力到咖啡吧小坐。布魯塞爾雖以美食聞名，但我們並不指望在機場餐廳也能大快朵頤。我們錯了！現做美食的香味陣陣撲鼻，教我們不忍錯過。餐畢，店裡還請喝一大杯莓子口味啤酒，我們這才前往航空公司貴賓室。

機場窗外景觀並不怎麼迷人。掃雪除冰工人依舊在停靠的飛機旁忙著，其他人則清理跑道，利用飛機移動空檔迅速工作。由於擔心班機延誤接不上往奧斯陸班機，我們向航空公司詢問處查詢。打了幾通電話確定可能稍微延誤，但因為從布魯塞爾飛去的旅客很多，奧斯陸已安排好銜接班機。詢問處的建議讓人覺得十分窩心，甚至還讓我們用傳真和電話與對方聯繫！

擴音器傳來班機稍微延誤的廣播，但沒多久就有人帶我們到出境大廳準備登機。外頭的飛機仍籠罩在一片漆黑陰沈當中，行李拖車啟動了，體積龐然的曳引車鏈住飛機鼻輪，引擎也發動了。十分鐘後我們已被拖到跑道盡頭準備起飛。

「對所有機場作業人員而言，今天必定是格外忙碌的一天。」我想，「話說回來，在如此複雜的作業環境裡，或許每天都可能要面對各種不同的挑戰。」

問題：

1. 試找出本個案提到的個體作業系統，及其工作內容。
2. 試根據表 1.5 的分類架構，將這些作業系統分類。
3. 這些個體作業中，哪些最易受惡劣天氣影響？
4. 本文中，提供產品與服務的組織有哪些？這代表什麼意義？

問題討論

1. 鹿特丹港是世界最大港口，擁有海陸運輸系統聯繫歐陸的鐵、公路及內陸的水路運輸，有歐洲門戶的美譽。試列出你認為該港口作業經理人，為了維持港口作業應執行哪些轉換過程，並列出其投入的資源與產出的產品與服務。
2. 試以轉換模式，來描述下列諸組織的作業系統。仔細標明：用來轉換的資源、待轉換的資源、屬於何種轉換製程、以及轉換過程的產出。
   a. 國際機場
   b. 超級市場
   c. 大量生產的汽車廠
3. 下列各作業系統的產出是屬於何種比例的產品與服務？
   a. 空中巴士
   b. 英法海峽海底隧道
   c. 百貨公司
   d. UPS 快遞
   e. Volvo 富豪汽車
4. 何以作業管理與組織中其它各部門都有關聯？
5. 試說明個體作業系統與總體作業系統兩者的不同。列舉大學裡的一些個體作業系統實例，並討論其內部顧客與內部供應者之間的關係。

6. 試繪製一家小型製造公司的作業系統層級圖。
7. 內部顧客與外部顧客的主要差異爲何？
8. 試討論作業系統爲紓解外界環境變動的衝擊，所採緩衝措施的優缺點。
9. 你認爲捐血服務作業系統應採用哪些措施，以因應環境的不確定性？
10. 試從產量、種類、需求變動、與顧客接觸的頻繁程度分別描述以下各種組織的作業系統：
    a. 主題公園
    b. 麵包店
    c. 牙醫
12. 試說明作業系統若降低其產量、種類，與顧客接觸的頻繁度，各有何優缺點。大學如何改變其產量、種類、與顧客接觸頻繁度，以求降低成本？
13. 你認爲一座國際機場主要的設計、規劃與控制、改善活動有哪些？
14. 最近幾年來，人們對作業管理的關切有增無減，你認爲原因何在？

2 作業系統的策略性角色與目標

關於作業部門的角色問題，即企業期望作業部門扮演哪些角色？企業組織可用哪些績效目標來評估作業部門對策略目標的貢獻？本章探討這兩大重要課題，見圖 2.1 作業管理模式的陰影部份。

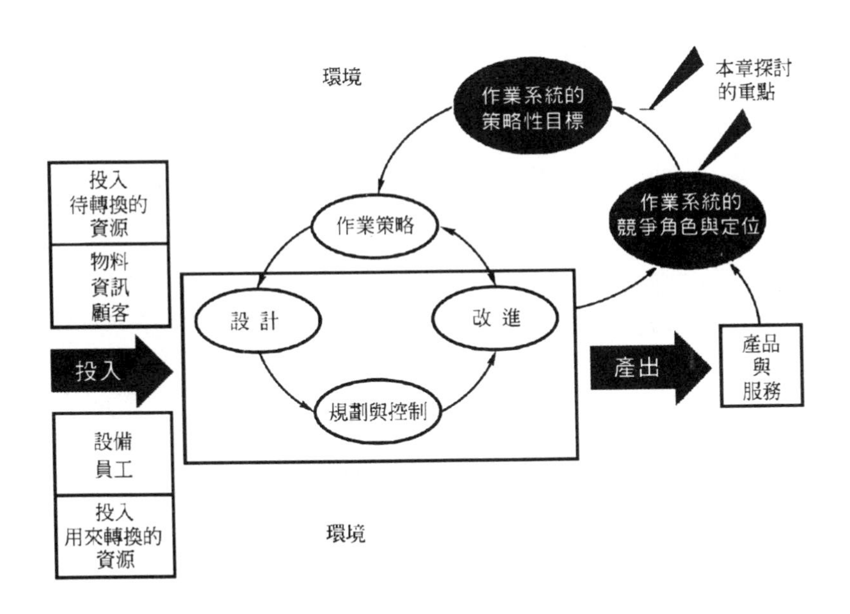

圖 2.1 本章探討作業管理的角色與策略性目標

學習目標

- 作業部門在組織的策略性計畫中扮演的角色；
- 如何評估作業部門提升組織競爭力的貢獻；
- 作業部門五項績效目標的意義包括：品質、速度、可靠性、彈性以及成本；
- 作業部門在每項績效目標若表現傑出，將會帶來哪些內部與外部的效益？

作業部門的角色

作業部門爲顧客生產所需要的產品與服務。作業部門的角色有三：企業策略的**支援者**、企業策略的**執行者**、企業策略的**推動者**。

支援企業策略

作業部門須籌措資源，提供組織所需的產能，俾能達成策略性目標。例如，個人電腦製造商若決定推出新產品上市，其作業部門就須發展或引進彈性的製程來生產新零件與產品；訓練員工了解產品的動態；對作業部門做必要的變革；和供應商建立關係以快速取得新零件。

執行企業策略

大多數公司都訂有某種策略，但必須靠作業部門去執行。例如，航空公司若試圖吸引更多商務艙的乘客，行銷部門的「作業單位」須籌劃有效的促銷活動，人事部門的「作業單位」須加強訓練空服與地勤人員。尤其要敦促公司加快票務作業流程、行李處理以及候客設施，並改善餐點口味與品質，增加娛樂項目。

推動企業策略

作業部門的第三個角色是提供長期競爭優勢以有效推動企業策略。財務部門若未能真正有效控制現金流量，企業可能因週轉不靈而倒閉。行銷部門如未徹底了解市場性質，不懂如何訂定促銷政策、產品定位、銷貨通路及價格策略，別想讓公司繁榮發達。若作業部門績效太差，產品粗製濫造、服務隨便草率、交貨拖延、生產成本過高，長期下來必會拖垮公司。凡是有助於企業長期營運成功的要素，都直接或間接來自作業部門。作業部門的角色，見圖 2.2。

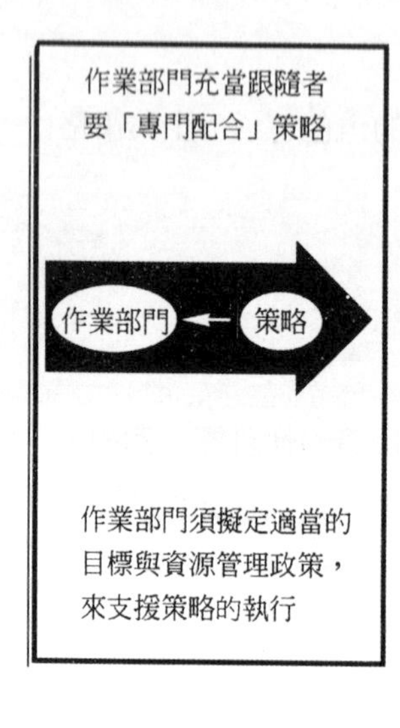

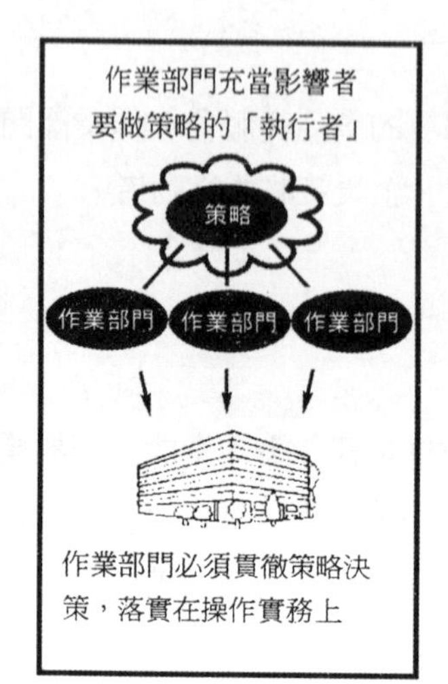

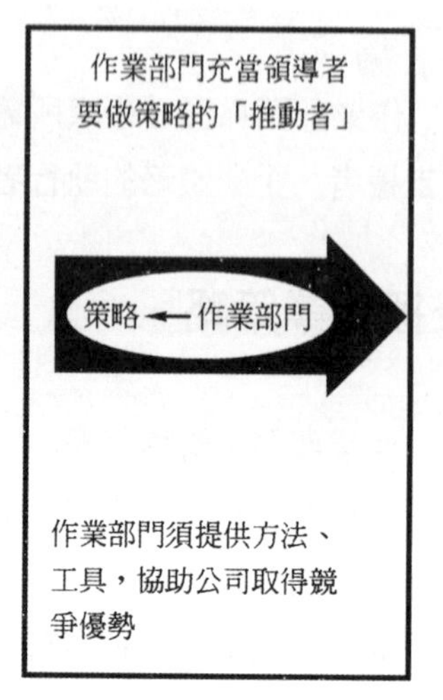

圖 2.2 作業部門的三大角色

評估作業部門的貢獻

哈佛大學教授 Hayes 、Wheelwright 及南加州大學教授 Chase 發明「四階段模式」評估各種作業部門的角色及對提升組織競爭力的貢獻。該模式追蹤作業部門流程，從第一階段消極被動的角色至第四階段成爲競爭策略的重心所在。

TNT——全球快遞集團

TNT 營業版圖遍及全球，雇用員工超過 5 萬 3 千人。主要業務包括：一般郵件、陸空快遞郵件、大宗貨車運送、物料起重或堆高處理、汽車派送、冷藏運輸、工業廢料處理、流通配銷的簽約加盟、後勤支援等。

TNT 的國際快遞服務能將包裹與信件專送到世界 190 餘國。其快遞服務透過電腦網路將作業系統的每個環節全都連接起來，達成資料及時化傳遞。其資訊系統的服務包括：到府收件、派遣司機快遞、系統化循線追蹤貨物是否實際送達。信件超速服務提供企業快速郵寄，利用郵政網路直接投寄各地郵局。掛號郵寄服務還提供附簽名收據。

長期目標是要在世界每一角落提供完善運輸服務，以因應各地不同的需求。郵件超速服務著重取件與送件的手續簡便，快捷郵遞服務係以送件速度及收費來競爭。該公司收費最高的項目都比同行低廉，所以顧客都願意簽長期合約。

像 TNT 這類公司的作業部門的三種角色，可詳述如下：

- 支援企業策略：作業部門提供的服務須因應競爭要求，配合績效目標，做到限時送達。貨運與快捷郵遞須壓低成本。郵包與郵件超速服務強調服務品質。遞送速度是快捷郵遞的基本要求。
- 執行企業策略：整個集團正逐步擴展成一個完全整合的國際集團。作業部門須能有效執行機隊、車輛、人員及系統設備等必要投資。
- 推動企業策略：提供超越對手績效的作業產能及高於顧客期望的服務水準。

第一階段　內部表現平庸

此時的作業部門被視為整個組織的必要之惡。其它部門都認為作業部門缺乏競爭鬥志。作業部門只求達到大家要求的最低標準，維持可過關的平庸表現。

第二階段　對外表現平庸

作業部門開始和外面市場上旗鼓相當的公司比較，以對手的績效標準作為衡量本身競爭力的標竿。此一階段努力的目標是「向外界水準看齊」。

第三階段 支援內部 追求卓越

此一階段的作業系統的績效和競爭對手不相上下。作業部門善用各項資源以協助公司提高競爭能力並超越對手，作業策略盡量支援內部各部門。

第四階段 支援向外發展

作業部門爲奠定未來競爭優勢的基礎。作業系統預測未來市場供需變化，以作業導向來擬訂競爭策略，開發適當的資源，執行競爭策略。

這個四階段模型（見圖 2.3）看似簡單，但應特別注意兩點。

- 本模型係根據作業部門的抱負來評估作業績效，它先問作業部門對自己的期望爲何，再問組織內其它部門對作業部門績效表現的實際觀感爲何。
- 公司從第一階段演進到第四階段的過程中，作業部門的績效逐漸從消極被動轉變爲積極性與策略性。公司的競爭策略全賴「作業導向」的優勢。

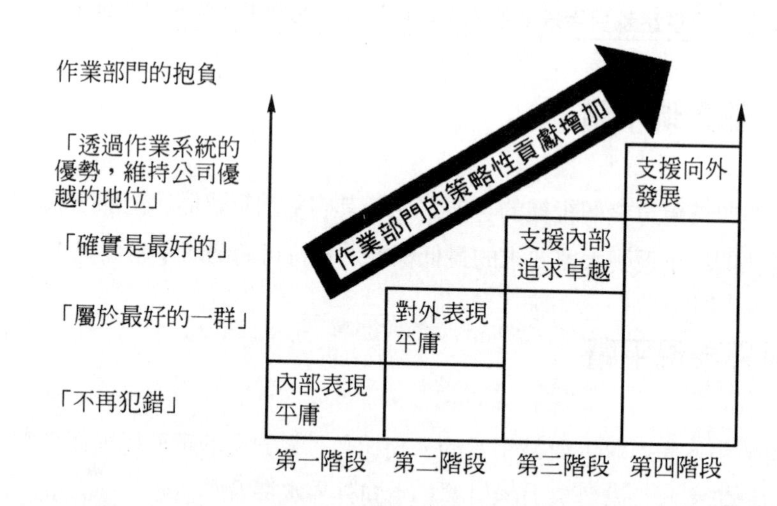

圖 2.3 四階段模式認為作業部門的策略性貢獻可依其抱負來評估

五大績效目標

- **把事情做對**。以零缺點的產品與服務滿足顧客需求。這樣的作業部門便能為公司成功取得**品質優勢**。
- **把事情快點做好**。盡量縮短顧客訂貨與完全滿足顧客需求之間的時間。如此便能為公司取得**速度優勢**。
- **把事情準時做好**。對顧客信守承諾，準確算好交貨期（甚至接受顧客指定的交貨期），明確與顧客溝通，準時送貨。如此便可取得**可靠性優勢**。
- **具有改變現狀的能力**。能改變或調整作業部門工作，因應某些意外狀況。這便提供了**彈性優勢**。
- **以低廉的成本做事**。以低成本來產製產品且仍有利可圖；或非營利組織以低成本為納稅人或贊助單位提高附加價值，就能取得**成本優勢**。

品質目標

品質是指把事情做對，但作業系統依作業性質的不同而異（見圖 2.4）。品質是作業系統最容易看到的部份，也是顧客評斷一個公司生產作業的要素。品質會影響到顧客的滿意度。品質優良的產品與服務，會帶給顧客較高的滿意度，使顧客願意再度光顧。反之，品質低劣會斷絕顧客再度惠顧的機會。

品質可能是......

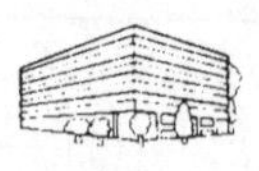
醫院

- 病人得到最妥善的醫療
- 治療方式正確
- 病人充分了解病情
- 員工禮貌周到，友善，樂於助人

汽車製造廠

- 所有零件符合規格
- 所有裝配過程符合標準程序
- 產品可靠
- 產品美觀大方，完美無暇

巴士公司

- 車子整潔
- 車子不製造噪音或廢氣，沒有污染
- 發車時刻表精確易查
- 員工禮貌周到，態度友善，樂於助人

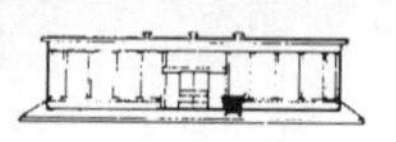
超級市場

- 商品品質優良
- 店面整齊清潔
- 裝潢合宜美觀
- 員工禮貌周到，態度友善，樂於助人

圖 2.4 品質對不同的作業系統有不同的涵義

作業系統內部的品質績效

- **品質可降低成本**：個體作業系統越少犯錯，越不必花時間修改更正。比方說，超市的區域倉庫若送錯貨，會浪費員工時間，無形中提高作業成本。
- **品質可提高可靠性**：成本的提高並非僅由品質不良造成，如超市的貨架缺貨可能導致收入減少或外部顧客不滿；若超市很少犯錯，內部顧客就無須訂正錯誤或檢驗作業的其它部份是否運作正常，更能專注做好本身工作。

因應英國惡劣天候的最佳服裝

位於英格蘭東北方的 Barbour 公司產製戶外用防水材質服裝，過去十年銷售業績扶搖直上。公司的重點政策是長保產品與服務的品質。Barbour 銷售點均經審慎挑選，俾能將顧客的意見回饋至公司，並利用這些意見資訊不斷改進生產作業。全公司 700 名員工都須參加品質管制訓練。為達到高品質水準，公司嚴格要求每件衣服在製程中，必須通過 14 道不同的檢驗手續。如此產製衣服既不簡單且費用昂貴，但 Barbour 認為這是維持卓越品質、百年不墜的不二法門。

速度目標

速度是指顧客須等待多久才能取得產品或享受服務（見圖 2.5）。商品與服務若能盡快提供，顧客越有可能購買，對某些作業系統而言，速度乃是顧客購買的關鍵因素。

速度可能是……

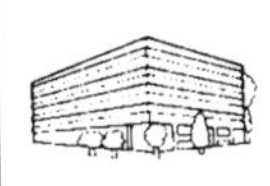

醫院

- 從候診到治療所花時間越短越好
- 檢驗結果，如照 X 光等，取得時間越短越好

汽車製造廠

- 經銷商訂購一輛特定規格配備的車子與拿到車子間的時間縮到最短
- 把零件送到保養廠的時間縮到最短

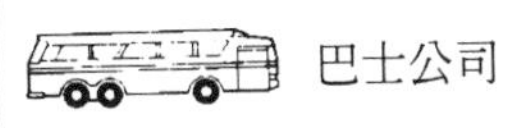

巴士公司

- 顧客的行程，自出發至送達目的地所需時間越短越好

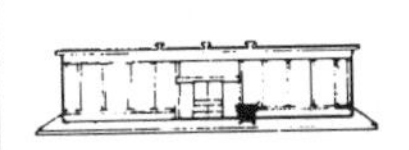

超級市場

- 至超市購物到回家，整個交易過程所花時間，越短越好
- 現貨供應(不缺貨)

圖 2.5 速度對不同的作業系統有不同的涵義

Northern電信以速度稱霸

加拿大的 Northern電信公司專門提供電信產品與服務，且極為重視公司內部作業系統的速度。

> ……我們想改善的每一項作業都牽涉到製程時間的縮短……顯然，若要滿足顧客需求，我們要加速處理業務的能力。我們須改弦更張……採取以時間為第一優先的全新作業策略……。

從 Northern電信三年前推動提高速度的行動方案以來，有些單位已將產品的製程時間縮短到原先的一半左右，「產出速度」一舉提高兩倍，作業系統績效大為提升。顧客滿意度比去年同期增加 25%，存貨水準則降低了 30%，作業系統的經常開銷（用於支援作業活動的直接成本）也減少了 30%。

作業系統內部的速度

- **速度可減少存貨**：以汽車廠爲例，每天成百上千件產品在工廠流動時，大量的物料零件都得花時間等候，因此會在工廠到處造成堆積。如果能夠縮短工廠作業的等待時間（假設是以較小批量來運送與處理），廠裡的物料零件便會移動較快，減少生產過程每個階段間的在製品。
- **速度可減少風險**：多數公司對下一個生產期（或指次日、下週、下月或明年，依產業不同而有別）的預測，要比對下兩期，甚至下三期的預測要有把握。越早預測，越可能犯錯，這便會對作業系統的總產出造成嚴重的影響。以汽車廠爲例，如果車門製程需時六週，六週前即需預測車門的需求量。由於六週前的預測量可能不準，所以車門的產量也可能不符實際需求。如果車門製程只需時一週，因爲只需在一週前預測車門的需求量，產製的車門數量可能較符合真正的需求。由此可知，物料在作業系統的流動速度越快，產出的產品或服務越能符合顧客真正需求。

倫敦的直昇機緊急醫護服務

如不慎在倫敦發生嚴重意外，救護車可能因交通阻塞與路面施工而姍姍來遲，若不能把握意外發生一小時內的「存活關鍵時刻」，則生命堪虞。因此，直昇機緊急醫護服務於焉誕生。許多緊急救援從出發到醫院只須幾分鐘時間。

利用直昇機執行支援救護或許並不新奇。但英國的直昇機緊急醫護服務卻頗有新意；機上除駕駛員和護理人員外，還配署兩名醫生。有經驗豐富的醫護人員在場，可在病患送達醫院之前，加速穩定病情的處理，施行關鍵的急救工作。

直昇機因夜間能見度不佳，易導致意外，該小組還配置一部高性能的旅行車提供地面支援。旅行車各種急救醫療設備一應俱全，通常都在意外頻仍的地區待命，平時負責處理醫院外的緊急事故，如心臟病突發與早產兒等。

雖然醫技人員大多處理車禍或家中意外，偶而要處理嚴重休克，但目標都是一致的：以突破傳統服務的速度趕到病人身邊進行診療。這都有賴於選擇可靠的設備與選對待命地點、標準程序及訓練有素的人員。

可靠性目標

可靠性是把事情依照與顧客的約定準時做好並交貨（見圖 2.6）。顧客只有在作業部門提供產品或服務之後，才能評斷是否可靠。然而，可靠性會影響再度購買的機率。

可靠性可能是......

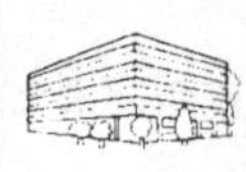

醫院

- 取消之掛號門診，維持在最低比例
- 按照约定時間門診
- 檢驗、X 光照射等，按時提供報告

汽車製造廠

- 準時交車給經銷商
- 準時送交零件給保養廠

巴士公司

- 行駛路線按時刻表發車停車
- 乘客經常都有位子坐

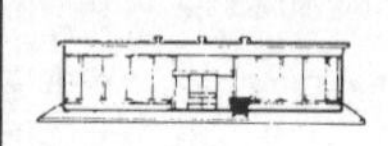

超級市場

- 營業時間固定可期
- 缺貨商品之比例減到最低
- 排隊等候時間正常合理
- 停車位經常夠用

圖 2.6 可靠性對不同的作業系統有不同的涵義

作業系統內部的可靠性

- **服務可靠，節省時間**：以巴士公司的維修保養廠爲例，若因零件供應不可靠造成公車停擺，必須浪費時間等待沒有直接生產力的零件。
- **服務可靠，節省成本**：前述這種不具生產力的時間浪費，無形中會增加作業成本。例如，急購零件的價格與運費都會增加。
- **服務可靠，帶來穩定**：如果作業部門的每項服務完全可靠，則各個不同單位會產生互信，成員能專注於改善本身的作業，使得作業更趨穩定。

彈性目標

彈性是指能因應外界變化去改變作業方式、作業內容、作業時間。作業系統須具改變能力才能滿足顧客的要求。顧客通常會要求作業系統提供以下四種的彈性改變：**產品／服務彈性**、**組合彈性**、**數量彈性**、**交貨彈性**。圖 2.7 顯示這些不同的彈性型態對所舉四種作業系統的涵義。產品／服務彈性指作業系統能引進新產品與服務；組合彈性指作業系統能提供更廣泛的產品與服務之組合；數量彈性指作業系統改變產出數量或工作內容的能力；交貨彈性就是能變更交付產品或服務的時間，通常是指作業部門能提前交付產品與服務。

彈性是指......

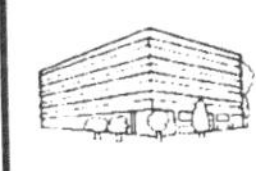

醫院

- 產品/服務彈性－引進新療法
- 組合彈性－可採用新療法，範圍廣泛
- 數量彈性－能調整診療病人的數量
- 交貨彈性－能夠重新安排約診時間

汽車製造廠

- 產品/服務彈性－開發新車種的能力
- 組合彈性－可供應選用的配備十分廣泛
- 數量彈性－調整汽車產量的能力
- 交貨彈性－重新安排製造優先次序的能力

巴士公司

- 產品/服務彈性－開發新路線
- 組合彈性－停靠車站多
- 數量彈性－調整服務頻率的能力
- 交貨彈性－重新排班的能力

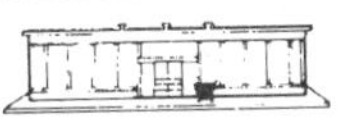

超級市場

- 產品/服務彈性－開發引進新產品，推出促銷新方法
- 組合彈性－商品種類多
- 數量彈性－調整服務顧客人數的能力
- 交貨彈性－補齊貨品的能力(偶爾發生)

圖 2.7 彈性對不同的作業系統有不同的涵義

BBC 九點播新聞，分秒都不差

新聞事業的經營全靠準時作業。英國廣播公司 BBC 的 9 點新聞準時在晚間 9 點整開播，持續進行 30 分鐘（除非節目因運動比賽，或其它特別情況而被迫延後）。英國廣播公司 BBC 能做到如此精確可靠，主要採用新聞收集與編輯的新科技；即使是插播新聞，新科技也能彈性調整。每則報導的時間控制，精準到以秒計，老練的工作人員可正確估計念多少字要花多少時間。如須調整計畫好的新聞播報順序，導播甚至可將新聞內容直接打到自動唸稿機上。

作業系統內部的彈性

- **彈性可加速回應**：例如，面對交通意外而突然湧入的病患，服務彈性大的醫院會迅速調派人員與設備到急診處，提供病患所需的快速服務。
- **彈性能節省時間**：醫院資源可藉著「工作的彈性調度」來避免平時閒置人力、設備，造成時間、資源的浪費。
- **彈性能維持作業穩定**：內部彈性在面臨意外事故可能危及作業計畫運作時，有助於維持作業部門的穩定及保持進度。具有高度彈性的醫院會爲緊急意外預備特別手術房，避免干擾或中斷原先排定的手術。

Godiva 巧克力公司的彈性作業

世界知名的 Godiva 巧克力工廠位於歐洲高級巧克力製造重鎮的布魯塞爾。這種高級巧克力的需求年成長率都在 10%以上，因而作業部門不斷研發新方法來擴充產能。為因應越來越競爭的市場需求，不斷開發的新產品使得作業部門所要生產與運銷的產品範圍日益廣泛。Godiva 每年產量維持在 1 千 5 百噸左右，在業界算是規模較小者，但卻生產 100 多種不同的巧克力。過去十年來，Godiva 在投資自動化設備以提高生產力之餘，還要確保每一生產階段都具最大彈性。使用的生產方式，基本上有「外裹法」與「鑄模法」。

外裹法製品開始時先將材質較硬的填料（如杏仁碎片）通過製程，再裹上呈流體狀態的巧克力。外觀的裝飾，像結晶糖粒或圖案花飾，可再請高級師傅或用專門機器添加上去。外裹製造部將各種不同設備(如押出成型機、截斷器、沉澱器、裝飾器等設備)配合各種不同的產品設計，連結成生產線來作業。若產量夠大，值得重組這些機器，就利用移動式輸送帶連結各台機器，另構成新的生產線。外裹製造設備只用於小槽缸的液態咖啡、牛奶、純白巧克力；通常只要 20 分鐘就可拉出小槽缸，清洗外裹機器，隨即換色產製另一種產品。由於產品種類繁多，規劃工作特別複雜煩瑣，務必排好產品順序，以免嚴重影響生產力、產能使用率及品質水準。一般而言，生產特定顏色巧克力的經濟產能必須超過 300 公斤。但若可能的話，時間較長的製程會排給澆覆同顏色巧克力的不同產品，換色作業在一天的末了再來進行。較短的製程則保留給完全以傳統手工製作的巧克力，但因成本太高，只用於特別高級的產品或原型產品打樣。

多數的鑄模法巧克力都產自長 80 公尺、十分複雜的生產線。該生產線幾乎可產製任何類型的鑄模產品；它可鑄造三種顏色，每 20 分鐘可更換液態巧克力一種；不過，通常只在每天收工時才更換，以免浪費產能。更換鑄模器具時，只要作業員更換一只模具裝置即可，無需將生產線關機。電腦控制的填充機負責把奶油、糖果配料等，注滿鑄模的凹槽。填充器能依填料的物理特性，嚴格控制填注數量與速度。填充器共有三部，前兩部使用時，第三部可停機清洗，設定程式，準備下批製程的填料任務。因此，更換產品不超過一分鐘；也可同時雙機操作，將堅果和櫻桃同時裝填於奶油巧克力。該作業系統的主角係一套可取代 16 人的特製自動填充機，配置兩名作業人員協助機器運作。脫模後的巧克力，流轉到自動包裝機，而大部份的產品則直接由新型的包裝機器人自動撿拾裝盒，供應大盤商訂單，或置於扁平塑膠盒轉送分類包裝線。

分類包裝區最具作業彈性。種類繁多的巧克力成品在此依適當組合加以包裝，裝進不同的零售包裝紙盒。通過輸送帶，每種巧克力經由人工分撿擺進盒內。包裝雖可由機器人代勞，但 Godiva 工程師認為人工較便宜，兼可邊包裝邊作品管。

Godiva 的生產系統專為支援公司策略而設計；該策略目標是提供各色各樣、品質優良、精緻迷人的產品。作業彈性先由老練的技術人員提供，並由能快速換檔及以不同方式作業的自動生產線來補強；由於生產線的彈性設計，創新產品可快速研發成功，導入生產線進行商業量產。

成本目標

多數公司以價格爲競爭要件，成本顯然是作業部門最重要的目標；產品與服務的成本越低，提供給顧客的價格也越低。作業系統的成本主要在以下幾方面：人員薪資成本、技術與設備成本（用於購置、保養維護、操作作業系統「硬體」的開支）、物料成本（用於購入耗材或待轉換原料）。圖 2.8 例示醫院、汽車廠、超市與巴士公司的一般成本分析。

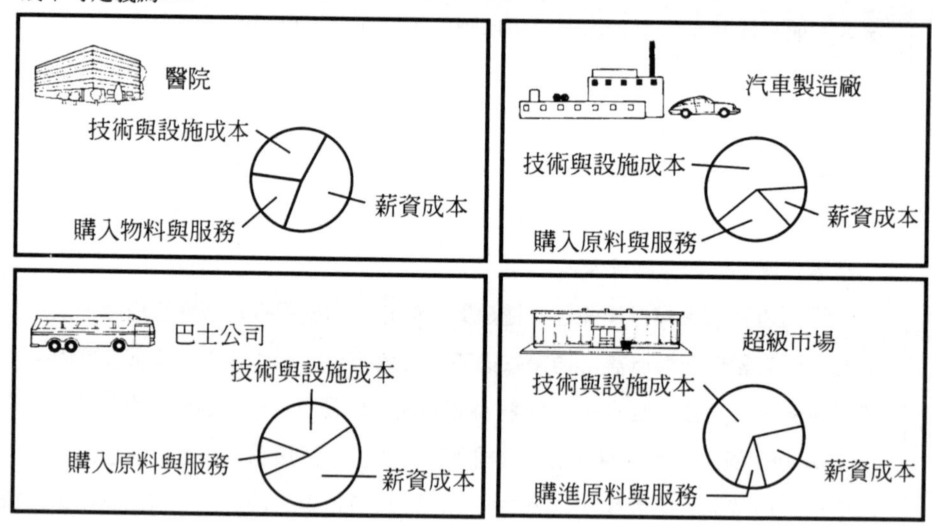

圖 2.8 顯示不同組織有不同的成本結構的實例

醫院有許多開支屬於固定成本，病人數目的多寡對其變動十分有限。汽車廠採購物料與給付給供應商的費用遠比其它成本的總和還要多，因此汽車廠得尋找高效率、低成本的貨源供應。巴士公司付給供應商的費用極少，因爲汽油燃料爲其採購大宗，而其設施與裝備對每公里的載客成本影響重大。超市的成本主要是對供應商的購貨成本。

✏ 成本深受其它績效目標的影響

- 高品質的作業系統不致浪費時間精力於重工，可減少成本浪費。
- 生產作業若迅速，可減少個體作業的在製品存貨，進而減少存貨管理成本。
- 作業若能穩定可靠有效率地運作，能避免意外所導致的浪費。
- 彈性的作業系統能因應環境變動，轉換不同的任務，避免浪費產能。

因此，若欲改善作業系統內部的成本績效，最佳的途徑是從其它各項作業目標的績效著手，見圖 2.9。

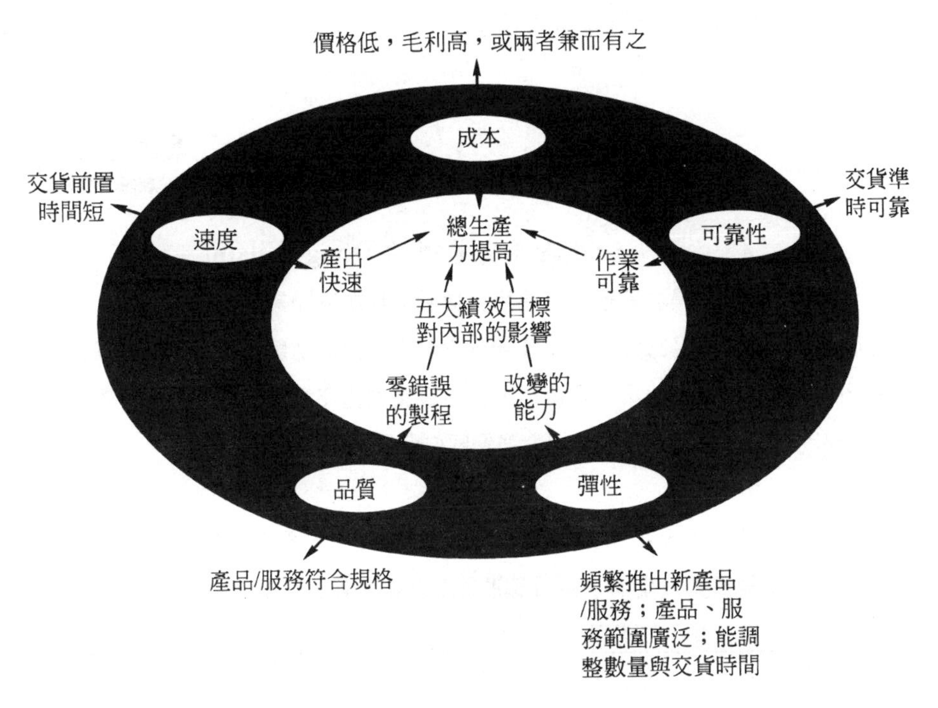

圖 2.9 五大績效目標會影響內部與外部，其中成本還會受到其它績效目標的影響

ALDI EINKAUF——歐洲最大的零售商

Aldi Einkauf 是一家德商公司，它強調服務理念與交貨方式，並研發出獨特的一套作業風格。過去幾年來，每年成長率都達 15%。目前在歐洲 12 國設有分店。

Aldi Einkauf 的店面作業刻意簡單樸素，照明使用日光燈管，銷售的商品項目約 5 千種，遠少於歐洲其它同質的零售商。貨品擺放不用裝潢昂貴的陳列架，只把商品紙箱拆開就地陳列。其銷貨通路效能極高，營運費用極為低廉。Aldi Einkauf 服膺服務業「簡樸、便宜」的理念，只接受現金，不接受支票，也不送折價券。收銀員能記住所有商品價格，作業比讀條碼還快，處理顧客交易迅速可靠。由於無須雇人堆貨上架且都銷售自有品牌商品，Aldi Einkauf 終能以低於對手的價格領袖群倫，維持其穩固的市場地位於不墜。

現身說法——專家特寫

倫敦證券交易所的 Doug Wilson

Doug Wilson 是倫敦證券交易所負責股權轉讓交割業務的作業經理。每天所處理的轉讓交割手續平均達 3 萬 2 千筆。證券交易所無法藉助任何工具去掌控或預測每天處理的交易量，但須保證確能應付市場實際的交易量。即使已採用電腦作業，作業部門仍仰仗大量人力，並極力強調同仁發揮最大的生產力。

> 我們的員工大都具有多種技能，可彈性因應作業高度多樣化的要求。我們能立刻提供額外產能。部門雇用很多兼職人員，以維持最低成本，也藉此為人力需求，提供較高彈性。

本章摘要

- 作業功能在組織內扮演三種主要角色。
  a. **策略的支援者**。作業系統須能配合策略，取得與善用有關資源。
  b. **策略的執行者**。作業部門系統須貫徹公司策略的落實。
  c. **策略的領導者**。作業部門須提供組織成長期競爭目標的各項績效要素。
- Hayes 與 Wheelwright 提出四階段模型來評斷作業部門各種角色對組織的貢獻。第一階段的作業系統對組織無貢獻可言。第二階段的作業系統企盼成爲業界的優等生。第三階段的作業系統想力爭成爲業界翹楚。第四階段的作業系統，不只想成爲業界的頂尖，還想領袖群倫。
- 作業部門對組織的貢獻，可藉下列幾項績效目標來評估：
  a. 提供產品與服務的品質；
  b. 交付產品與服務的速度；
  c. 承諾交貨的可靠性；
  d. 因應變化的彈性；
  e. 供應產品與服務的成本。
- 所有的績效目標都有對外部與內部的影響效應。高水準的品質、速度、可靠性以及彈性，通常都能降低作業成本。

個案研究：檳城 Mutiara 酒店的作業目標

位於印度洋岸的檳城 Mutiara 酒店擁有 440 間客房，總經理 Wernie Eisen 曾管理過全球各地的豪華飯店。他認為旅館內部有效能的作業部門絕對不可或缺。

> 管理規模這麼大的酒店是極複雜的任務。我們的作業管理一旦發生任何問題，客人立刻會察覺，這也是我們戰戰兢兢經營的最大誘因。我們的服務品質必須完美無暇。服務同仁須彬彬有禮，能答覆客人的各種問題。我們預

測客人所期盼的需求並預為籌謀，凡事想得比客人早一步，才能預知什麼會讓客人窩心，什麼會令顧客生氣。

該飯店利用許多方法預知客人的需求。例如，接待人員若調出資料查出客人曾住過，客人就不需填寫以前留過的資料以節省時間。服務品質也落實在幫客人處理問題。例如，客人的行李若給航空公司弄丟了，一定怒氣沖沖。

即使不是我們惹客人生氣，但問題不在於是誰的錯。我們有責任要使客人感覺舒服與好過一些。

作業速度，即快速回應客人的要求，也是另一項重要責任。

絕不讓客人等待。客人若有要求，馬上幫忙解決。例如，若所有客人全要求點餐送到客房，則客房服務部會因工作突增，可能會讓客人久等。處理之道是預先注意客房服務的需求量；如發現需求量大增，便借調餐廳人手幫忙。當然，事先必須調查這些人員是否受過訓練才予調派。事實上，我們的政策是確保餐廳人員都能執行一種以上的工作。

另一方面，可靠性也是經營飯店的基本原則。

我們永遠信守承諾。例如，客房須準時備妥，等待客人住進來；當客人退房時，帳單作好，等客人簽認。

遇到重要或特別的場合時，飯店的可靠性益顯得重要。尤其是舉辦宴會，凡事都須準時。飲料、食物、娛興節目等，都得按照計畫準時推出。

大體說來，這主要是規劃細節及預測那裡可能會出錯的課題。一旦作好計畫，便能預見可能發生的問題，並設法擬定解決方案。

彈性表示飯店應有滿足客人要求的能力。

我們從不說不！若有客人指定要法國的乳酪而沒有存貨，我們也會請人到超級市場設法買到。要是盡了全力還是無法弄到，也會和客人商討其它解決辦法。客人經常要求我們做些似乎不可能辦到的事，但後來我們做到了，員工覺得很有成就感。

飯店的彈性作業也表現在處理需求隨季節起伏變化的能耐。有時使用臨時兼職人員來解決。飯店的後勤補給問題比較小；如洗衣部，繁忙季節則加人加班。但須與客人直接打交道提供服務的部份，就比較有問題。

你不能期待新進、臨時人員和正規人員一樣，也具有與顧客接觸的技巧。解決之道是盡量安排臨時人員負責後勤作業，並確保與顧客接觸的人都是溝通技巧良好者。

至於成本問題，飯店作業部門的總開銷約有 60%花在食物與飲料。顯然，降低成本的良策就是看緊食物。話說回來，儘管節省成本人人愛，但飯店從不為降低成本而犧牲服務品質。

對顧客的服務確能做到完美無暇，才能帶給我們競爭優勢。良好的服務能保證顧客會一再光顧。客人越多，房間和餐廳的利用率就越高，這才會降低每位客人的服務成本，進而提高獲利率。

問題：

1. 你認為 Wernie Eisen 會如何：

a. 確保管理飯店的方式經得起旅館業競爭的考驗；

b. 實施任何策略上的改變；

c. 發展作業系統以推動飯店的長期策略。

2. Wernie Eisen 會提出那些問題來評斷其作業部門屬於 Hayes 與 Wheelwright 模型的哪一個階段？

3. 本個案說明品質、速度、可靠性、彈性以及成本對飯店的外部顧客的影響。試說明這些績效目標，會帶來哪些內部利益。

問題討論

1. 試說明下列的作業系統如何支援、執行及推動企業策略：
   a. 速食店
   b. 照片沖洗店
   c. 煉油廠
2. 作業部門每天既要作出作業決策，又要協助組織達成長期策略，兩者似有矛盾之處，試說明之。
3. 租車公司作業部門的成長，可從第一階段，而第二，而第三，演進到第四階段（引用 Hayes 與 Wheelwright 模型用詞），試說明會如何成長。
4. 解釋下列組織的第四階段作業系統，對整個組織獲取長期競爭優勢的貢獻：
   a. 滷菜製造商
   b. 航空公司
   c. 包裹快遞公司
   d. 飯店
5. 討論下列各作業系統中，品質、速度、可靠性及彈性各由何者組成：
   a. 大學圖書館

b. 大學運動場

c. 大學餐廳

d. 作業管理課程

6. 在下列作業系統中，可能發現不同類型的彈性作法，試說明之：

a. 大學

b. 網球拍工廠

c. 鐵路網

7. 試說明品質、速度、可靠性以及彈性對下列組織的涵義，並討論其相對重要性：

a. 高產量汽車廠

b. 髮型設計師

c. 包裹收送服務（如 UPS 或 Fedex 聯邦快遞）

8. 很多組織都視作業部門扮演生產產品與服務顧客的角色。試討論這種觀點的涵義。

9. 自己選定一實例，說明作業系統的成本，如何受到品質、速度、可靠性以及彈性等績效表現的影響。

3 作業策略

本章將確立策略的概念，將作業策略納入組織整體的決策過程中，並探討在界定作業策略的內容時必須做哪些決策。見圖 3.1。

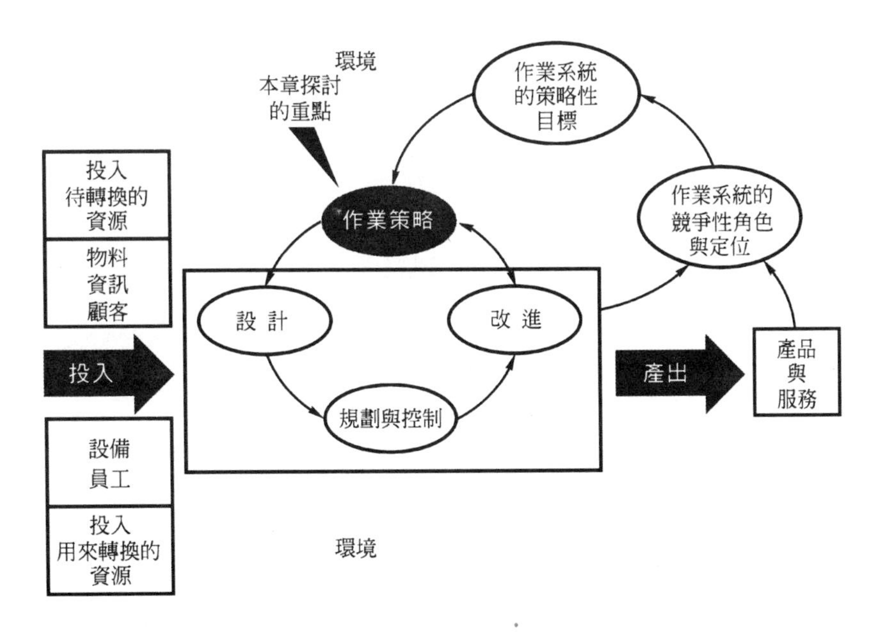

圖 3.1 本章探討作業策略

學習目標

- 作業策略所隸屬的策略層級；
- 作業策略的性質與內容；
- 依據組織的顧客、競爭對手、產品與服務在生命週期的定位，各項績效目標如何有不同的優先順序；
- 作業策略的決策領域；
- 作業策略的決策領域對績效目標的影響。

策略是什麼？

策略層級

「策略」是指組織、企業服膺的一套行動方針。「組織」若是大型的多角化公司，其策略便會界定組織在國際、經濟、政治以及社會環境的定位，並擬訂相關決策，包括事業型態、營運區域、購併、撤資以及資源如何有效分配等。這些決策便構成了**集團策略**。該集團的每個事業單位也須根據個別的任務目標、市場競爭性質，設定**企業策略**。由此類推，事業單位內各個部門，包括作業、行銷、財務、研發等，也須自訂**部門策略**。

圖 3.2 例示策略層級、各個層級的一些決策與影響此等決策的因素。

作業策略

在總體作業層次的作業策略是一套決策與行動的總合指引，設定作業系統的角色、目標與工作，俾能支援組織的企業策略。個體作業層次的作業計畫或策略是一套決策與行動的總合指引，設定作業各單位的角色、目標以及工作內容，俾支援事業體的作業策略。

簡而言之，作業策略有兩個目的：直接支援上一階層的作業，協助其達成策略目標；幫助平行的其它單位達成其策略目標。見圖 3.3。

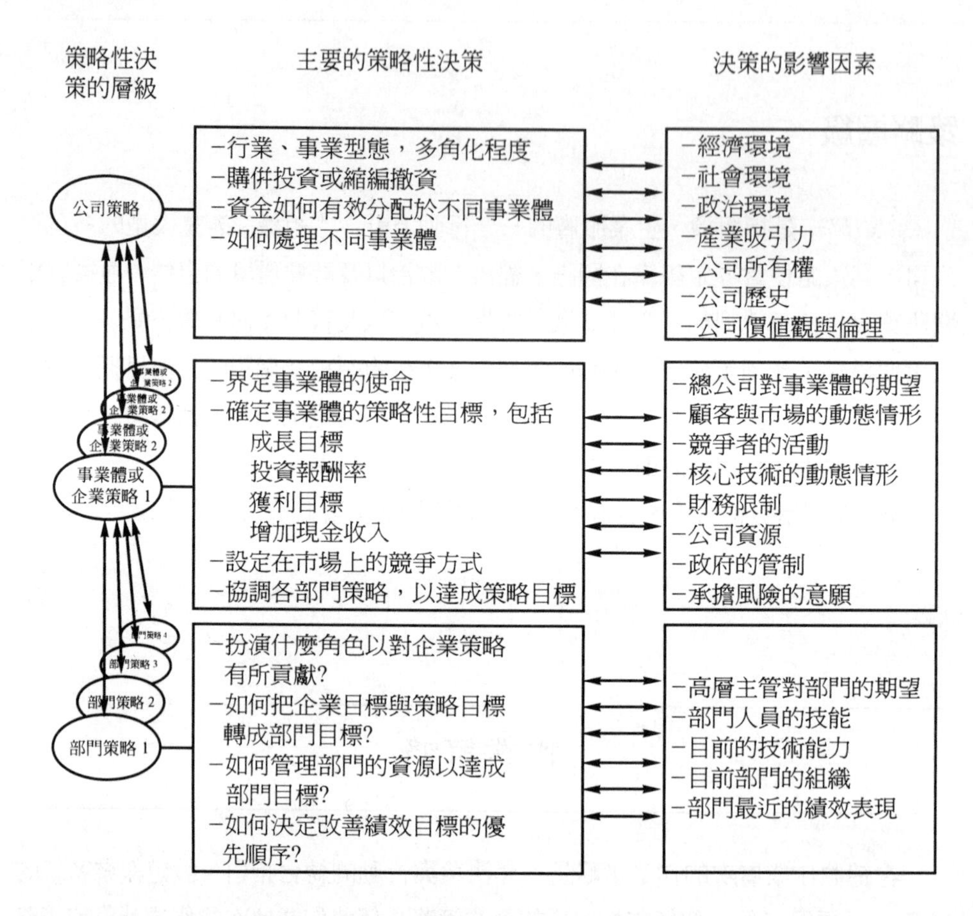

圖 3.2 策略階層中不同層級的決策及其影響因素

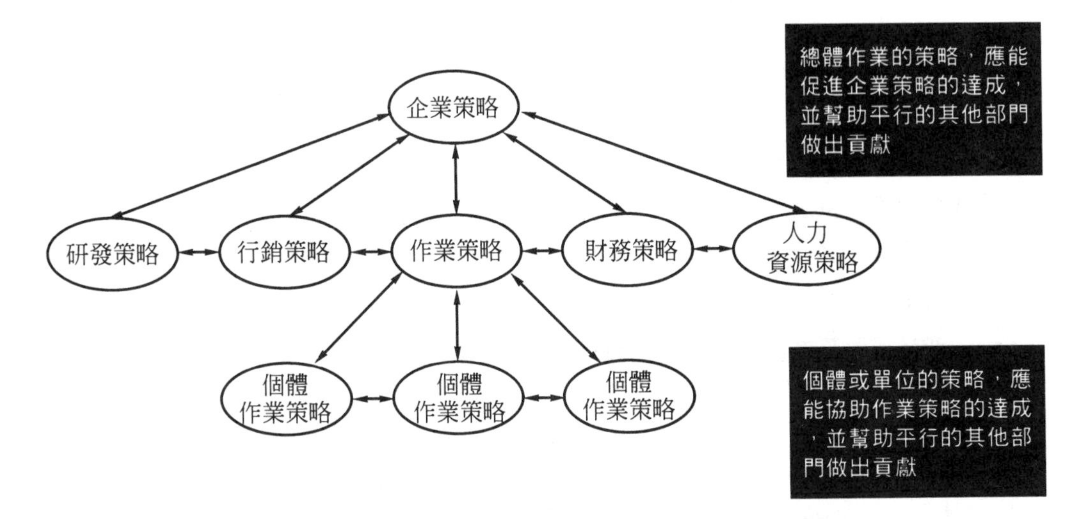

圖 3.3 作業策略的貢獻

作業策略的內容與程序

策略階層中任一作業單位在研擬其策略時，必須思考兩組部份重疊的問題：一組牽涉到作業策略的**內容**，即決定日常例行作業的特定決策。另一組問題則決定擬訂這些策略的**程序**如何實際在組織中進行。作業策略的**內容**是指作業部門希望擬妥的政策、計畫以及作法。本章探討作業策略的內容。作業策略的程序留待第 21 章再討論。爲更深入探討作業策略的內容，第一個問題要決定**績效目標的優先順序**，即哪一項績效目標對公司最重要？公司應注重品質、速度、可靠性、彈性或成本？或結合其中兩項或多項？其它問題都與公司各專業領域的決策有關；例如，工廠的家數、規模大小與理想地點，都牽涉到**設計決策**的領域，如產品／服務設計、廠房佈置、技術以及人力資源等問題。涉及產能調整與產品交貨管理等問題，則屬**規劃與控制決策**的範圍。有關作業績效的偵測、監控與改善等問題，應歸類到**改善決策**的領域。

績效目標的優先順序

不同績效目標對組織的相對重要性受到許多因素的影響。至於如何確定哪些績效目標應該特別強調？下列三項應特別注意，見圖 3.4。

- 顧客群的特定需求；
- 競爭對手的行事作爲；
- 產品或服務處於生命週期的哪個階段。

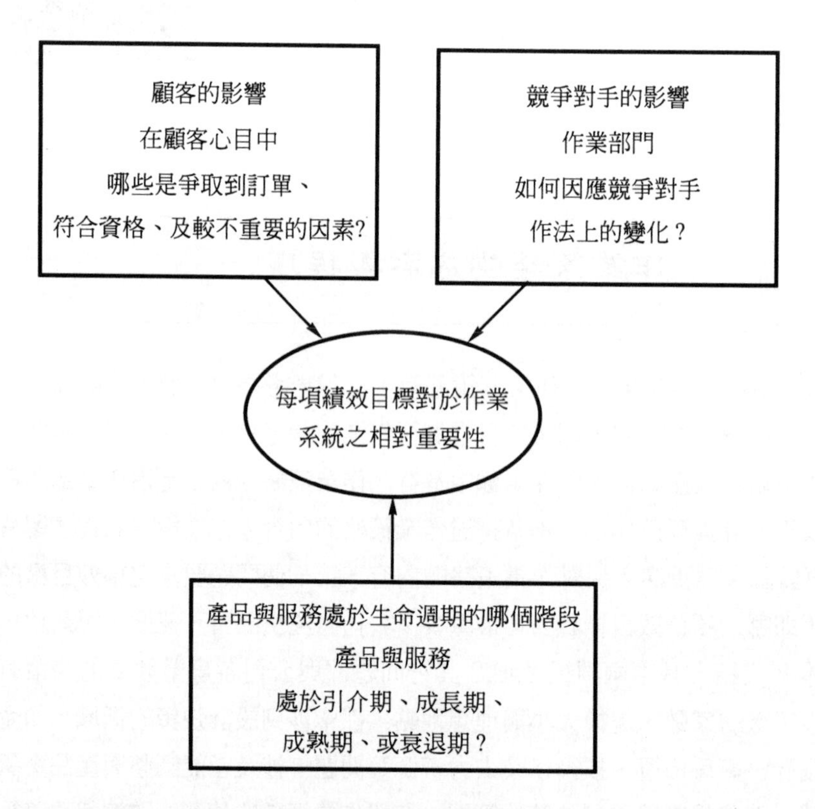

圖 3.4 影響五大績效目標之相對重要性的因素

顧客對績效目標的影響

顧客是組織設定績效目標優先順序的最直接影響因素。作業部門藉著落實五大績效目標來滿足顧客需求。左右顧客購買行爲的影響因素稱爲**競爭要素**。圖 3.5 顯示常見的競爭要素與作業績效目標之間的關係。

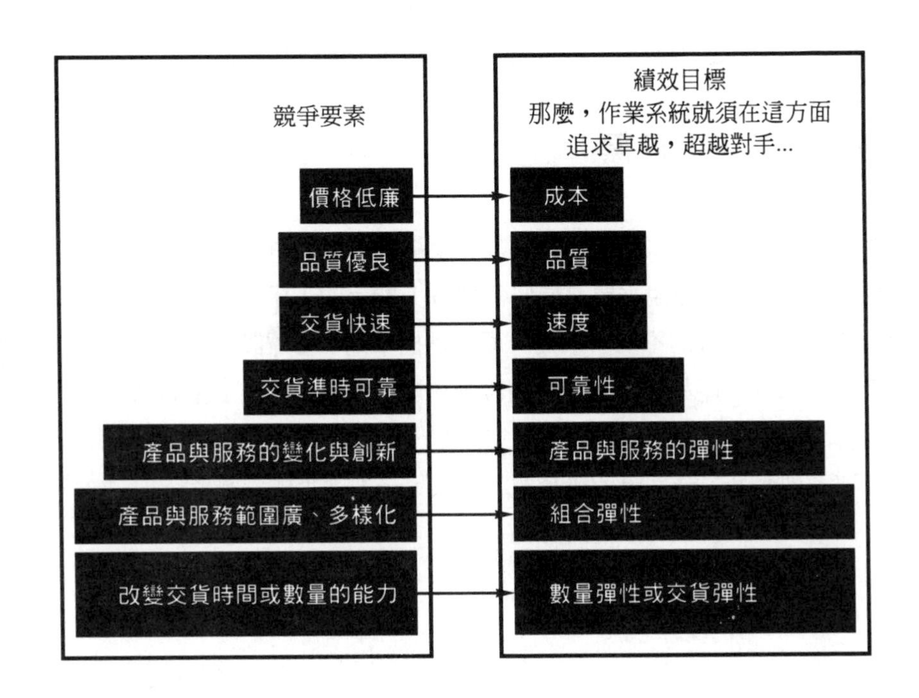

圖 3.5 不同的競爭要素烘托出不同的績效目標

贏得訂單（Order-winning）與力求合格（Qualifying）的目標

確定競爭要素相對重要性的有效良方之一，是分辨由 London Business School 的 Terry Hill 所提出的「贏得訂單」與「力求合格」兩種因素。**贏得訂單因素**是能有效爭取生意的因素，即顧客視爲購買產品或服務的關鍵因素。**力求合格因素**不是競爭成功的主要因素，但作業績效必須超過某一特定水準，顧客才會考慮購買。公司績效若高於「合格」水準，顧客才可能會考慮，但主要仍取決於贏得訂單因素的績效。只改善力求合格因素，對提升競爭力效益不大。

對不同顧客須設定不同目標

若作業部門提供的產品或服務對象不限於某個顧客群時，就須針對各顧客群分別確定贏得訂單、力求合格競爭要素爲何。表 3.1 顯示的工廠生產兩種不同系列產品，而製造要求有很大的不同。系列一產品是標準電子醫療設備，屬於賣給醫院的現成商品；系列二產品則是電子量測設備，屬於賣給設備加工廠的原料投入，這種設備常因顧客需求的不同須另訂規格產製。表 3.2 是將類似的分析運用於金融業的兩種系列產品，一是屬消費金融業務；另一則屬企業金融業務。

表 3.1 不同的產品系列要求不同的績效目標

	系列一產品	系列二產品
產品	標準型電子醫療設備	電子量測設備
顧客	醫院／診所	其它醫療器材設備公司
產品規格	非屬高科技，但須定期更新	種類繁多，性能高
產品範圍	不廣——四種主要類型	十分廣泛，因應顧客不同需求
改變設計	不常更改	經常變更
交貨	快速——須備存貨	準時交貨是重要關鍵
品質	必須值得信賴	代表性能
需求	可預測顧客的採購計畫	市場需求不易預測
每種產品數量	甚多	從中等數量到少量需求
毛利	獲利低到中等	獲利中等到十分高

競爭要素		
贏得訂單	價格 產品可靠性	產品規格 產品範圍
力求合格	交貨速度 產品性能 品質	準時交貨 交貨速度 價格

內部績效目標	成本 品質	產品／服務彈性 組合彈性 可靠性

表 3.2 不同的金融服務需要設定不同的績效目標

	消費金融業務	企業金融業務
產品	個人理財服務，如貸款、信用卡	對公司企業提供特殊服務
顧客	個人	企業
產品範圍	適中但規格標準化，較不需因應特殊條款	範圍很廣，常需因應顧客不同的要求
改變設計	偶而爲之	隨時調整變更
交貨	快速決定	服務可靠
品質	每項交易要求零失誤	指密切的往來關係
每種服務的數量	大多數服務屬大量	大多數服務屬個別少量
毛利	大多數利潤低或中等，有些較高	利潤中等或相當高

競爭要素		
贏得訂單	價格 取得方便 速度	顧客個別化 服務品質 可靠性
力求合格	品質 範圍	速度 價格

內部績效目標	成本 速度 品質	彈性 品質 可靠性

競爭對手影響績效目標

不論何時，作業系統都得承受競爭對手的競爭壓力。例如，某一披薩外送店若遇到對手以標榜限時送達爲訴求，就非得跟進加快外送速度不可。再者，如果對手又提供更多樣餡料配方，該披薩店勢必改善餡料多樣化才能迎頭趕上。即使顧客偏好未見任何改變跡象，組織還是有必要改變競爭方式，從而變動作業績效目標的優先順序。

西南航空公司（Southwest Airlines）

在歐美多數航空業者競相提供更精巧的服務以超越對手之際，美國的西南航空公司則不為所動，仍堅守主要核心業務（運輸），迄今仍是美國少數在劇烈競爭市場中獲利的航空公司。其策略一向以價格取勝，一般票價均較大型競爭對手低50%。事實上，一些大型航空公司已被迫削價。

以公車般的大眾運輸手法來經營航空運輸一點也不新奇，但失敗的例子比比皆是。然而西南航空的作業策略前後連貫，這乃是其存續與成長的主因。圖以價格作長期競爭，作業成本必須維持在市場的最低標準。每位乘客在登機前就會察覺西南航空與眾不同；塑膠製登機證可回收再用；登機後可任選座位就坐；公司並不供應餐點服務。儘管機上缺乏餐飲與電影，服務也相對減少，但多數問卷調查顯示乘客都有甚高的評價。公司職員不拘形式、十分親切的接待方式令人印象深刻；一件色彩鮮豔 T 恤配上短褲的「制服」更是遠近馳名。簡化服務的成本優勢為西南航空創造了短程業務。不供應餐點減少了清理作業時間，只由機員順便清理即可，並能減省空中廚房準備時間與餐飲娛樂開支。

產品／服務的生命週期對績效目標的影響

因應顧客與競爭對手的方法之一是檢視產品或服務生命週期與顧客或對手的相對關係。產品／服務生命週期一般可依銷售量的消長概分四大階段：引進期、成長期、成熟期以及衰退期（見圖 3.6）。圖 3.7 顯示產品／服務與產業的特性如何在生命週期的不同階段調整變化。

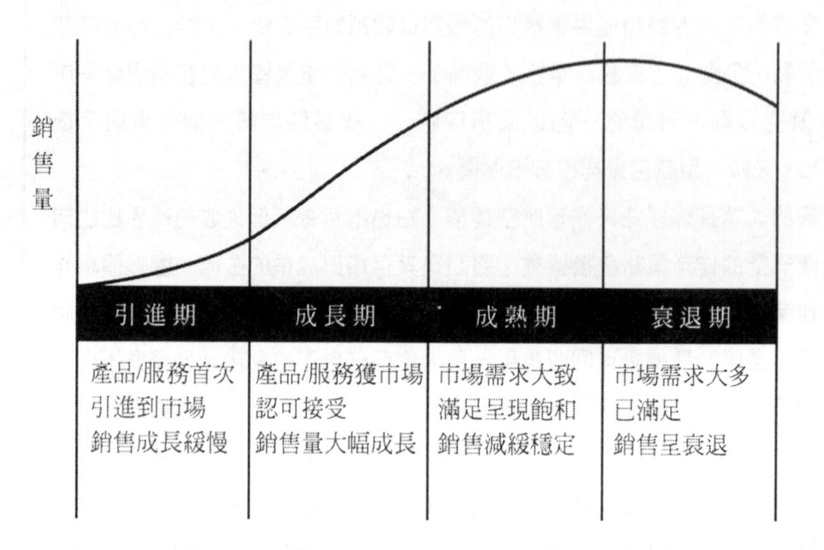

圖 3.6 產品或服務的生命週期

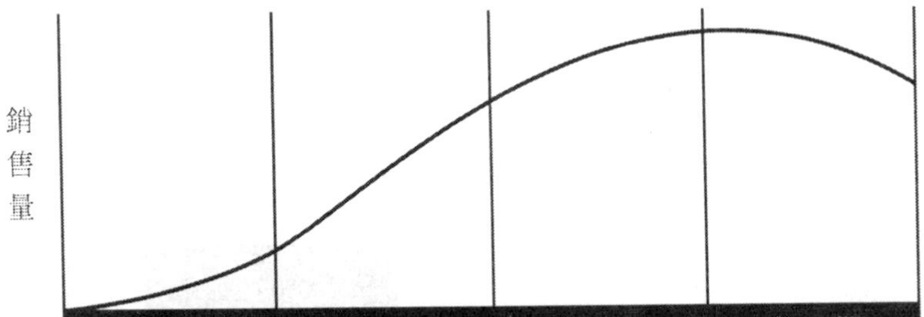

	引進期	成長期	成熟期	衰退期
數量	少	成長迅速	量多且平穩	遞減
顧客	創新使用者	早期採用者	一般大眾	落後者
競爭者	少/無	數目增加	數目穩定	數目漸少
產品/服務的設計	可能須配合顧客要求或設計需經常更改	日漸標準化	出現主流類型	可能移向商品的標準化
贏得訂單的競爭因素	產品/服務特性，性能新奇性	高品質的產品/服務取得容易	價格低廉 供應可靠	價格低廉
力求合格的競爭因素	品質 選擇範圍	價格 選擇範圍	品質 選擇範圍	供應可靠
作業的主要績效目標	彈性 品質	彈性 可靠性 品質	彈性 品質	成本

圖 3.7 產品／服務的生命週期對組織的影響

航空旅遊起飛

過去 30 多年航空旅遊業成長可觀。像其它行業一樣，航空業也有起伏—— 國際政治情勢與經濟景氣都會影響旅客的意願——不過，乘客飛行哩程數預計還會成長。營運的大幅成長促使航空公司引進最新科技，成本因而大為降低。

價格導向的競爭反映在圖 3.8。客運量增加與價格競爭激烈已使航空公司的作業方式產生巨變。航線的設計安排改採「軸心一輻射」模式，讓乘客既可往來各軸心機場之間，又可在軸心機場轉機，飛到各輻射的終點機場。這種航線安排對某些乘客或有不便，但航空公司為壓低成本別無良方。

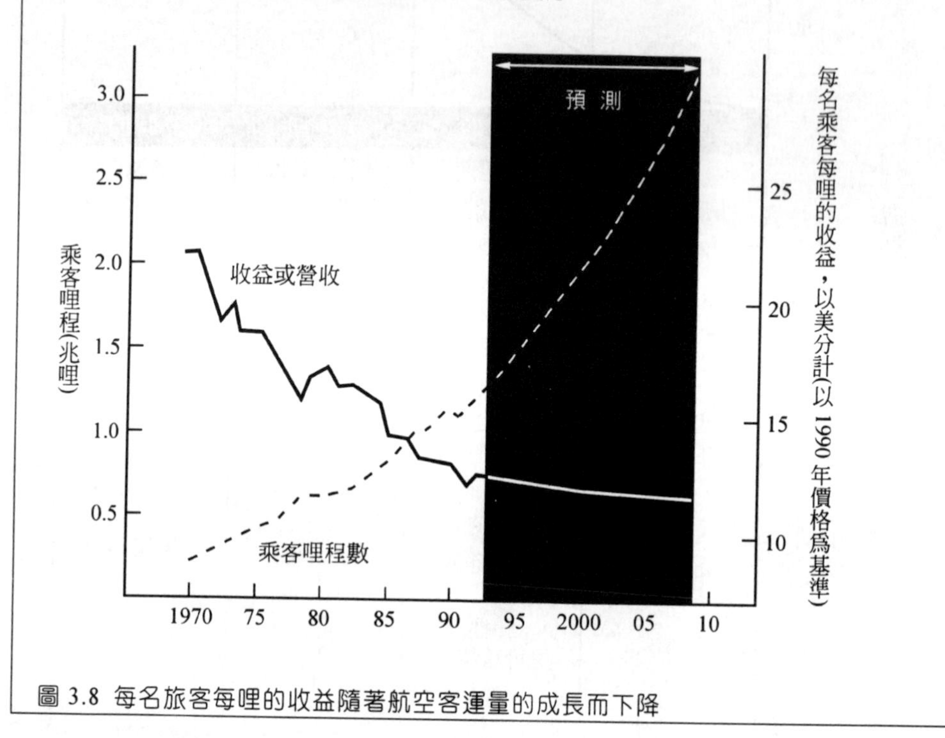

圖 3.8 每名旅客每哩的收益隨著航空客運量的成長而下降

作業策略的決策領域

結構性策略與基礎結構性策略

作業策略常依策略決策領域，區分爲結構性（structural）策略與基礎結構（infrastructural）策略。作業系統的結構性策略是影響設計活動的策略；而基礎結構策略領域則是影響規劃、控制與改善活動的策略。

影響設計的策略

設計活動在於界定作業系統與其產品服務的實體模樣，塑造作業的「建築外觀」——包括作業部門的組成以及彼此間的關係。影響設計決策的策略包括：

- **新產品／服務的發展策略**。會影響到新產品與服務設計時的資源配置。
- **垂直整合策略**。會影響向上延伸至供應商與向下延伸至顧客的網路。
- **設施策略**。會影響各個單位的規模大小，地點與作業活動。
- **科技策略**。會影響到工廠，機器設備、其它製程處理技術的型態。
- **勞動力與組織策略**。會影響人力資源如何發展、協助作業系統的管理。

表 3.3 列舉每個策略領域應該處理的特定問題。

表 3.3 對設計活動產生影響的策略

設計策略領域	策略有助於回答下列問題
新產品／服務研發策略	• 應否自行研發新產品或服務，或跟隨市場的領導者？ • 如何決定該研發哪一種產品或服務？如何管理研發程序？
垂直整合策略	• 應否藉購併供應商或顧客來擴大規模？ • 若藉購併擴大，購併對象爲哪些供應商？或哪些顧客？
設施策略	• 應設置多少工廠或作業地點? • 工廠或作業地點應設於何處? • 每個工廠或作業地點應分派何種作業活動與產能?
科技策略	• 應運用何種科技? • 應領先取得科技優勢，還是等待科技成熟後才投入? • 應自行研發哪些技術？應外購哪些技術?
勞動力與組織策略	• 作業部門的人員應扮演哪些角色? • 如何分配作業任務給各個作業部門的人員? • 作業人員應培養何種技能?

影響規劃與控制的策略

規劃與控制決定資源如何分配，以及如何因應環境的變化。在規劃與控制的決策範圍內，有關的策略可分類如下：

- **產能調整策略**。調整產能以因應產品與服務需求的變動。
- **供應商關係建立策略**。作業部門選擇供應商、發展與供應商的關係。
- **存貨策略**。作業系統規劃、監控各階段製程的物料流動狀況。
- **規劃與控制系統策略**。作業系統組織其規劃與控制活動的理念與實務。

表 3.4 列舉規劃與控制策略領域有關的策略，及其特定的問題。

表 3.4 影響規劃與控制活動的策略

規劃與控制策略領域	策略有助於回答下列問題
產能調整策略	• 如何預測與監控產品與服務的需求? • 如何調整產能以因應需求變動?
供應商關係建立策略	• 如何發掘、挑選供應商? • 如何與供應商發展良好關係? • 如何評估供應商的能力與績效?
存貨策略	• 如何決定存貨數量與適當存貨地點? • 如何控制存貨水準與不同存貨的組合?
規劃與控制系統策略	• 應運用何種系統來規劃未來的活動? • 如何將資源有效率地分配於各種不同的作業活動?

影響改善活動的策略

改善活動是藉由作業績效的衡量評估來進行改善，使其更能達成組織的策略目標，相關策略可分爲以下兩類：

- **改善程序策略**。作業部門組織改善活動的方式。
- **失敗預防與復原策略**。作業部門防範作業過失與故障處置的方式。

表 3.5 列舉改善策略領域內應處理的特定問題。

表 3.5 影響改善活動的策略

改善策略領域	策略有助於回答下列問題
改善程序策略	• 如何評量績效? • 如何決定績效是否令人滿意? • 如何確定績效已反映改善重點? • 應派哪些人參與改善過程? • 預期績效獲得改善有多快? • 如何管理改善過程?
失敗預防與復原策略	• 如何維護資源，防範失誤發生? • 實際發生失敗時，作業部門如何規劃因應措施?

作業策略會影響作業管理活動

作業策略雖是作業部門研擬決策的方針，但無法解決更瑣細的問題。比方說，有個策略所擬訂的內容爲「作業部門應擁有自己的製程技術，俾能提供符合顧客特殊規格的產品」。雖已明確地指示作業部門發展何種製程技術，卻未說明此等技術是指新創技術？還是現有技術的改良？更未說明公司應該自行研發？或向外購買該項技術？此外，每個策略所影響的並不限於本身的決策領域。上述策略顯然會影響到作業部門的設計決策，也會影響規劃與控制決策（見圖 3.9）。

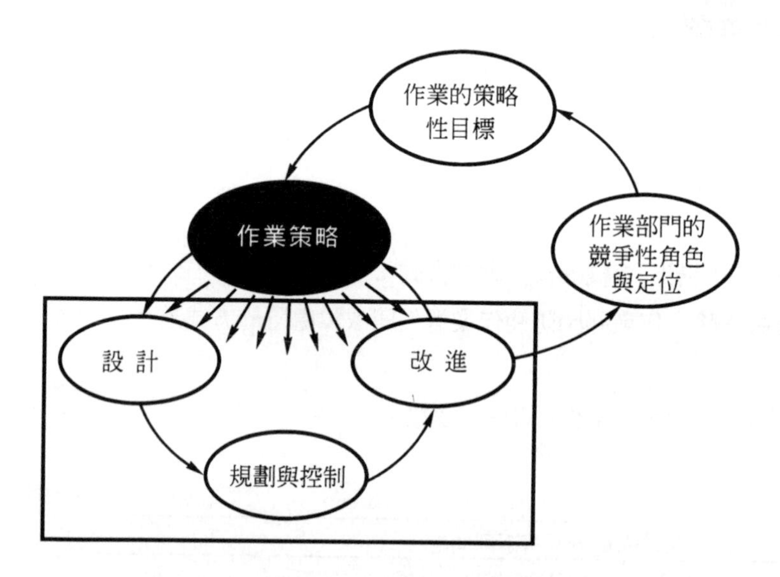

圖 3.9 作業策略的每個層面會影響作業所有的活動

Rover 汽車廠的改善策略

英國汽車製造業在 1960 與 1970 年代無法與日本進口車競爭。1994 年 Rover 汽車廠轉型為連 BMW 都刮目相看的公司。Rover 的成就歸功於改善策略，該公司的改善計畫宣示要將 Rover 產品推向最頂尖。1989 到 1993 年 Rover 推動有史以來最密集的新車上市發表會。這一系列嶄新車型能夠順利研發、按時推出，最大幕後功臣是作業部門的改善策略。

首先由「品質策略」奠定公司所有改善活動的根基。培訓所有相關工作人員，使其具備執行全面品質管理所需的觀念與工具。品質策略不僅強調改善工具，還協助營造出「按部就班，逐步改變」的適當環境。品質策略是植基於公司希望顧客如何反應的理念，就是希望帶給客人超乎尋常的滿意。

競爭對手標竿是 Rover 改善策略的另一關鍵要素。公司以各汽車廠為鑑，吸收其經營市場的經驗。精心研究日本汽車廠的績效與作業方式之後，Rover 才明白必須達到多高的績效水準方能與對手競爭。Rover 與世界一流的 Honda 長期合作，將日本的臨界（lean）生產方式加以調整，以適用於西方環境。

Rover 改善策略的最重要關鍵是人力資源管理的革命性作法，即將作業人員視為公司最重要的資產以及持續改善的原動力。

作業策略會影響績效目標

所有決策多少都會影響到作業部門的績效目標，只不過有些策略對某些績效目標影響較顯著（見表 3.6）。

表 3.6 何種策略對某些績效目標的影響特別顯著？

	品質	速度	可靠性	彈性	成本
新產品／服務研發策略	✓				✓
垂直整合策略		✓	✓		✓
設施策略		✓	✓	✓	✓
科技策略	✓			✓	✓
勞動力與組織策略	✓			✓	✓
產能調整策略		✓		✓	✓
供應商關係建立策略	✓		✓		✓
存貨策略		✓	✓		✓
規劃與控制系統策略		✓	✓		✓
改善程序策略	✓	✓	✓	✓	✓
失敗預防與復原策略	✓		✓		✓

現身說法——專家特寫

Allied 西點公司的 David Garman

David Garman 是英國 Allied 西點公司的總經理，正負責替公司研擬一份能普獲全體同仁承諾的未來願景。

我現在的要務是研擬策略以建立長久的競爭優勢。最近的競爭環境加重了降價的壓力。因零售價格激烈競爭，市場又已成熟，欲長保競爭優勢談何容易？因此，達成明確的策略性目標乃是企業當務之急。

David 認為總經理有四種角色：

- 描繪遠景以確立公司未來的目標與優先事項；
- 研擬策略以實現這個理想；
- 營造適宜的公司文化以支援、推動策略的執行。
- 監控企業的績效並採取適當行動以達成期望的結果。

當今的專業經理人不能再依賴「垂直管理」那種命令與控制的作法。溝通網路應該是水平擴散的，即消除部門間界限，鼓勵人們作水平思考、腦力激盪，研擬出實際能滿足顧客要求與達成公司目標的策略。

本章摘要

- 任何組織或部門的策略是爲了界定組織在所處環境的競爭地位，因而擬訂的一套決策與行動方針。策略可分屬不同階層，而構成一個策略階層。
- 集團策略係爲其各個不同的事業體設定目標。企業策略係爲其各個部門設定目標。部門策略則設定能協助達成企業策略的目標。
- 作業部門可能包含幾個單位或個體作業系統。每個單位都可擬訂該個體作業之策略，俾能協助達成事業體的總體作業策略。
- 作業策略的內容處理各績效目標對作業的相對重要性。其影響因素包括：組織的特定顧客群、競爭對手的作法、產品與服務所處生命週期的階段。
- 作業策略的內容藉著研擬有關設計、規劃與控制、改善等策略，提供作業部門作決策時的一般性指導方針。

個案研究：Birmingham 娛樂器材公司

由 Bob Greenwood 所創立的 Birmingham 娛樂器材公司專門製造電動玩具，目前已躍身業界四大。四年前 Bob 把公司賣給一家工業集團，但仍受聘為公司主管。該公司在本身工廠產製機器的所有零組件及裝配成品。

最近，新老闆對公司績效頗不滿意，於是決定把 Bob 開除。Bob 預感職位不保，憤憤不平的發牢騷：

須掌握機先，引進最先進技術，才能在這領域立足。過去 5 年來，我們平均每 4 個月就推出一種新產品。你不能讓會計師來經營這樣的公司！你需要創新者！

事實上，新老板早已安排一位會計師來經營這家公司了。新官上任第一天，就把製造部經理找來，對生產現況嚴加批評：

我認為整個工廠完全不上軌道。到處堆放半成品；人人都不知道下一步要做什麼。工廠有些單位工作負荷過重，有些則無事可作。我們如能控管嚴格一些，單位生產成本必能大幅下降。

生產經理提出反駁：

我當然想降低單位生產成本，也很想整頓整個工廠。問題是設計部每隔幾個月就要變更產品，以致沒有時間讓生產系統穩定下來。同時，行銷部要求新產品立刻交貨，幾乎在生產部一拿到設計圖的同時就催貨。

新老板找行銷經理解釋。行銷經理直截了當的說：

我不關心單位成本。這些產品不是靠低成本賣出去的，同業根本沒人拚價格。價格並非全不重要，但是增減個 10%對我們的銷售量影響不大。促銷產品的關鍵在於每幾個月就有新產品上市，能立即交貨搶得先機。

聽了兩位經理的陳詞，新老板原先大力整頓公司的想法開始有些動搖，漸漸拿不定主意了。

問題：

1. Bob 經營公司的績效目標為何？
2. 下列人員目前優先的績效目標為何？
   a. 生產經理
   b. 行銷經理
   c. 新老板

問題討論

1. 試說明集團策略、企業策略、部門策略的差異。
2. 簡述貴大學的企業策略。大學裡諸如圖書館、餐廳、學生社團等個體作業會擬訂何種作業策略？就你的觀點與這些個體作業負責人的觀點作比較。
3. 策略階層在非營利組織（如救濟遊民的慈善團體）如何運作？
4. 試說明大型超市連鎖的各部門如何才能夠：
   a. 直接有助於公司策略目標的達成？
   b. 幫助公司的其它部門，達成其個別目標？
5. 以監獄為例，說明不同顧客群（至少包含囚犯，社會大眾與受害者三者）的特定需求。針對每種顧客找出關鍵績效目標，並討論彼此間是否會衝突？
6. 針對一家賣 CD 的音樂城找出贏得訂單、力求合格的績效目標各是什麼？
7. 假設錄放影機正處於生命週期的成熟期，製造商的主要績效目標曾經歷過哪些改變？
8. 對於供應下列產品或服務的組織，什麼是贏得訂單因素、力求合格因素？
   a. 房地產仲介服務
   b. 會計服務

c. 工業用銑床

9. 「公司將新產品或服務引進市場時，完全靠產品或服務的技術性能與對手競爭，作業部門並不擔任重要角色。」試申論之。

10. 許多日本製造商靠進入生命週期「成熟期」的產品而成功，如汽車與電視。它們如何使這些產品在市場上再展雄風？作業管理扮演何種角色?

11. 爲下列的作業系統擬訂設計、規劃與控制、改善等策略：

a. 網咖

b. 汽車修理廠

c. 台北捷運

4 作業管理的設計

本章介紹所有與設計工作有關的主要課題，涵蓋產品與服務的設計及製程設計，見圖 4.1。

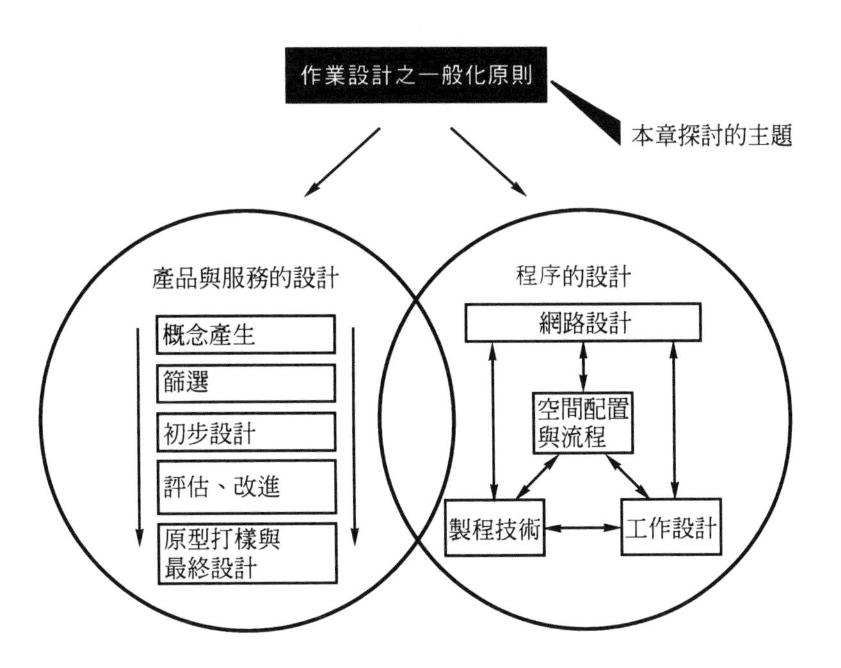

圖 4.1 本章探討作業管理的設計工作

學習目標

- 作業部門之設計工作的性質與目的；
- 設計工作的執行，如何以滿足顧客爲永續標的；
- 設計工作的管理；
- 設計活動的過程中，設計方案如何受到侷限？
- 設計如何能視爲決策的過程；
- 生產的數量與種類對設計的影響。

什麼是設計?

設計在於滿足顧客需求

作業的設計工作要務是提供能真正符合顧客需要的產品、服務與製程。產品或服務之轉換程序的設計關係到作業部門滿足顧客需求的能力。表 4.1 說明產品、服務及製程的設計，如何影響作業的各項績效目標。

表 4.1 產品／服務及製程設計對作業績效目標的影響

績效目標	良好的產品／服務設計之影響	良好的製程設計之影響
品質	能夠消除產品或服務「容易出錯」的潛在因素	能夠調配適當資源，俾有助於產品或服務符合設計規格
速度	產品可快速製成（如利用模組設計原則），或服務可避免不必要的時間耽誤	產製過程的每一階段可快速移動物料、資訊以及顧客
可靠性	藉由標準化的製程，使產製過程的每個階段皆可預測	能夠提供可靠的技術與人員
彈性	能夠提供給顧客產品或服務多種選擇的空間	能夠提供可快速轉換的資源，以產製各種不同的產品或服務
成本	能夠降低產品或服務中每個零組件的成本，以及裝配成本	能充分利用資源，進而提高製程效能，降低成本

波音公司

1990 年 10 月展開的波音 777 客機設計目標是一架雙引擎 300 人座的新機型。研發波音 777 時，波音公司為了理解顧客需求，邀請 8 家潛在航空公司客戶（包括英國航空公司、日本航空公司與澳洲航空公司）參加設計概念的建構計畫。顧客認為機艙空間應該比波音 767 寬敞約達 25%，此外也期望機艙的空間配置能更具彈性。傳統機艙的空間配置由原先固定的廚房與廁所隔開，能有效排定各等級機艙乘客的容量比例；而航空公司希望新機型能依每天的需求變動來配置機艙，如此就不會浪費商務艙的收入。

波音公司不僅滿足顧客要求，而且還做了幾項改進：高效能的電腦輔助設計系統、洗手間與廚房均可挪移的設計改變頭等、商務、經濟艙座位的比例。

產品、服務與製程都須設計

設計的定義可延伸到產品與服務的創造過程。設計工作主要是決定某種東西的外觀造型與作業方式。

✏ 產品／服務設計與製程設計息息相關

產品／服務的設計與製程的設計是息息相關的。見圖 4.2。

✏ 兩者的重疊在製造業日趨重要

產品設計階段所做的許多決策，諸如原材料的選擇、各項零組件的組合方式、產品造型、可容許公差等，都會影響製造成本。圖 4.3 顯示，設計過程本身的成本增加極為緩慢，但設計對組織造成的成本則增加快速。產品／服務的設計若能有效地移轉到製程設計將有助於縮短商品上市所需時間。

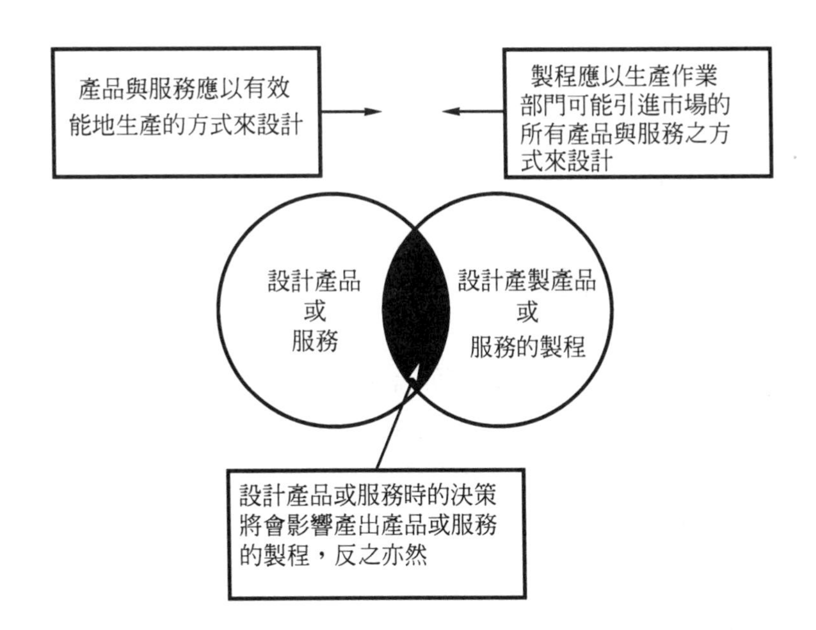

圖 4.2 產品／服務的設計與製程設計息息相關，應一併處理

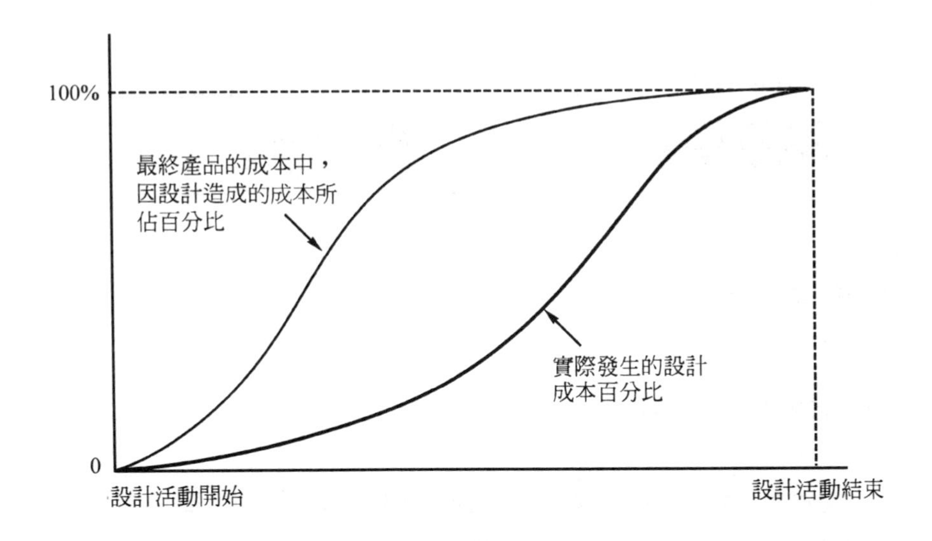

圖 4.3 設計初期的決策會影響作業日後的成本負擔

✏ 服務業的重疊性更高

不論是製造產品或提供服務，如能將「產品設計」與「製程設計」兩相結合，總是裨益良多，尤其是服務業，這兩種設計的重疊性高過製造業。因爲很多服務都把顧客納入作業轉換過程的一部份。

設計工作本身就是轉換程序

圖 4.4 用「投入－轉換－產出」來說明設計活動。投入包括待轉換資源與用來轉換的資源。待轉換資源包括市場預測、消費大眾偏好、生產技術等資訊、測試性能是否合適的物料或零件。用來轉換的資源包括管理主管、技術人員、電腦輔助設計系統、研究發展與測試設備。

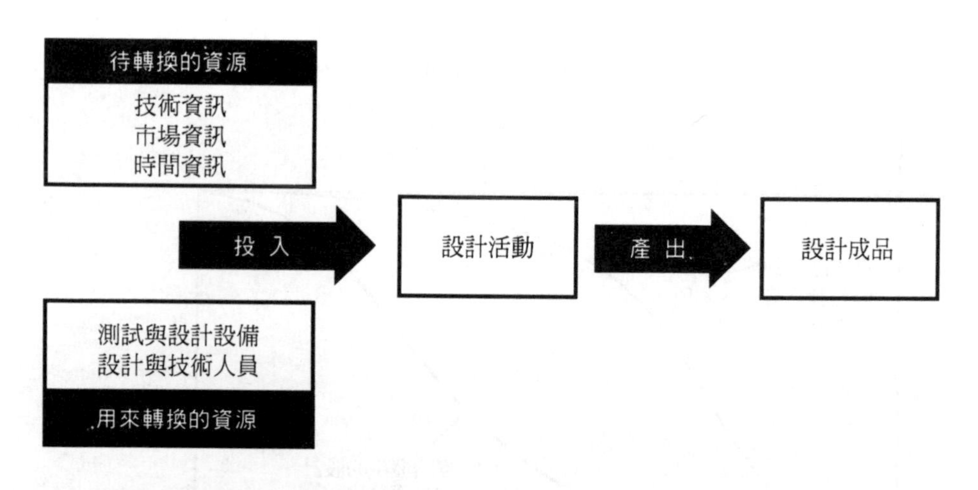

圖 4.4 設計活動也是一種轉換程序

產品或服務產出的數量會影響設計與製程。例如，訂製傢具設計家的設計和生產方式就完全迥異於大型傢具集團。產品與服務的「時間」，也是設計過程中一項重要投入。例如，大規模成衣廠的設計師必須了解每件服裝多縫一條線與多縫一個鈕扣會產生何種影響。

從形成概念到訂定規格的整個設計活動

設計活動是從醞釀概念到初步模糊的定義，直至摸索設計出針對特定問題的解決之道。過程中原先的想法或「概念」迭經改良，終能擬訂詳細規格，設計出具體的真實產品、服務或製程。在設計的每個階段都要就現有的方案予以過濾篩選。例如，相機外殼的設計若決定採用鋁材而非塑膠，這個決策本身所牽涉的成本因素可能不大；但決定使用鋁質會限制了後續的決策，如相機整體組裝與造型、外殼銜接黏合方式等。換言之，設計者歷經「篩選」的過程以淘汰不適合的方案，而設計工作的不確定性隨著方案減少而消除。設計可視為一種逐步剔除有關產品、服務或製程的不確定性過程。見圖 4.5。

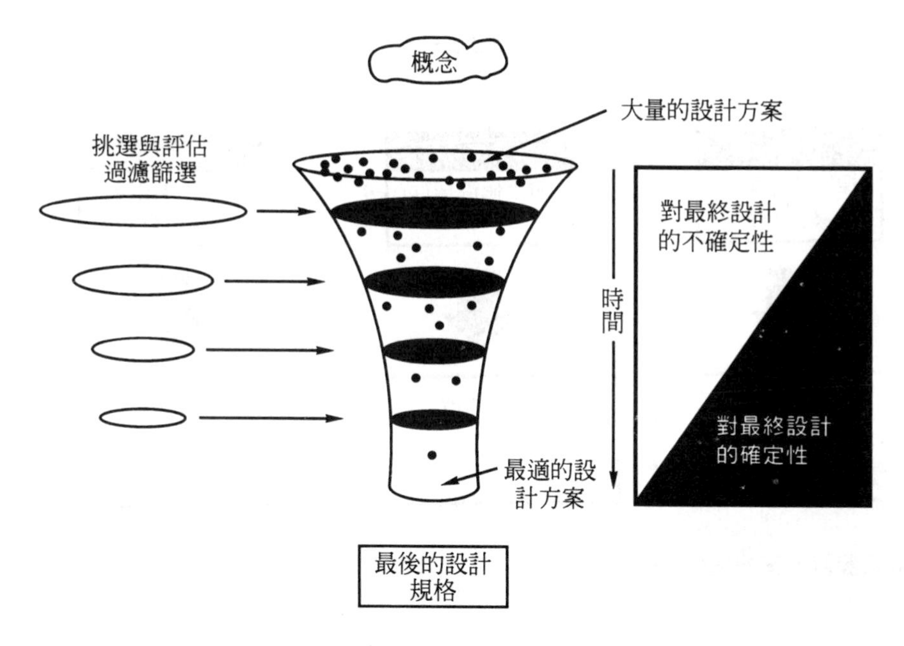

圖 4.5 設計是逐漸剔除不適當的方案，直到產生最佳設計

設計者在設計細節上若有更動，必牽涉到成本。在設計的初始階段，許多根本決策尚未敲定，所以改變的成本相對較低。隨著設計的進展以及累積的決策越相關，改變的成本就益形昂貴。

✏ 設計要先找出各種可能方案

設計產品、服務或製程的每一階段都會面臨一些**方案**。有時選擇範圍窄，只能要或不要；例如，「我們應否改裝飯店？」有時可供選擇的方案多如牛毛；例如，「核子反應爐防護牆該建得多厚？」易言之，從零厚度到極厚的厚度都是可能的答案，只是安全與成本有差異罷了。

✏ 設計須評估各項備選方案

評估每項選擇時，應根據幾個**設計準則**來評量。準則雖依設計性質或情況而有不同，圖 4.6 的三大設計準則或能有所幫助。

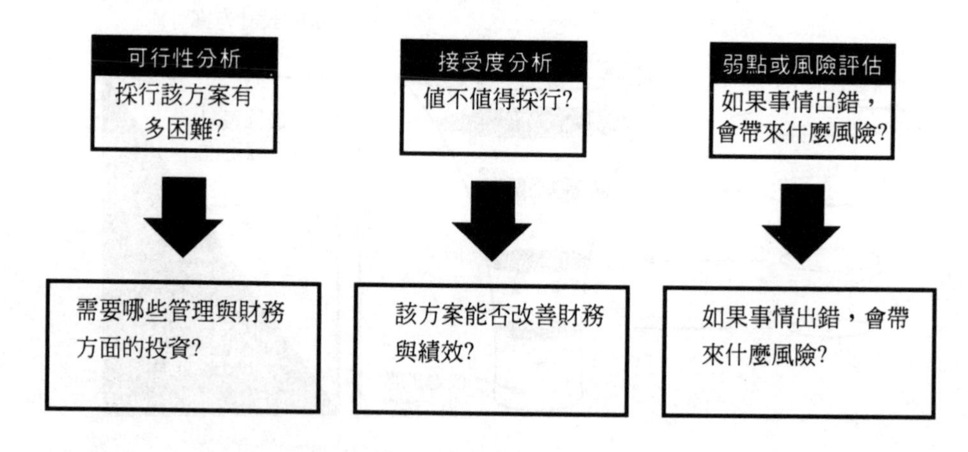

圖 4.6 評量設計方案的三種準則

評估一項設計方案是否可行，可提問下列關鍵問題：

- 我們有處理這項方案所需的技能（資源的品質）嗎？
- 我們組織有處理這項方案的能力（即資源的數量）？
- 我們有處理這項選擇的財源嗎？

評估一項設計方案是否可接受，可提問下列關鍵問題：

- 這項選擇方案能否滿足設計所要達成的績效準則？（設計不同，準則各異）
- 這項選擇方案是否會帶來令人滿意的收益？

評估一項設計方案的風險性，可提問下列關鍵問題：

- 我們是否完全了解採用這項方案可能的後果？
- 若採用這項方案，會發生何種差錯？若差錯果真出現，會有怎樣的後果？

✏ 實例：液態瓦斯鋼瓶材料的選擇

英國家用桶裝瓦斯鋼瓶公司正在檢討鋼瓶容器的設計。表 4.2 顯示該公司如何藉由可行性、可接受性與可能風險來評估三種替代材質的優劣。

表 4.2　利用可行性、可接受性以及風險性三大準則，評估設計方案

準則	軟鋼	鋁材	強化玻璃纖維
可行性			
處理材料的技術	良	有些要自行發展	無
因應變化的能力	沒有改變	有	有，但有困難
財力	不需要	要	要
可接受性			
重量	差	佳	極佳
耐撞力	極佳	佳	差
耐久	極佳	佳	差
外觀	尙可	佳	尙可
製造難易度	佳	尙可	尙可
單位成本	100	160	145
價格補貼	0	80%	50%
潛在銷售成長率	0	30%	25%
投資報酬率	—	19%	11%
弱點或可能風險			
製造問題風險	目前沒有	中等	中等
市場反應不佳風險	高	低	中等
不利風險評估	短期中等 長期高	短期中等 長期低	短期高 長期中等

設計過程的模擬作業

設計人員在推出產品、服務或製程之前，會試著模擬產品設計的運作。模擬用於探討決策的後果，而非評鑑決策本身；是**預測的技術**，而非**最適化的技術**。以公共大樓爲例，建築師可用電腦模擬設計，依機率分配描述人們隨機出現或移動的情形，藉以預測哪些樓面配置會太擁擠，或哪些地點還有多餘空間。

設計的 4C

設計活動的本質，可用所謂的 4C 來加以說明：

- Creativity（**創造性**）。設計是要創造前所未有的新事物；或就現有設計予以變化創新，或無中生有，發明嶄新概念。
- Complexity（**複雜性**）。設計工作牽涉到許多參數、因素（從整體構造與績效，到零組件、原料、外觀造型，以及製程方式）。
- Compromise（**妥協性**）。設計必須在多元，且往往彼此衝突的要求之間平衡與妥協，例如，功能與成本、外觀造型與使用方便、原料與耐久性等。
- Choice（**選擇性**）。設計工作必須處理基本概念，乃至顏色或型式的最微小細節，並從各種解決之道中做出最適抉擇。

Volvo 汽車設計的虛擬實境

瑞典富豪 Volvo 汽車夙以產品安全馳名國際。富豪公司採用虛擬實境系統來加強改善側面撞擊防護系統；乘客進入一輛模擬 Volvo 850 的車子，戴上虛擬實境的安全護盔後，即可親身體驗時速 40 公里的側面撞擊。虛擬車禍現場錄影可慢速倒帶，審視安全帶、駕駛座氣囊的反應、車體組件變形的情況。

事實上，虛擬實境早已廣被建築界、汽車設計界、精密外科手術作為規劃作業之用，它帶給設計專家傳統靜態二度空間繪圖無法提供的細節相對位置。尤其能使未受專業訓練的顧客在具體產品完成之前，將設計先行視覺化。因此，建築師可讓客戶在虛擬的建築物來回走動，立刻提出有效中肯的變更要求。汽車設計師可讓人從駕駛者角度，將車內配置與視野完全予以實境視覺化，並可進行模擬測試，而無須浪費一輛真實車子作實驗。醫院外科醫生也可讓小組成員熟悉所採用的手術方法與工具。產品開發的前置時間可因而縮短，因為大量交叉檢測與製作打樣原型都可省掉；由於設計人員生產力的提升，成本因而大為降低。

因應環保潮流的設計

下列幾項議題，業已成爲眾所矚目的關注焦點，設計者不能不察：

- **產品的原料來源**。（會不會破壞熱帶雨林？有沒有剝削童工？）
- **生產過程所消耗的能源數量與來源**。（塑膠飲料罐是否比玻璃罐耗用更多能源？廢熱可否回收用於魚塭？）
- **製造過程產生的廢料數量與種類**。（廢料可否有效率的再生利用？或須焚燒或掩埋？廢料的分解與滲漏對環境有無長期影響？）
- **產品本身的壽命**。如果某個產品可使用 20 年，生產所消耗的資源比壽命 5 年的產品要少，後者在同樣期間中要更換 4 次。然而，壽命長的產品生產初期可能須投入較多資源，且在使用後期效率低落，而新產品耗能少與維修易，則應採用何者？
- **廢物處理問題**。（廢棄的產品會不會破壞環境？可否加以利用，且對環境有益，比方，廢棄舊車可否堆在海底做人造礁石？）

產品數量與產品種類對設計的影響

一般而言，產品的產量與種類兩大構面彼此相關。生產批量較少的作業部門通常產品與服務的種類比較多；生產批量較高者其種類相對較少。

產量與種類如何影響設計的績效目標

作業部門的生產數量與產品種類會影響績效目標的界定。圖 4.7 顯示品質、速度、可靠性、彈性與成本如何深受作業部門「產量－種類」定位的影響。

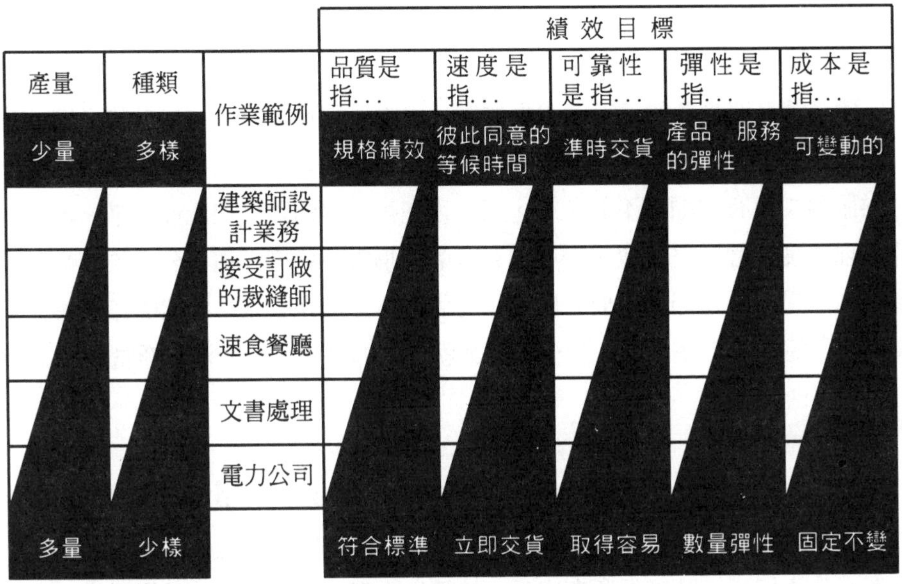

			績效目標				
產量	種類	作業範例	品質是指...	速度是指...	可靠性是指...	彈性是指...	成本是指...
少量	多樣		規格績效	彼此同意的等候時間	準時交貨	產品　服務的彈性	可變動的
		建築師設計業務					
		接受訂做的裁縫師					
		速食餐廳					
		文書處理					
		電力公司					
多量	少樣		符合標準	立即交貨	取得容易	數量彈性	固定不變

圖 4.7 作業部門的「產量—種類」定位對績效目標的涵義

✏ 品質

如建築師業務那種少量—多樣的製程，其品質主要著重於建築物的優美外觀與適切的設計細節。在產量略高、種類不多的製程，如量身裁製西服的裁縫店，品質也著重於製成品／服務的特性，但也強調製程嚴格管制，不得跳針或布邊磨損等。在多量少樣的速食餐廳，品質強調的是食物真正的美味，但產品或服務設計的符合標準也十分重視；食物質量內容都須與「廣告訴求一樣」；用餐區保持整齊清潔等。在銀行那種產量極高、產品少樣的製程，每年處理逾百萬筆交易的業務量，品質取決於其零錯誤的績效。像電力公司產量特大但製程少樣，品質只要達成零錯誤的目標即可；電力須一直維持精準的要求，如電壓、電流的穩定。

隨著製程從少量－多樣的作業狀態，移到多量－少樣的作業型態，品質的定義也會逐漸從重視產品服務的性能或特性，轉變爲符合預先約定的規格。

✏ 速度

建築師專案設計的速度必須根據客戶需求，彼此商定完成設計的日期。裁縫店的作業速度也是依裁縫師的工作量與客戶需求商定。速食餐廳可請顧客稍待，等候服務；但有的顧客不願久等，服務須在可容忍的限度內處理完畢。銀行的文件處理速度須趕交易時效，否則顧客會蒙受損失。速度在電力公司的作業型態達到高峰，電力公司絕不可要求顧客等待供電。速度在少量－多樣的作業表示交貨時間可以協商；但在多量－少樣的作業就得立即交貨，比較沒有商量餘地。

✏ 可靠性

建築師的可靠性是指依約準時交差。同樣，裁縫師也須準時完工交貨才算可靠。速食餐廳的服務可靠表示不讓顧客久等。銀行文件處理作業的可靠性，是指具有充分產能可按時處理所有交易。持續性生產作業的可靠性常指服務本身容易取得、不虞匱乏，正如可靠的供電服務永遠不會斷電或跳電。故可靠性從少量－多樣的作業型態，強調「準時交貨」；到了多量－少樣的作業型態，改爲重視產品或服務的「容易取得、不虞匱乏」。

✏ 彈性

建築師設計作業的彈性表示：可依客戶需求設計各種不同建築的能力。裁縫師的彈性是依顧客的不同需求量身裁製每一套衣服。速食餐廳的生產製程須有些許的產品彈性以應付多樣產品，並須依需求的變動隨時調整產量。銀行的交易文件處理業務種類雖各不相同，但主要強調產量的彈性，俾能因應需求變動。電力公司的產品幾乎不具彈性（電力是唯一產品）。

✏ 成本

就單位成本而言，成本會隨產出的數量及產品或服務的種類而變動。少量多樣的作業部門運作成本較高，因其作業須富彈性、使用技術較先進。大量生產的作業型態通常生產類似的產品或服務，固定成本可由大量的產品或服務平均分攤。因此，電力公司每單位產出成本甚低，生產這一秒鐘電力的成本與生產下一秒鐘電力的成本一樣，即成本比較固定。

產品數量與產品種類如何影響設計作業

表 4.3 顯示設計作業的某些活動，如何隨產量與種類調整而更動。

表 4.3 作業部門的產量－種類定位，會影響設計作業的各項活動

產量	種類	設計重點	產品／服務標準化	地點	流程	製程技術	員工技術
少量	多樣	產品／服務設計	低度	可分散	間歇	通用	針對任務
⬇	⬇	⬇	⬇	⬇	⬇	⬇	⬇
多量	少樣	製程設計	高度	通常集中	持續	專用	針對系統

以建築師業務與電力供應爲例：建築師的業務種類多，表示其服務標準化較低。某些服務項目重複性高，如每件新設計都須向客戶提企劃書，但相關細節則因案件不同而異。作業部門內的資訊流動，視專案、客戶情況及整體作業水準而定。建築師個人的專業技能比經營事務所所需的技術更爲重要。

電力公司的產量很高，但產品種類簡直不存在，因爲電力幾乎是標準化的產品。作爲製程技術主體的發電機持續不停發電，不生產其它任何產品。但「發電系統」的管理卻格外重要，如此才能保證以最低成本持續供電。

製造業與服務業的製程型態

製造業的製程類型

製造業的各種生產類型，見圖 4.8。

✏ 專案生產

專案生產處理不連續的生產工作，通常要密切配合顧客的需求。一般而言，產品或服務的生產期間較長，製程屬少量多樣，產製工作具有不確定性。實例包括造船業、發電機廠、鑽油井。專案生產的每項工作都明訂開工與竣工日期，不同工作之間的間隔較長，所用的轉換資源可能專爲某項產品準備。

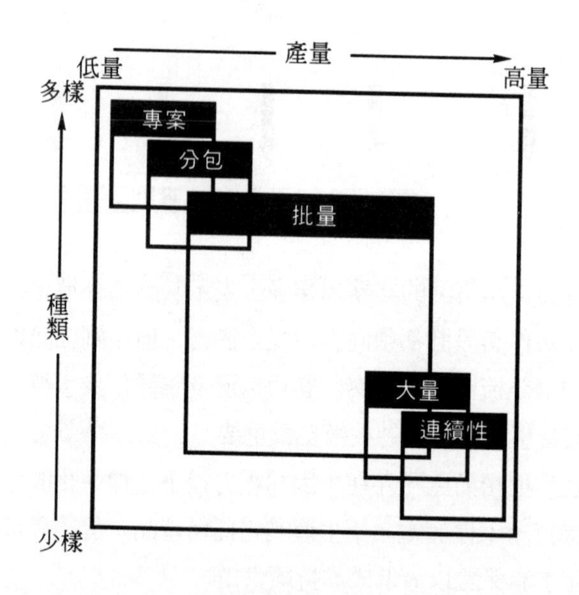

圖 4.8 製造業的生產類型

✏ 分包生產

分包生產也處理少量多樣的產品。專案生產的每項產品都有專屬資源，而分包生產的每項產品與其它產品共用資源。雖然所有產品均需經同樣的處理，但每項產品的確切需求並不一樣。實例包括模具製造專家、量身裁製的裁縫師。分包生產比專案生產之產品項目較多且較小，但大部份的工可能「只作一次」。

✏ 批量生產

批量生產乍看像分包生產，但沒有那麼多樣。每批的生產作業只生產一批數量。一批貨的大小若只有 2 到 3 件，這種作業和分包作業十分接近。如果批量很大，則此種批量生產頗具重覆性。實例包括：工具機製造、特別冷凍食物的生產、裝配線的零件製造。

✏ 大量生產

大量生產的產量較高，但產品種類相對較少。例如，汽車廠生產的車型千變萬化，但不影響大量生產的作業型態。汽車廠的生產作業基本上屬於重複性質，大多固定不變。實例包括汽車廠、消費耐久產品、食品加工業。

✏ 連續生產

連續生產比大量生產的產量更大，產品種類更少。因爲製造作業不可中斷，須依流程不停的生產，故稱爲連續生產作業。連續生產的特性包括缺乏彈性、資本密集、固定製程技術。實例包括煉油廠、電力公司、煉鋼廠、造紙廠。

服務業的製程或服務方式

服務業的作業方法也依不同的產量－種類特性來安排作業，見圖 4.9。

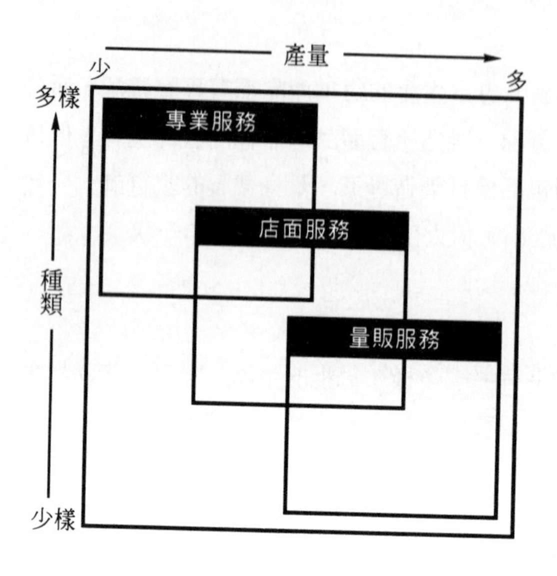

圖 4.9 服務業的作業類型

專業服務

專業服務業在提供服務的過程中必須與顧客頻繁接觸。員工大部份的時間都在前檯提供服務，及時處理顧客問題。專業服務大多屬於人力導向，而非設備導向。實例包括：管理顧問、律師業務、查帳稽核、電腦支援服務。

Accenture 顧問公司是專業服務最具代表性的實例，該公司與客戶討論問題，訂定專案服務範圍，專案經理負責組織專案小組，統合各項適當技術來幫助客戶解決各種問題。

量販服務

量販服務與眾多顧客進行交易，但彼此接觸有限，且無須配合顧客個別的要求。這類服務多以設備爲主，且爲產品導向。大部份的附加價值由後場的作業活動所創造。絕大多數的非專業人員執行規定的工作項目與作業程序規範。這類服務包括：超級市場、全國鐵路網、機場、圖書館、警察局。

✏ 店面服務

店面服務與顧客接觸的頻繁程度、符合顧客個別要求的程度、顧客數量等特性是介於專業服務與量販服務之間。服務的提供通常經由前檯與後勤、人員與設備及產品或過程的特點來達成。店面服務包括銀行、租車行、學校、餐廳。

現身說法——專家特寫

Grant & Blunt 商業設計公司的 Peter Grant

Grant & Blunt Business Design 是歐洲有名的室內設計公司，它善於運用空間配置來改善人際溝通效果，並大幅提高生產力。Peter Grant 以電腦輔助設計工作站為設計利器，將美術設計技巧應用於辦公室的實際設計規劃。

每個專案我們都會先徹底了解客户的辦公室活動內容、部門組織結構、空間使用人數及其未來展望，據以規劃資訊與文書的流程，藉以確定最合理的配置；在規劃過程中，我們會深入認識公司主管，體會其公司文化，這十分有助於思索整體的設計問題。

動手設計的第一階段是在建築樓面配置圖中圈畫的「泡泡計畫」。我們與客户獲致每個部門配置的基本共識，利用圓圈（或泡泡）點出人群，並標明員工人數及描出人際溝通動線。由於組織與活動急速變動，我們還得預測辦公室空間未來可能面對的問題。大部份客户不喜歡固定（牆壁）隔間的辦公室設計。空間十分昂貴，公司主管莫不希望能從投資中獲取最大價值，但並非所有員工都願意和別人共用辦公室。

一旦我們擬好完整細部計畫，就可開始進行室內裝潢設計。通常我們會提出一系列的素描草圖，客户從中挑選心目中的辦公室風格，選定的草圖隨即以電腦輔助設計系統設計細節。所有傢具的造型設計都由廠商按電腦輔助設計系統提供，因此進行空間配置十分簡便。

設計過程非常繁複瑣碎，每個階段都必須不斷研商、檢討，隨時參酌新資訊、接納意見、變更修改。我們的成就要歸功於對設計細節的嚴苛要求與對客户需求的精細分析。

本章摘要

- 設計活動的整體目標是為了滿足顧客需求。作業的所有績效目標（品質、速度、可靠性、彈性與成本）都深受設計活動的影響。
- 設計活動既適用於產品與服務的設計，也適用於製程的設計。
- 產品／服務設計及其製程設計關係密切，不宜單獨設計。整合兩種設計可獲得更好的設計成果，使產品提早上市。
- 設計活動本身是一種必須善加管理的轉換程序。轉換過程係將投入資訊轉換成能達到各項績效目標的設計。
- 設計過程通常分好幾個階段：從產生概念，一直到設計出細部規格。設計的程序是在每階段於各種選擇方案之間，進行評估衡量，選定最適方案。這種設計過程，可逐漸降低設計活動的不確定性，但也很難更改先前的決策。
- 設計過程具有創意、複雜、妥協與選擇四大特色，通稱設計的 4C（Creativity、Complexity、Compromise、Choice）。
- 作業部門在產量－種類連續譜上的定位，會影響績效目標的界定，至於對設計活動的影響，牽涉到許多方面，包括：產品／服務的設計，及其製程設計；作業地點的選擇；產品與服務標準化的程度；生產技術的採用；作業配置與流程；員工技能條件，以及製程應變的能力。

個案研究：德商 LHI 工程顧問公司

德國的 LHI （Lausitz-Holitz Ing）工程顧問公司專門從事石化工廠設計。最近，該公司工程師研發成功的新設計技術幾乎對各種工廠都可適用。這項科技經資深工程師檢討審核似乎可行，只是還沒有測試、實驗這項技術。

此時，公司獲得一家化學工廠的設計訂單。兩個設計小組立即展開設計：一組採傳統設計技術（設計 1），另一組實驗新技術（設計 2）。同時，評估新技術的測試總成本也提了出來。事實上，設計 2 小組提出二種設計：一種用新科技；另一種用新設計的修訂版，以備新設計失敗時替代。

所有資訊蒐集齊全後，工程師接到以下的財務估算摘要：

實驗工廠測試成本= 80 萬馬克

設計 1（傳統設計）：公司利潤 =200 萬馬克

設計 2（實驗設計）：假如設計成功，公司利潤 =400 萬馬克；假如需要修改，公司利潤 = 50 萬馬克

兩種設計都可行，不過設計 2 須徵調較多工程師，導致公司無法承接其它專案。不論採取設計 1 或設計 2，工廠的績效都差不多；可是設計 2 建廠時間只需設計 1 的 80%。話說回來，要是設計 2 失敗，公司聲譽將會受損。設計 1 因採取沿用迄今的傳統理論，設計必然成功；然而，新設計成功的機率約為 60%。

現在討論應否建造實驗工廠去測試新設計。公司如決定製造實驗設施，仍有足夠時間來決定採用設計 1 或設計 2。

問題：

1. 你認為該公司該用哪些特定的準則來評估這兩種設計？試以可行性、可接受性及風險性為標題說明之。
2. 根據有限的資料，試列出兩種設計的相對優點一欄表。
3. 在產量一種類的連續譜中，你認為此一公司可定位於何處？這表示公司各項設計活動（不只限於產品設計）的性質為何？

問題討論

1. 試說明下列作業部門的產品或服務及其製程，若是設計優良會如何有利於達成五大績效目標：
   a. 洗衣機製造廠
   b. 專售會計套裝軟體的電腦軟體公司
   c. 搖滾音樂演唱會
2. 許多製造業的產品設計及其製程設計是分開進行的？為什麼？試解釋何以這種情形現已逐漸改變。
3. 自選一項產品或服務，試從待轉換資源、轉換用資源，轉換活動以及產出，來描述其新產品或服務的設計工作。
4. 請教曾參與新產品或服務設計的友人，討論各種可能發生的問題。
5. 餐廳經理正打算在其連鎖店增加漢堡外帶吧台。應如何評估這個想法。
6. 根據表 4.2 考量設計決策。你認為何以該公司會決定採用鋁材瓦斯桶？如由你做決策，你還會提出什麼問題？
7. 試說明設計「4C」可如何應用於「家庭理財」服務。
8. 試解釋產量－種類構面對於了解作業活動與設計方式有何重要性？
9. 試述下列作業部門的五大績效目標有何差異？
   a. 漢堡攤與高級餐廳
   b. 大量生產汽車廠與古董車改裝廠
   c. 街頭雜貨店與超級市場
10. 開設髮廊面對的關鍵設計問題有哪些？
11. 試說明種類與產量之間的關係，並說明何以不太可能找到許多「多量－多樣」或「少量－少樣」的作業系統。

5 產品與服務的設計

圖 5.1 顯示本章所探討的各項要素在作業設計模型裡所處的地位。

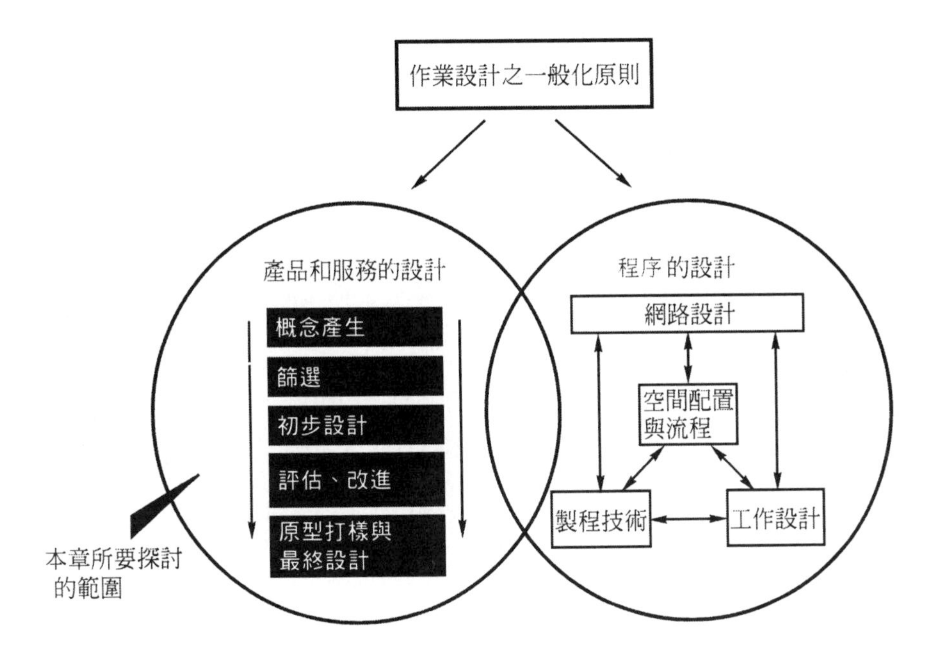

圖 5.1 本章探討產品與服務的設計活動

學習目標

- 產品與服務設計的重點層面；
- 產品和服務設計活動的產出；
- 產品或服務設計必經的階段：產品／服務概念的產生；概念的篩選、過濾；產品／服務的初步設計；初步設計的評估和改進；原型打樣與最終設計；
- 跨部門、全公司同步的「互動式」設計法。

優良設計的競爭優勢

產品和服務的設計爲的是要滿足顧客實際或期望的需求，進而提升公司的競爭力。顧客－行銷－設計的回饋循環如圖 5.2。

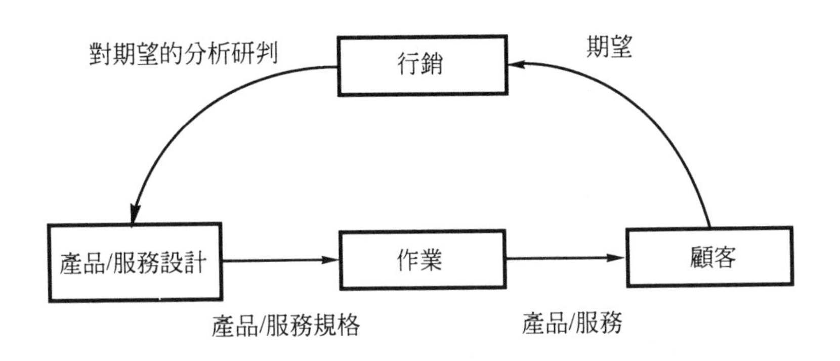

圖 5.2 顧客－行銷－設計的回饋循環圖

百靈公司（Braun）的設計理念和「百靈多功能組合」

德國百靈公司是馳名世界的小家電製造商，以其產品的創新與功能導向的設計蜚聲國際；200 餘種不同類型的百靈牌產品，經年不斷的更新（公司 60%業績係由過去 5 年內推出的產品所創造）。百靈公司的策略重點在於堅信：卓越功能是產品發展的首要目標，此目標可透過技術與設計的創新來達成。

百靈的設計理念不僅止於追求美感；設計工程師都遵守「優良設計十大原則」。以「百靈多功能組合」的設計為例，設計的重點在於「將 3 種各具功能的廚房用小家電（攪拌器、食品加工處理機、開瓶器）結合成一體」。**「百靈多功能組合」展現的十項工業設計原則：**實用、品質、使用簡便、簡化、清楚明瞭、條理、自然、美觀、創新、真實。

什麼是產品或服務設計？

廣義的產品或服務是指可用來滿足顧客需求和期望的事物或觀念。任何產品和服務都可從三個層面來考慮：

- 概念：一組預期的效益足以引起顧客購買的動機；
- 由產品或服務要素構成的配套：可以提供顧客上述概念所界定的效益；
- 產生產品或服務要素配套的作業製程

顧客購買「概念」

顧客不單只購買某一產品或服務，而是購買一組預期的效益。這就是產品或服務的概念。例如，顧客買了一台洗衣機，預期的效益可能包括：美觀的金屬外殼、尺寸適中、可用來清洗衣物、經久耐用。由上例可知預期的效益是指**產品或服務的概念**，即顧客所認定的產品／服務的整體意義。

概念構成產品和服務的配套

產品一般指的是有形體的實物，譬如，洗衣機或手錶；服務則泛指較爲抽象的經驗，像是在餐廳或夜總會用餐。事實上，人們所購買的大多數東西可以說都是產品與服務的配套。如在餐廳用餐就包括：

- 產品，如「食物」和「飲料」之類；
- 服務，如「將食物送到客人餐桌」和「服務生的慇懃週到」等。

配套有某些要素是屬於產品或服務的**核心**，也就是引發購買行爲所絕對不可或缺的**訴求重心**；其它部份則是用來**支援**、陪襯或補強核心訴求的產品和服務。廠商可藉由核心要素的改變來提供不同配套的商品服務。如設計迷你型洗衣機，以支援「單身貴族專用」的核心概念。

創造產品和服務的製程

大多數產品和服務的供應，都須採用各種不同程序。例如，洗衣機的製造即包括下列三個主要程序：零組件的製造和組裝、機器的批發零售、售後服務與技術支援。每個程序可再細分成很多較小的子程序。如零組件的製造和裝配還包括：機器主體沖壓、配線、存貨控制等子程序。

設計的各階段——從概念到規格

設計活動的最終結果是研擬出一份詳盡的規格。此項規格的內容包括：整體的概念（詳述機型、功能、設計的目的、效益）、配套（列出所有支援概念的產品或服務）、創造配套的作業程序（明訂配套中產品或服務的產出方式）。為了將概念規格化，設計活動必經過幾個階段。圖 5.3 說明一般設計作業順序。

概念的產生

孕育新產品或服務概念的靈感如圖 5.4 所示。

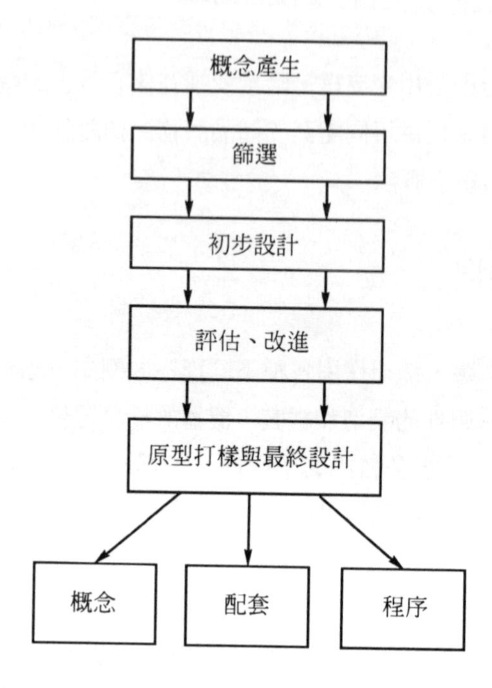

圖 5.3　產品／服務設計的不同階段

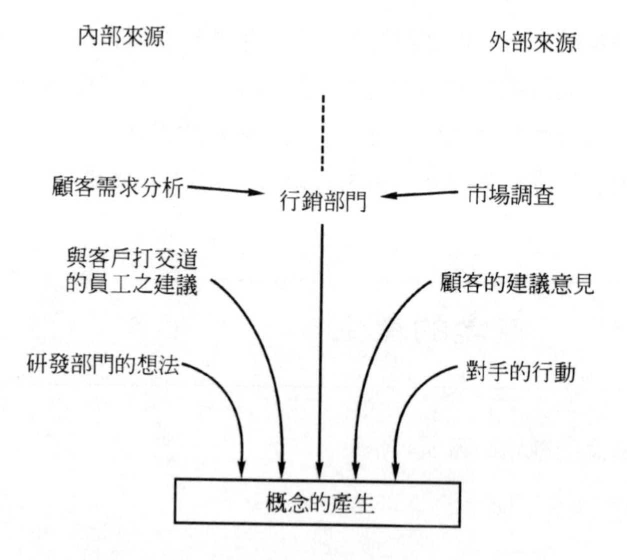

圖 5.4　公司內外都是靈感的來源

來自顧客的想法

✏ 市場的焦點團體

透過焦點團體的討論，以自然不拘束的方式來取得顧客的想法與建言，是頗爲常見的作法。類似的討論會應反覆舉辦數次，俾找出目標團體所敘述的觀點有哪些趨勢與行爲模式。這些討論也須經過有系統的詳加分析，俾找出商機。

✏ 傾聽顧客心聲

企業的顧客每天都可能會提供不少建議和想法。顧客可能寫信抱怨某項產品或服務，也可能提出改進品質或替代品的建議等。

競爭對手的活動

很多組織時時注意競爭對手的動向，深怕對手的某項想法轉換成銷售創意，讓對手在市場上佔盡優勢。在這種情形下，彼此競爭的組織必須研判是否要推出類似的產品或服務，做跟進的動作，或另尋管道異軍突起或出奇制勝。

英國的金融服務業

1980 年代末期到 1990 初期，歐洲的金融業經歷了一場脫胎換骨的大變革。以個人客戶為主的銀行莫不使出渾身解數，推出新型的金融商品、對個人提供理財建議、延長銀行營業時間、重新裝修分行等手段。這些嶄新服務創舉多數立即被對手抄襲或跟進。不過，有些銀行相信將服務網擴展到「分行以外」的革新，更符合個人客戶對「彈性」與「方便」的要求，家庭銀行的概念因此萌芽茁壯。這項概念係針對個人客戶而設計，完全仰賴電話連線作業，顧客只要撥一通電話就可以在自己帳戶內進行轉帳及一系列交易作業。

員工的想法

不管是在服務業或在生產導向的事業體，對顧客意向最清楚的人可能是第一線業務或服務人員。他們可能蒐集許多顧客的建議或意見，同時對產品或服務應如何改進才能更符合顧客需求，可能有許多想法和主見。

研發部門的想法

研發部門賦有研究與發展雙重任務。研究通常是指探索新產品、新知識與新觀念，藉以解決問題、爭取商機。發展則是設法利用得自研究的觀念想法加以延伸，變成可發揮的概念。例如，利用新觀念開發出衛星通訊新科技。

✏ 逆向工程

逆向工程是將競爭對手的產品拆開分解，研究分析其產品設計、細部構造及製程，這將有助於發現值得學習的要素。根據這些發現可以修正本身產品的設計，甚至納入對方的關鍵特色。有些服務層面的要素很難應用逆向工程來分析，尤其是屬於不對外公開的內部作業。然而，藉由消費者試用可以推想出其作業方式。例如，超級市場業者都會定期打探對手的產品標價及服務項目。

想法蛻變為概念的過程

想法必須經過轉換才能蛻變爲概念，隨後還須經過評估才能變成具體產品或服務。概念不同於想法，正因爲概念能清楚敘述；它不僅蘊含想法的精髓，還延伸包括設計造型、功能、目的和效益等配套的東西（參見圖 5.5）。

✏ 例：電話

有家電子廠商打算製造針對低價位市場的電話機。此一概念涉及價格、造型、目的以及效益等要素。見圖 5.6 的實例。

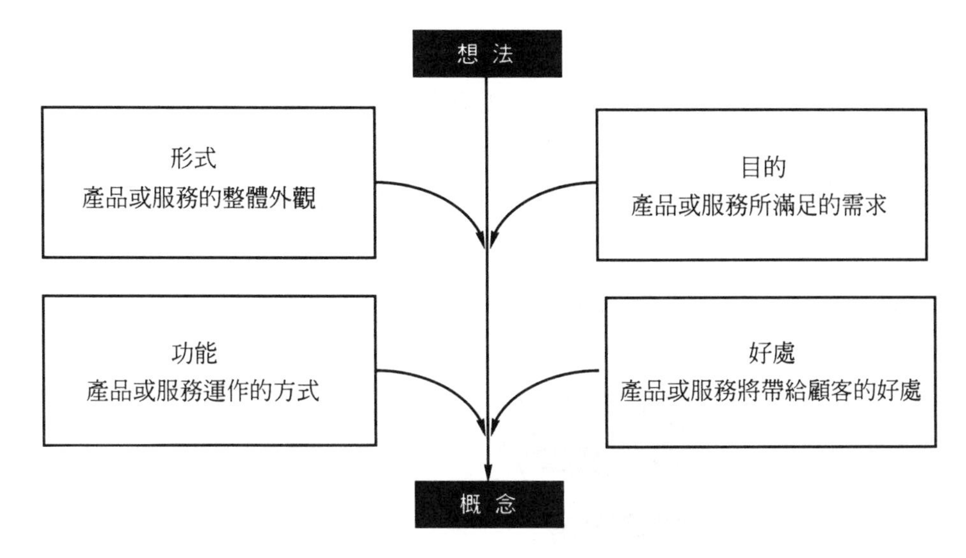

圖 5.5 想法轉成概念的過程

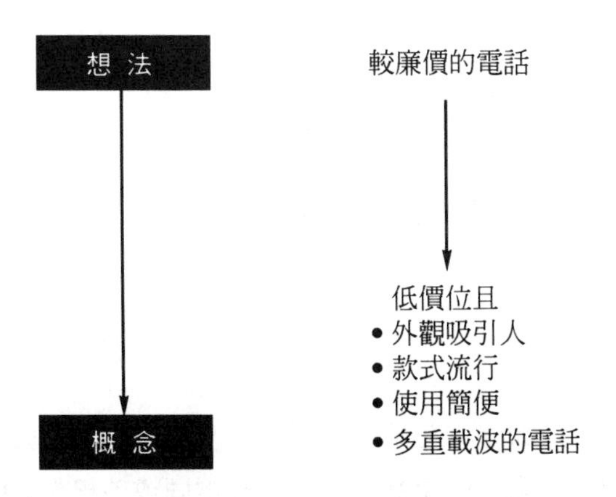

圖 5.6 將低價位話機的想法轉成商品概念

概念篩選

並非所有的概念都能演變爲產品和服務。概念篩選的目的在於評估各概念的可行性、可接受性以及可能遭到的困難或風險。在篩選過程中，每個概念可能都要經過不同部門（如行銷、作業及財務）的考驗（見圖 5.7）。

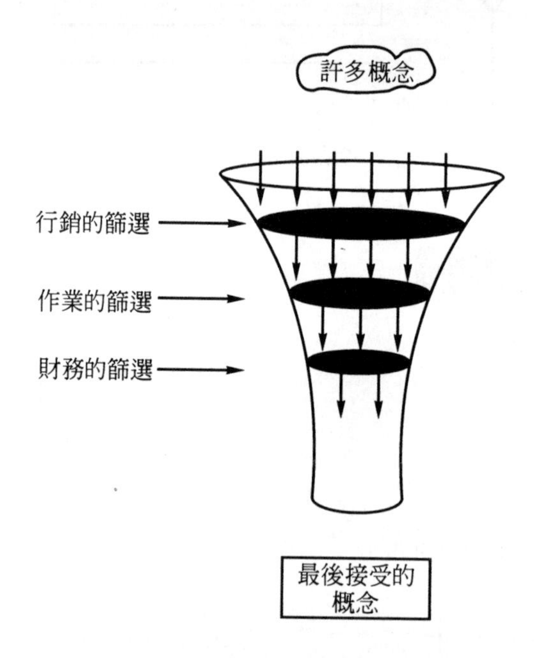

圖 5.7 概念的篩選涉及逐漸的過濾淘汰

行銷部門的篩選

行銷部門能充分掌握市場動態，在篩選過濾時，常會排除下列幾種概念：在市場上行不通的概念、和競爭對手的產品或服務過於雷同或差異太大的概念、市場需求不大且不值得投資的概念、無法配合行銷政策的概念。

作業部門的篩選

作業部門關切的重點是產品／服務概念能否實際作業。爲了判斷有無能力產出產品或提供服務，常會自問有無方法或如何取得下列資源：該作業部門的生產能力、人力資源的技術水準、實現該概念所需的相關技術。

財務部門的篩選

行銷部門預估將來的銷售量，作業部門估算製造所需的成本之後，財務部門便提出研發該產品服務所衍生的財務影響，包括以下幾個要項：資本與投資需求、作業成本、利潤、可能的回收年限。

初步設計

列出配套的要素

此一階段首要任務是訂出產品與服務所需的零配件規格。先要詳列產品或服務配套所需的零組件，配件組合的流程順序，以及所謂料表（Bill of Materials，BOM），即各配件所需的數量。

✏ 例：電話製造商

電話的零配件應包括：手機基座、底座、耳機、話筒、電線、輸入插梢、電子電路、插頭。產品結構顯示零組件如何結合爲電話，見圖 5.8。組成產品結構所需要的物料清單和每項配件所需數量，見表 5.1。

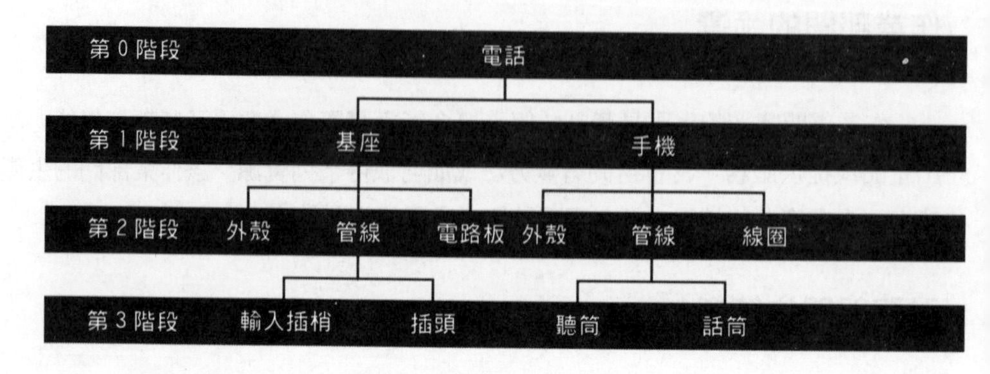

圖 5.8 電話的產品結構

表 5.1 電話的物料清單

準備階段	第一階段	第二階段	第三階段	數量
電話				
	基座			1
		外殼		1
		管線		1
			輸入插梢	1
			插頭	1
		電路板		1
	手機			1
		外殼		1
		電路板		1
			聽筒	1
			話筒	1
		線圈		1

界定配套的製程

製程的文件化即「晒藍圖」，常見的技術具有下列兩個特色：顯示物料或人員或資訊在作業中的流通情形、標示出製程中各種不同的作業活動。以下介紹 3 種常見的「晒藍圖」技術：流程圖、途程單、製程流程圖。

✏ 流程圖

顯示資訊流動的流程圖如圖 5.9。

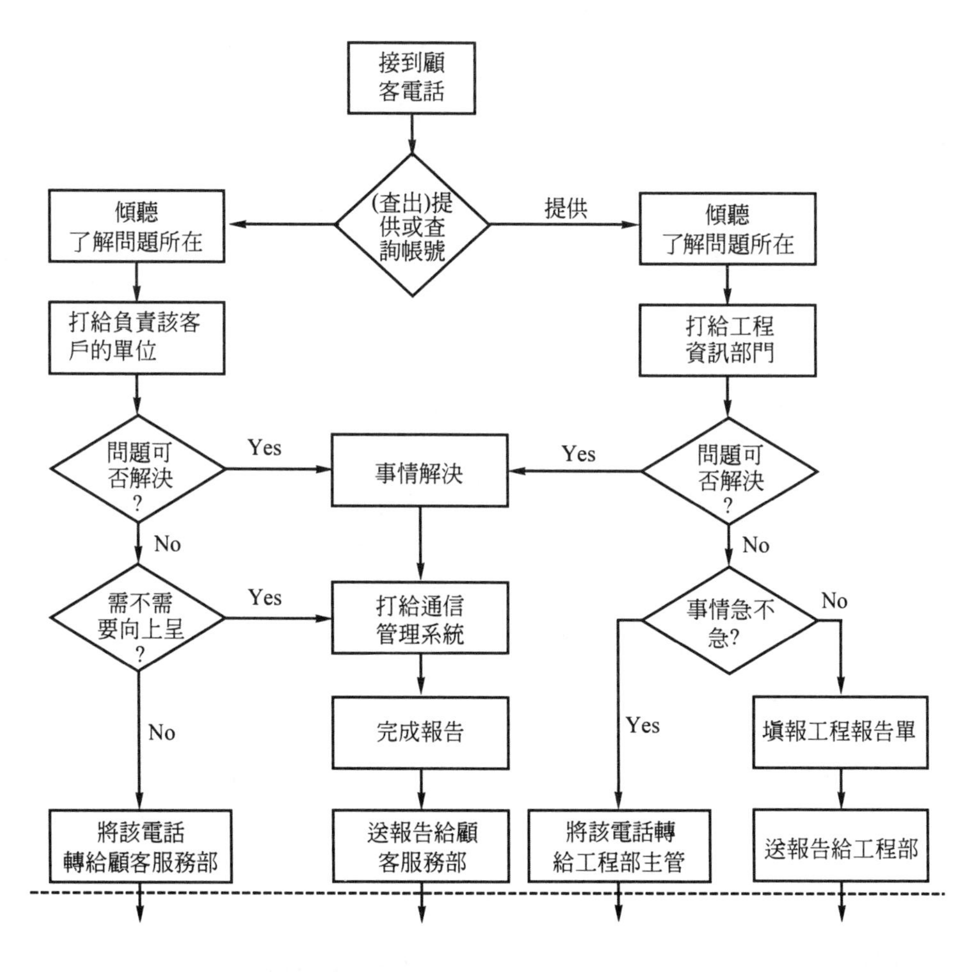

圖 5.9 某公共事業的顧客詢問部門之資訊流通情形

✏ 途程單

又稱作業流程圖，可提供詳細的製程活動資料，包括活動的細節描述與需使用的工具。圖 5.10 顯示組合電話的部份途程單範例。

Route sheet

Item Telephone h1209　　Date 1 / 5 / 95

Item No. # 1209 (h)　　Issued by ....

Operation number	Operation description	Equipment
1	Assemble earpiece and mouthpiece	Jig #24/35A
2	Fix to lower casing	Jig #24/122
3	Insert and fix cord	Wire stripper (type #22)
		and screwholder/driver
4	Assemble upper casing	- -
5	Align and seal	Jig #24/490 and polysege
6	Light and vibration test	Quailtest 12 (main #488)
		and vibration board

圖 5.10 電話組合的部份途程單範例

✏ 製程流程圖

這是作業管理上最常用的製圖法。通常可使用不同的符號來代表不同的活動，見圖 5.11。

● 作業，任務或工作活動

➡ 移動，材料、資訊或人員，從甲地移到乙地的行爲

■ 檢驗，檢查或測驗材料、資訊或人員

D 延遲，製程的停頓

▼ 儲存，物料的存貨或資訊檔案或人員排隊等候

圖 5.11 程序流程圖符號

設計的評估與改進

本階段的設計活動在於「評估初步設計」，以便在進行市場測試之前再度檢視該產品服務，看看有無可再改進之處。茲介紹 3 種常見且有效的評估方法：品質機能展開（QFD）、價值工程、田口式品管法。

品質機能展開

品質機能展開（Quality Function Deployment，QFD）的目的是確保產品或服務的最終設計能夠符合顧客需要。品質機能展開首創於日本三菱集團的神戶造船廠，嗣經豐田汽車公司和其協力廠商廣泛採用。

ICL 電腦公司如何善用 QFD

ICL 電腦公司為掌握新產品商機而成立專案小組，成員包括兩位顧客、一位行銷人員、兩位工程師及一位製造或服務代表。小組成員運用知識與資訊找出對顧客可產生最大價值的特點，並致力將這些特點轉換成具體的解決方案。

圖 5.12 是一則品質機能展開的節錄實例，例子中的產品是電子郵件。顧客的需求及顧客對競爭對手類似產品的意見，都以不同的矩陣方格排列說明。

A. WHATs（需求項目）係每位顧客親身感受的需求，這些需求的相對優先順序都必須記錄下來（此例「正確性 Accurate」居第一順位）。
B. 顧客對競爭對手之電子郵件績效的感受記錄在最右側欄位。三角形是對 ICL 的評估，矩形則是對競爭對手的評估。ICL 的「遠距存取能力 Remote access」比競爭對手強，但「速度 fast」較差。
C. 小組接著使用腦力激盪研究滿足顧客需求的最佳方式，所有新的看法稍後再評估，主持人確保 WHATs（需求項目）與 HOWs（如何滿足）不會搞混。

D. 中央矩陣代表小組對 WHATs 與 HOWs 之間的相關性看法。組員判斷每一個 HOW 能迎合某一 WHAT 的程度，並給予強、中、弱或無關等 4 級的評比（例如，HOW 的「密碼 Passwords」與 WHAT 的「安全性 Secure」關聯性很強）。所有格位的相關性均需評估。然而，大多數都沒有關聯。

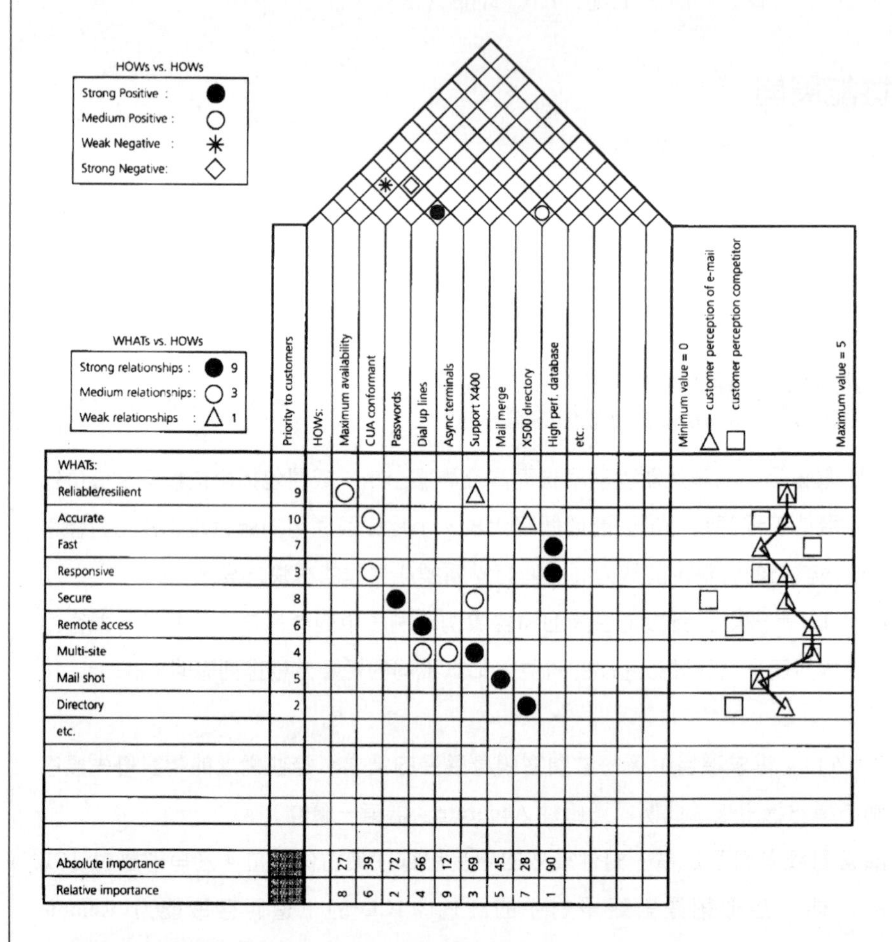

圖 5.12　運用於電子郵件產品的品質機能展開

E. 將 WHATs 的優先順序與相關性相乘計算，得出 HOW 的絕對重要性（absolute importance）。例如：「撥接線路 Dial up lines」的絕對重要性為 6×9+4×3=66。HOWs 相對重要性（relative importance）的名次排比以絕對重要性的數字計算而得。在本例中，HOW 的「高性能資料庫 High perf. database」最重要。

D. 品管之屋的屋頂（圖 5.12 頂端類似屋頂的部份）則用來記錄 HOW 與 HOW 之間相關性（正相關）或衝突性（負相關）的任何資料。

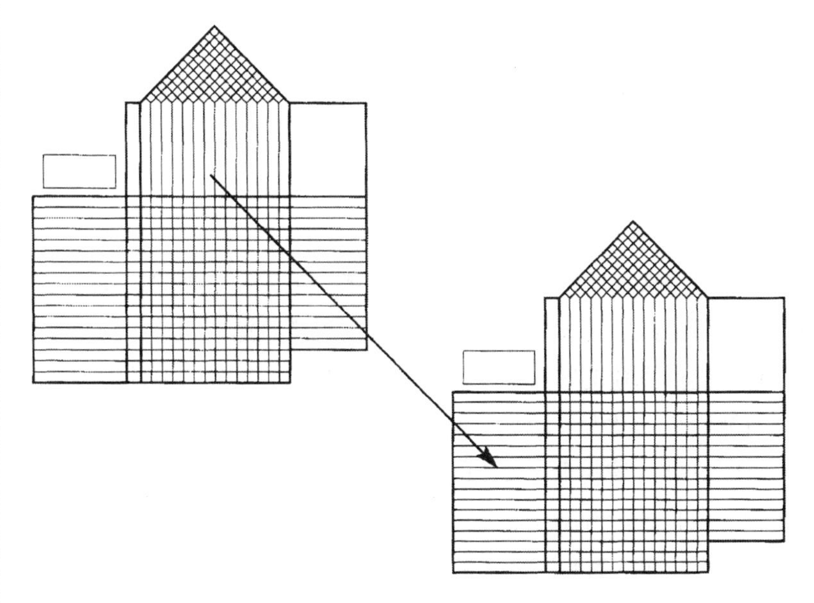

圖 5.13　品質機能展開矩陣可連結上層矩陣的「HOWs」和形成下層矩陣的「WHATs」

接著，HOWs 按其目標值排列出優先順序以供日後評估之用。特別是在時間與資源不足，無法解決所有問題時，可以選擇提供給顧客最大滿足的集合。

品管之屋的任務是持續不斷的，前一階段的 HOWs 將變成下一階段的 WHATs，見圖 5.13。

價值工程

價值工程是爲了在產製成品與服務之前，去除任何對產品／服務的價值與效能沒有用處的成本開支。價值工程的執行通常是由設計人員、採購專家、作業經理人以及財務分析人員所組成的專案小組爲之。常用柏拉圖 Pareto 分析（見第 12 章與第 18 章）來找出值得探討的產品要素。小組成員分析這些要素的功能與成本，並試圖找到能以較低成本達成類似功能的組件。小組試圖要精簡組件的數目、使用成本較低的材料、簡化製程。例如：摩托羅拉 Motorola 電子公司就使用價值工程來降低電話機的生產成本；從原先高達 3,200 左右的零件，精簡到 400 種零件；電話機的生產時程，也由每部 40 小時縮短到 2 小時。

田口式品管法

由日本統計學家田口玄一所推廣的田口式品管法，主要是用來測試設計的穩健程度。其觀念是：產品或服務即使在極端的情況下也應該運作如常；例如，旅館應有足夠能力應付提前到達的客人。因此，產品或服務的設計需要進行腦力激盪，俾找出所有可能發生的狀況。產品服務設計師的主要任務在完成一種足以處理所有不確定因素的設計。這些千變萬化的設計因素，再加上不確定因素，問題當然會變得很複雜，這也是設計師所必須面對的最主要挑戰。田口式的實驗設計係採用統計方法來進行少量的實驗，而仍能夠決定最佳設計組合。

原型打樣與最終設計

電腦輔助設計（Computer-aided design, CAD）

原型打樣隨著 CAD 之類新科技的應用而簡便許多。利用 CAD 來測試產品，可不經實體試驗，就能獲得精準的結果。CAD 也可輔助產品設計圖的繪製與修改，能將傳統的形狀（如點、線、弧及文字內容）添加到電腦所記憶的產品面貌裡。這些形體可隨意複製、移動、做各種角度旋轉、放大或消除，也能自由調整焦距，來凸顯或呈現該形體不同程度的細節。爲數頗豐的標準零件和組件繪圖都能建立在資料庫內，大大提高設計程序的生產力且協助零組件設計的標準化。

西門子 SIEMENS 的泛歐智慧型公路系統

錯誤的設計可能使整個計畫胎死腹中，因此作好原型打樣的測試特別重要。以交通管理科技為例，為緩和交通阻塞，要讓汽車駕駛都能收到「線上」交通訊息、停車場的資料、公共運輸工具時刻表及針對特定行程提供捷徑的建議。這些資訊可能出現在車上的螢幕，並以合成聲音播放。執德國電子通訊業牛耳的西門子 SIEMENS 公司一直在推廣「泛歐智慧型公路系統」，提供連結市區與郊區交通管理中心的網路系統。為了測試計畫原型是否可行，公司以柏林為中心召集了 700 輛汽車參加試驗。設計人員在試驗初期最擔心此一系統會干擾駕駛，但試驗結果顯示：以圖形標誌與合成語音提供即時資訊所造成的分心不致影響行車安全。

互動式設計的效益

產品與服務設計和製程設計密不可分，作業經理人早在概念的評估階段就應全程參與。把產品服務設計和製程設計結合的作業方式稱爲「互動式設計」。「互動式設計」的效益可從整個設計活動所花費的時間長短來衡量，此即設計的「上市時間」（Time To Market，TTM）。贊成縮短 TTM 的觀點認爲：光是能夠提早上市就足以提高競爭優勢。公司推出新產品若較競爭對手慢，所花費成本勢必增加，其營收與整體盈利也會大受影響。大幅縮短 TTM 的方法很多，茲列舉下列三個：整個設計過程中許多不同的階段同步進行研發；盡早解決設計上的衝突與不確定因素；組織結構應配合發展計畫的需求。

同步進行研發

設計的過程基本上是由各自獨立的幾個階段所構成。完成一個階段後再進行下一個階段，此謂「循序漸進法」，也是傳統典型的方法。其優點是：每個設計階段都清晰劃分，計畫容易管理和控制；資源可以集中針對有限任務。但缺點是：下一個階段依賴前一個階段，彼此獨立不相屬，卻又環環相扣。

另一種設計過程稱爲同步發展法。在醞釀商品概念的同時，就著手篩選和評估作業。在篩選時，設計的雛形可能已然出現。這種發展方式可以在每一個階段同時開始，一個階段的起始無須等候另一個階段的結束。

✏ 同步工程

『同步工程』代表人們基於共同的目標、共同的價值觀，一起努力處理相同的問題。此處所指的目標是：縮短前置時間、為製造而設計、產品與生產技術的發展。共同價值觀是：顧客的滿意。同步工程試圖要將產品和製程的設計予以最適化，藉由整合設計與製造來達到縮短前置時間、改善品質、降低成本的目標。

福特 FORD 汽車 ZETA 引擎的進氣歧管設計

福特汽車開發 ZETA 引擎是近年來最重要的引擎設計計畫之一。該引擎的每一部份都經歷所有的設計階段。以在引擎中居於關鍵地位的進氣歧管為例，它能將引擎內排放的廢氣再行循環燃燒，因此能夠降低引擎的廢氣總排放量。ZETA 引擎的進氣歧管並不是金屬打造，而是用強化玻璃尼龍樹脂製成。這種材質的優點是：堅固、耐震、耐熱、處理簡便。不過，缺點包括：噪音、震動、穩定性。

進氣歧管的設計幾乎費時 3 年，且運用所有互動式設計的原理。第一，該設計的各個階段都簡化為同時進行的工作；其次，各基本問題都在設計作業一開始就找出來；第三、設計小組成員不僅包括福特汽車公司的人才，還涵蓋更關鍵性的供應商，包括提供原料的杜邦 Du Pont 化學公司設計代表、負責鑄模作業的 Dunlop、設計油封的 Dowry、參與墊圈設計的 Elring、供應管線的 Elm Steel 等。

開發這項產品的過程，設計科技扮演著重要的角色。杜邦使用 CAD 來研究引擎震動對進氣歧管的影響。經由模擬引擎的狀況，進氣歧管內不同程度的壓力都可估計。小組因此能探討各種設計，而不須浪費時間設計太多替代的原型。

由於供應商在設計之初就開始協助解決技術上的許多難題，該小組遂能成功地製造出高度複雜又新奇的產品。

早期衝突的解決

將設計活動視爲一系列的決策，這個概念有助於正確看待「設計」。一旦做成一個決策，並不一定要固守不變。例如；某設計小組設計一具新型真空吸塵器，並決定採用某種款式和機型的馬達，但後來卻發現有功能更好的馬達可供選擇。在此情況下，設計師都會非常願意改變決策。有時設計師不得不決定改變，很可能是當初有個設計決策未經充分討論就遽下定論；也可能是該決策未經正式認可程序即持續進行。例如，某公司一直無法就吸塵器的電動馬達獲得共識，但其它項目的設計卻繼續進行，留下「馬達最適規格」的問題做進一步研究。然而該產品其餘的部份，像塑膠外殼、軸承等，卻可能受到「馬達規格」決策的影響。若不能早期解決決策或製程衝突，整個設計活動可能籠罩在不確定的陰影下。再者，若決策已進入執行階段，在製程中加以改變的成本將十分可觀。設計小組如能設法早期解決這些衝突，必可減少計畫的不確定感並避免額外的成本。

專案導向的組織結構

設計活動從產生概念到產品上市，都要召請組織內不同領域的人才參與。以真空吸塵器爲例：該真空吸塵器公司會抽調研發、工程、生產管理、行銷、財務各部門人員來參與設計計畫。設計計畫本身是獨立實體，有專責經理人或工作人員主導。此時組織面臨以下兩個選擇：（1）由組織各部門來支援專案；（2）由專案本身來主導、掌控與管理設計活動。

純功能型組織裡，所有與設計專案有關的人員都以部門功能爲基礎，內部並無以專案爲基礎的小組編制，溝通聯絡一概透過其部門經理。

另一個做法是從各部門抽調人才組成專爲執行該計畫的「專案小組」。小組由專案經理領導，全權掌控設計案的預算。並非所有小組成員都全程參與設計活動，只有核心成員才全程參與。有些成員會來自別的公司。

介於以上兩極之間，也有幾種不同型式的「矩陣」組織，見圖 5.14。

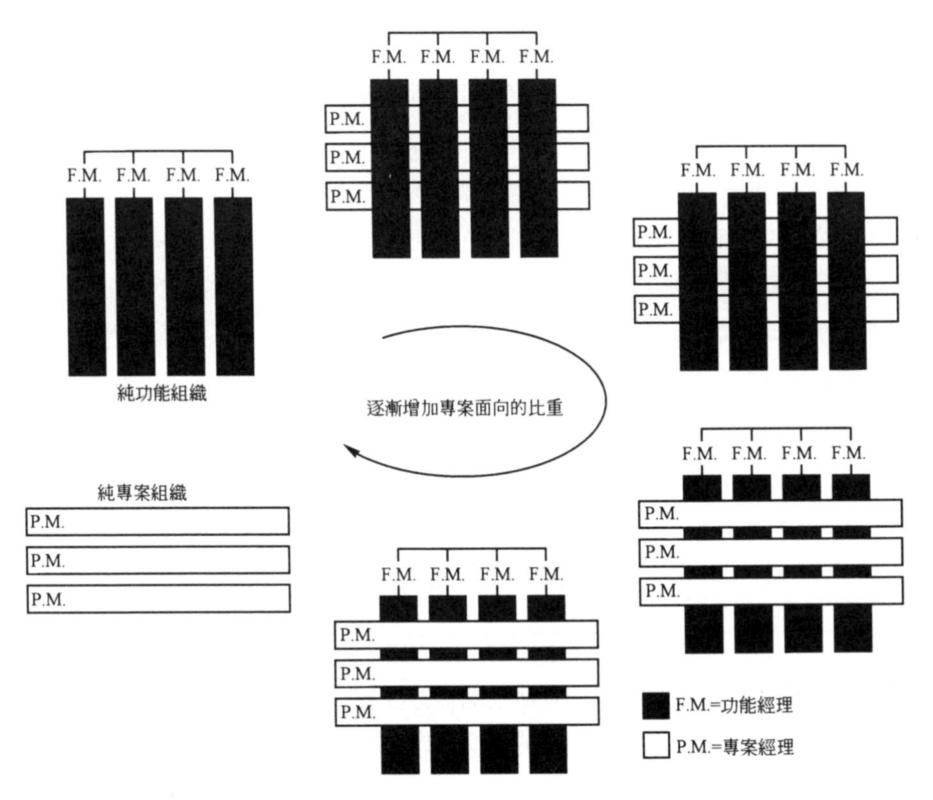

圖 5.14 呼應設計活動的組織結構變化

現身說法——專家特寫

設計主管 Debbie Lundberg

Debbie 領導由 20 多位服裝設計師所組成的專案小組，並運用 CAD 為新型服裝創造概念和繪製細部設計。

我們以專案設計小組的型態，由設計小組成員共享新觀念、形成新概念，並研發出新產品系列。我們所聘請的設計師都具多方面才能，這使我們能因應變化，並有更大的彈性，同時也能激發新一代的設計觀念。

Debbie 的工作包括協同客戶作市場調查、帶領小組掌握時裝界的潮流、布料科技的突破、布料的新來源，以及全新概念的詮釋與特殊設計的表現方式。

過去，400 個設計式樣可能只有 8 個會被全面生產，甚為龐大的設計心血和物力成本都浪費掉。如今，運用 CAD 開發時間比以前縮短許多，而且我們更了解顧客的需求。CAD 系統的 3 度空間模擬功能使我們可以用 3D 身體模型展示還在設計的時裝作品。 CAD 系統不僅可將產品概念化，還能讓我們有效地與顧客或工廠進行雙向溝通。CAD 也可以有效地與電腦輔助製造（Computer-aided manufacturing，CAM）直接連線。

本章摘要

- 產品與服務設計是指將新產品或服務的概念，轉化為詳細的規格。新產品與服務的概念，可能來自組織內部的研發部門或其他員工，也可能來自組織外部的顧客，或競爭對手的行動。
- 想法需要經過轉換，才能形成產品或服務的概念，具體指出：造型、功能、目的以及可帶來的效益。並非所有的概念都可行，因此要經過篩選的工夫，即檢測這些概念是否有利於原有的產品／服務配套及測試它們的可行性、可接受性以及風險性。
- 取得共識的概念，接著進入配套與程序的初步設計。這階段的活動包括：確認產品與服務的所有元組件，組合方式，以及所需的零件數量。程序設計由晒藍圖的技術協助進行。這些技術包括：程序流程圖、途程單以及顧客處理架構。
- 完成初步設計後，要進行評估，以判斷有無更好、更便宜或更簡便的方法來生產。可使用的工具有：品質功能部署、價值工程，田口式品管法等。

- 大家都同意的設計，接著要進行測試，通常使用類似 CAD 的電腦模擬，或市場試驗，或利用原型打樣來試驗。經過這個階段的修改，最終的設計於是定案。本階段最後的結果是產品／服務的規格以及生產與運銷到顧客手中的整套作業程序。
- 過去幾年來，許多組織在進行設計活動時，都已從採取循序漸進法改為互動式的設計方法。其要義是：不同領域的團隊同時進行不同設計階段的部份工作。好處是縮短產品推出市場的時程、減少生產問題的發生（尤其是品管方面）、降低研發的成本，以及提早回收投資。
- 產品快速進入市場的關鍵決定因素是：同步研究開發，若有衝突能提早解決；以及以專案為導向的組織結構來進行設計活動。

個案研究：英國皇家鑄幣廠

英國皇家鑄幣廠成立目的是以最具競爭力的價格替政府鑄造輔幣。皇家鑄幣廠的產能不僅供應全英所需，每年還能替 60 餘國提供服務，年產輔幣超過 30 億枚。鑄造範圍從大批量的標準輔幣到頒贈表揚的勳章或紀念金幣。廠方每 3 個月和英國銀行界的主管開會討論短期的錢幣需求。皇家鑄幣廠十分認同「及時化」的生產程序，但由於產品的特性，鑄幣廠必須預先儲備安全存量以備不時之需。

像其它作業一樣，產品的單位成本乃是衡量績效的最關鍵因素。該廠規定單位成本必須維持在所鑄造的輔幣面額以下。因此，製造程序須特別考慮到作業成本。錢幣的成本係以每千枚幾英磅來計價，其中 40%到 50%屬於原料成本；另外 20%至 40%則屬將原料轉換成空白幣（即未壓印者）的製造費。鑄模壓印空白幣與輔幣軋齒邊佔全部製造成本的比例微不足道。主要是因為此階段的製造作業極具經濟規模，大大壓低了成本。壓印作業的效能通常取決於鑄模的耐用度（壽命）。用於製造過程的鑄幣機械都能彈性調配，既能生產全英國所需，又能為許多國家代鑄，前置時間無須太長就能更換生產線。

高通貨膨脹率的國家會遭遇一項問題：輔幣本身材質的成本超過面值，這使投機客大量收購囤積，有時逼得國家不再發行此等輔幣。在英國，面額較小的輔幣由於貶值因素，改用鐵質外邊電鍍一層銅來鑄造。這種使用價格較低金屬的作法不但降低輔幣的鑄造成本，還延長其使用壽命。這種鑄幣方法是作業上的一大變革，電鍍技術不但為輔幣本身材質提供了較多的保護，鑄造成本也因而大為降低，同時不會貶損輔幣的公認價值。但運用電鍍技術卻有一項不良結果：由於輔幣內含鐵材，帶有磁性，已開始給販賣機製造業者帶來麻煩。

問題：

1. 皇家鑄幣廠的產品「概念」為何？
2. 皇家鑄幣廠在設計新幣時應考慮哪些準則？
3. 同步設計的概念如何應用於新幣的設計？

問題討論

1. 試述產製下列產品／服務所涉及的概念配套，以及主要程序：
   a. 一輛高效能汽車
   b. 一趟飛機班次
   c. 去看一趟牙醫
   d. 一本作業管理教科書
2. 請以大學圖書館讀者的立場，提出三種改善服務的新方法。並討論每種方法的可行性、可接受性及持久性。
3. 拆開一件簡單物品，像是筆或錄音帶。說明如何再組裝回去（逆向工程），並探討能否改善其設計。
4. 說明想法與概念的不同。有個美髮師正考慮在校園開店，將這個想法發展成可實際運作的概念，並探討其可接受性、可行性及持久性。
5. 審視一件傢具並擬出其產品結構及料表（BOM）。請別漏掉鐵釘、不同尺寸的螺絲及黏膠。

6. 以一張製程流程圖說明病患看診的過程。該流程應如何改善？
7. 將品質機能展開運用在任一產品或服務上，並評估它是否配合需求？
8. 何謂「互動式設計」？討論採用這種設計的組織可獲得的好處。
9. 爲什麼產品和服務的設計不宜跟產製該產品或服務的程序分開討論？

6 作業網路的設計

本章探討作業網路所有重大的設計決策，見圖 6.1。

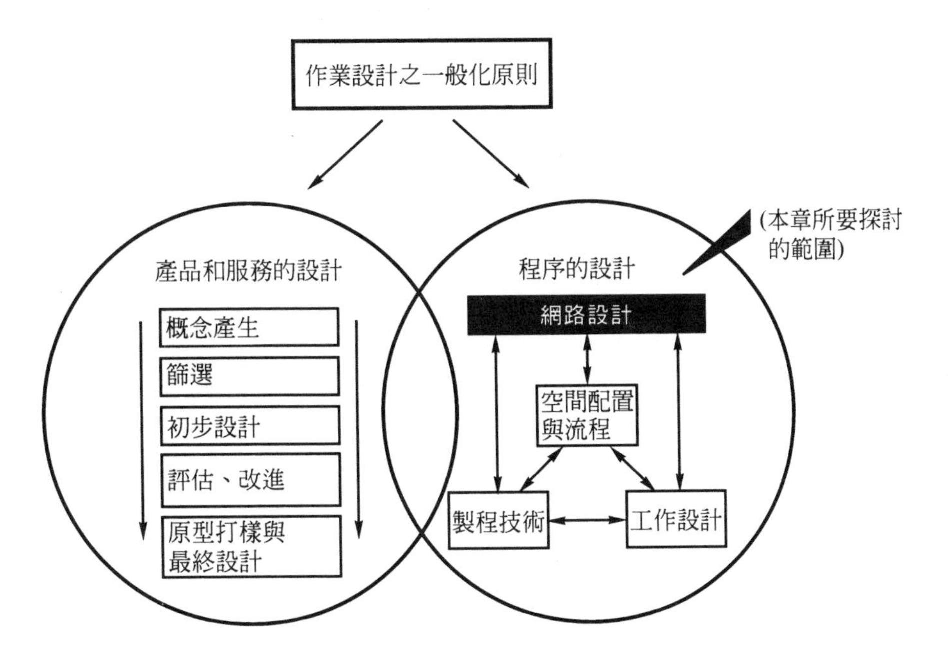

圖 6.1 本章所探討與作業網路有關的設計活動

學習目標

- 作業網路的性質、網路的「供給面」與「需求面」概念；
- 採取網路觀點來制定策略性設計決策的優點；
- 作業之垂直整合的方向、程度和平衡，以及這些因素如何影響作業績效；
- 作業的地點及供給面與需求面如何影響作業位置的決定；
- 作業產能如何決定？長期產能的水準如何依需求的變化來調整？

網路的觀點

就供應面而言，每一項作業皆有其零件、資訊或服務的供應商，而這些供應商又有本身的供應商，更上面還有上游供應商等等。從需求面來看，每項作業活動都有自己的顧客，這些顧客可能不是該產品或服務的最終消費者。圖 6.2 是一家塑膠加工廠的「整體供應網路」。

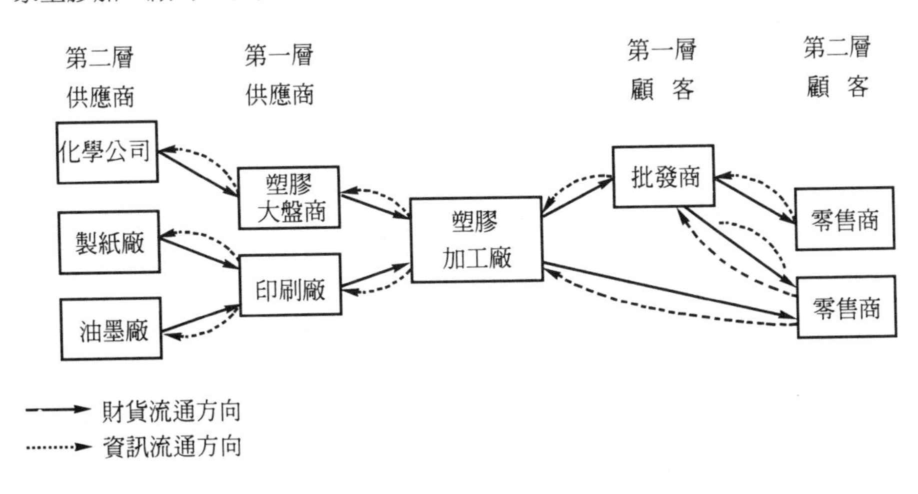

圖 6.2 塑膠加工廠的作業網路

透過網路上的每一環節，產品或服務就由供應商流向顧客，同時供應商也獲得訂單和資訊回饋：一旦存貨變少，零售商會直接向大盤商或製造廠商下訂單；大盤商再向製造廠商下單，製造廠商再向上游廠商補貨，依此類推。整個流程是雙向的：一方提供物流，另一方是資訊流的回饋。

採取整體網路的觀點

在最高層次的策略考量上，作業管理的設計活動必須涵蓋整個網路體系。此舉將有助於公司：

- 了解如何與外界做有效的競爭；
- 找出整體網路中特別重要的關係環節；
- 專注於建立與鞏固自己在網路上所居的長期策略地位。

網路體系中的設計決策

組織是顧客與供應商所形成的網路體系的一份子，從這個觀點出發，有助於擬出三項特別重要的設計決策，茲將此三項決策列舉如下：

1. 作業部門應掌控網路關係到多深入？應不應該自己掌握供應商或顧客？例如：購物中心是直接雇用安全人員？還是委託保全公司提供服務？若是自行僱請警衛，就等於將網路環節納入作業當中，此謂組織的**垂直整合**決策。
2. 公司擁有的各個網路環節應該安排在哪些地點？家庭用品廠商宜靠近顧客或供應商？購物中心應否設在一個特定地點？這些屬於**作業地點**的決策。
3. 公司擁有的每個網路環節應具備多大的實際生產能力？家庭用品廠的規模要多大？如果想擴建，是以長期產能或短期需求爲衡量基礎？產能一定要比預期的市場需求量大嗎？這些決策屬於**長期產能管理**決策。

產能的垂直整合

垂直整合係指組織評估是否值得投資或購併供應商或下游產業；就個別產品或服務而言，就是自行設廠生產零件或提供服務，還是向供應商購買或取得。

✏ 垂直整合的方向

組織若欲進行垂直整合，首先要考慮往網路中哪個方向整合。塑膠加工廠可以購併其供應商，從而掌握原料來源；也可以購併其顧客，使自己成為大盤商或零售商。圖 6.3 例示 說明某裝配作業向後和向前的垂直整合。

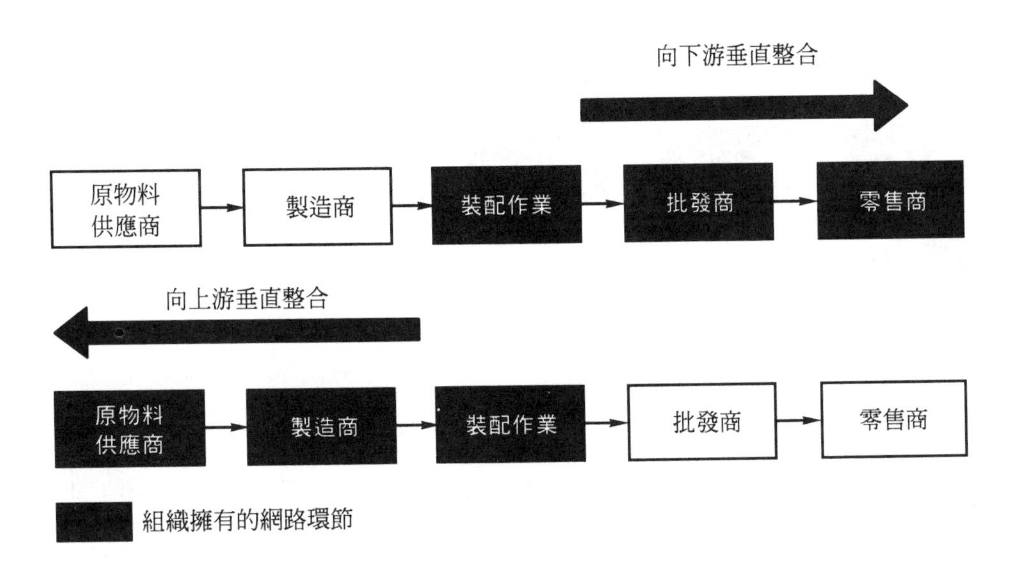

圖 6.3 裝配作業的垂直整合方向

✏ 垂直整合的範圍

組織決定垂直整合的方向之後，接著要決定垂直整合的範圍。圖 6.4 顯示兩個不同的組織，一個採範圍較窄的垂直整合，另一個則範圍較為寬廣。

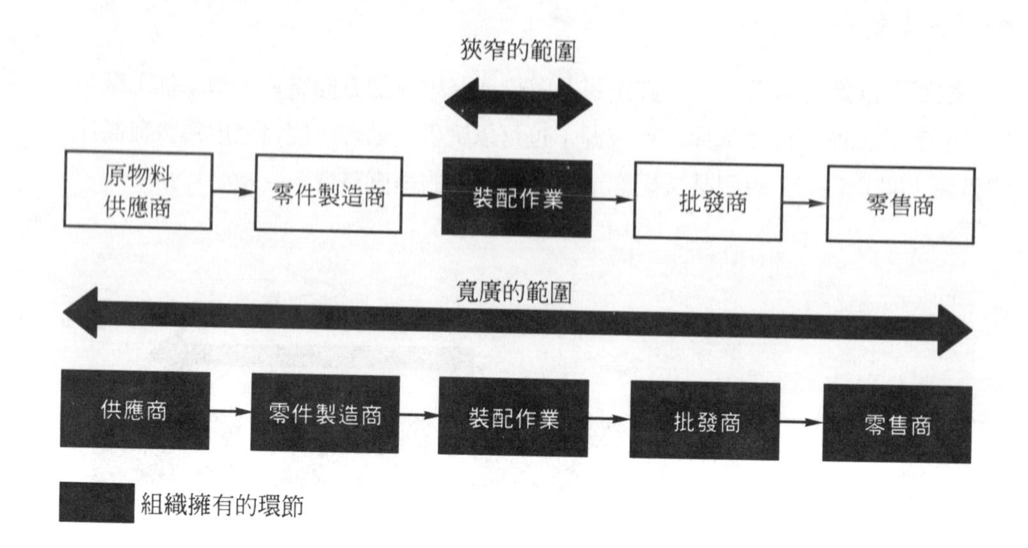

圖 6.4 裝配作業垂直整合的範圍

各個環節的均衡

在均衡的網路關係下，每個環節只為下個環節而生產。若未臻完全均衡，則每個環節可向其它公司出售產品，或者向其它公司購買原料。詳見圖 6.5。

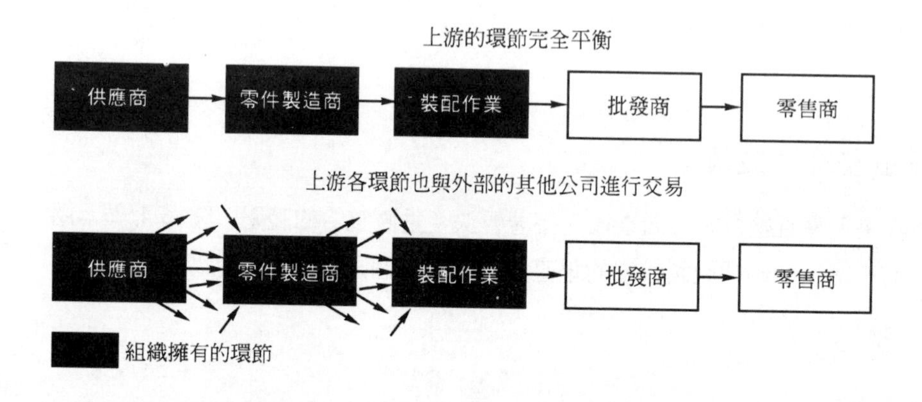

圖 6.5 裝配作業垂直整合後，內部／外部交易的平衡

垂直整合的效果

✏ 垂直整合影響品質

就品質而言，垂直整合的潛在利益來自作業系統鄰近顧客和供應商。任何品質問題若在內部探究，改善機會通常比透過外部的供應商容易。然而，內部研究缺乏商場競爭的制約，較難感受顧客流失、業務萎縮的威脅。

✏ 垂直整合影響速度

就交貨速度而言，垂直整合可將不同的製程緊密結合，進而加速原料和資訊的產出量。由於作業點更靠近供應商與顧客，有助於提高預測需求的準度，能降低堆積存貨的風險，但垂直整合後「內部」顧客可能得不到優先服務的好處。

✏ 垂直整合影響產品可靠性

就產品可靠性而言，垂直整合後溝通改進，預測能力提高，交貨更切實可靠。但這些優點都基於一項假設：垂直整合後的「內部」顧客能得到優先對待。

✏ 垂直整合影響彈性

就產品的彈性而言，垂直整合具有導引技術發展的潛能，同時也能防止競爭對手仿效跟進。但如果垂直整合的範圍太廣，將錯失善用網路關係的良機。就數量和運送彈性而言，擁有供應商可以隨下游供需變化機動調節產能，也可以快速處理特別訂單。但風險是內部的供應商可能不願調整產能。

✏ 垂直整合影響成本

就成本而言，垂直整合作業會分擔某些成本開銷，像是研發與後勤支援等支出；可以降低購置零件或服務成本。但基本假設是新購併的供應商仍留得住顧客；否則，顧客訂單的減少必導致單位成本的增加。

產能的地點

作業地點的重要性

消防隊選錯地點，就可能拖長隊員趕赴火場的時間；工廠設在工人招募不易的地點，勢必影響作業效能。換言之，地點的決策影響作業成本極其深遠。另一個說明地點決策重要性的理由是：地點一旦決定，就不容易遷移。

做地點決策的理由

許多組織作地點決策常基於以下兩大理由：產品和服務的**需求**產生變化、作業過程所要投入的資源，即**供給面**產生變化。地點決策常因需求量的消長而引發。若製衣廠產品需求量增加，可能會引來增加產能的需要；該公司可以擴充原有廠房或另覓較大地點。做地點決策的另一個理由是成本考量，即供應作業資源的取得發生問題。若石油探勘公司一旦發現油井枯竭，就需要遷到新址。製造廠商決定遷址也可能是爲了新址的勞工成本或地價較原地點低廉。

歐洲迪士尼 DISNEY

投資歐洲迪士尼的地點決策分成兩階段：第一個決策是迪士尼該不該在歐洲開辦主題公園？第二個決策是應在歐洲哪個地點開辦？

歐洲人前往美國佛羅里達州渡假，將迪士尼等遊樂園排入行程已行之有年。再者，許多迪士尼的賣場、裝飾、販賣物都是歐洲童話故事的訴求。有些人就批評說：「為什麼要在到處都是真城堡的歐洲大陸，再蓋一座假的城堡？」

下一個決策是到歐洲哪裡去蓋公園？列入考慮的地點有兩個：西班牙與法國。法國地處歐陸中心，若選在巴黎以東 30 公里處，理論上是潛在遊客最方便的旅程範圍；反之，西班牙的地理位置就不甚便利。法國現有的交通網路已十分便捷，法國政府甚至給予該公司許多財稅優惠做為獎勵投資的誘因。然而，西班牙卻有最關鍵的優勢：穩定的天氣。同時法國的媒體輿論對文化侵略大肆攻擊，將迪士尼比擬為「文化的車諾比」（輻射外洩的蘇聯核電廠）。此外，員工的招募和培訓產生一些文化衝突，因為並不是所有歐洲籍員工（尤其是法國人）都能像美國本土的迪士尼同仁那樣，完全遵守嚴格的服裝打扮與行為準則。

地點決策的目標

地點決策的目標是爲了平衡以下三個相關目標：作業的空間變動成本（指隨地理位置改變而變動的事項）、作業能夠提供給顧客的服務、作業可能獲得的收益。作業地點不太可能影響公司的營業收入，但作業成本卻可能大受影響。任何作業地點的決定，往往取決於供給面與需求面因素的相對影響強度。圖 6.6 列舉了一些供給面和需求面的因素。

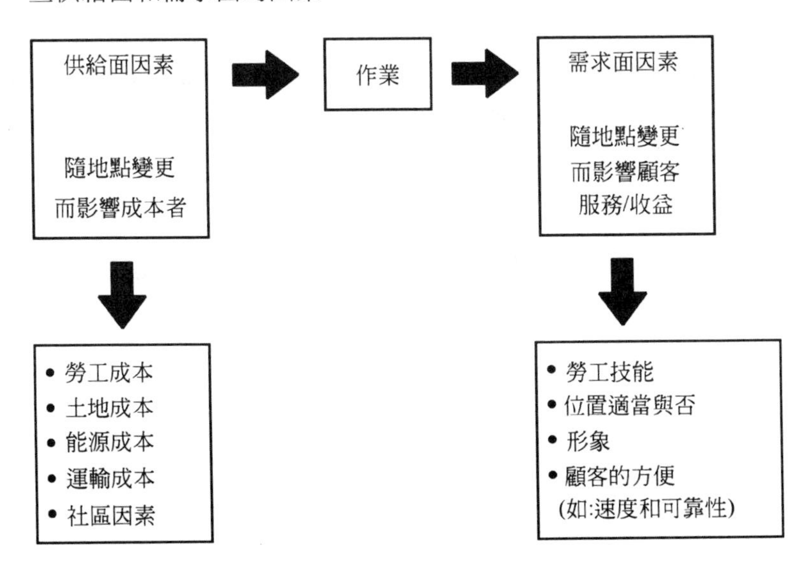

圖 6.6 地點決策應考慮的供給面與需求面因素

供給面的影響

勞工成本

每個國家的工資和雇用特殊技能勞工的成本常因地區而異。這些因素在進行國際間不同地點的選擇決策時更加重要。工資成本指直接支付給勞工個人的報酬。非工資成本則是指租稅、社會保險成本、帶薪假期以及福利措施等費用。

到中國設廠

本案例介紹一家擬往中國投資的法國成衣廠所面臨的抉擇：工廠要設在哪裏？初期是否先從代工做起？獨資或與當地人合資？該公司找到 4 處可能的設廠地點：大連、上海、江蘇、廣東。每處都符合公司選址的標準：交通方便、原料取得容易、基礎建設完備、具備工業基礎、接近潛在消費市場。該公司主管蒐集許多不同的資訊來幫助評估與決策，見表 6.1。

該公司後來訂定兩階段的進軍策略。先選當地工廠代工，俾能獲得產品種類與數量的彈性，且試探不同工廠的品質和可靠性。如此該公司能有足夠的時間尋找未來的合作夥伴。後來選中上海是因為當地勞工易於取得，同時製衣經驗也較豐富。另外，該公司覺得上海涉外經驗豐富，有助於和政府有關部門交涉。這家公司在規劃海外新廠選址時，評估非常多的因素，最後的最適策略是短期內保持最大彈性，同時著眼於長期穩固合作關係的培養。

表 6.1 一家法國成衣廠決定地點決策的因素

考慮要素	上海	江蘇	廣東	大連
地方政府獎勵優惠	市內已設有特區	已有獎勵優惠特區	最早成立經濟特區	已有外國合資企業
當地政府批准投資金額的權限	無限制	最多 1,000 萬美元	最多 150 萬美元	最多 500 萬美元
原料供應的主要來源	大多來自上海	江蘇省境內	來自香港	來自中國全境
技術人力取得難易	受過教育到高學歷人口有 2%，生產力很高，品質高	生產力在國家的平均水準以上；有技術勞工	城市有技術工人，鄉村有非技術工人	不詳細，但咸信足夠
外匯管制	不可直接兌換；有換匯中心可兌換貨幣	須到上海的換匯中心兌換	港幣通用	地處偏遠；不詳
電力	與主要變電所接連；有時不穩定	國內費率收費	每週只供電 6 天；核能電廠興建中	專供重型工業用
電信	線路忙碌	—	系統不錯	—
交通運輸	最大港，十分擁擠；鐵路和空運服務優越	依賴上海	近香港，交通網路擴展快速	地處偏遠；但鐵路發達
紡織業的歷史	全中國最大，工廠超過 1,000 家	最大布匹產地；最大毛織品製造地	紡織業尚不成氣候；但有紡織廠 1,700 家	1,800 多家紡織廠；一家大型製衣中心
涉外經驗	很有經驗	已有許多外國公司	有國際化社區	有超過 500 家外資企業
地區工業發展	全國出口名列第二	十分重視農業	最大出口區	重工業

✏ 土地成本

地價和租賃成本在鄉下或城市會有很大的差異。零售商常選擇「鬧市街道」設置營業場所，雖然租金昂貴，但只要該地點能帶來人潮與收益就值得。

✏ 能源成本

大量耗能源的工廠在進行地點決策時，會考慮能源取得是否合乎成本效益。

✏ 運輸成本

運輸成本可從下列兩點來考慮：將投入資源運輸到作業位置的成本、從作業位置將成品運輸到顧客的成本。有些產業的投入原料成本高又很難運送，於是將地點盡量設在臨近原料供應處，如食品加工業。相反的，如果運送貨品到客戶處的成本偏高或運送不易，則鄰近客戶就成了選址的取決要素。

✏ 社區因素

社區因素係指作業所處周遭的社會、政治及經濟環境對作業成本的影響，包括：地方稅、資本移轉限制、政府財務協助、政府規劃協助、政治的穩定性、當地對「外來投資」所持的態度、語言問題、居家環境的舒適程度（學校、娛樂設施、商店等是否完備）、支援服務取得的難易程度、過去的勞資關係、勞工上班勤惰與流動率、環境限制與廢棄物處理、規劃的程序和限制。

需求面的影響

✏ 勞工的技能

勞工的技能可能會影響顧客對產品與服務的觀感。例如，科學園區通常靠近大學城，因為這樣有利於吸引對學術能力依存度較高的科技公司。而科學園區的公司也希望當地所呈現的專業技術能讓顧客對其產品／服務產生相同的認知。

✏ 地點本身的合適性

不同地點可能受制於本身的特色而影響服務顧客的效果與創造收益的能力。如專供上流社會休閒渡假的高級旅館，就仰賴地點本身的特色吸引顧客，像是如詩如畫的海灣美景，一旦將旅館遷到工業區還能門庭若市？

✏ 座落地段的形象

有些地點已在顧客心目中建立起獨特的形象。義大利米蘭的時裝流行設計中心和紐約曼哈頓的金融中心都是以地點取勝，享譽全球的例子。

✏ 顧客的便利

在眾多需求面因素當中，「顧客的便利」可說是最須注重的要素。醫院若設在鄉下，開銷可能減少，卻會給顧客帶來諸多不便。與顧客接觸頻繁的作業都應選擇對顧客便利的地點，因爲地點會影響服務顧客的效率，進而影響營業收入。

地點決策的層次

✏ 選定地區或國家

很多大型企業在選定未來地點時，越來越有國際觀。製造業基於比較成本的考慮，在甲地製造，再賣到乙地的作業方式早已行之有年。同樣的，資訊處理作業可以設置在總部以外的其它地點；銀行若看中世界某處的「每筆交易處理成本」比較低，也可以將後場支援作業中心遷往該地，以掌握此等成本優勢。

✏ 在地區／國家中選定特定區域

公司若決定在某個國家或地區設廠，接著就需要選擇在該國的哪個區域。這種決策也牽涉到許多考慮因素，政治的穩定及語言隔閡可能不是那麼受重視，但地價、當地勞工供應情形、基礎建設狀況等因素的重要性可能就很高。

✏ 特定地點（位置）的選擇

特定地點選擇的考慮因素往往與該點及周遭環境的特色息息相關。例如：地形和土壤結構可能限制廠房的建造佈置；地點是否銜接要道，產品原料的進出運送是否方便也應考慮。較難研判的是該地點能否配合作業活動未來的發展？

長期產能的管理

最適的產能水準

大多數組織都須決定各項生產作業的產能。例如，某家冷氣機製造公司各廠每週可能需要 800 部的產能才敷成本；倘若低於此數，每部冷氣機的單位成本將會提高，因爲固定成本由較少的產量來分攤。圖 6.7 是該工廠理論上的成本曲線，總生產成本曲線的斜率表示每部冷氣機的變動成本。若將總生產成本除以總生產數量，即得每部冷氣機的平均生產成本。

產能達到最高時，平均單位生產成本看起來似乎位於最低點。但平均成本實際的曲線可能會與圖 6.7 不同，理由如下：

- 所有固定成本並非工廠一開始運作就發生。隨著產量的遞增，會有許多「轉折點」。這種情形使得理論上應該平滑的平均成本曲線斷斷續續。
- 藉由加班或外包部份工作等作業方式，實際產量可能超過理論產能。
- 長時間加班不僅降低生產力，還會增加薪資成本；長時間作業會因保養維修時間減少，而增加故障機率。換言之，平均成本會在某一點之後開始增加。

圖 6.8 說明每週 800 單位產量的工廠之實際平均成本曲線。

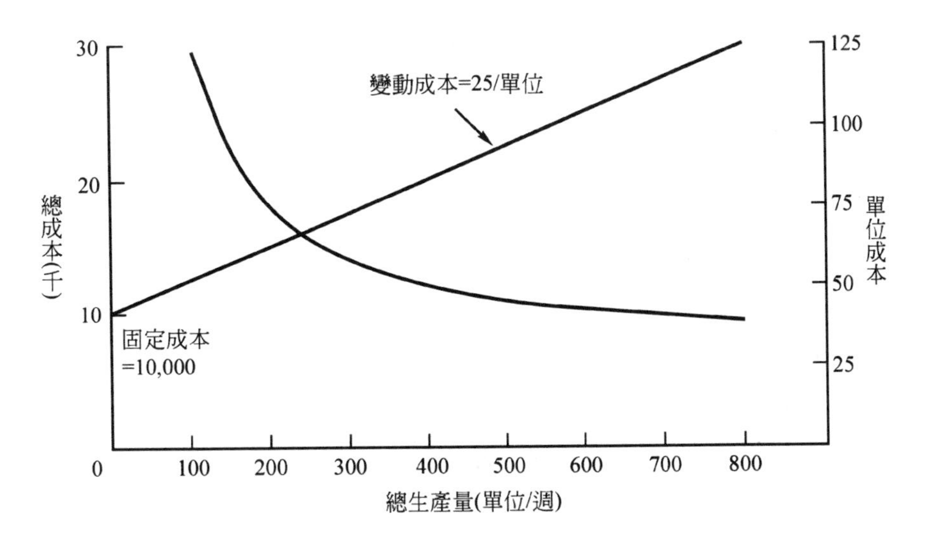

圖 6.7 平均單位成本隨著總產量的變動而變動

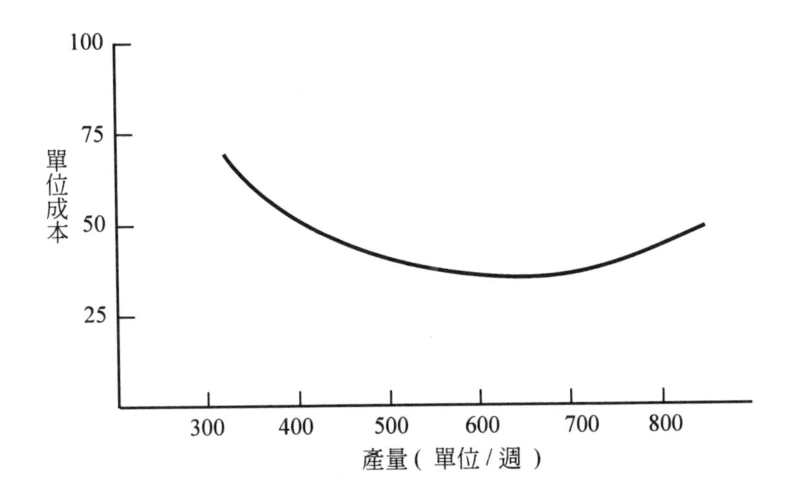

圖 6.8 允許採取非規模經濟措施的單位成本曲線

規模逐漸擴充的工廠其平均成本曲線常發生圖 6.9 的情形。廠商產能增加時，最低成本點會降低的原因：作業的固定成本或建廠費用並不隨著產能增加而按比例增加，產能 800 台（冷氣機）的工廠其固定成本的一半或建廠費用的一半，少於產能只有 400 台的工廠之固定成本或建廠費用。這因素即所謂**規模經濟**，但在超過某一規模經濟點之後，因爲採取非規模經濟措施，其最低成本點又可能上升。圖 6.9 所示的轉折點恰好發生在超過 800 台產能附近某處，此乃**非規模經濟措施**所致。

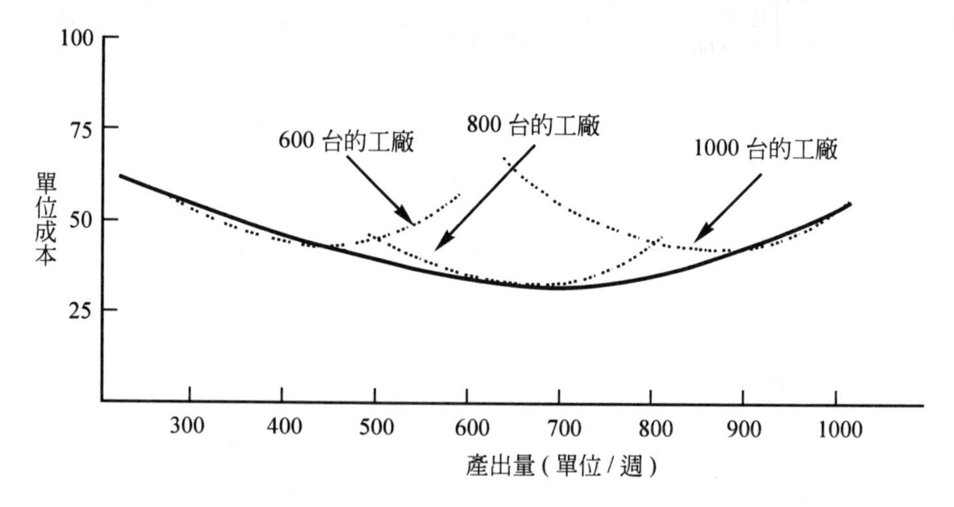

圖 6.9 產能變動下的單位成本曲線

產能規模和需求量與產能間的平衡

當作業產能配合需求變動而調整時，產能調整過大會有些害處。比方說，冷氣機廠預測今後三年的需求將增加到每週約 2,400 台，如圖 6.10 所示。若公司擬建產能 800 台的工廠 3 座以因應此需要，則在需求尚未到達最高點之前的這段期間裡，產能將會過剩，即產能利用率降低。公司所建若爲產能 400 台的工廠，雖仍有產能過剩的問題，但程度較輕；此意味著產能利用率較高，成本較低。

以劇增的方式改變產能常帶來較高的風險。倘若需求量未達到每週 2,400

台，而只是每週 2,000 台時，那麼第三家 800 台的工廠將只有 50%的產能利用率。反之，若當初建造的是 400 台的工廠，則可能因爲即時偵測出市場變化，而延遲或取消興建最後一處工廠，如此反使需求與產能保持平衡（見圖 6.11）。

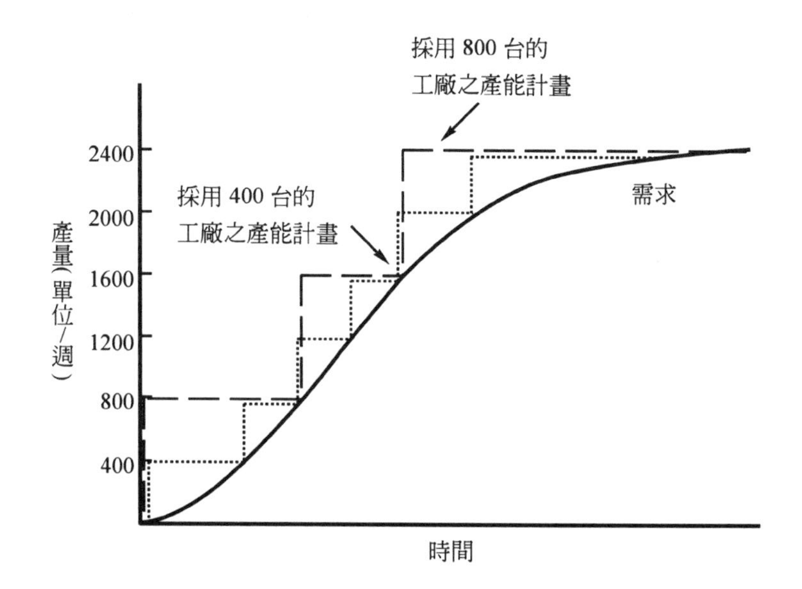

圖 6.10 產能規模擴增會影響產能利用率

產能的平衡

目前所探討的產能問題均假定爲同性質的生產活動。然而，所有的作業皆由更小的作業組成，而每一小作業本身各有其產能。如 800 台的冷氣機廠，不僅要裝配產品，也需自製大部份零件。如此一來，該廠零件製造部門的產能也須供應足夠的零件給裝配部門，以配合每週生產 800 台的目標。以圖 6.12 來說明冷氣機廠的例子，不同直徑的管件環環相扣，整個系統生產力因直徑最小的管件堵塞而耽擱。本例中零件製造部未造成耽擱，但製好的產品沒有足夠倉儲空間擺放，則形成網路的瓶頸。

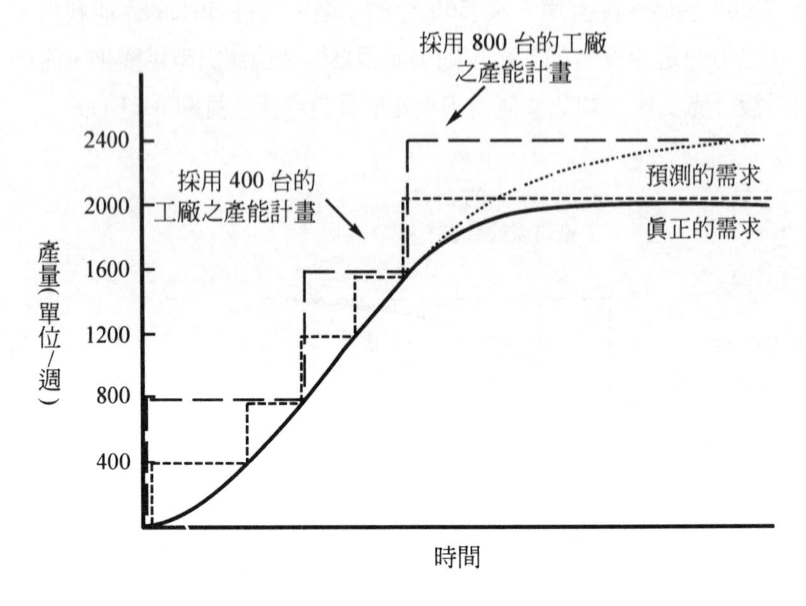

圖 6.11 產能小規模增加使產能計畫較能吸納需求量的變化

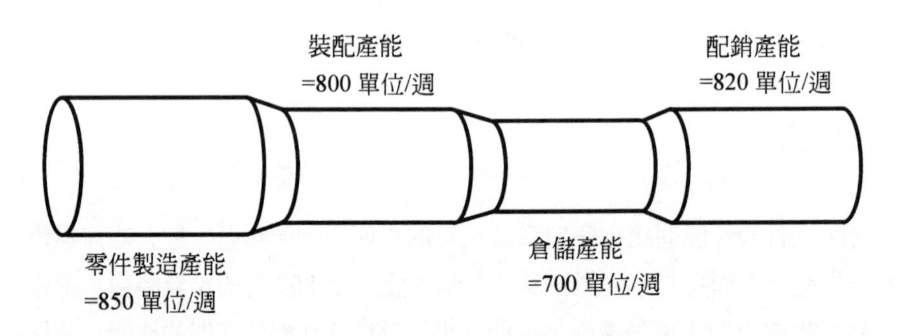

圖 6.12 各個環節的產能不平衡時，整個系統的產能將受制於瓶頸

改變產能的時點

產能的改變不僅涉及增加產能的最佳數量，還講究導入的時點。圖 6.13 顯示新型冷氣機的需求預測，該公司決定建造每週產 400 台的工廠以配合新產品需求；在決定新廠導入時點方面，該公司須在兩個極端策略之間選擇一個落點：

- **產能領先需求**：產能必須永遠大於預測的需求；
- **產能落後需求**：需求等於或大於產能。

圖 6.13 顯示兩種極端策略，在實務上，這家公司應該會在兩者之間選擇一折衷策略爲落點。每種策略都有利弊得失，見表 6.2 所示。

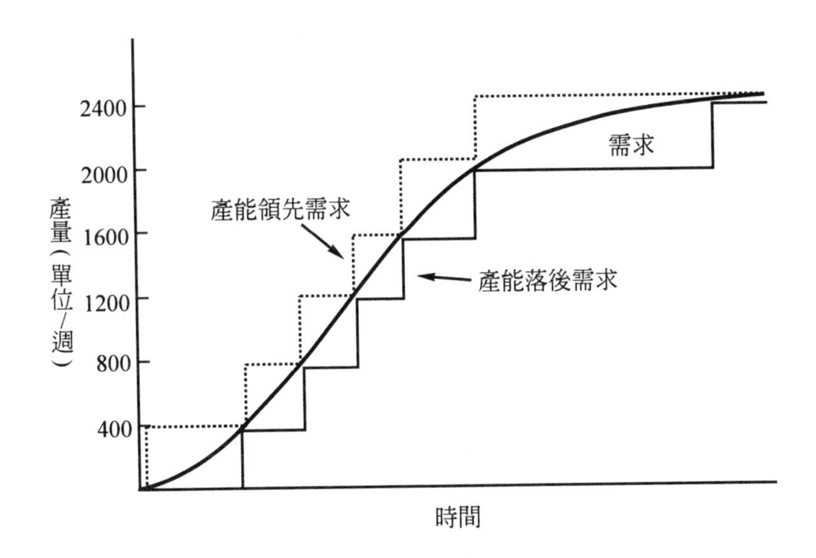

圖 6.13 產能領先與產能落後策略

表 6.2 產能調整時點的純領先與純落後策略的優缺點

優點	缺點
產能領先策略	
隨時有充分產能應付需求，因此能獲得最大收益及令顧客滿意	工廠利用率相對較低，導致成本提高
經常擁有「備用產能」，能應付突發需求	若需求無法達到預測水準，產能過剩的風險會增加甚至長久延續下去
若遇新廠開工發生嚴重問題時，比較不會影響供應	資本支出提早投注在廠房上
產能落後策略	
擁有足夠需求讓廠房充分運作，使單位成本降低到最低水平	產能不足，無法完全滿足需求，收益因而減少，顧客也容易不滿
即使預測過度樂觀，也不致造成產量過剩	無法把握短期增加的需求，創造利潤
廠房的資本支出可延後	若新廠開工發生問題，供應不足將更為嚴重

✏ 存貨平準

圖 6.14 說明運用存貨的情形。前述的冷氣機廠可以使用某期產量過剩的存貨來應付下一期或後幾期的需求。但維持存貨要付出代價，屯積存貨不僅積壓資金，也可能因爲過期等風險而造成損失。表 6.3 概述存貨平準策略的優缺點。

表 6.3 存貨平準策略的優缺點

優點	缺點
所有需求都應付得當，令顧客滿意及達到最大收益	利用週轉資金來維持存貨的成本可能甚高，尤其在公司需要資金擴廠時，存貨積壓，資金將益形短缺
產能利用率高，成本因之降低	產品陳舊、過期的風險
短期需求驟升，可由存貨來支援應付	

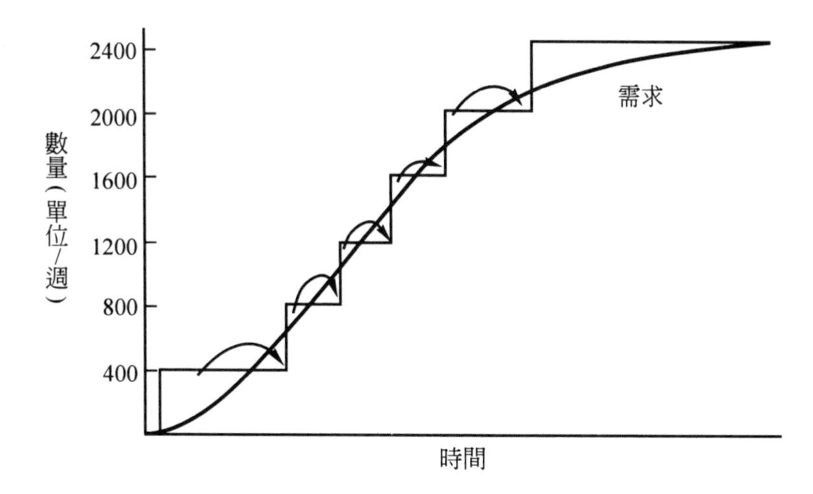

圖 6.14 「存貨平準」指運用生產過剩的存貨來應付產能不足時的需求

生命週期的可能效應

作業活動究竟應採用領先策略，或落後策略，或存貨平準策略，必須依本身情況而定。

在生命週期的導入階段，除了採用產能領先策略之外，似難有其它更佳的途徑。產能必須使產品或服務的提供與配送游刃有餘，這樣顧客才有機會判斷可否接受。產能領先策略的主要缺點是：產能利用率較低，導致成本升高，但此項缺點在導入階段或許可以容忍，因為此時的競爭重點通常不是低價格。

在成長階段的需求預測通常很難準確，因此時只要成長率有一點的變動就會造成極不同的需求水準。而在需求不確定的情況下，擁有大批存貨似乎不見得不好，此時存貨平準策略倒不失為較合適的策略。

到了接近成熟期，價格競爭通常變成主要訴求。當大家力拚價格時，產能落後策略所重視的產能充分利用似乎顯得特別有魅力。圖 6.15 說明這些觀點。

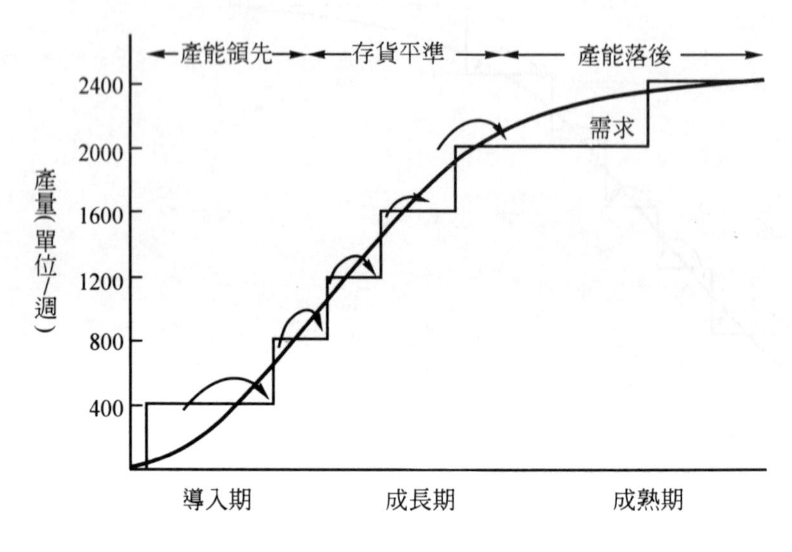

圖 6.15　生命週期對產能策略的影響

產能擴充的損益兩平分析

產能擴充也可以用「損益兩平」技術來分析。圖 6.16 說明：爲何增添產能可能讓一項作業由有利可圖變成虧損累累。在新增產能時都會發生所謂的「固定成本轉折」現象，亦即增添新產能時常要投入巨額的成本開銷。產出若偏低，可能無利可圖。長期來說，只要價格大於邊際成本，收益就會高於成本；但當產出水準等於該作業的產能時，獲利力卻可能無法悉數吸收擴充產能所新增的固定成本，因此使得該作業在擴建後的幾個時期裡，處於無利可圖的狀態。

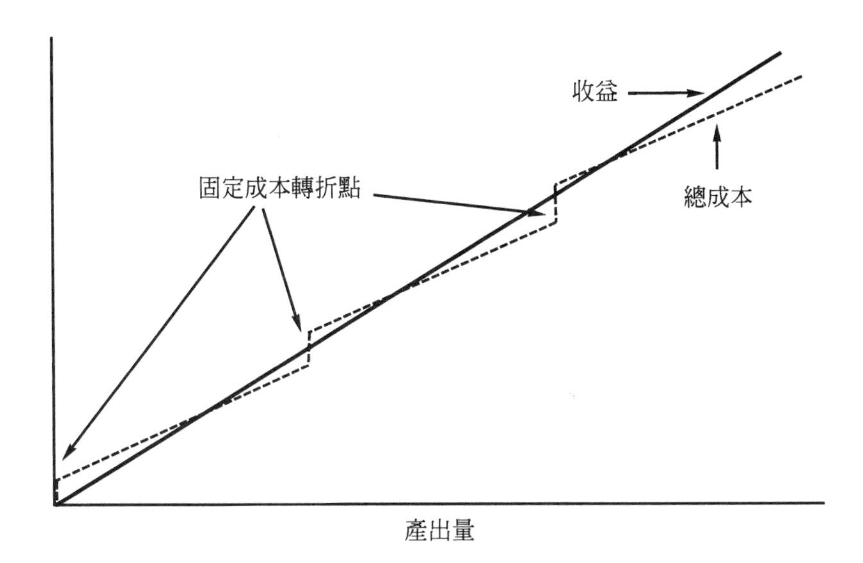

圖 6.16 固定成本一再增加可能使總成本超過收益

現身說法——專家特寫

紅磨坊 Café Rouge 餐廳的 Jo Cumming

紅磨坊餐廳 1989 年創立時，Jo Cumming 就參與籌劃這家「法式餐廳」。目前 Jo 負責整個集團的人力資源部與新加入連鎖餐廳的地點選定。

每家餐廳的佈置和菜單都經過精心設計，完全符合大家的期望。標準作業程序都編寫成操作手冊。每家新店址都經過仔細評估其周遭環境、市場發展潛能、建物的種種限制。分店的環境可說是選址作業中最重要的考慮因素。另外，我們也喜歡選在其它餐廳附近，這樣做可以吸引常到當地找餐廳的客人。經過多年的學習體驗，如今我們一眼就能看出選擇的地點是否合適，而且開張一家新店的作業時間已縮減到兩個禮拜之內。

本章摘要

- 作業網路可回溯產品／服務的原料來源，及往前推到最終顧客爲止。一個作業的供給面與需求面連結在一起的所有作業稱爲該作業的總體供應網路。與該作業有直接接觸的顧客與供應商，即鄰接的供應網路。
- 從作業所依存的整體網路來考慮問題，有許多好處：其一，有助於該作業了解本身在整個網路裡的競爭力；第二，有助於找出網路中特別重要的關係環節；第三，有助於公司針對自己在網路中的定位，規劃長程策略。
- 在網路策略層次上所要考慮的設計問題有：網路的垂直整合程度、將不同的作業活動設置在哪些地點、各作業活動的產能。
- 垂直整合是指組織在網路中擁有的縱深程度，通常由 3 個層次的決策來界定：「擁有的方向」可以是朝供應商的向後導向，也可以是朝顧客的向前導向；「擁有的深淺」可以狹窄到侷限於原先的作業活動，也可寬廣到涵蓋整個網路體系；「網路間各環節的平衡」可以從專爲內部顧客服務的「專屬關係」到「完全開放」——允許每個環節與組織外的各家廠商進行交易。
- 作業地點的決策會影響到作業的成本基礎、服務顧客的程度、獲利潛力。
- 組織遷址的影響因素與遷址成本可從「供給面」與「需求面」來考慮。「供給面」因素泛指勞工、土地、公共設施等成本會因地點不同而變化。「需求面」因素則包括該地點的形象、顧客的便利性、該地點本身的適切性等。
- 這些因素都程度不等的適用於 3 個層次：國家或地區的選擇、某國境內特定區域的選擇、特定地點的敲定。
- 網路內的產能決策包括：每個作業地點最適產能的決定、網路中不同作業產能的平衡、調整網路中各作業產能的時點。

個案研究：Delta 人造纖維廠

Delta 人造纖維廠的主要盈餘來源是布列顛靈（Britlene），這是自行開發的專利纖維布。布列顛靈主要用於製造強韌的工業用布，具有極高的耐磨性、隔熱性與絕緣性。之後，該公司又開發新產品布列顛龍（Britlon），兼具布列顛靈所有的特性，但抗熱力更高。公司希望藉此新特性來革新布料用途與開拓隔熱與絕緣方面的工業用途。

布列顛靈的生產設施

產製布列顛靈的 3 處工廠是英國的 Teeside、Bradford、Dumfries。其中 Teeside 規模最大，有 3 座相連的廠房，其它兩廠各有一座廠房。布列顛靈在 5 座工廠的年設計產能總計 550 萬公斤，扣除保養與例行停機維修後，每年預期生產量為 500 萬公斤。每座工廠都全天 24 小時，每週 7 天不停地運轉。

擬訂中的布列顛龍廠房設施

布列顛龍的製程類似布列顛靈，最大不同是：布列顛龍須經由一種全新的聚合製程機器處理。Delta 請國際知名的化學廠營建公司 Alpen 協助設計新製程。

如何達成布列顛龍產能

方法有二：一是變更布列顛靈廠的設計；另一是重蓋全新的工廠。第一案的工廠只需稍作變更。不管新建布列顛龍廠或改變布列顛靈舊廠，都需費時 2 年。

該公司的總裁簽註意見如下：「如果建造全新的廠房，將因工廠分散導致作業太過複雜。另一方面，關掉舊廠也浪費先前投下的人力與物力。所以我認為還是擴充現有的 3 座工廠才是正途。」

Teeside 地區的失業率高於全國平均，但 3 個地區的技術與半技術工人的失業率則相當低。Teeside 大多數的技術工人都由當地的兩家大工廠所吸納，而這兩家大廠剛好都在擴充當中，至於 Bradford 和 Dumfries 兩地則幾乎沒有競爭對手。

需求預測

兩種產品的需求預測如表 6.4 所示：布列顛龍推出初期，可能使布列顛靈的銷售量大幅滑落，但舊有產品還是有機會維持一定的銷售水準。

表 6.4 布列顛靈和布列顛龍的銷售預測（百萬公斤／年）

潛在銷售量	布列顛靈	布列顛龍
1994（實際）	24.7	—
1995	22	—
1996	20	—
1997	17	3
1998	13	16
1999	11	27
2000	10	29

問題：

1. 工廠應如何進行改建與新建？
2. 應在哪些地點進行產能變更？
3. 根據哪些準則在問題 2 的地點進行產能變更？
4. 往後 5 到 6 年裡，Delta 在產能方面會遭遇哪些危機？

問題討論

1. 試畫出某一公司的供應網路圖。該公司如何監控供應商的績效？
2. 何以作業經理人應關心整個網路體系？請以你自選的組織爲例說明。
3. 何謂垂直整合？試說明遊艇公司向上游或向下垂直整合的理由與方法。
4. 以下作業的哪些部份可外包出去，俾加強服務顧客的主要活動？
   a. 公立圖書館
   b. 速食餐廳

c. 銀行

5. 與小組成員分別評估二、三個競爭行業的擇址活動（譬如超市、醫院、汽車修理廠）。然後共同討論並協調彼此評分與考慮標準上的差異。在討論中是否發現其它評估標準可以抵消某地點的缺點？
6. 某冰淇淋公司已決定將事業由北美洲擴展到歐洲。該公司透過設在鬧市街道的零售攤位來銷售多種蔬菜口味的冰淇淋。請問在選址決策中，該公司應如何進行規劃？請爲公司寫下所有考慮的問題，以便在有人提供特定地點時，可以立即決定是否承租？
7. 爲什麼零售業一直認爲地點非常重要？
8. 何謂產能？何種投入與產出的測量值可用於評量下列作業？
   a. 汽車廠
   b. 巴士公司
   c. 自來水公司
9. 某新產品未來 7 個時期的需求預測如表 6.5 所示。公司欲對產能的擴充與減縮策略的時機做出決策。若該公司決定在每一期建造幾處產能各爲 15,000 件產品的新廠，請由（a）採行產能領先策略；（b）採行產能落後策略，分別評估。
10. 擴充產能的時點爲何會影響公司的利潤與現金流量？能同時有最大利潤與最好的現金流量嗎？

表 6.5 需求預測

時期	需求
1	10,000
2	30,000
3	50,000
4	60,000
5	64,000
6	62,000
7	55,000

7 工廠佈置和製造流程

工廠的佈置決定了所有作業設施、機器設備、以及操作人員的配置與分派。圖 7.1 指出設施配置活動在整個作業設計中的位置。

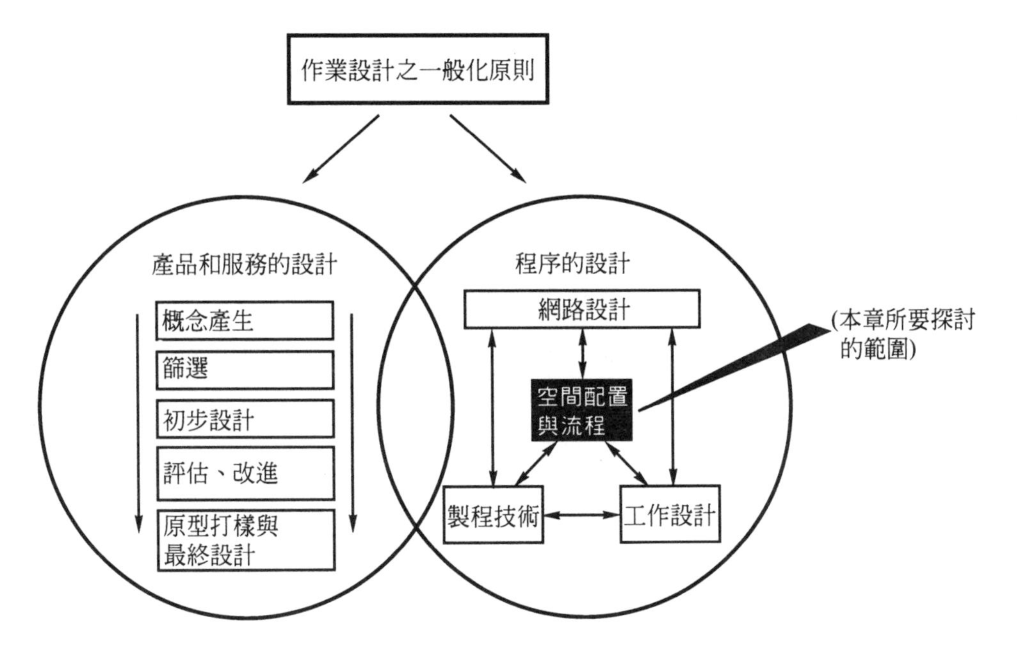

圖 7.1 本章所探討與工廠佈置和製造流程有關的設計活動

學習目標

- 作業活動規劃細部佈置設計的程序；
- 基本佈置型態的性質：定點佈置、程序佈置、核心單元佈置、產品佈置
- 基本佈置型態的「產量一種類」特徵；
- 每種基本佈置的優缺點，及其固定成本和變動成本；
- 設計每種基本佈置的細部規劃技術。

佈置的程序

佈置設計正如其它設計活動得歷經許多不同階段的規劃程序，見圖 7.2。

製程型態的選定

製程型態取決於生產數量與產品種類。然而，有些產品的特性可以選擇不同的製程型態，此時，作業績效目標的相對重要性乃成爲決策的依歸。一般而言，成本目標的重要性越大，則採行少樣多量製程型態的機率也越高。

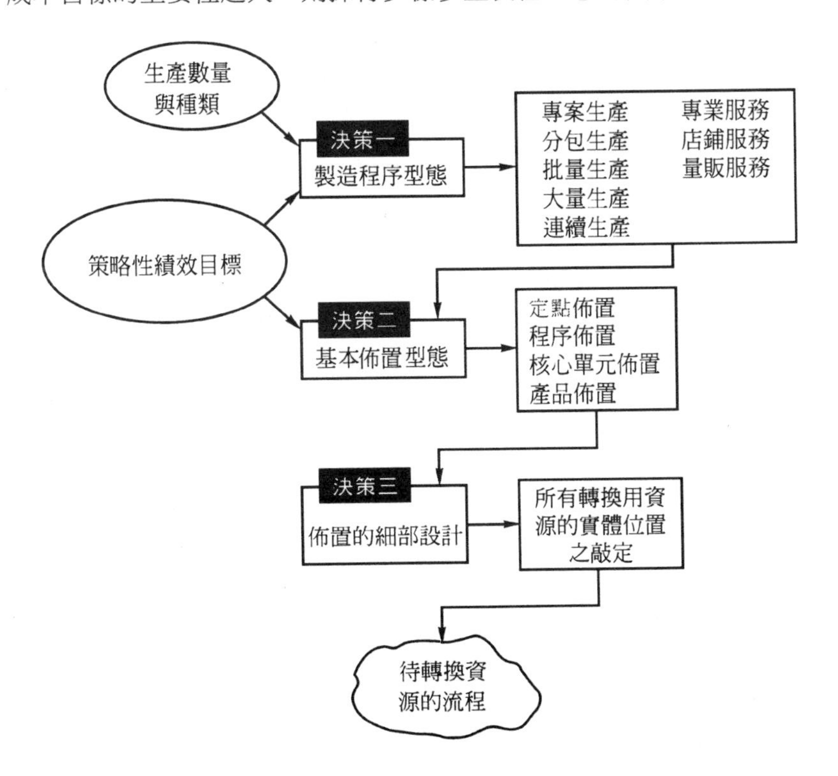

圖 7.2 設備配置的決策程序

基本佈置的選擇

基本佈置型態乃是作業設施一般配置的方式。最常用的佈置型態大多不出下列四種**基本佈置型態**：定點佈置、程序佈置、核心單元佈置、產品佈置。製程型態與基本佈置型態之間的關係絕非一成不變。如表 7.1 所示：每種製程都可採用不同的基本佈置型態。

表 7.1 製程型態與基本佈置型態之間的關係

製程型態	基本佈置型態	服務程序型態
專案生產	定點佈置	專業服務
分包生產	程序佈置	
批量生產	核心單元佈置	店面服務
大量生產	產品佈置	量販服務
連續生產		

細部佈置設計的選擇

基本佈置型態的選擇只是大致決定不同設備之間的相關位置，並不準確標定每一項設施個別的位置。佈置過程的最後階段是依據配置設計詳圖，將所有的設施按圖索驥逐一定位。

基本的佈置型態

定點佈置

定點佈置指的是待轉換物料、資訊或顧客靜止不動，相關的設備、機具以及負責處理的人力則都是動態的。因爲產品或服務對象搬遷不便或是不宜搬移。例如：公路建造 、心臟外科手術、造船。

定點佈置：以 GEC Alsthom「複式循環發電機」爲例說明

英法合作的 GEC Alsthom 公司，是世界最大的發電機與牽引機製造廠。典型的專案計畫工期至少 3 年。多數設備體積都相當龐大笨重，並完全依照規格製造。幾乎所有發電廠工地營建的各個層面都與「定點佈置」有關係，譬如築路、打地基、鋪設地板、結構體構築等土木工程以及輸配電線架設、工地電力供應等等。另外，元配件與原料，像是水泥鋼筋，也都要運到工地施工，然後再逐步整合加入工程建設中。至於起重機、營建機具、以及各型專門設備，當然都要一一送進現場參加作業。執行各種專業任務的技術工人和承包商更不用說，幾乎整天在現場進進出出。一旦先行作業就緒，機器與發電機組可以按照排程表的進度，陸續運抵工地安裝。這些設備有些是整座機器，其它則以零配件模組或工具組合方式運到規定地點再就地組裝。

過去標準的作業方式是：整座渦輪／發電機組先在原廠的定點裝配完竣，隨後拆開，轉運到工地，再重新組裝；原因是為了確認零組件都能完全裝妥無誤。如今隨著設計與製造技術的突飛猛進，工程界已經可以利用大型元件模組在指定工地上，更準確而直接地組立安裝所有設備。此項技術也使工程公司能應付顧客對縮短前置時間與降低價格等要求。

程序佈置

程序佈置係將同類的作業依需要分配在同一處。目的是方便同功能的資源協同操作，提高轉換資源的使用率。換言之，產品、資訊以及顧客在作業系統中流通時，是根據它們自己的需要，循一路線在不同製程之間移動；不同的產品或顧客需要各異，也以不同的路線通過轉換作業。因此，整個作業流程極複雜。程序佈置實例：如醫院的某些程序（X 光設備）需配合特定病人的需要、飛機引擎機件鑄造的某些製造程序（熱處理）需要專門技術支援。

圖 7.3 顯示圖書館的程序佈置。各不同程序——參考書籍、諮詢及期刊等作業分別擺置於不同的部門，顧客也可依個別需要，穿梭在不同部門查資料。

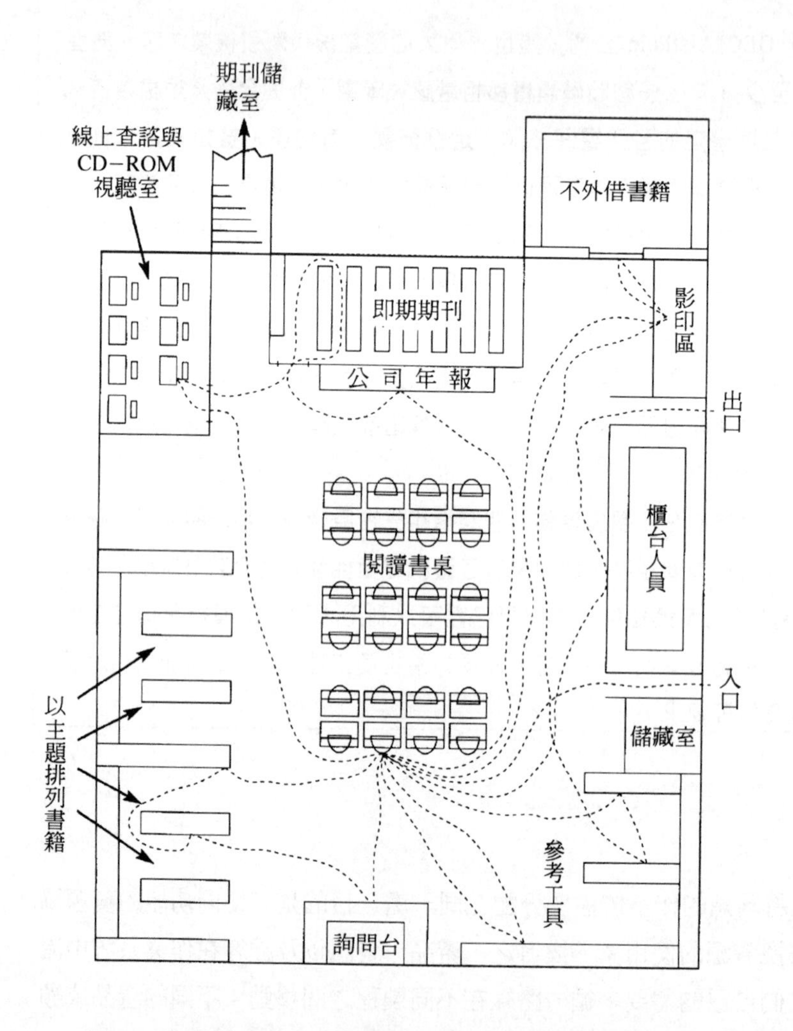

圖 7.3 圖書館的程序佈置實例（虛線代表某一讀者查詢資料的動線）

產品佈置

產品佈置將用來轉換的資源，按照其轉換程序的方便性來配置或排列。每種產品、每份資料或每位顧客，總按事先安排好的路線移動，所有作業活動都必須配合作業程序所在位置的次序進行。待轉換的資源沿著生產線流動，因此這種佈置又稱「流程式」或「生產線式」配置。事實上，某些處理顧客的服務作業之所以採用產品佈置，部份原因是爲了協助掌握顧客通過作業的流程，絕大部份原因則是爲了將產品或服務標準化。產品佈置實例：如汽車裝配廠針對同一車型均使用同樣的生產線流程。圖 7.4 爲造紙作業的製程順序。

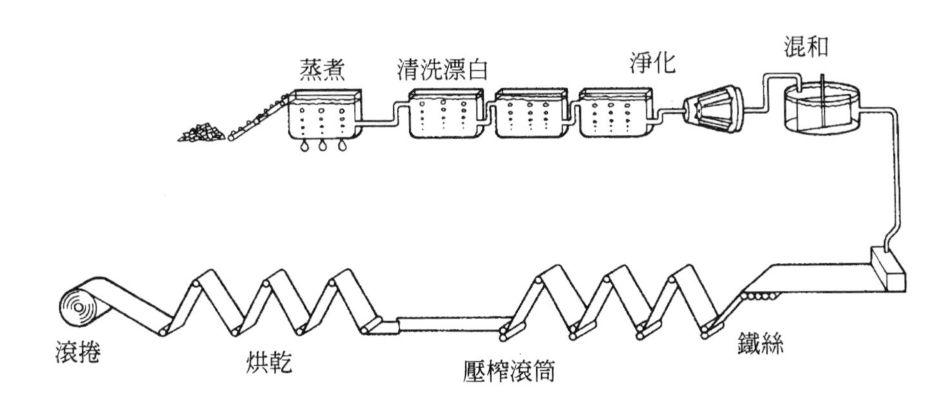

圖 7.4 造紙程序

核心單元佈置

核心單元佈置係指待轉換資源事先選定進入作業的地點，才移到作業部門（或稱核心單元）進行加工或處理。核心單元本身的佈置可爲程序式，也可爲產品式。待轉換資源在核心單元內處理完畢後，繼續移轉到下一個核心單元。事實上，核心單元佈置是爲本質特別複雜的程序佈置整理出一點條理。核心單元配置實例：有些顧客到超市的目的只是在「餐點供應」區買些三明治、冷飲等以解決午餐問題；這些餐點應集中一處，與超市大賣場隔開，避免食客到處尋找。

圖 7.5 是某家百貨公司的樓層平面配置圖。該店以程序佈置爲主軸；每一陳列區可視爲專賣某一特定種類商品的程序——像是鞋子、衣服或書籍等，唯一的例外是體育用品部——一種「店中有店」的配置方式，專門販賣與運動有關的系列產品：如運動服裝、運動鞋、運動雜誌、運動器材、運動飲料等。這些商品集中一處不是因爲類似，而是爲了滿足某一特定核心客層的整套需求。

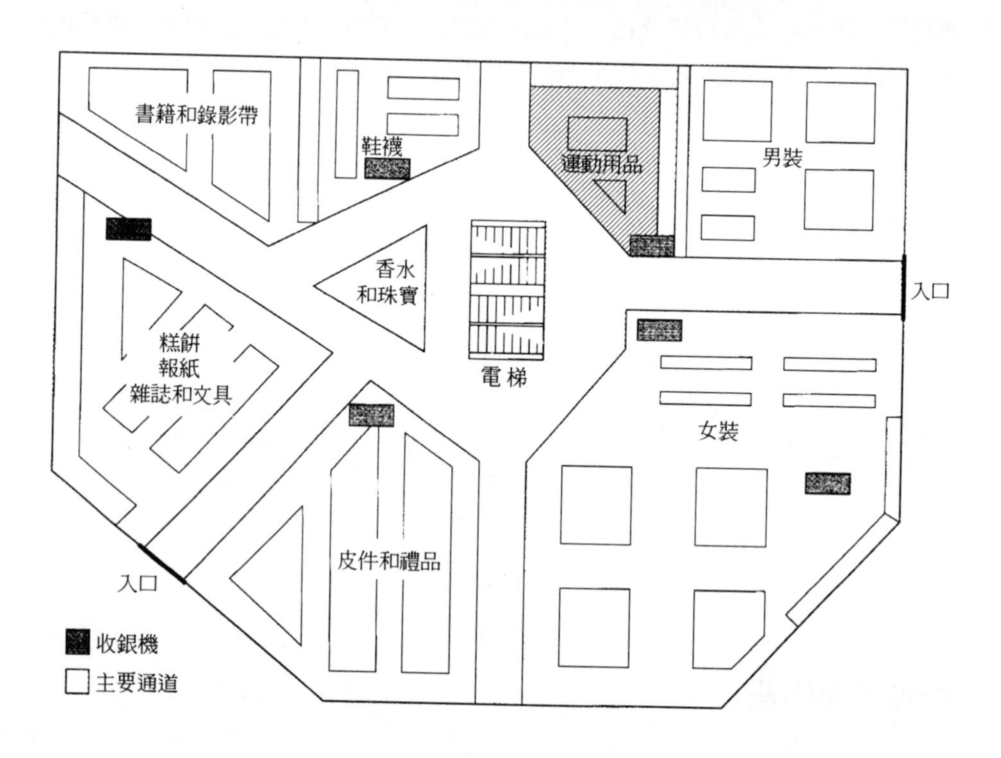

圖 7.5 某百貨公司的平面樓層設計，斜線部份代表「店中有店」的運動商品特賣區

混合佈置

很多作業通常將各種型態的佈置組合運用，即設計上的混合佈置。如醫院一般都採程序佈置：每個部門代表一特別的程序型態（X 光、外科手術房、檢驗部等）。但這些部門也有各自不同的佈置型態，X 光部門可能採程序佈置，而檢驗室則採產品佈置。另一實例如圖 7.6 所示，這是一家由三種不同餐廳組合而成的用餐綜合區，但廚房則共同爲所有餐廳服務。廚房採程序佈置，將不同作業程序分類後擺置在一起（如食物保存、食品準備、烹煮程序），不同的食物必須依各自的需求在各程序間進行加工。至於餐廳部份，傳統餐廳採定點佈置方式，顧客坐在自己的座位等候食物送達；自助式餐廳以核心單元方式佈置，將菜餚分成開胃菜、主菜、飯後水果等分別陳列在各自的核心單元區；一般式自助餐館的所有客人須排隊循同一路線點菜進食。

數量—種類與佈置型態

流程對作業的重要性視其數量與種類而定。當產品屬少量多樣時，可能最適合定點佈置。至於多量少樣的產品，待轉換資源的流程顯得十分重要，必須重視空間配置。若變化很高，則全然靠流程來主導會相當困難，因產品與顧客有不同的流動型態。以圖 7.3 的圖書館爲例，不同書籍和服務做分類的原因係爲縮短讀者查索資料的流程。然而，由於讀者的需求不同，圖書館充其量只能滿足多數讀者，少數讀者的不便只好委屈一點。產品或服務的種類減少到某個限度，有相同要求的客層變得很明顯，那麼如圖 7.5 的運動用品店採用核心特區配置將是合適的佈置型態。當產品或服務少樣多量時，則原料、資訊或顧客的流程都呈現相當的規則性，而適合採用以產品爲基礎、類似裝配廠的配置。

檢視這些不同型態的佈置實例，便可發現產品或服務的數量與種類，對流程所造成的影響，見圖 7.7。數量越大，選對流程的重要性也越高；而產品變化不大時，則越有可能根據產品或服務的需求安排空間配置。

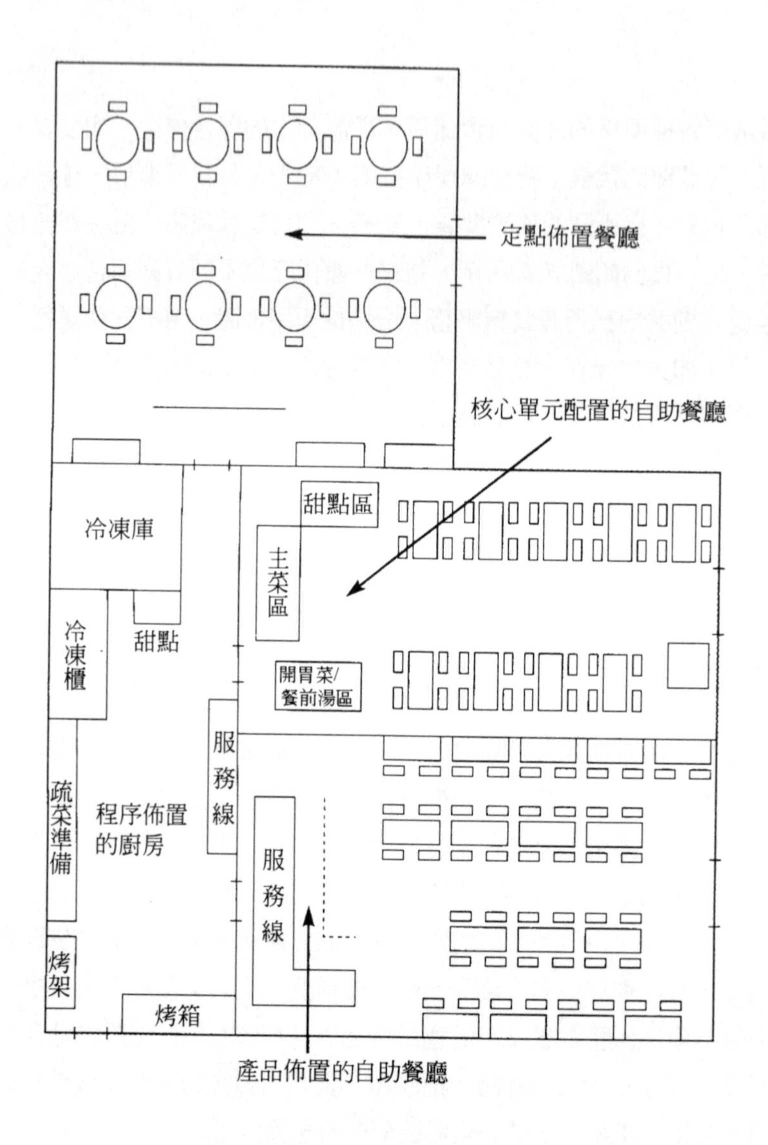

圖 7.6 含 4 種基本佈置的餐廳

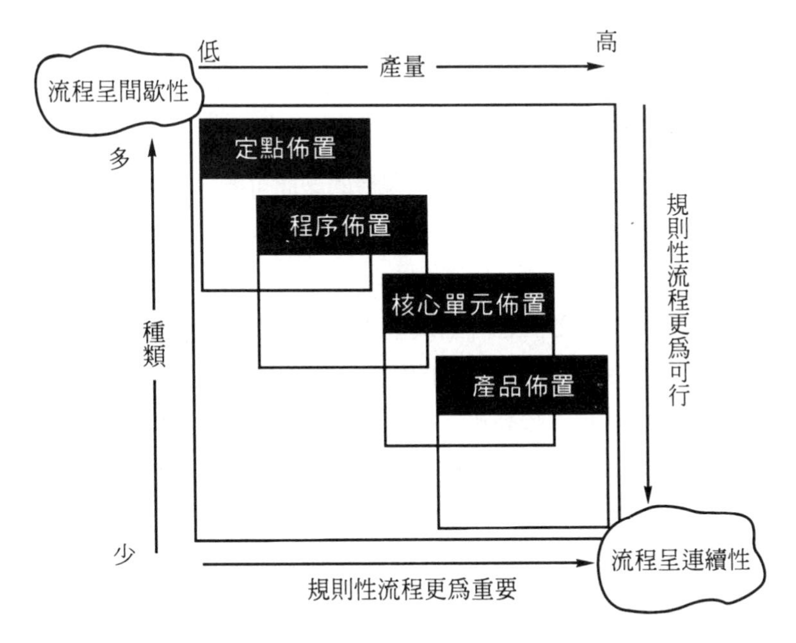

圖 7.7 產品的「產量—種類」特性會影響佈置的選擇

英國 Birmingham 機場

每年約有 2,500 萬人從 Birmingham 機場通關。飛機的起降班次和旅客疏運都是以一波波的人潮來規劃的。機場每天總共要處理八波的人潮。這就產生了一個耐人尋味的空間配置問題。每一波人潮都與下一波人潮成反方向行進。許多機場為解決這個問題，都採「入境」與「出境」分隔的方式。

機場除了分隔入境和出境旅客，還要分隔國內與國際旅客。這個複雜的旅客通關問題是以加裝「磁力控制門鎖」的方式來解決：經由中央控制室來開啟或關閉大門就可以根據時段來指定門的用途——看是要當入境門，還是當出境門。當飛機抵達時，航站大門打開，只允許旅客下樓梯，而上樓梯通往出境登機的大門則予以關閉；一旦飛機又準備起飛到下一站，只要啟動門上的控制開關，打開樓上候機室的大門，而下樓通往入境的那扇門則加以關閉。

佈置型態的選擇

表 7.2 列舉每種佈置型態的一些優缺點，此處必須強調的是：作業型態會影響這些優缺點的相對重要性。例如，大量生產電視機的廠商可能會發現：產品佈置具有低成本的特色，但主題遊樂公園採用產品佈置的主要原因卻是看重其「控制」龐大遊客流動量的特色。

在所有特點當中，單位成本的考量也許居最重要關鍵。不同的配置會產生不同的固定與變動成本因素。採定點佈置所產生的固定成本通常比其它佈置型態來得小，但定點佈置的變動成本卻相對較高。一般而言，由定點佈置、程序佈置、核心單元佈置、再到產品佈置，固定成本會依序遞增，但變動成本則遞減。每種佈置方式的總成本，如圖 7.8 所示。

表 7.2 各種基本佈置型態的優缺點

	優點	缺點
定點佈置	產品彈性高 產品或顧客不必移動，也不受打擾 員工感覺工作極富變化	單位成本高 空間及活動的排程可能困難，廠房和員工須不時移動
程序佈置	產品彈性高 遇到干擾時韌性高 工廠設備的監管相對較易	設備或廠房使用率偏低 易造成在製品或顧客排隊，流程若複雜時，可能難以控制
核心單元佈置	對於較多樣化的作業，成本與彈性的妥協良好 生產快速 團體工作能導致良好的激勵效果	可能需要更多的廠房和設備 廠房利用率較低 重新佈置的成本頗高
產品佈置	大量生產，單位成本低 有機會讓設備專業化 原料或顧客的移動方便	混合彈性低 遇到干擾時韌性不高 工作重複，十分單調

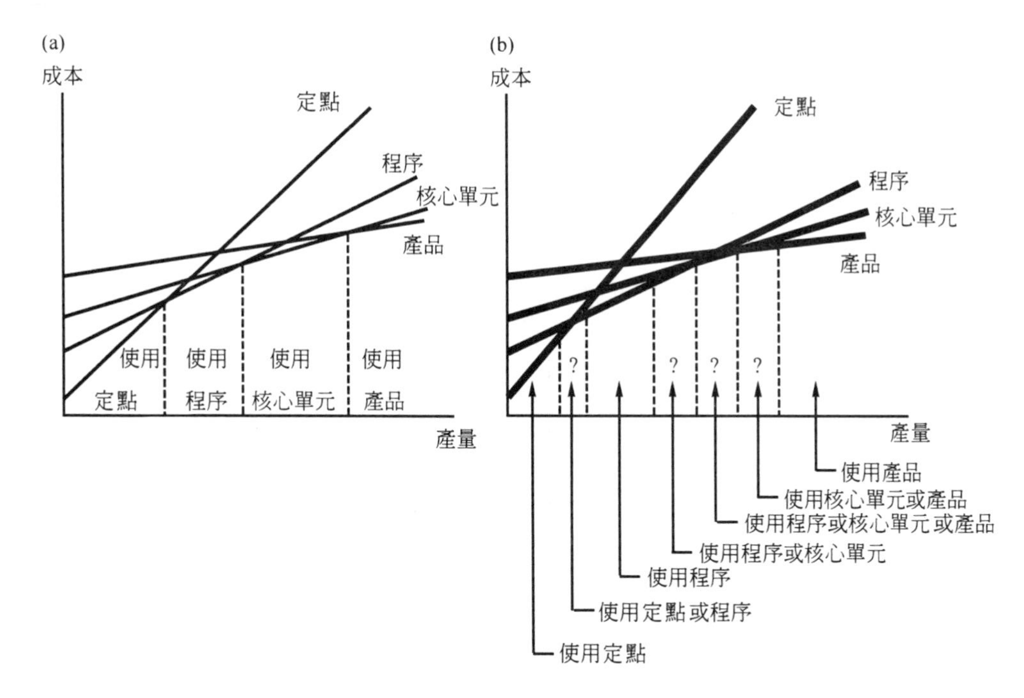

圖 7.8 各佈置方式有不同的固定及變動成本

佈置的細部設計

定點佈置的細部設計

定點佈置的細部設計所關心的主題是轉換用資源的實體位置，即考量重點不是待轉換資源的流程，而是轉換用資源本身的方便性。

✏ 資源定位分析

資源定位分析係以系統化方法去分派各工作中心的位置。茲以海底探測艇裝配廠所採用的定點佈置來說明資源定位分析的步驟如下：

第 1 步 界定場地

該產品裝配區域如圖 7.9 所示，有兩處裝配區位於中心，四周是「自由進出區」。出入口有兩個，分別連接工廠外部與工廠其它部份。其餘可利用區域劃分為 14 塊面積約略相等的塊狀區域，以分派給資源中心使用。

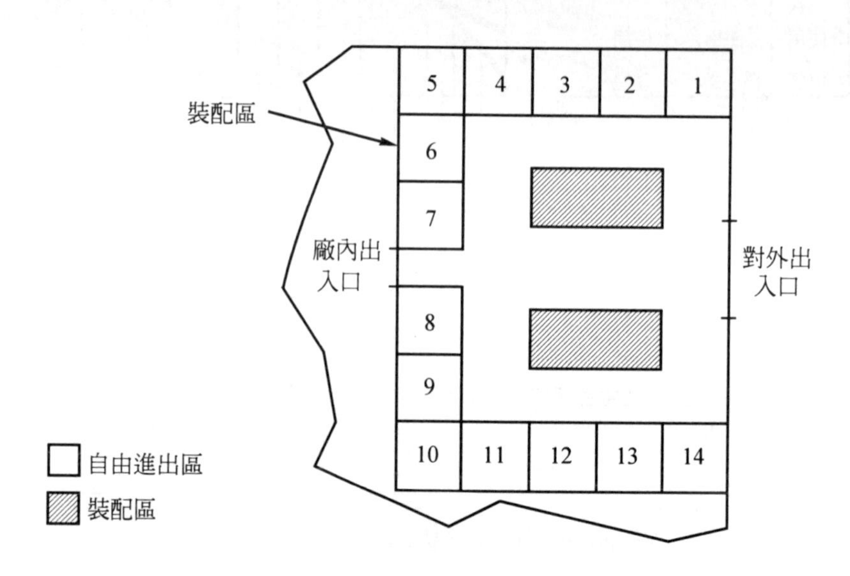

圖 7.9 海底探測艇的裝配區

第 2 步 界定資源中心的需求

員工應攜帶工具與材料至裝配區工作。經判斷應設立 6 個資源中心，且盡可能集中在一起。

- 船體結構：這組技工需要四個區域儲存材料及設置專用工作區。此工區點收、切割、銲接船艇所需的材料，宜設置在連接外部的出入口附近，以利材料搬運，同時也有利於排放焊接和噴漆所產生的火花和煙氣。

- 組件裝配：這組技工需要三個區域。引擎安裝以及機器啓動裝置在此區進行。多數組件在運抵此區之前，都已先在其它廠區裝配完竣。
- 電機工程：這組技工需要二個區域。安裝電氣設備配線與測試作業在此區進行。此工區宜遠離結構區與裝配區，以避免噪音、煙氣、振動等干擾。
- 控制工程：這一組人員需要二個區域。測試及其它控制系統管理事項在此區進行。地點宜接近出入口，卻不宜太靠近船體結構區。
- 通訊工程：這一組人員需要二個區域，以設計船艇通訊系統的軟硬體器材。由於須經常配合顧客需求改變設計，組裝期間要經常進行溝通討論，宜靠近規劃室以確保有效溝通，但應遠離船體結構區。
- 規劃室：這一組作業管理人員需要一個區域。規劃室宜靠近出入口，易與其它工區溝通，而且方便監控材料進出裝配區，但應遠離吵雜的工作場所。

第 3 步 將評估標準格式化

根據第 2 步驟，資源中心的位置分配有 5 項明顯的衡量標準。其中 3 項屬於場地標準，另 2 項則是相對地點標準。

- 場地標準：（a）對外進出方便性（b）內部進出方便性（c）靠近外牆
- 相對地點標準（a）靠近規劃室（b）與船體結構裝配區的距離

第 4 步 計算適合度

此一步驟須分 3 階段完成。第 1 階段指派各種地點滿足場地標準的分數：

地點很理想，3 分；地點還可接受，2 分；地點不佳，1 分。

本例的作業管理小組評分，見表 7.3。

表 7.3 海底探測艇裝配區各個位置的評比分數

場地標準	位置													
	1	2	3	4	5	6	7	8	9	10	11	12	13	14
對外進出方便性	3	3	2	2	1	1	1	1	1	1	2	2	3	3
內部進出方便性	1	1	2	2	3	3	3	3	3	3	2	2	1	1
靠近外牆	3	3	3	3	3	2	2	1	1	1	1	1	1	1

接著，擬定場地標準對資源中心的重要性權數。表 7.4 即爲本例的權數：

極重要的標準=3；重要的標準=2；普通的標準=1；無關緊要=0

表 7.4 每一場地標準對各個資源中心的重要性權數

場地標準	船體結構	組件裝配	電機工程	控制工程	通訊工程	規劃室
對外進出方便性	3	1	0	0	0	2
內部進出方便性	1	3	1	1	1	1
靠近外牆	3	0	0	0	0	0

最後階段是計算「適合度」，其方法是將權數乘上各項分數，予以加總即得。例如：結構船體裝配與位置 1 的適合度如下：

> 對外進出方便性之權數×位置 1 外部進出方便性的分數+內部進出方便性的權數×位置 1 內部出入方便性的分數+靠近外牆的權數×位置 1 靠近外牆的分數=（3x3）+（1x1）+（3x3）=19。

表 7.5 顯示海底探測艇裝配廠之各資源中心位置適合度的得分。

表 7.5 海底探測艇裝配廠各資源中心位置的得分

資源中心	位置													
	1	2	3	4	5	6	7	8	9	10	11	12	13	14
船體結構	19	19	17	17	15	12	12	9	9	9	11	11	13	13
組件裝配	6	6	8	8	10	10	10	10	10	10	8	8	6	6
電機工程	1	1	2	2	3	3	3	3	3	3	2	2	1	1
控制工程	1	1	2	2	3	3	3	3	3	3	2	2	1	1
通訊工程	1	1	2	2	3	3	3	3	3	3	2	2	1	1
規劃室	7	7	6	6	5	5	5	5	5	5	6	6	7	7

第 5 步 初步配置設計

表 7.5 不僅表示資源中心與位置之間的適合度（積分越高越適合），也表示該位置相對於資源中心的重要性。船體結構的資源位置分數較高，因此應優先分派位置。圖 7.10 說明了此一程序所得的初步配置。

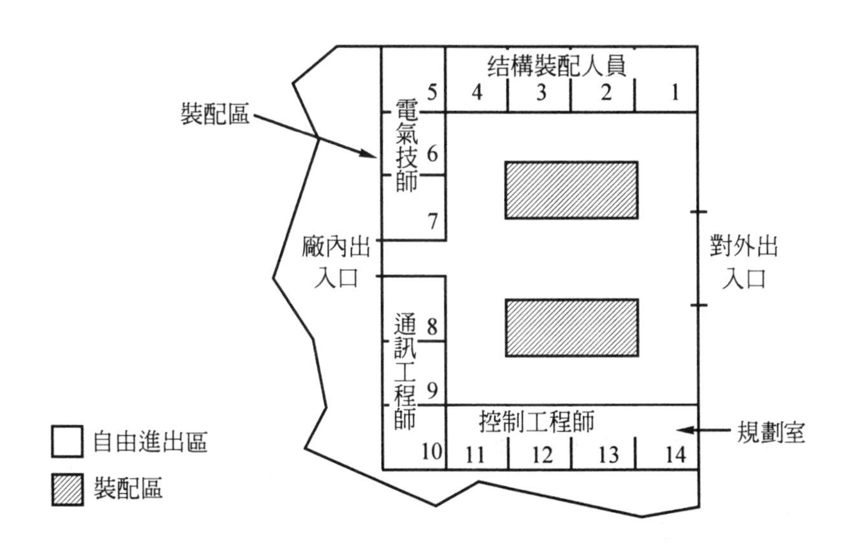

圖 7.10 裝配區的初步佈置

第 6 步 調整配置

最後一步是根據相對地點標準來檢查初步配置。本例中所有該避開船體結構區的資源中心都已避開，但通訊工程區並未與規劃室相鄰。表 7.5 顯示：將控制工程區和通訊工程區的位置對調，並不會影響結果。最後配置見圖 7.11。

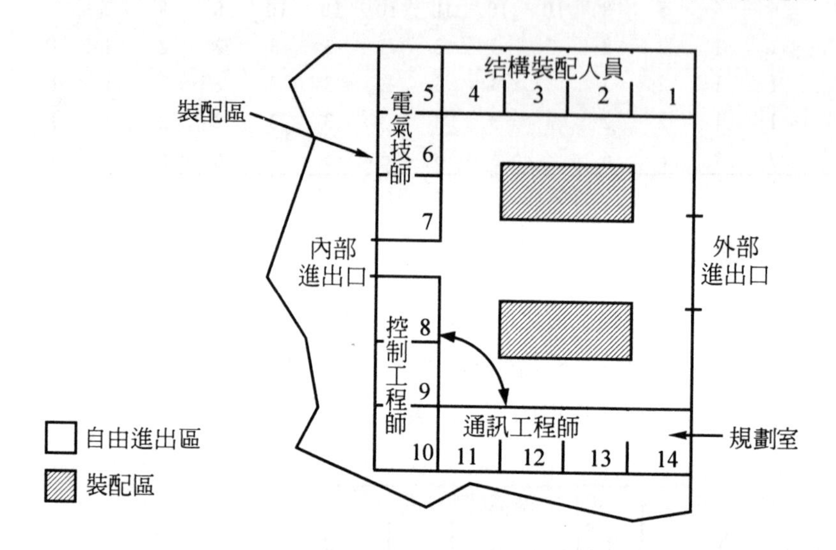

圖 7.11 裝配區的最後佈置方式

程序佈置的細部設計

程序佈置的細部設計非常複雜。例如，兩個工作中心會有 2 種可供安排的方式；若是 4 個中心則有 24 種安排方式；5 個中心就有 120 種安排方式。這是一種乘冪關係。N 個中心就有 N！個不同的配置方式。

$$N! = N \times (N-1) \times (N-2) \times \cdots \quad (1)$$

✏ 關於程序佈置的資訊

進行程序佈置的細部設計，應先取得如下必要資訊：

- 每個工作中心所需的區域範圍；
- 每個工作中心外觀的限制；
- 工作中心與工作中心之間流程的方向與數量（例如：彼此來往的趟數、工作負荷量、每趟流程單位距離的成本）；
- 工作中心彼此緊鄰，或接近佈置中某固定點的益處。

流程間的互動程度與方向如圖 7.12（a）流程記錄圖（flow record chart）所示；倘若兩個工作中心之間的傳送方向對佈置沒有什麼影響時，則有關資料可折半蒐集，見圖 7.12（b）或圖 7.12（c）。有些作業的原料在不同工作中心之間的移動成本差異甚大，則圖 7.12（d）比較適當。結合單位成本與流程資料即可得到每天搬運的成本資料，如圖 7.12（e）所示。倘若兩個工作中心之間的傳送方向對佈置沒有什麼影響時，圖 7.12（e）也可折半爲圖 7.12（f）。

關係圖（relationship chart）以定性方式表示不同工作中心之間的關係相對重要性。圖 7.13 爲測試實驗室的關係圖。其中某些部門必須相鄰，譬如電子測試與度量衡；但有些部門最好保持距離，像度量衡與衝擊測試。

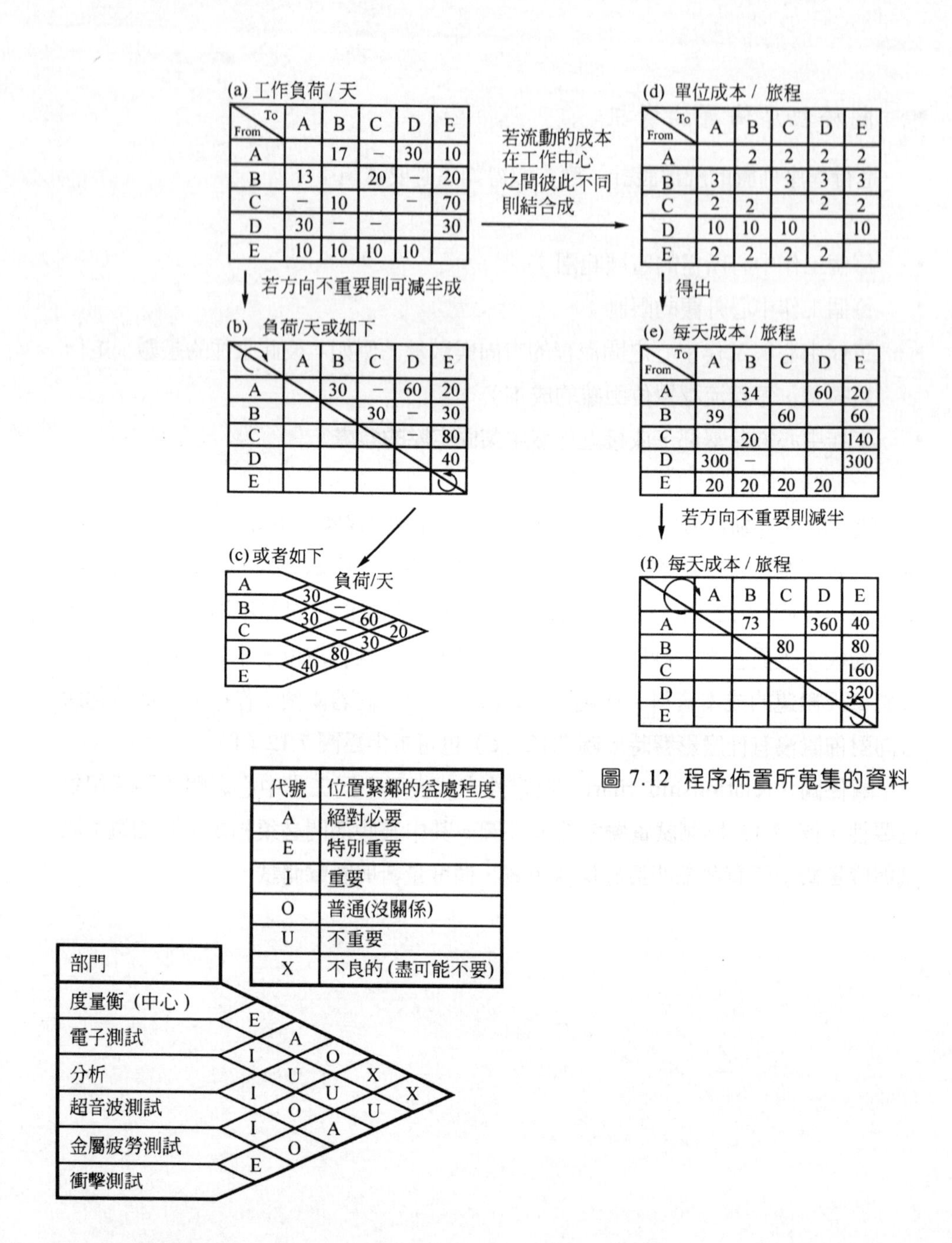

圖 7.12 程序佈置所蒐集的資料

圖 7.13 關係圖

程序佈置的目標

程序佈置的主要目的是爲了降低資源轉換流程的相關成本。例如，傢具製造商將工作中心設在工業區以減少傢具組件的運送成本。同樣地，醫院都將部門配置在病患或員工移動距離最短的地點。但有些作業的配置著眼於獲取最大利潤，而非成本的考量。像零售業的作業配置就是爲了獲取最大收益。

計算作業所通過流程的總距離可以判斷佈置的效果。圖 7.14（a）說明一個有 6 處工作中心的程序佈置，以及各工作中心間每日流程路線與次數。該佈置的效果積分計算如下：

佈置的效果積分$=\Sigma F_{ij}D_{ij}$，所有的 $i\neq j$

F_{ij}=工作中心 i 到工作中心 j 之間的流程次數

D_{ij}=工作中心 i 到工作中心 j 之間的距離

效果積分越低表示該佈置效益越高。

本例的作業流程總次數乘以部門間的距離，總和爲 4,450 公尺，此一結果可以用來判定改變佈置是否能增進效益。若將工作中心 C 與工作中心 E 對調爲圖 7.14（b）所示，則距離減爲 3,750 公尺。上述計算假設所有工作次數的作業成本均相同。事實上，有些作業並非如此。例如傢具製造業的某些工作流程的工作負荷甚低，亦即搬運毫不費力，但有些則十分龐大笨重，搬運不便。

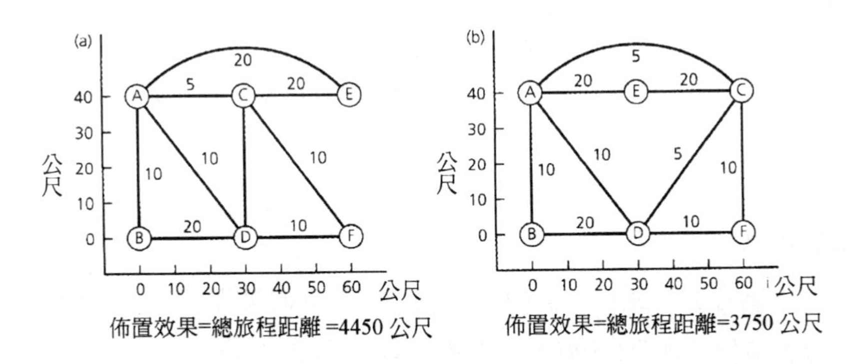

圖 7.14 大多數程序佈置是為了降低運輸成本，有時只為了簡化運輸總距離

因此，佈置效果如果能將成本（或工作困難度）考慮進去就更完善：

佈置效果成本= $\Sigma F_{ij}D_{ij}C_{ij}$，所有的 $i \neq j$

C_{ij}=部門 i 和 j 之間每次工作行程所花費的成本

✎ 一般的程序佈置設計法

程序佈置中，工作中心位置的決定步驟如下：

第1步　蒐集有關工作中心之間流程的資料。

第2步　畫出一佈置概要圖，標明各工作中心位置以及彼此間關係。

第3步　調整概要佈置圖，將該配置必須顧及的區域限制條件列入考慮。

第4步　畫出佈置圖，標明工作中心真正的區域，以及材料或顧客必須移動的距離，據以計算該佈置的效果，包括總旅程距離與移動成本。

第5步　檢查看看是否仍能調動任何工作中心，俾再降低總旅程距離或移動成本。若然，則再回到第 4 步；否則，就敲定此一場地配置。

第6步

✎ 實例：荷蘭鹿特丹教育集團

荷蘭鹿特丹教育集團是一家從事遠距教學的公司，租賃一棟佔地 1,800 平方公尺的大樓，以容納 11 個部門。在搬進新大樓之前，該公司已計算出員工在 11 個部門之間平均每天要走動的次數與距離，雖然有些移動實際發生的費用比其它移動稍高，該公司還是決定以相同的價值來處理每次移動。

第 1 步：蒐集資訊

各部門所需的區域大小與平均每天來往於不同部門間的次數，參見圖 7.15 的流程圖。本例的流程方向不予考慮，次數少於每天五次者也不計入。

部門	面積 (m^2)	代號	B	C	D	E	F	G	H	I	J	K
接待室	85	A	40		120					30		40
會議室	160	B										
配置與設計	100	C			100	15			8	12	10	
編輯部	225	D										
印刷廠	200	E					80		70		40	
裁紙部	75	F						55				
收送貨處	200	G							5		100	
裝訂部	120	H									80	
錄影帶製作部	160	I									25	15
包裝部	200	J										20
錄音帶工廠	100	K										

建築物的面積'=30 公尺×60 公尺

圖 7.15 荷蘭鹿特丹教育集團的流程資料

第 2 步：畫出概要佈置

圖 7.16 表示部門初步分配圖。最粗線係次數介於 70 到 120 之間者，這是每天的最高流量。中等粗線係次數介乎 20 和 69 之間者。最細線表示每天流動次數介於 5 到 19 之間者。本步驟的目的在於將來往最密切的部門集中在一起，俾使流動次數越高者，路線距離越短。

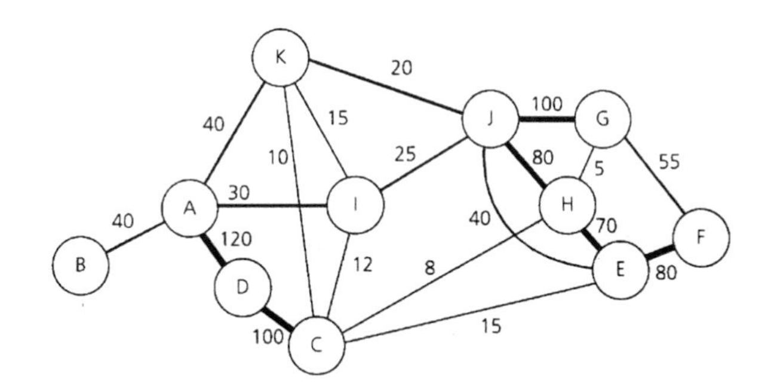

圖 7.16 概要配置：將接觸密切的部門集中在一起

第 3 步：調整概要佈置圖

如果部門的佈置如圖 7.16 所示，則該大樓顯然有不規則的外形，也因此導致較高的成本。圖 7.17 就是考慮大樓形狀後，加以調整的部門佈置。

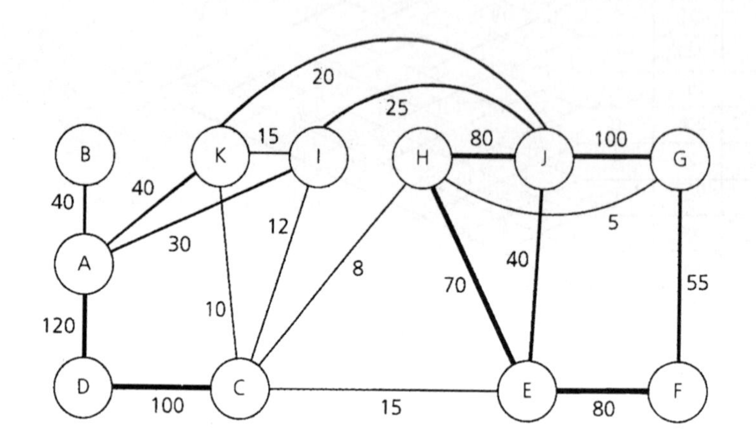

圖 7.17 配合建築物面積形狀調整的初步配置

第 4 步：畫出調整後的佈置圖

圖 7.18 顯示：部門已按照大樓外形和各部門所需面積大小來配置的情形。部門間的距離因考量實體形狀而不同於圖 7.17 的情形，但部門的相關位置則保持不變。據此，便可計算相關佈置間的移動成本。

第 5 步：藉由交換位置來檢查

圖 7.18 的佈置還可藉由對調部門來檢視是否可縮短總流程距離，譬如將部門H和 J 對調，重新計算整個次數與移動距離，查看是否可以產生任何節省。

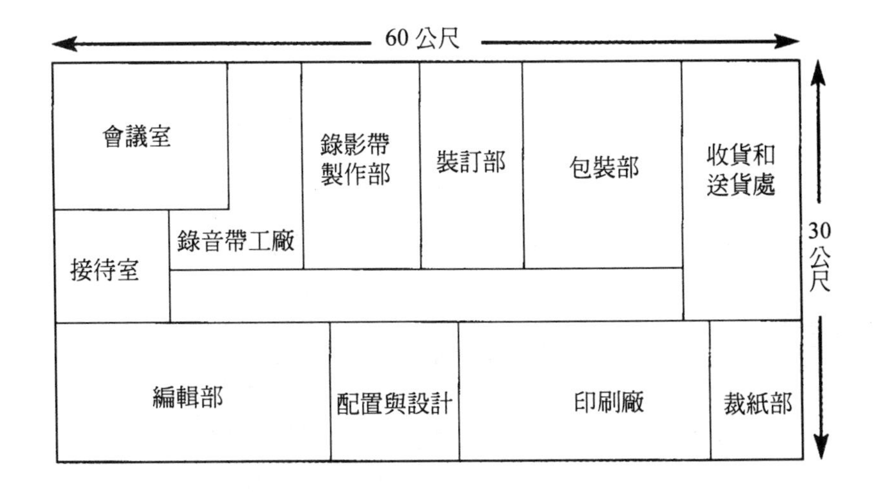

圖 7.18 大樓最終的配置

核心單元佈置的細部設計

核心單元佈置是介於程序佈置與產品佈置之間的折衷設計。圖 7.19 顯示如何將程序佈置分成四區，且每一區擁有足以處理「家族」內零組件的資源。

✏ 核心單元的範圍和本質

核心單元的類型可由直接與間接資源的數量來描述。直接資源係指那些直接轉換原料、資訊、顧客的資源。間接資源則指那些用來支援直接資源轉換活動的資源。圖 7.20 的雙向分類係根據核心單元涉及直接與間接資源的程度。

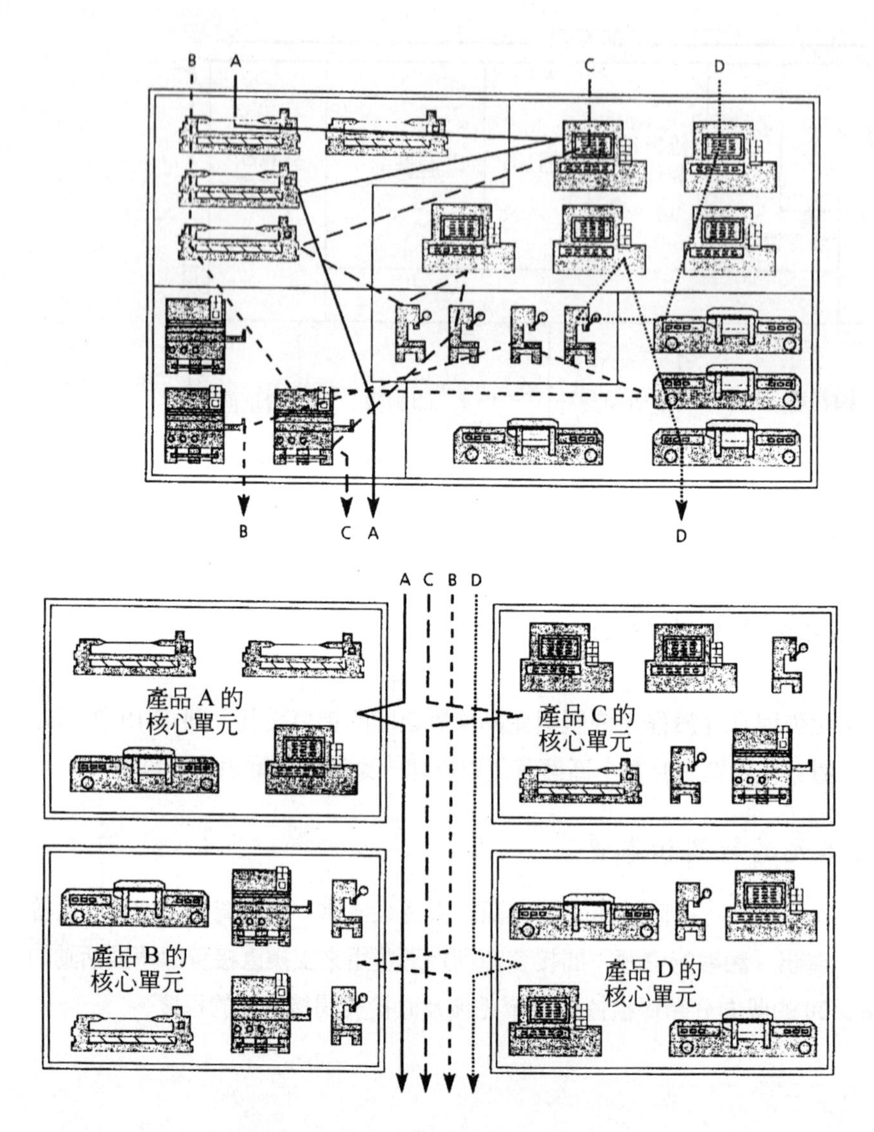

圖 7.19 核心單元佈置將家族產品所需的製程群予以集中

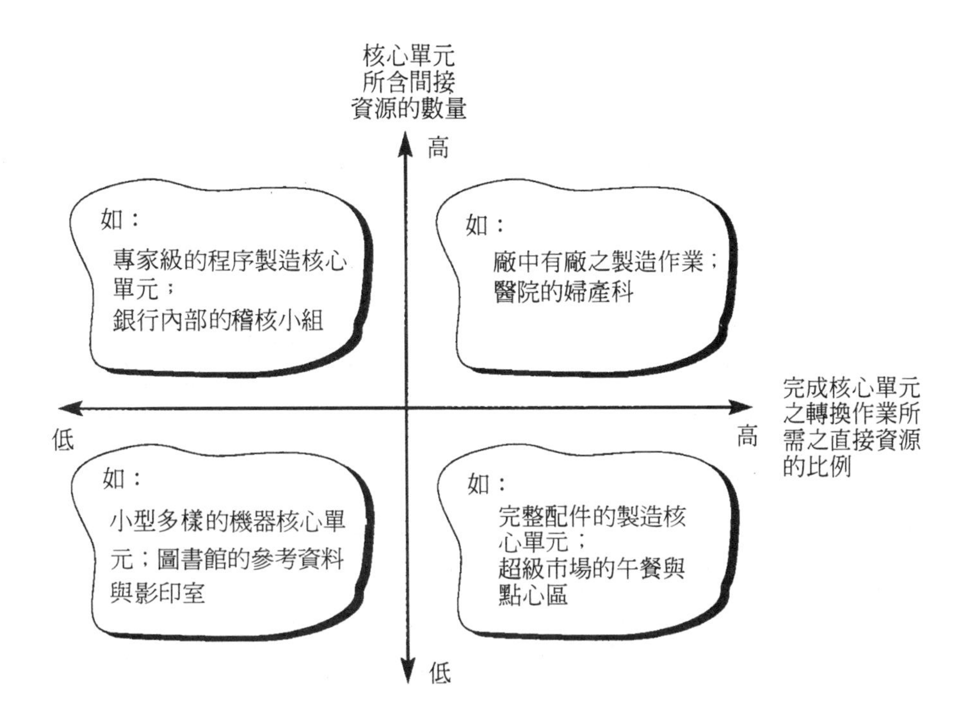

圖 7.20 核心單元的類型

✏ 分派資源到各核心單元

程序佈置著眼於不同製程的位置；產品佈置重視產品本身的要求；核心單元的配置則要同時考慮這兩種需求。有時爲了簡化核心單元的配置工作，可就程序或產品擇一層面強調。

✏ 產品流程分析

產品流程分析法（Product Flow Analysis，PFA）常用於分派工作與機具給各核心單元，並檢定產品的要求與製程的分類。圖 7.21（a）的製造作業將元配件分成 8 個家族，如第 1 家族需由 2 號機器和 5 號機器組成。此矩陣圖無法顯現出自然形成的集群；若改變行與列的順序，並將打有 X 符號的格子盡量挪近對角線，就會呈現出更清楚的類型。圖 7.21（b）顯示：機器可分屬 3 個核心單元工作區，即圖上所標明的核心單元 A、B、C。此一分派過程固然對機器特別有用，但鮮能完全恰到好處，例如第 8 號元配件需要利用 3 號機器來加工，但這部機器卻分派給 B 核心單元。

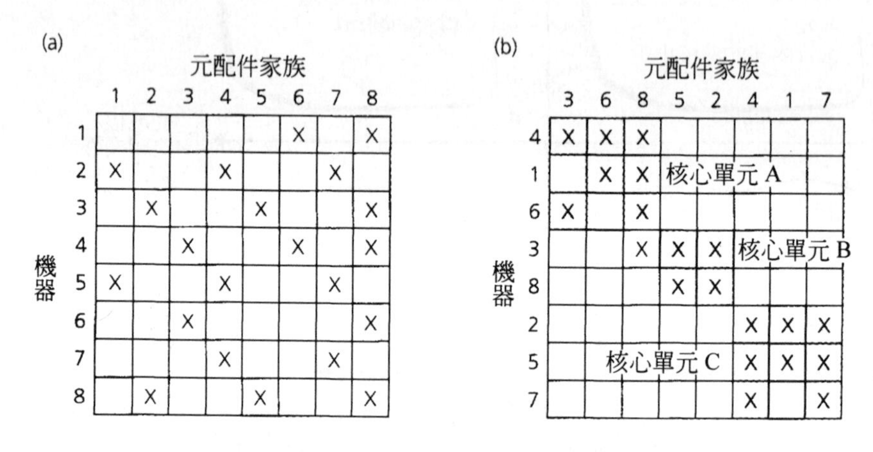

圖 7.21 （a）（b）使用產品流程分析法將機器分派到各核心單元工作區

通常，此種問題有三種處理方法，但無一能盡如人意：

- 添購與 3 號機器相同的機種，配置在 A 區。這樣做雖然可直接解決問題，但投資新機器要花錢，而使用率可能太低，不敷效益。
- 在核心單元 A 區加工後的 8 號元配件家族，再送到核心單元 B 區。此法節省添購新機器的開銷，但有失核心單元配置的宗旨（核心單元是爲了在內部簡化原先複雜的流程）。
- 如果好幾個元配件都發生這個問題，就有必要再另設計一個特別的核心單元（通常稱爲剩餘的核心單元），有如迷你的程序佈置，但這也一樣未嚴守純核心單元配置的精簡原則，更何況還要耗費額外的資本支出。剩餘核心單元確實能將「不方便」的元配件從其它作業環節移走，使流程更易於掌控。

產品佈置的細部設計

其它型態佈置所做的決策是「什麼地方擺什麼東西」，產品佈置的問題變成「什麼東西要擺到什麼地方」。例如，生產手提箱需要 4 個工作中心，於是先決定四個工作中心要設在哪裏，接著才決定哪些作業項目要分派到哪個中心。此等設計決策稱爲生產線平衡（Line Balancing）決策，這類決策包括下列各要素：需要多長的循環時間？需要歷經多少階段？如何處理工作—時間的變動？如何平衡生產線？各階段應如何安排？

✏ 產品佈置的循環時間

產品佈置的循環時間是指處理或完成每一單位的產品、資訊、顧客所須花費的時間。假定有家銀行正在設計房貸的申請程序作業，每週擬處理件數約 160 件，而每週可供處理的時間爲 40 小時。

$$佈置的循環時間 = \frac{可用來處理的時間}{擬處理的件數}$$

$$本例的循環時間 = \frac{40}{160} = \frac{1}{4}小時 = 15分鐘$$

✏ 階段的數目

階段的數目端視該佈置所需的循環時間以及生產該產品或服務所需的總工作內容而定。總工作內容越多，且所需的循環時間越短，則須細分成更多的階段。例如，某家銀行處理一份房貸申請的平均總工作內容費時 60 分鐘，若每 15 分鐘須處理一件申請案，則所需的階段數目算法如下：

$$所需的階段數 = \frac{總工作內容}{所需循環時間} = \frac{60分鐘}{15分鐘} = 4個階段$$

任務—時間的變動

根據上例，房貸申請的總工作內容由 4 個工作站來執行，每一站貢獻總工作內容的四分之一，且每 15 分鐘把一份申請文件傳遞到下一階段（站）。實際上，流程運作未必如此規則，每件房貸申請所花的時間幾乎都不一樣。此等差異可能造成生產流程的不規則，導致不同階段間歇性的排隊堵塞。

- 通過生產線的產品或服務可能不同，不同車型的汽車可能在同一生產線上。
- 產品或服務的本質雖一樣，但處理方式有些微不同。如每件房貸申請處理的時間往往不同，因爲申請者的需求情況或條件可能不同。
- 執行任務者在處理每件申請案時的實際協調和用心程度常有些微差異。

平衡工作時間的分配

在產品佈置的所有細部決策中，最大問題或許是如何確保生產線上的每一階段都平均分配到等量的工作。此一過程稱爲「生產線平衡」。

計算平衡損失

生產線平衡的效果常用「平衡損失」來衡量，即計算不平衡所導致時間浪費佔處理產品或服務全部時間的百分比。圖 7.22 說明 4 個階段的工作量分配，生產每樣產品或服務的時間是循環時間的 4 倍。因此，總投入的時間爲 4x3.0=12 分鐘。然而，其中 3 個階段的工作分配時間分別是 2.8、2.6、2.7 分鐘，共造成 0.9 分鐘的閒置時間，故算出平衡損失爲 7.5%。

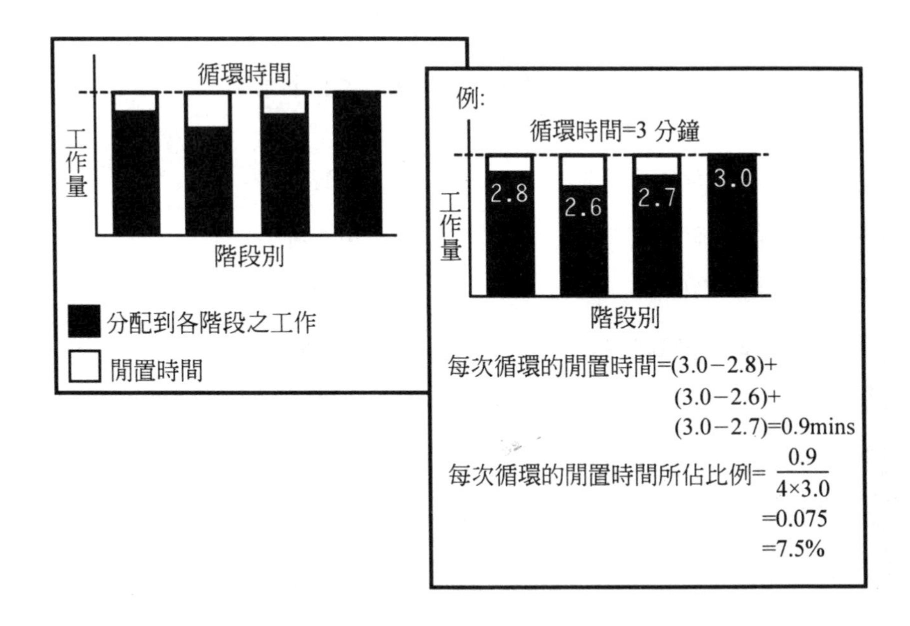

圖 7.22 平衡損失是指沒有生產力的時間佔總投入時間的百分比

✎ 平衡技術

最常見的技術以「優先次序圖」爲主。優先次序圖表示構成總工作量的不同單元之排列順序。這些單元以圓圈表示，圓圈與圓圈之間再以箭頭連接表示先後順序。圖 7.23 爲房貸申請作業之先後次序：必須先完成 a 單元，才進行 b 單元的動作；接著再輪到 c 與 d 的單元作業，依此類推。

一般作法都是根據優先次序圖，由左邊開始先分派單元到第一階段，其它單元從第 1 行、第 2 行、……依序擺入，直到分配給該階段的工作最接近但又不超過循環時間爲止。然後再往右挪到下一個階段，直到所有工作單元都分配完成。如果可供選擇的單元不只一個，應如何決定哪個單元安置在哪個特定階段？下列兩種方法特別適用：選擇可置入某階段所剩時間的最大單元；或是選出「後繼單元最多」的單元，即該單元配置好之後，所必須分派的單元數目最多者。以上兩種方法往往可獲致合理的（雖非最好的）解決方案。在房貸申請實例，這種工作分配既直截了當又格外方便：階段 1 可以包含 a 和 b 單元；階段 2 可以包含 c 和 d 單元；階段 3 可以包含 e 和 f 單元；階段 4 可以包含 g 和 h 單元。

單元	作業	時間
單元 a	檢查資料是否齊全	5 分鐘
單元 b	查索分行資料庫	10 分鐘
單元 c	個人資料 1，負債狀況	6 分鐘
單元 d	個人資料 2，資產與收入	9 分鐘
單元 e	財產資料 1，查土地登記資料	8 分鐘
單元 f	財產資料 2，估價單位報告	7 分鐘
單元 g	積分評定、確認、鍵入資料	5 分鐘
單元 h	印出申請表，核貸或拒絕	10 分鐘

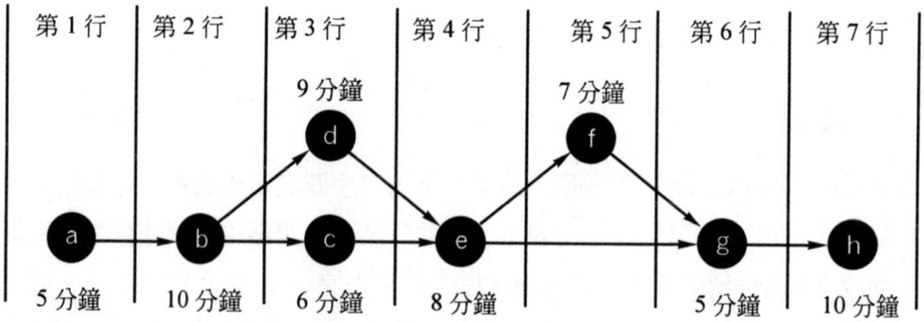

第 1 行 第 2 行 第 3 行 第 4 行 第 5 行 第 6 行 第 7 行

9 分鐘 7 分鐘

d f

a b c e g h

5 分鐘 10 分鐘 6 分鐘 8 分鐘 5 分鐘 10 分鐘

圖 7.23 辦理房貸申請作業的單元與優先次序圖

實例說明：KK 糕餅公司

KK 糕餅公司最近開始供應某一超市蛋糕，該生產線的動作單元如圖 7.24 所示。該超市的訂單為每週 5,000 個，而工廠的每週工作時數為 40 小時。

$$循環時間=\frac{40小時\times 每小時60分鐘}{5000個}=每個0.48分鐘$$

$$階段數目=\frac{1.68分鐘(整個工作量)}{0.48分鐘(循環時間)}=3.5個階段$$

進位得 4 個階段。

單元 a	裝麵團與修邊	0.12 分鐘
單元 b	以刀修邊	0.30 分鐘
單元 c	裹上一層杏仁果	0.36 分鐘
單元 d	裹上一層奶油	0.25 分鐘
單元 e	裝飾，洒上一層紅色糖粉	0.17 分鐘
單元 f	裝飾，洒上一層綠色糖粉	0.05 分鐘
單元 g	裝飾，洒上一層藍色糖粉	0.10 分鐘
單元 h	裝上蛋糕移動器	0.08 分鐘
單元 i	將蛋糕移到底座，進行包裝	0.25 分鐘
		總工作時間=1.68 分鐘

圖 7.24 KK 糕餅公司的生產單元與優先次序圖

由優先次序圖左端開始，單元 a 和 b 可安置在第 1 階段。若將單元 c 也安置在階段 1，則會超過循環時間。事實上，只有單元 c 可放在第 2 階段，因爲若包括單元 d，則將超出循環時間。單元 d 可安排在第 3 階段，單元 e 與 f 兩者無法同時放在第 3 階段，但可選其中之一置入；根據「最長時間」法則可選擇單元 e。其它單元則歸到第 4 階段。圖 7.25 即最後的分派結果及平衡損失。

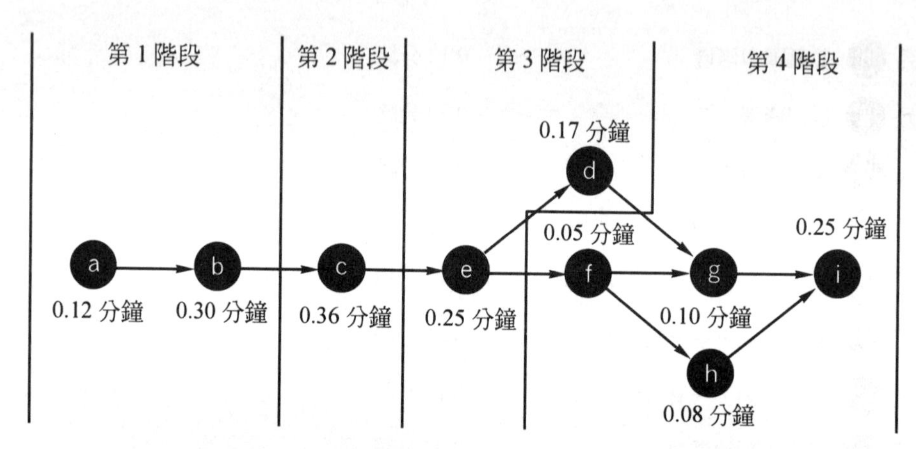

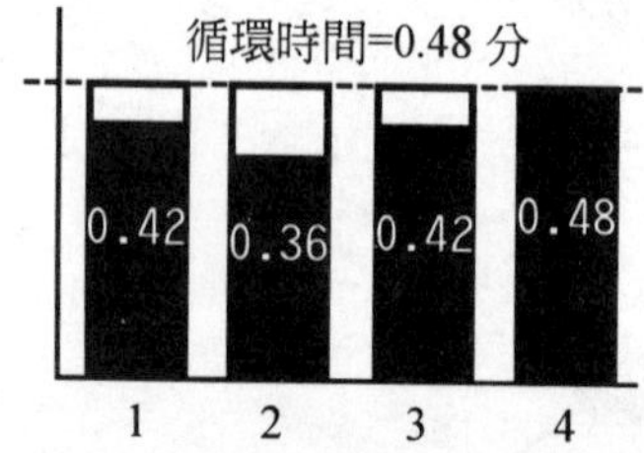

$$每次循環的閒置時間 = (0.48-0.42)+(0.48-0.36)+(0.48-0.42) = 0.24 分鐘$$

$$閒置時間佔每次循環的比例 = \frac{0.24}{4 \times 0.48} = 12.5\%$$

圖 7.25 KK 糕餅公司各作業單元的階段區分與平衡損失

✏ 各階段的安排

目前我們都假設：所有設計的階段都按照順序排成一直線。事實上，並不必然如此。在房貸申請的例子，作業分 4 個階段進行，傳統上都是排成一直線，每階段分配 15 分鐘的工作量。但若將這 4 個階段分為二條較短的直線，且每階段各有 30 分鐘的工作量，則產出率不變。同理，這 4 階段也可排成 4 條平行線，每階段代表整個 60 分鐘的工作量，見圖 7.26。

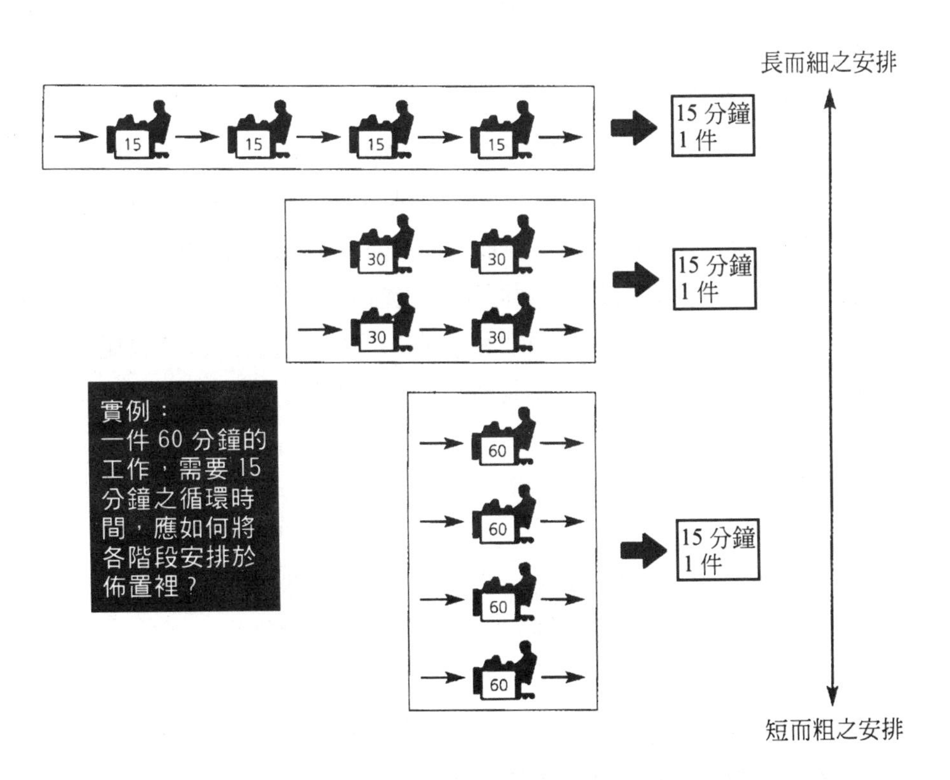

圖 7.26 產品佈置設計的各種安排：從「長而細」到「短而粗」

佈置該採用「長而細」的直線排列，還是分成幾條平行線的「短而粗」排列？或兩者折衷排列？（註：此處的長短代表階段數目；粗細代表每階段的工作量）。長而細排列的優點包括：

- **原料或顧客的流動容易掌控管理。**
- **原料搬運處理簡便。**尤其當產品屬於笨重、龐大、不易搬移者。
- **資本支出較少。**若工作中某一單元需要專門設備，且只需一台；若採短而粗的排列，每一直線都要購置一台。
- **作業更有效率。**每一階段只執行全部工作的一小部份，人員將更能直接投入生產，省去一些沒有生產力的雜務（如領工具、搬材料）。

短而粗排列的優點包括：

- **生產彈性高。**若需處理不同的產品或服務，則每條生產線都能專業化生產。
- **產量更具彈性。**當需求變動時，只要停掉某些生產線或重開新線，即可完成產能調整。每當循環時間改變，長而細的排列方式都要重新平衡或調整。
- **應變能力較強韌。**某階段因故障而無法生產時，其它的平行生產線不受影響，可迅速支援彌補產能。長而細的排列方式可能造成全部工作停擺。
- **工作比較不單調。**以辦理房貸申請爲例，短而粗排列方式的員工從事完整的作業，每小時只需重複一次作業。

✏ 生產線的形狀

目前許多業者都採 U 型或「長龍」型排列方式，見圖 7.27。U 型常用於較短的生產線，長龍型則爲較長的生產線所採用。其理由與優點如下：

- **人力調派較均衡且具彈性。**U 型設計讓每個員工可同時照應幾個身邊或對面的工作站，可彈性調配工作以達到均衡。
- **不良品重工方便。**前一位的工作有問題時，可立刻退回修正。
- **搬運處理方便。**在 U 型的中心位置設置一具物料搬運設備（人、車輛、起重機或機械手臂），便於傳送物料或工具。

- **通行順暢**。過長的直線會受到其它作業干擾或交通阻塞影響。例如超市的商品架太長會引發顧客抱怨。
- **提高團隊精神**。半圓形的排列很像團結在一起的生命共同體。

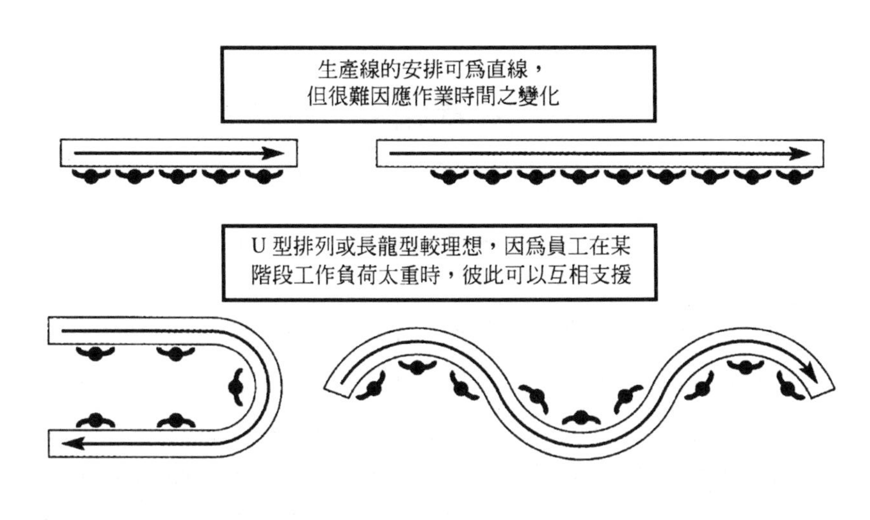

圖 7.27 生產線的安排：U 型排列

現身說法——專家特寫

OKI 公司的 Dave Ennis

英國 OKI 工廠的佈置

OKI 是生產印表機和通訊設備的電子廠。Dave Ennis 是蘇格蘭建廠計畫小組的成員，對工廠的配置設計有如下的看法：

在新計畫的最初階段，我們先描繪新廠裡裡外外該有的面貌；以合適的配置達到製造彈性與空間的最大利用。新廠的設施採核心單元配置，此設計能在開發新產品時提供擴增新核心單元的彈性空間。另一個考慮的設計關鍵是：技術與勞力之間的平衡問題。製成品與包裝工作站的製程則高度自動化，以節省人力。工廠的配置不能只限於生產部門。我們最近就擴充員工餐廳與後勤支援設施，俾能應付尖峰時段的使用人潮。所有後勤支援設施的位置與範圍，都應該在設計當初就加以規劃。

本章摘要

- 佈置決策之所以重要，是因爲變更配置往往費時費事，又會破壞原先順暢的作業流程。有鑑於此，不宜經常變更。
- 佈置決策過程始於程序型態的敲定，後者會受作業的數量－種類及其策略績效目標的影響。程序型態經過研判，可從 4 種佈置方式中選定最適合者。
- 基本佈置型態有四：定點佈置、程序佈置、核心單元佈置、產品佈置。
- 定點佈置常用於轉換過程涉及的物料之體積過於龐大、精密易損。
- 程序佈置將作業中類似的轉換用資源集中在一起。不同類型的待轉換資源則根據個別的需求來進行轉換。此等佈置常用於種類變化較大的生產作業。
- 核心單元佈置是將某特殊產品所需的資源，予以集中安置在核心單元中，像零售業「店中有店」的佈置，以及醫院的婦產科皆是。
- 產品佈置係將轉換用資源按照產品或產品類型的方便性來排列順序。
- 通過作業的人員、資訊、物料之流程，取決於選擇的佈置型態。在極端情況下，定點佈置的流程會呈間歇性，而產品佈置流程則呈連續性。
- 定點佈置的細部設計可以運用資源定位分析法來分派工作區域。
- 程序佈置細部設計的目標往往是爲了縮短移動距離。
- 核心單元佈置的分類可根據單元涉及間接資源的數量，也可根據單元中進行轉換所需直接資源所佔的比例。產品流程分析可分派產品到各核心單元。
- 產品佈置的細部設計包含許多個別的決策，像是設計循環時間與作業階段的數目，以及如何將工作單元配置到生產線上的各個階段。

個案研究：Weldon 手工具廠

Weldon 手工具廠最近決定研發製造鉋平機。在產品工程師設計出合適的式樣後，由廠方的作業工程師估算製程中每個單元所需的工作時間。行銷部門也預估該項新產品可能的市場需求，其銷售預測如表 7.6 所示。

表 7.6 鉋平機的市場銷售預測

時間期別	預估數量（單位：台）
第 1 年	
第 1 季	98,000 單位
第 2 季	140,000 單位
第 3 季	140,000 單位
第 4 季	170,000 單位
第 2 年	
第 1 季	140,000 單位
第 2 季	170,000 單位
第 3 季	200,000 單位
第 4 季	230,000 單位

製造作業的設計

公司已決定將所有的鉋平機安排在一家小型工廠裝配。如果需求超過預測，廠房裡還有空間可供擴充生產線。所有零件的機械加工和修整都在主要工廠完成，再將完成的零件運到此一小廠進行組裝。圖 7.28 為鉋平機的部份解剖圖，表 7.7 標明裝配工作每一單元的標準作業時間。

成本與售價

標準成本的計算都是按人工成本加上 150%的製造費用，批發價約為 25 英磅；大多數零售商將進貨價加上 70-120%的管銷費用與利潤當作零售價。

表 7.7 生產線每個工作單元所需的標準時間（單位：分鐘）

作業	時間
壓機（Fly-press）作業	
裝配 Poke S / A（LH poke、PH poke、poke bush）	0.12
將 Poke S / A 嵌入 frog（poke、S / A、poke pin、frog）	0.10
鉚釘調整桿裝裝上 frog（adjust lever、rivet、frog）	0.15
壓擠調整螺絲裝上 frog（frog、adjusting nut screw）	0.08
總壓機作業	0.45
木工工作檯作業	
將調整螺絲裝上 frog	0.15
將 frog 螺絲裝上 frog	0.05
完成 FROG S / A 作業	
將握柄裝上底座	0.15
將把手裝上底座	0.17
將 FROG S / A 裝上底座	0.15
裝配刀片 S / A	0.08
裝配刀片，夾器和底座標籤，並加以調整	0.20
完成鉋平機作業	
總壓機和裝配作業	1.40
製作包裝盒子、包裝鉋平機，打包存放	0.20
裝配區總工作時間	1.60

問題：

1. 該公司應僱多少員工？
2. 為了生產本產品，公司須購買哪些設施與技術？
3. 替裝配作業設計一空間佈置，涵蓋每一部份要進行的工作。
4. 當產品的需求上揚時，空間佈置應如何進行調整？

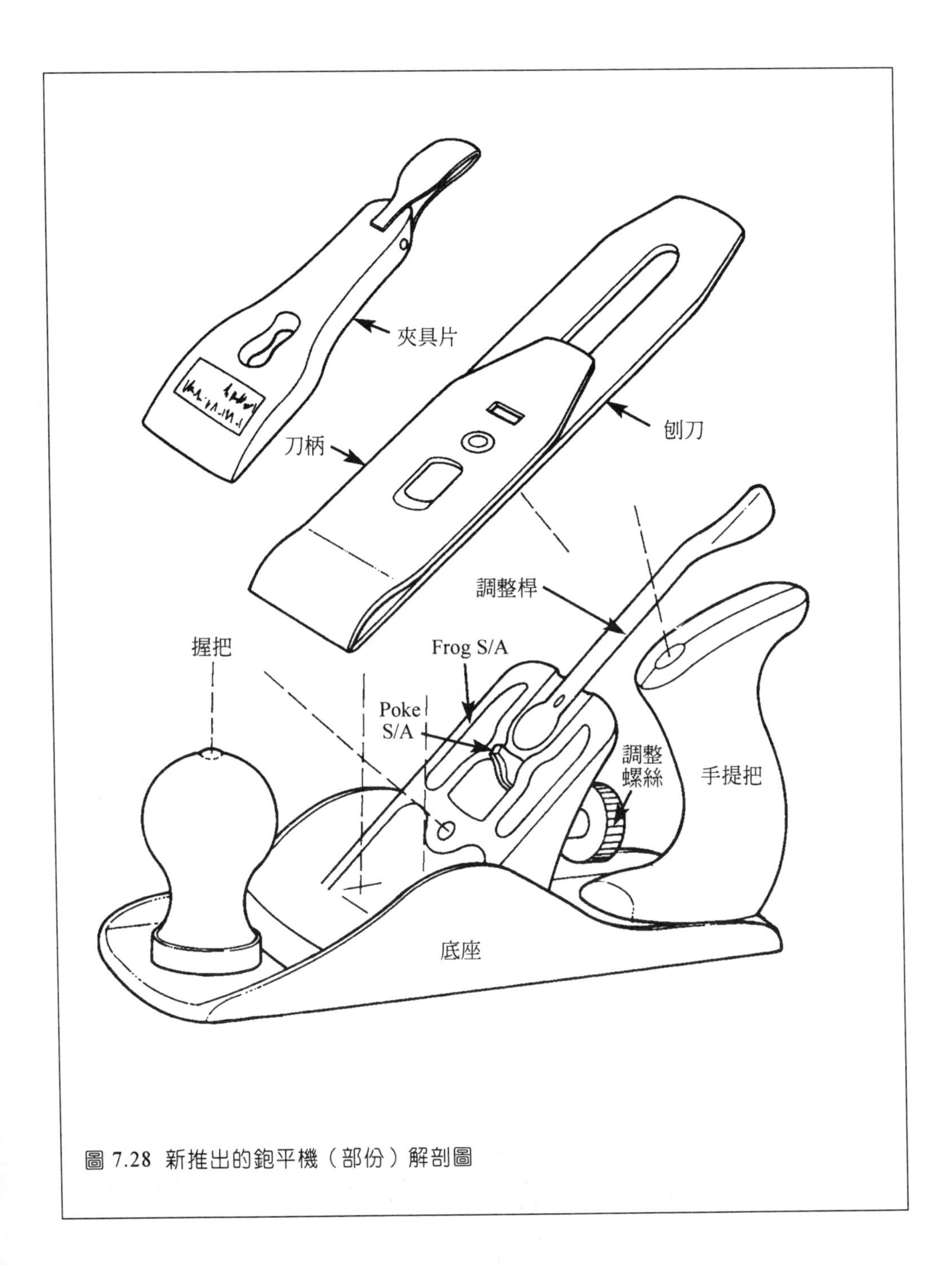

圖 7.28 新推出的鉋平機（部份）解剖圖

問題討論

1. 辨別下列各組織所採用的佈置型態，並討論產品種類與數量對流程的影響。
   a.滑雪場　b.麵包店　　c.銀行
2. 概略繪出住家附近咖啡店的佈置型態，再將人們的移動情形畫上去，請持續觀察 20 次以上，並評估流程受數量、種類、佈置方式的影響情形。
3. 某一拖曳機製造商依顧客指定的規格生產機器。今擬把工廠佈置由產品式改爲程序式。試討論此改變可能的影響。
4. （a） 訪問附近的超級市場和其管理人員，並討論佈置設計的有關問題。
   （b）超市的佈置應考慮哪些主要因素？
   （c）競爭或環境改變會影響商店的未來佈置嗎？
6. 如表 7.8 所示：假設有物料流經 8 個部門，姑且不管其流程方向，請畫一關係圖標示概要的佈置方式。假定每個部門的規模一樣，且必須將 8 個部門分置在走道兩旁，每邊各安置四個，請建議一佈置圖。

表 7.8

	D1	D2	D3	D4	D5	D6	D7	D8
D1	＼	30						
D2	10	＼	15	20				
D3		5	＼	12	2		15	
D4		6		＼	10	20		
D5				8	＼	8	10	12
D6	3				2	＼	30	
D7	3					13	＼	2
D8				10	6		15	＼

7. 某大學的學生會欲設計交誼廳的佈置。目前由 6 個社團共用 2 處吧台與 4 部自動販賣機，如表 7.9 所示。學生會想把交誼廳簡化成兩大區，應如何劃分

較適當？（注意：三明治吧台與飲料吧台位於交誼廳兩端，且不能移動）

表 7.9　交誼廳設施

設施項目	學生社團					
	1	2	3	4	5	6
可樂販賣機			×	×		×
飲料吧台		×	×			
熱飲販賣機	×		×		×	
香煙販賣機		×	×			
三明治吧台	×				×	
巧克力自動販賣機				×		×

8. 表 7.10 表示構成裝配生產線作業的 12 個工作單元，試畫出優先次序圖並設計一裝配線，每小時產量以接近 3 件，但不少於 3 件爲原則。並計算該生產線的平衡損失。

表 7.10

單元	所費時間（分鐘）	前面須先完成的單元
1	4	—
2	7	—
3	5	1
4	6	1,2
5	4	2
6	3	2
7	4	3
8	6	4,5
9	5	5,6
10	4	9
11	6	8,10
12	6	7,11

9. 訪問一家裝配工廠，觀察其生產線的佈置形狀與擺設的理由。

10. 某腳踏車廠目前是 20 個階段的直線生產線，原料來自廠房的一邊，成品則由另一邊出廠。試評估將直線改成 U 型佈置的影響或利弊得失。

10. 某腳踏車廠目前是 20 個階段的直線生產線，原料來自廠房的一邊，成品則由另一邊出廠。試評估將直線改成 U 型佈置的影響或利弊得失。

8 製程技術

本章探討的重點是科技的用途，以及運用科技於作業上的利弊得失或種種限制。圖 8.1 顯示討論主題與整個作業設計模型的關係。

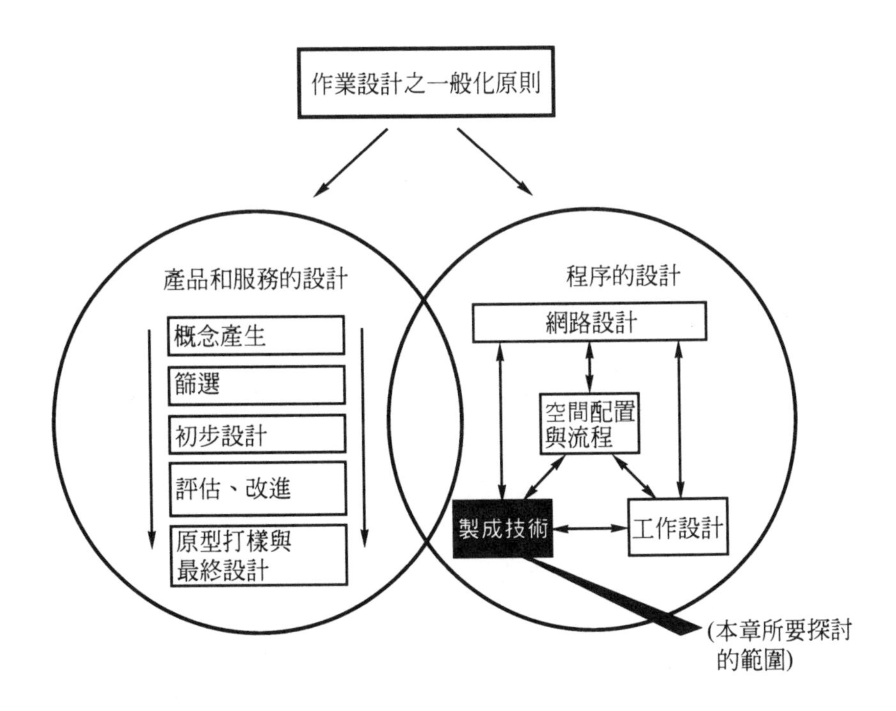

圖 8.1 本章探討製程技術

學習目標

- 產品與製程技術的關係；
- 製程技術在物料處理作業的發展；
- 製程技術在資訊處理作業的發展；
- 製程技術在顧客處理作業的發展；
- 定義各種製程技術的三大構面：自動化的程度、作業的規模、整合的程度

何謂製程技術？

凡是能幫助作業體系轉換物料、資訊或顧客，以增加其附加價值，及達成作業之策略性目標的機器、設備或裝置，都是製程技術。

產品／服務與製程技術

就製造業而言，如錄放影機的產品技術是將電視訊號與錄影帶的訊號互相轉換；而錄放影機的製程技術則包括：製造錄放影機零組件的機具、燒插電子零件的電路板機器、金屬外殼的鑄型與彎曲機器，用來裝配零組件的機器人等。

✏ 生命週期對產品／服務技術與製程技術的影響

影響產品技術與製程技術孰重孰輕的一個因素是：產品／服務所處的生命週期階段。圖 8.2 說明產品／服務技術與製程技術如何隨著產品的成熟而變化。

作業管理與製程技術

作業經理人必須持續參與製程技術的管理。爲有效執行工作，作業經理人必須了解公司使用的科技，足以評估技術資料，並能與技術專家溝通，也提得出相關問題。以下是作業經理人在管理各種科技時，必須能夠回答的幾個基本問題：

- 這項技術與其它類似的技術有何不同之處？
- 這項技術如何發揮特殊功能？換言之，在執行功能上，此技術有哪些特色？
- 該項技術對目前的作業有什麼好處？
- 該項技術使現行作業受到哪些限制？

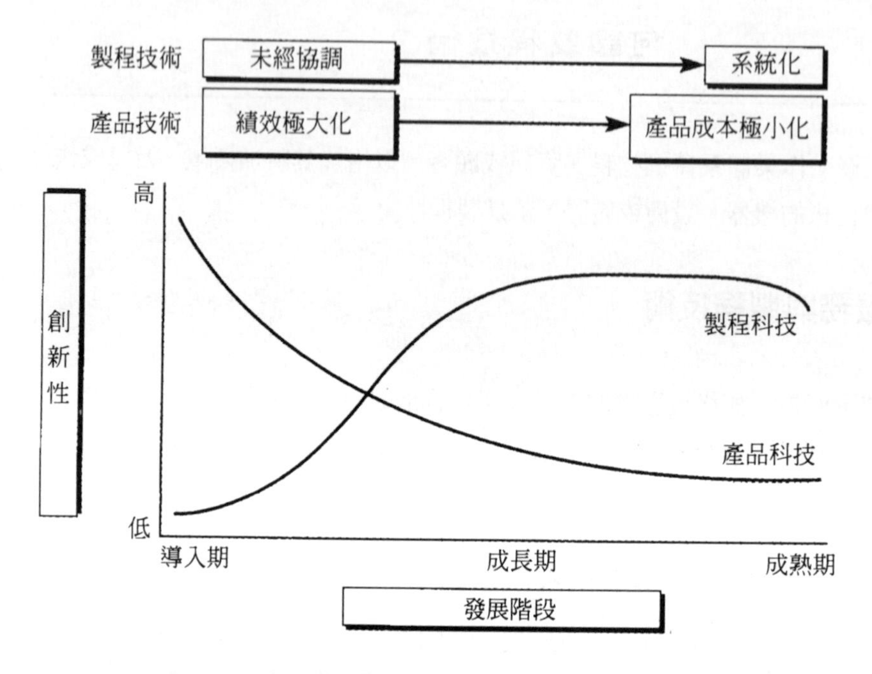

圖 8.2 產品／服務技術與製程技術的創新性隨著生命週期的階段而異

物料處理技術

數位控制工具機（Numerical Control，NC）

NC 工具機的自動控制方法是預先在紙帶上打孔，以儲存指示 NC 工具機的作業資料。NC 工具機隨後讀取紙帶上儲存的資料，以便控制加工作業的動作與速度。儘管目前的技術已改用電腦控制，且將指令儲存於電腦，但基本原理仍舊一樣。裝有電腦的 NC 工具機，又稱 CNC（Computer Numberical Control）工具機。CNC 工具機取代以往操作機器的作業員，同時大幅提高製程的精密度。另外，電腦控制也大幅提高生產力，因爲材料的切割能夠做到最適程度，減少許多浪費，同時除了代替昂貴的技術人工之外，也消除了可能的人爲疏失。

✏ NC 工具機加工中心

早期的 NC 加工機與傳統工具機的功能相比並未增加太多，不過價錢較便宜，也比較精密。後來的 NC 技術朝兩個方向改良：第一個方向是增加切割刀頭移動的自由度。像鑽孔機只有一個自由度——上下移動。像車床具有兩個自由度——根據工件的加工形狀，切割刀頭可以前後左右移動。加工中心通常可有三個或三個以上（包括將刀頭傾斜）的自由度，俾能製作更爲複雜形狀的零件。第二個方向是改進加工中心自行更換工具的能力。機具本身可附裝各種工具箱匣，一旦電腦程式要求更換工具，就可在匣內換下舊工具，再把新工具裝上夾頭。

機械人（Robot）

機械人是一種自動化、可藉程式控制的多功能操作設備，透過程式設計能夠搬運或處理物料、零件、工具。機械人的操控與 NC 工具機類似，只是前者具有更多自由度。近年來，新型機械人可透過視覺與觸覺控制，作出某種程度的感覺反應或回饋。機械人的動作雖然越來越精細，但作業能力還是有限。圖 8.3 顯示機械人手臂的六種標準動作。依其應用功能，機械人可分爲以下三大類：

- **處理（Handling）機械人**。工件由機械人操作處理，譬如物料搬運、工件的裝卸、鑄造、沖壓、射出成形、鍛造、安裝等。
- **製程（Process）機械人**。工具由機械人操控，如金屬加工（切割、鑽孔、研磨）、物料接合（焊接、黏著）、表面處理（噴漆、電鍍、磨光）等。
- **裝配（Assembly）機械人**。機械人可用於將零件組合裝配成製成品。

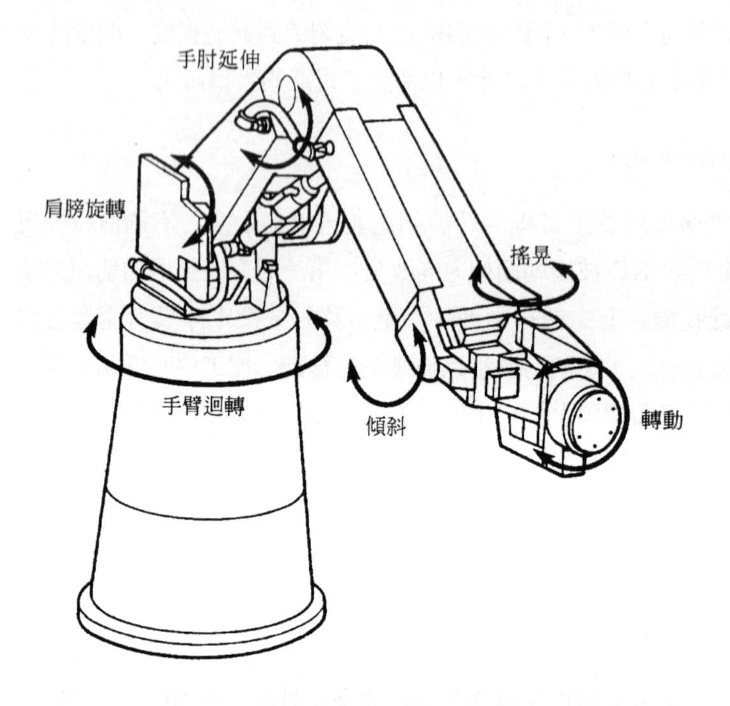

圖 8.3 機器人手臂的 6 種標準動作

機械人負責處理瑞典 SCANIA 卡車公司單調重複的工作

瑞典 SCANIA 卡車公司決定在汽車輪軸廠新蓋一座噴漆設備。為了讓噴漆設備能彈性因應顧客對噴漆款式、色澤、規格的要求，SCANIA 投資最新的機械人科技。使用機械人噴漆一件輪軸只要 2 分鐘，整套系統只需 2 個人透過控制室的電腦操控每部機械人的動作與位置。機械人會先準備零件，接著以空氣壓縮機鼓吹熱氣到每一零件，最後由機械人為零件噴漆。SCANIA 的零件形狀不規則，所以噴漆系統的噴槍必須持續不斷的調整，這一切調整工作全由電腦控制。噴嘴可在 0.1 秒內完成微調。機械手臂裝有感應器，不斷向控制系統傳回作業資訊。引進機械人已使工作環境改善，並減少物料浪費與油漆潑濺。

無人搬運車（Automated Guided Vehicle，AGV）

AGV 本身具有動力，用來搬運物料，穿梭於不同的作業之間，進而增加作業的附加價值。AGV 通常透過埋在地下的電纜線，經由中央電腦送出的訊號來引導。其它的機型還包括車上自備電腦或裝有光學導引系統的 AGV。有些產業把 AGV 用來替代傳統的輸送帶。AGV 有時也可用於非製造業的作業，像倉儲作業、圖書館書籍搬運、辦公室文書配送、醫院傳送檢驗採樣。

英國的國際新聞公司使用 AGV

國際新聞公司共出版 3 份日報與 2 份週報，每週總發行量約為 2,500 萬份。16 部印刷機以每 20 分鐘印一滾筒紙的速率運轉。每滾筒紙約重 1 噸，每天從鄰近倉庫運來。透過裝紙輪盤將滾筒紙送到印刷機上定位，這項自動化作業全由 AGV 代勞。AGV 足夠容納 1 滾筒紙，經由地下的金屬皮帶導引，由電腦控制 AGV 與印刷機。每部印刷機都裝有感應器，一旦輪盤將紙裝好，感應器便通知 AGV 送來新輪盤。

彈性製造系統（Flexible Manufacturing System，FMS）

FMS 是一套藉由電腦控制連結自動化的物料搬運與機器裝卸系統，包括下列四大部份：

- **NC 工作站**：用來執行金屬加工作業的工具機或工作中心。
- **裝卸設施**：通常是用機器人來回於工作站之間裝卸零組件。
- **物料搬運處理設備**：通常使用 AGV 或輸送帶，若距離較短則用機器人。
- **中央電腦控制系統**：控制與協調系統中的各項活動（譬如工作站、AGV、機器人）、生產規劃排程與整個系統的途程安排。

FMS 可說是五臟俱全的小型工廠——能從頭到尾製作完整的配件，且各種科技的彈性組合使得 FMS 變成多功能的製造科技；各種產品只要在 FMS 的作業能力範圍之內，就能不經過停機轉換，順利完成加工製作。所謂「作業能力範圍」係指 FMS 的機器都受到待處理物料在規格、大小、型態上的限制。換言之，FMS 最適合製造基本設計之類的零件，縱然它們的批量很小。

彈性製造系統（FMS）真的具有彈性嗎？

FMS 比以前的自動化製造技術來得有彈性，但不見得比它要取代的製造系統更具彈性。就以 FMS 最適合的生產作業（動作變化頻繁且產量極少）來說，過去這類作業都用單一工具機處理，並將工具機置於程序或核心單元佈置的環境，這種製造系統能處理的元件種類具有非常高的彈性，絕非 FMS 可以匹敵。

表 8.1 FMS 一詞的範疇

精簡型	複雜型
2-4 部工具機	15-30 部工具機
輸送帶運送	AGVs
可能具備自動儲存與存取系統	具備自動儲存與存取系統
透過區域網路連接區域性微電腦控制器	大型電腦或小型電腦，可能還有備份電腦
兩部機器人	多部機器人
將來擴充性相當有限	將來可擴充

日本山崎工具機廠的 FMS

日本山崎工具機廠投資約 1,500 萬英磅配置 4 部由電腦整合的 FMS，這項投資的原因是為了強化競爭力。該廠產品類型高達 60 多種，但每項產品的訂單數量卻不多。為因應此種特殊需求，山崎開發這種能夠少量多樣生產的機器，製程也可以快速轉換、啟動。該廠生產作業的前置時間比起競爭對手縮短超過一半。

FMS 的中央主控制室有部大電腦，負責每個金屬加工中心以及物料搬運裝置各項活動的排程與監控。一旦加工中心的工件處理完畢，自動挑撿／裝填裝置就會選擇下一個待工的工件放入加工中心。每部機器幾乎都能處理各種不同的元件，因此整個系統不可能出現瓶頸。

✏ 彈性製造系統（FMS）的優點

FMS 具有優越的**產品彈性**。此能力源自於 FMS 具有整合控制與可程式化的彈性，因此許多設計更改都做得到「說改就改」。採用 FMS 的利益如下：大幅縮短前置時間與廠內生產作業時間、減少庫存（尤其是在製品）、工廠使用率提高、減少停機再開動次數、減少機器數量、提高品質、節省空間、減少外包、減少對技術工人的依賴、能有效率地因應顧客需求（速度與服務品質）、促進生產創新的速度、提高原型打樣的作業能力。

製造技術的比較

由傳統的工具機到 FMS，代表手工作業逐漸到自動化的歷程。表 8.2 說明自動化的潛力與前述各項技術之間的關係。請注意各製程的核心技術（包括成形與切割動作）都是最先自動化的部份，接著才陸續輪到周邊作業或動作。圖 8.4 則明在數量—種類的矩陣中（詳見第 4 章）所適用的科技。

步驟	傳統的	獨立式		整合式	
		獨立式 NC	加工中心	FMC	FMS
1 將工件移往機器	靠人力	靠人力	靠人力	自動化	自動化
2 將工件裝上並固定於機器	靠人力	靠人力	靠人力	自動化	自動化
3 選擇與插入工具	靠人力	靠人力	自動化	自動化	自動化
4 設定速度	靠人力	自動化	自動化	自動化	自動化
5 工具與動作的排序	靠人力	自動化	自動化	自動化	自動化
6 控制切割	靠人力	靠人力	自動化	自動化	自動化
7 將零件從機器卸下	靠人力	靠人力	靠人力	自動化	自動化
8 工件在機器之間的的移動	靠人力	靠人力	靠人力	靠人力	自動化

=靠人力　　=自動化

表 8.2 製造自動化的演進

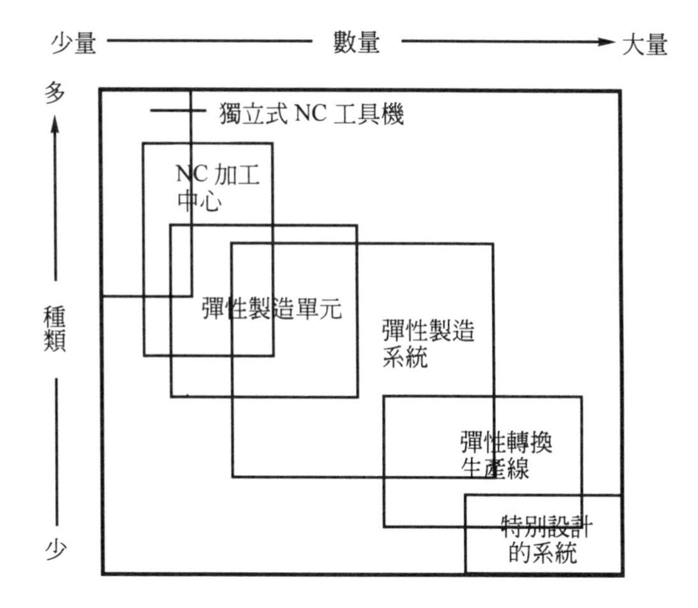

圖 8.4 製造技術的「產量一種類」特性

電腦整合製造系統（Computer Integrated Manufacturing，CIM）

CIM 整合產品設計、生產規劃、市場預測、接單、製造、品管、維修等活動，可以定義爲「使用共同的資料庫、透過電腦網路來溝通整合所有製造層面的監視與控制系統」。圖 8.5 說明製造技術如何從比較基本的技術逐漸整合的情形，最後達到電腦整合企業（Computer Integrated Enterprise，CIE）的境界。

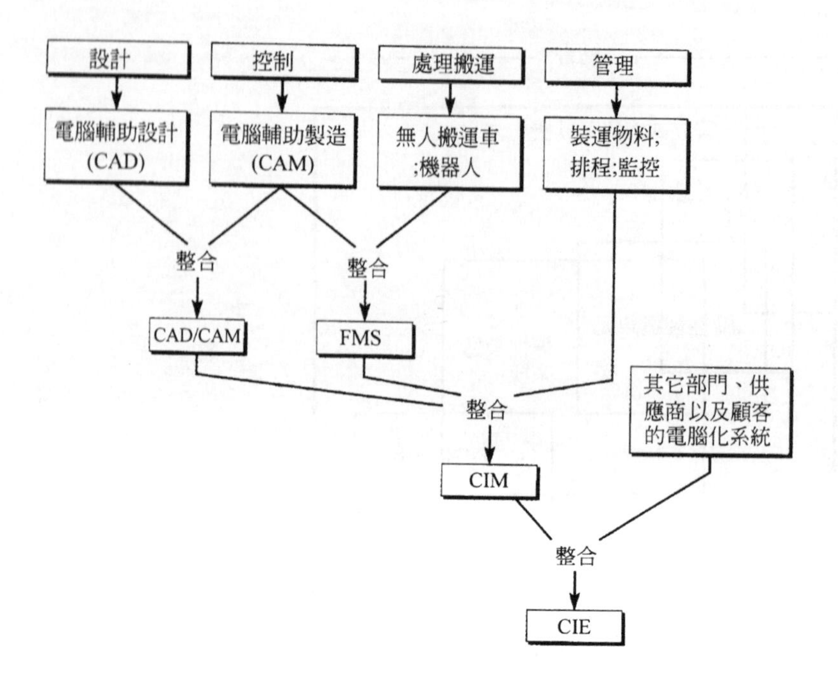

圖 8.5 製造科技的演進

資訊處理技術

中央集中式資訊處理

在過去，組織內各不同部門是以批量方式存取電腦資料，即某一活動的個別交易資料要累積至一定批量才一起處理。另一種常見作法是間隔一段時間再執行累積的資料。見圖 8.6（a）。

近年來，遠距處理（teleprocessing）的存取方式將分散各處的交易資料即時鍵入，即時傳送到中央電腦並即時處理，功能大幅提高。見圖 8.6（b）。

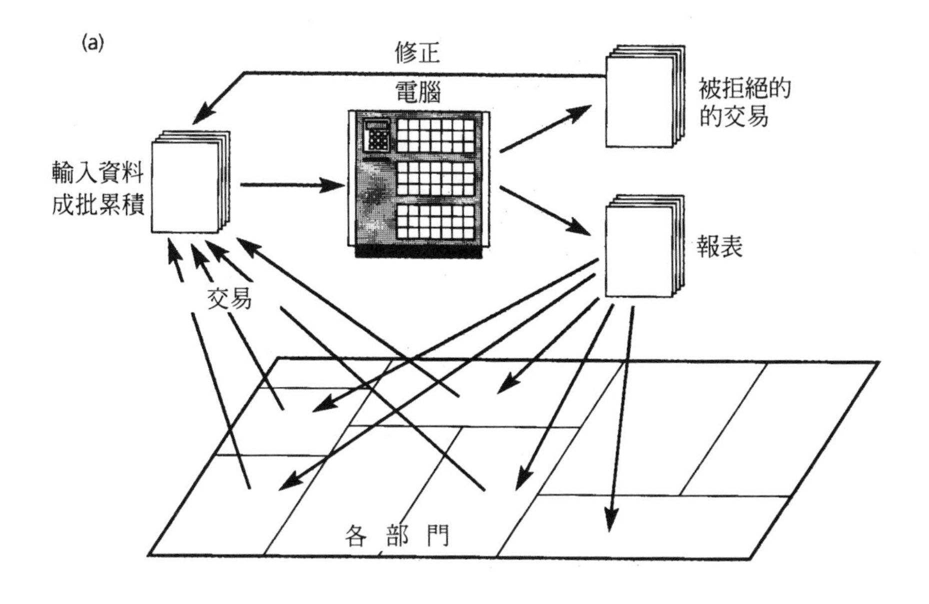

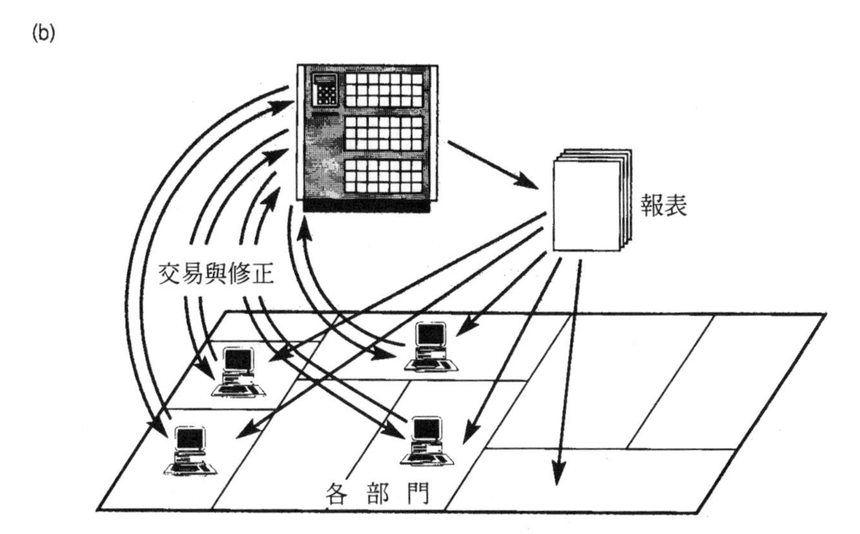

圖 8.6 （a）資料批次集中處理；（b）遠距的中央集中處理

分散式資料處理

隨著電腦科技應用的日益普遍與應用軟體的快速發展，中央集中型的電腦對某些作業的應用顯得大而不當。同時，中型電腦的成本降低與效能提高，使各部門擁有專屬電腦系統變得符合經濟效益。這些系統可以由使用者直接操控，應用軟體也配合其特定需求及交易程序而設計，這便是所謂「分散式處理」的概念。

✏ 區域網路（Local area network，LAN）

為確保分散式處理的好處，同時保有中央系統集中處理的優點，連接各分散處理能力的網路於焉出現。運用網路將小型的個人電腦連接構成 LAN。資訊透過 LAN 互通交換。網路本身則由光纖、共軸電纜或單純的電話線構成（取決於所要流通資訊的速度與數量）。圖 8.7 是 LAN 的一個例示。

LAN 的運作比繁複的分散處理方式更具彈性，尤其有如下優點：

- **能持續成長**。新穎的機器裝置可依需要或發明問世而加入網路。
- **備份充裕**。因能增加機器和儲存備份檔案，系統可提高堅韌的作業能力。
- **增刪彈性大**。工作站與周邊設備都可依需要就近裝設，或機動遷移地點。
- **操作的自主性**。軟硬體的控制與行政管理都可委由使用者就近負責。

電子資料交換（Electronic Data Interchange，EDI）

供應商與顧客間的訂單傳送與貨款匯進匯出都可以透過資訊網路處理。假如供應商、顧客、銀行能採用相容的電腦科技，那麼交易的財務資料將可用數位化的方式儲存在網路中，而不必列印出來。這種網路上的交易行為就是 EDI。傳送 EDI 資訊的網路稱為加值網路服務（Value Added Network Services，VANs），通常由進行交易以外的第三者提供或經營。參與連線的顧客與供應商不僅需具備必要的硬體設備，還須具備與交易對方相容的電腦軟體和系統。

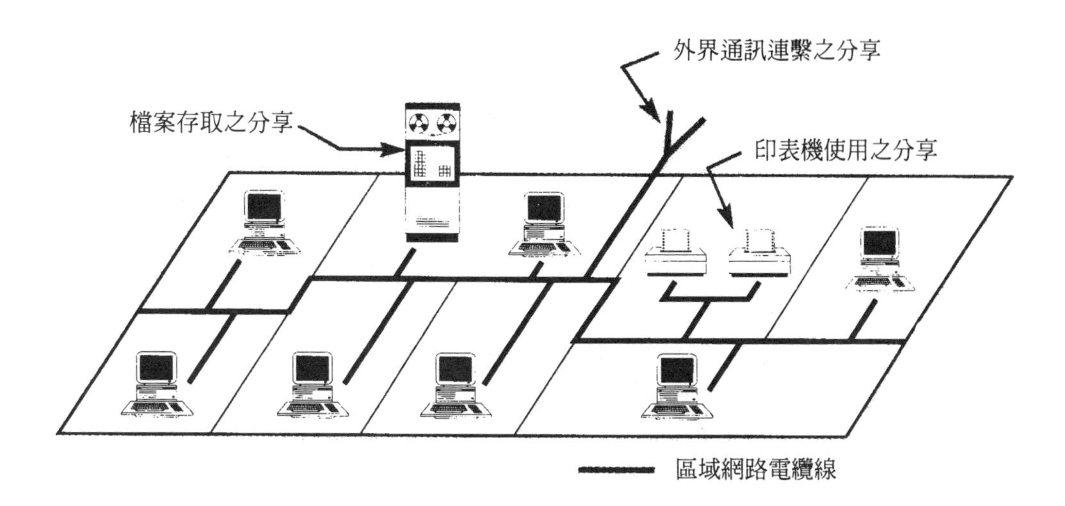

圖 8.7 LAN 示意圖

EDI 應用於零售業的實例

EDI 應用對大規模零售業與供應商之間的交易方式產生重大影響。英國連鎖超市 TESCO 是 EDI 的最大用戶之一，利用 Tradanet 網路將採購系統與供應商的訂單處理系統連線。EDI 幫助 TESCO 大幅降低庫存，加速供應商送貨，營業利潤因而大幅提高。由於送貨前置時間縮短，短期需求劇增的產品都可在次日補貨。

TESCO 約與 1,000 多家供應商施行 EDI 連線交易，其中 Colgate 的經驗可為眾多供應商的典範。Colgate 的交易資料均由 TESCO 的電腦傳入，Colgate 不但免除重複謄打出貨單的麻煩，而且減少資料打錯的問題。透過 EDI 連接顧客與供應商的電子交易網路，也可用於公司內部的各項作業。藉助於 VANs，不僅可與外部連繫，還可充當內部連繫工具。

管理資訊系統（Management Information Systems，MIS）

在電腦的實體配置裡，最重要的是資訊如何移動、變換、操控和呈現，以便圓滿達成組織的管理功能。這些功能系統即為 MIS。作業經理人十分仰賴 MIS，尤其在規劃與控制方面；作業經理人的日常工作總是脫離不了存貨管理、工作排程、活動時間表、需求預測、訂單處理、品質控制等管理系統。

荷蘭的花卉聯合拍賣公司

荷蘭花卉聯合拍賣公司是世界最大的花卉拍賣場，其拍賣中心佔地超過 63 萬平方公尺，作業區包括（1）賣方區：花卉在此簽收、冷藏；（2）買方區：約有 350 位買主或大盤商租用空間。每個拍賣日都有 2,000 多輛卡車滿載鮮花，前往遍佈全歐的目的地（包括機場）。平常每天要處理 1,500 萬束鮮花和 150 萬盆盆栽。每批花卉都標有一個號碼，拍賣公司員工在完成品質檢驗後，將品管報告填入「出貨單」。載運花卉的台車隨即推入冷藏庫，等待次日清晨進行拍賣作業。接著，將出貨單上的明細全都鍵入中央拍賣電腦系統。

除週末之外，拍賣作業每天依不同的鮮花或盆栽類別分五處進行。最大的鮮花拍賣場可容納 500 位買主，每個座位都與電腦連線，能清楚看到滿載鮮花的台車，經由輸送帶的牽引，自動通過買主眼前。三座顯示拍賣價格的大型「數字鐘」高掛在拍賣員後方。每位買主都持有一張識別卡，可插入桌前的讀卡機，以便投標出價。整個拍賣作業過程只花費幾秒鐘的工夫。電腦系統利用出價者的識別號碼搜尋出標得的鮮花批號，再分派到包裝或裝運區待運，同時列印每位得標者的購貨發票。

顧客處理技術

前場與後場的技術

顧客處理作業中，直接與顧客接觸者謂之「前場」，與顧客較少或毫無直接接觸者，謂之「後場」。後場的技術大都與資訊處理有關；前場技術則直接或間接地與接觸顧客有關。譬如 ATMs 的發明爲的就是要結合前場的顧客與後場的資訊處理能力，見圖 8.8。

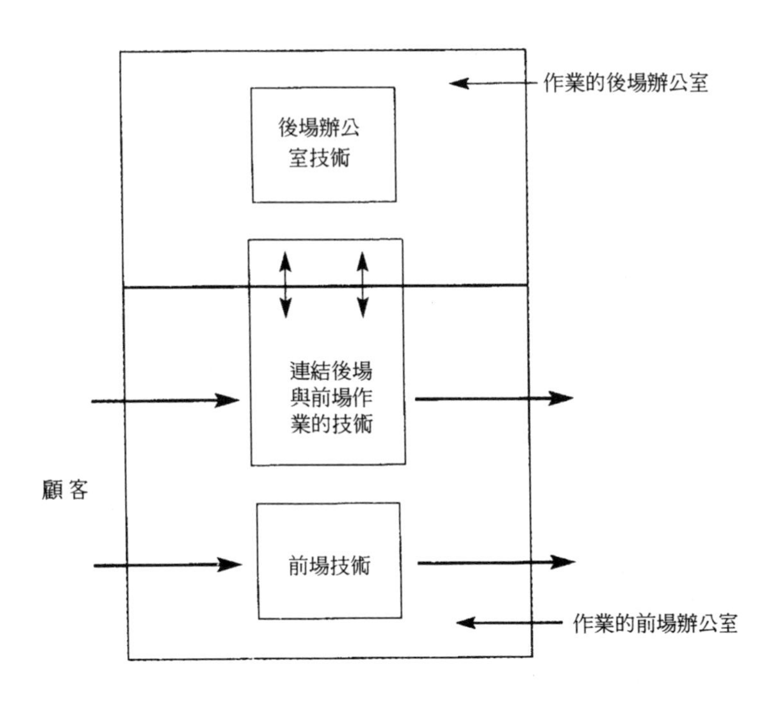

圖 8.8 顧客處理技術可以在前場作業或使顧客與後場互動

顧客—作業員工—科技的互動

在顧客處理作業中，顧客、作業員工與技術三方面會有互動關係。利用這種互動特性，便可以將顧客處理技術加以分類為：顧客與技術間**沒有直接的互動關係**、顧客與技術間**具有被動的互動關係**、顧客與技術間**具有主動的互動關係**。

與顧客沒有直接互動的技術

顧客到機場向航空公司報到、劃位、領取登機證，這些動作都由櫃臺應用電腦來處理，每台電腦都與航空公司的系統相連接，同時也連接印表機，以便即時印出登機證和行李收據。此等製程技術使報到作業能夠順利運作，顧客顯然不直接使用這項科技，而是由航空公司職員代理操作。這種作業方式雖未與顧客直接接觸，卻能提供顧客某些協助，見圖 8.9。這類科技的其它運用實例還包括：旅館訂房或戲院訂位服務、包裹遞送服務的包裹追蹤系統。

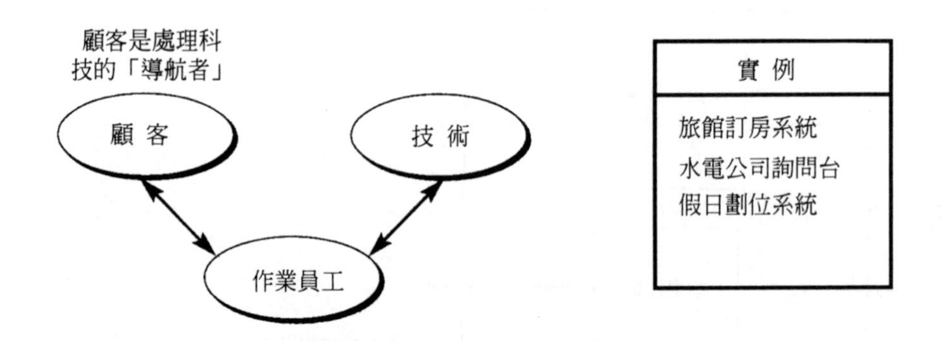

圖 8.9 未與顧客直接互動的技術

Robeco 集團利用科技提供財務諮詢服務

荷蘭 Robeco 財務諮詢集團專門利用電話提供投資理財的諮詢服務。Robeco 依靠科技提供即時、快速的服務，應付客戶每通諮詢建議、詢問帳戶狀況或進行交易（共同基金、股票）的電話。同時，客戶還可索取有關金融商品的資料。

客戶打電話給該公司的投資顧問，每個顧問即可透過電腦連線查詢各種資訊與建議，包括利率走向、世界股市行情、經濟預測、工商企業動態以及政治環境等可能影響投資的諸多因素。一接到客戶電話，理財顧問便可獲得該顧客有關的資訊，如投資回收情形（每年或每月）、交易資料、迄今提供過的諮詢建議、曾收到過的書面資料。取得這些資訊後，每位理財顧問幾乎都能處理任何一位客戶的問題（雖然絕大多數的客人都會指定顧問）。這套電腦系統包括專家系統和一般常見問題的標準答案或範例，譬如顧客問到：假如想變動在倫敦的房地產投資，可能會發生哪些影響？這時電腦會即時列出各種影響客人投資的因素，以及應投入倫敦房市多少比例資金等現成的建議。

隱藏的科技

有時顧客不知道某種科技正在運作，而科技卻能察覺顧客的存在。例如，超市或海關的安全監視系統。有些超市使用條碼掃描科技，追蹤客人在店裡的行蹤動向，並研判出顧客對特定產品的意願偏好。例如，零售商想知道填充玩具擺在兒童服裝隔壁是否更好賣？使用收銀機的條碼掃描器可發現，兩項物品緊鄰排列被同時購買的機率。見圖 8.10。

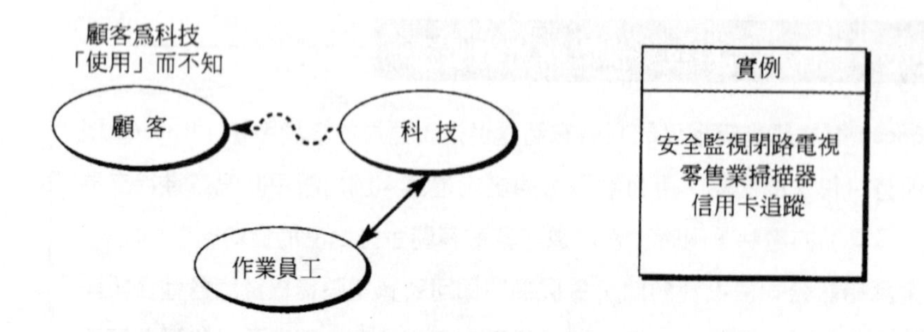

圖 8.10 與顧客有被動及隱藏性互動關係的技術

顧客被動參與互動的科技

搭飛機的乘客直接地與科技進行互動，乘客本人可以接觸飛機本身，但這類科技卻不是用來協助空服人員服務顧客。同時，顧客對這類科技也沒有任何影響力，只是默默地扮演著「被動者」的角色。這類科技包括所有運輸業，譬如航空公司、大眾捷運系統。在這些案例中，顧客是科技的「搭乘者」（即所謂乘客），科技則以某種「行動限制」來處理與控制顧客，以使作業活動達到單一化。圖 8.11 顯示這類情境下的科技、顧客及員工間的互動關係。有些醫療科技也可歸屬爲這類互動關係，譬如身體掃描設備、X 光技術。

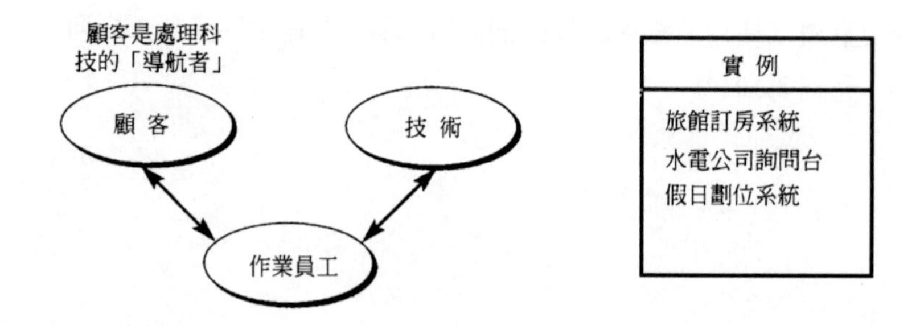

圖 8.11 顧客被動參與互動的技術

乳牛也是科技的顧客

以往酪農擠牛奶時必須親手將設備連接到牛隻身上，這個問題由荷蘭政府與幾家民營企業合組的財團藉著「擠奶機器」的問世，免除酪農親手操作設備的辛勞。每部機器每天約可擠 60 到 100 隻乳牛。擠奶的過程經歷幾個階段。由牛隻頸項的電子發射器啟動電腦控制的門閘，牛隻陸續進入擠奶區。機器隨即檢查牛隻健康、將其乳房接上擠奶機器，並一邊擠奶一邊餵食。一旦測知牛隻有病，或機器因故未能接妥擠奶杯，該系統會在嘗試 5 次還無法接好後，自動打開閘門，引導牛隻走向另外的特定牛槽，並於稍後進行檢驗。擠奶完畢，操作人員引導牛隻離開現場，見圖 8.12。

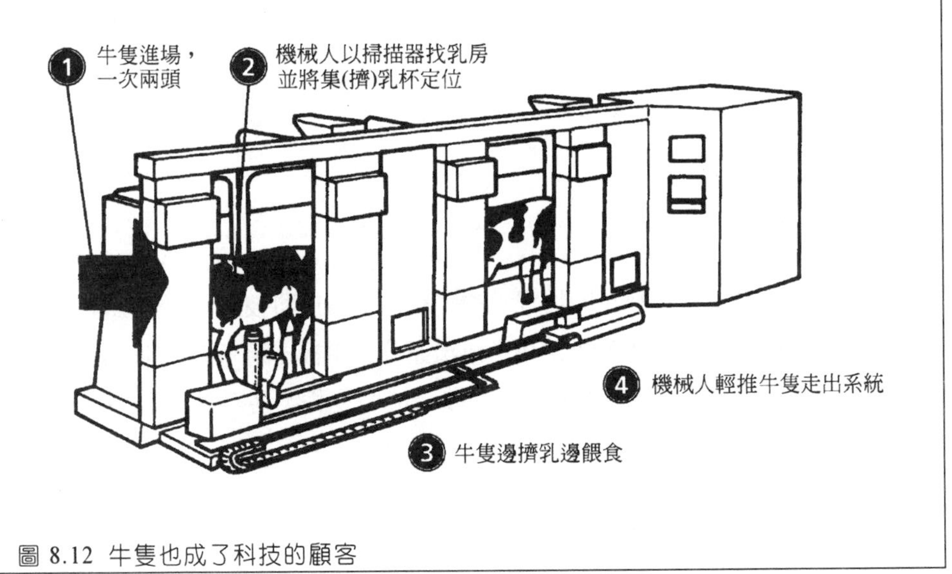

圖 8.12 牛隻也成了科技的顧客

顧客積極參與的科技

航空公司職員藉助科技爲乘客辦理行李檢查、登機、通關手續，然後乘客接受飛機科技的導引與運送。但乘客進入機艙後可以自行選用機艙內的娛樂設施，像是個人電視或耳機。此種科技即是顧客可積極參與的科技，或稱顧客驅動型科技，見圖 8.13。有了這項科技作媒介，主要的互動產生在顧客與科技之間，有時職員偶而也會介入協助，譬如，銀行自動提款機偶而需要銀行員補充鈔票。

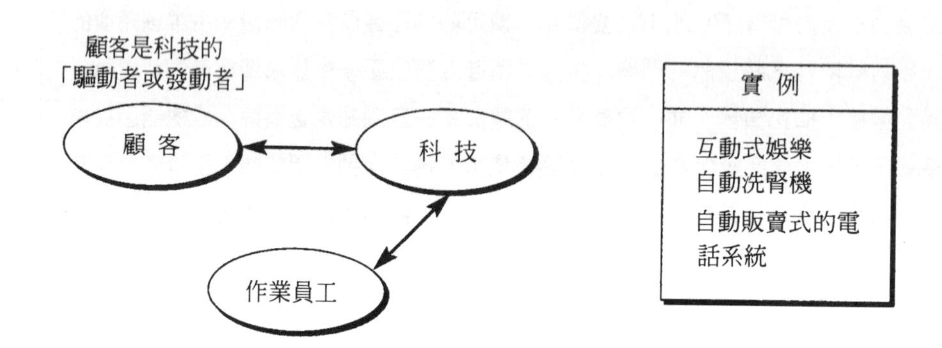

圖 8.13 顧客積極參與互動的科技

✏ 顧客訓練

在需要顧客直接接觸科技的情況，顧客往往受限於科技知識而無法使用。如錄放影機一類的家電產品，許多使用者無法充分善用機器所有的功能。倘若顧客不會使用像自動提款機之類的科技產品，銀行的服務和業務都會嚴重受損。

Quasar 開創新市場

Quasar 是一種利用雷射槍，角色互動的電子遊樂器。它很像是「西部牛仔大戰印第安人」的現代高科技遊戲，一上市就廣受歡迎。Quasar 以罕見的速度打開嶄新市場，從倫敦一家沒沒無聞的小廠，迅即在英國全境設立分公司，業務甚至快速挺進歐陸各地。Quasar 的科技產品一舉擊中大眾追求好玩刺激的心理。

Quasar 遊樂器巧妙地結合整套的設施與科技，包括佈置場景與傢具設備。此遊樂器的核心科技之一是雷射槍，雷射槍能發射不傷人體的低電量紅色或綠色光束。另一項 Quasar 的核心科技是一套資訊系統，能完整記錄每位參與者打中對方的得分情形，使消費者用不著自己計算或擔心遊戲裡的各種狀況；這套電腦化資訊系統也可以幫助業者管帳，做好整個作業活動的現金管理。

科技的構面

製程科技已廣泛應用在各種不同的用途，也以不同的形式出現。業者在進行選擇時，大多考慮該科技的下列三個方向：自動化程度、規模、整合程度。

科技的自動化程度

任何科技在某個時段總會需要人力介入，介入的程度或許微不足道，例如石化煉油廠的定期保養。若科技是由職工來操控，作業經理人就成了該科技作業程序裏的中樞主宰，例如由作業人員操控的精密車床。製程科技的自動化程度隨科技的不同有非常大的差異。科技與人力利用的比例，有時稱爲**資本密集度**。

✏ 自動化的好處

提高製程科技的自動化程度，常提及的好處有二個：節省直接勞工成本與降低作業的變化不定性。一般而言，自動化都可以節省直接勞工成本，但造成的淨效果卻不一定能降低總成本。作業經理人在引進自動化以求降低成本時，務必先考慮以下幾點：

- 以這項科技執行作業比人工適當、安全嗎？此項科技要比人工犯更少的錯誤，改變作業項目的置換時間可以更快、更可靠，對故障的反應能更靈敏。

- 需要何種輔助支援活動，像是保養維修？對間接成本的影響如何？不僅要注意支援活動所增加的人力與技能，還必須注意支援活動增加的複雜程度。
- 在處理新產品或新服務方面，這項新科技是否能比自動化程度較低的方案更有效能？這是相當難以回答的問題，因爲沒有人可以預知未來將生產的產品。但卻是相當重要的問題；到底自動化代表一種機會，還是一種威脅。
- 有沒有讓人們的創造力與解決問題的潛能得到發揮的良好空間？如果投下這麼多成本，卻反而抹煞了人們的創意與潛能，值得嗎？

科技的規模

作業到底要採用一套大規模的技術？還是結合幾個小型的科技？這往往是作業經理人要面對的抉擇，譬如辦公場所的影印部門該採購一台大型快速影印機？還是購置數台小型速度較慢的機型？製造商在設計作業配置時，也常在單一高產能機器與數部較小型機器之間舉棋不定。採用任何科技都得判斷多大的規模是最適當的配置。有些製程的科技規模越大越有利（像飛國際航線的飛機、石化煉油廠或鋼鐵廠等）；其它像是個人電腦或自動提款機則是規模小，效率越高。大規模科技的優點頗類似擴增產能的情形，茲將重點整理如表 8.3。

表 8.3 大規模與小規模科技各有所長

大規模科技的優點	小規模科技的優點
規模經濟可降低產品或服務的單位成本	具組合彈性——每一科技單元都可參與不同的活動
每單位產能的資本投資成本較低	產品失敗時承受打擊的能力較強
後勤支援與控制單元可融入科技裡（譬如大型巴士內可以附設廁所）	過時或陳舊落伍的風險較低
可調配工作，充分利用資源（譬如用中央電腦系統處理批次資料）	可將科技就近配置在需要的處所

科技的整合程度

所謂整合，係指將同一科技或系統內原本分散的作業活動加以連結。例如，區域網路（LAN）所代表的科技發展，大體上即是一種「整合」。

✏ 整合、同步以及速度

整合的利益得自將科技單元結合成一體所產生的「同步化」效果。整個工廠的資訊或物料的產出會變得更快速。由於工廠產出加速，物料或資訊的庫存或耽擱將會大幅降低，生產流程變得容易預測與掌控。

話說回來，整合科技可能所費不貲。以製造業爲例，單要連結物料搬運系統就是一筆嚇人的金額。而且，科技整合程度越深，越需要高級的技術人力來操作與維護。同時，只要故障發生，整個系統就可能停擺。假如整合的目的只是想將原本「鬆散」的科技要素或生產階段緊密結合，這樣的整合就值得三思，因爲「鬆散」有時反而有好處，至少當網路中的某個環節停滯不前時，其它的環節不會遭受波及。

現身說法——專家特寫

英國航空公司（British Airways）的 Peter Read

Peter Read 是飛機科技部經理，負責評選合適的科技供新飛機使用。

對作業部門來說，安全與穩定永遠是第一要務。航空業屬於資本密集產業，因此在挑選飛機時，總是盡可能尋找創造額外收入的機會。比方說，一架飛機只要能節省 5%以上的燃料，每趟就可多載 40 多位長程乘客，一年下來，所提高的收入相當可觀。

我們不只考慮飛機機身和引擎規格，也考慮提供乘客先進的機艙設施。過去的設計重點大都針對引擎效益或飛機整體效能，較少針對乘客。現今的設計小組越來越重視顧客座位與服務設施的改善。現在每個座位上的衛星電視跟飛機效能或造價成本似乎沒有絲毫關係，但卻與乘客是否選擇搭乘這班飛機有很大的關係。

「引擎通訊」科技的發展也是飛機科技部門極力推動的工作，目的是要減少飛機在機場維修保養的時間，同時節省引擎檢修開支。這項通訊科技可在飛行途中將引擎運轉資料傳送到地面維修站，從而比對預期的數據，地面維修人員便可在飛機一著陸就作好必要的準備工作。

本章摘要

- 製程科技是指協助處理物料、資訊或顧客轉換的任何裝置、機器或設備。通常，製造作業比較容易區分產品科技與製程科技。服務作業可能很難區分。
- 作業經理人對相關科技應有充分的了解，俾能釐訂科技的目的、執行科技作業的方式、明瞭使用科技的好處及科技對作業可能造成的限制。
- 製程科技與產品／服務科技都會受到產品生命週期的影響。在生命週期的最初導入階段，可能會由產品或服務科技來主導一切。隨著生命週期演進，科技的創新率可能會逐漸降低，製程科技的創新率可能相對提高。
- 物料處理科技包括數位控制工具機、機器人、無人搬運車、彈性製造系統。這類科技的使用與「數量—產品種類」連續譜的定位有關。
- 資訊處理科技分爲中央集中方式與分散方式。區域網路是用於整合各分區的電腦處理能力。
- 顧客處理科技可依科技、作業人員、顧客，三者之間的關係來分類。
- 有些顧客處理科技不直接與顧客有互動關係，但經由作業人員協助，顧客也能接觸該科技。顧客只是「引導」該項科技，但不是操作這項科技。
- 有些顧客處理科技直接與顧客互動，許多交通運輸和醫療科技均屬此類。

- 有些顧客處理科技有賴顧客直接「驅動」該項科技，如自動提款機。這類科技由於需要顧客的控制，必須考慮訓練顧客必備的運用技能。
- 所有的科技都可根據以下三個層面，來建構其概念：
  a. 科技的自動化程度（亦即科技替代人力的程度）；
  b. 科技的規模（亦即科技運作的能力有多大）；
  c. 科技整合的程度（亦即科技各個不同的部份彼此關聯的密切程度）。

個案研究：Rochem 公司

Rochem 是食品加工業最大的供應商之一，以「Lerentyl」品牌行銷的肉類食品添加劑是主要產品，其它產品包括：食品染料、食品容器染料等。目前「Lerentyl」的銷售額約佔公司銷售總額的 25%。

決策

製造「Lerentyl」所用的機器正面臨汰舊換新。兩台「Chemlings」牌舊機器故障率太高，導致生產水準只能勉強達到標準。現在應該再購買新的「Chemlings」代替舊的「Chemlings」？還是該向另一家供應商採購符合製程要求的 AFU 機組？化學總工程師作了如表 8.4 的比較。

表 8.4 兩種備選機器的比較

	CHEMLINGS	AFU
採購成本	$ 590,000	$ 880,000
製造成本	固定成本：$ 15,000 / 月 變動成本：$ 750 / 公斤	固定成本：$ 40,000 / 月 變動成本：$ 600 / 公斤
產能	105 公斤 / 月	140 公斤 / 月
產品品質	98% ± 0.7%純度	99.5% ± 0.2% 純度
檢驗作業	手工檢驗	自動檢驗
維修保養	足夠但仍待加強	不確定（可能不錯）
售後服務	很好	不確定（可能不好）
交貨	3 個月	可立即出貨

以下是各經理依自己的職權與觀點所提出的報告概要：

行銷經理

添加劑的市場 Rochem 佔 48%。但市場已有變化，價格競爭遠較以往劇烈。

> 目前我最關心的是每個月有適當數量與品質的「Lerentyl」可以賣。如果新機器再不趕快安裝，恐怕很快就……。AFU 機組生產的產品品質不錯，如果需求真的增加，AFU 還可以提供額外的產能。

化學總工程師

目前預算大多投入「Lerentyl」基本產品的改良，俾能擴大用途於像水果一類的酸性食品。研發並不順利，但化學總工程師仍十分樂觀：

> 如果研發成功，市場商機會躍升兩倍，到時候非擴增產能不可。我們應該試試 AFU 機組。公司的成長依賴著新發明，我們不妨冒個險。

生產經理

「Lerentyl」目前每月生產量在 190 公斤左右，只有 6 位技師負責部門維修與品管事項，原因是這座工廠屬於實驗性質，必須依靠經驗老道的技師來運作。

> 行銷經理和化學總工程師可以很輕鬆地說：「Lerentyl」的銷售量會大幅擴展。我卻覺得「Lerentyl」不會有超額需求。AFU 的固定成本幾乎是 Chemlings 的三倍，購置 AFU 的風險實在太大，而且員工的反應最令我擔心，換新機器等於剝奪員工與熟悉的老機器共存共榮的機會。

會計

公司目前可能需要依靠短期貸款來支應採購成本。

我不認為投資擴充產能是明智之舉，因為目前的財力辦不到。也許「Lerentyl」的需求總有一天會大幅擴張，但絕不會是今年。

問題：

1. 以規模與自動化而言，Chemlings 與 AFU 這兩個方案有何不同？這些差異對 Rochem 有何特殊意義或影響？
2. 使用第 4 章的可行性、可接受性、風險性等三項標準來評量這兩種科技？
3. 這家公司應採取哪些行動？

問題討論

1. 從下列各項作業，舉出自動化應用的實例，越多越好：
   a. 醫院
   b. 大學
   c. 連鎖旅館
   d. 零售型金融服務
2. 「全自動工廠」可能遭遇哪些問題？哪種製造業最適宜推行全自動化？
3. 找出日常生活中運用科技的實例並評估其價值。請分辨哪些是產品／服務科技？哪些是製程科技？
4. 從傳真機與電話的作業能力，評估兩者的差異。
5. 討論任一產品服務科技與製程科技兩者之間的關係。
6. 說明 CIE、CIM、FMS 與 CAD／CAM 之間的差異與關係。
7. 討論航空管制中心使用「中央集中式」或「分散式」來處理資訊的優缺點。
8. EDI 可帶給大學哪些好處？
9. 以顧客－員工－科技的互動關係來說明機場常用的下列科技：

a. 機場旅客通關 X 光安檢

b. 連接走道與飛機的空橋

c. 空中交通管制系統

d. 到站行李檢查條碼掃瞄器

14. 銀行在進行各項業務的自動化時，哪些因素會影響自動化程度？

15. 圖書館該如何利用科技來增進作業的效率與效能。圖書館全面自動化的最大問題或障礙是什麼？

16. 目前的科技水準已能製造載客約 1,000 人的飛機。利用這種科技來產製如此大型的飛機會有哪些限制？

17. 接近市郊的一家銀行打算利用數據機與顧客的個人電腦連線，以提供家庭金融服務。該銀行在吸引客戶使用這項服務之前，必須考慮哪些課題？

18. 有些廠商比較喜歡使用簡單、不很精密的科技，反而不愛用大型、完全整合的科技。可能的原因何在？

9 工作設計與工作組織

組織的人力資源管理方式，對作業效能影響深遠。本章要特別探討工作設計。圖 9.1 顯示工作設計在整個設計模式中的位置。

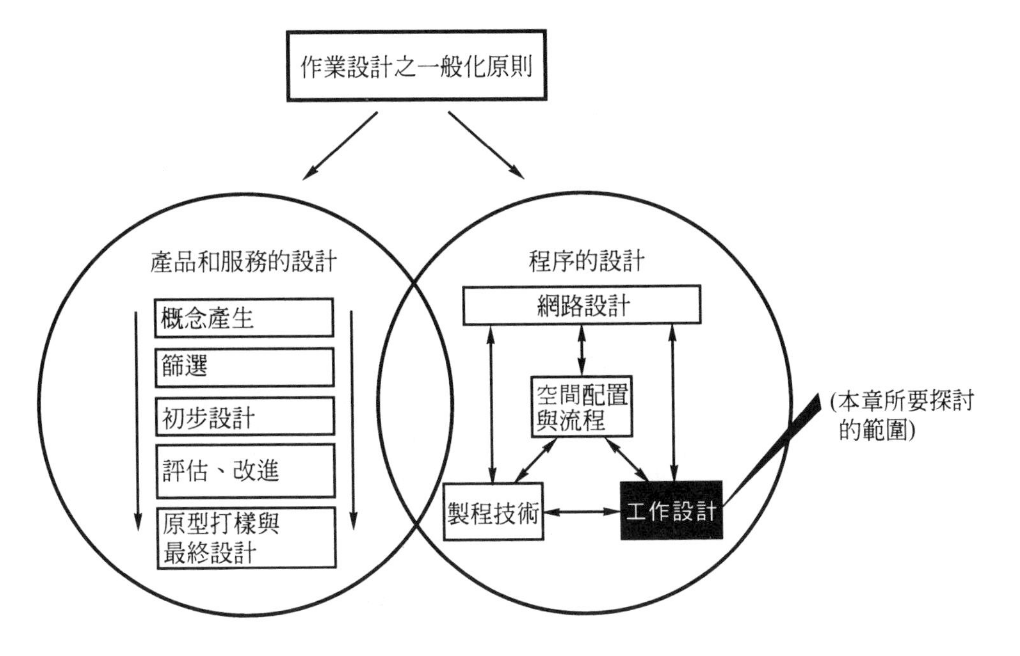

圖 9.1 本章探討工作設計

學習目標

- 構成工作設計活動的要素與工作設計的目標；
- 採行分工原則的利弊；
- 科學管理取向的工作設計（包括工作方法的研究）與人因工程取向；
- 工作設計的行爲原理，包括工作擴大化與工作豐富化；
- 工作設計中的自主性與賦權。

工作設計

工作設計的要素

工作設計必須考慮許多個別且相關的要素，結合這些要素乃定義了工作的內容與範圍。

- 作業中每人要分配什麼任務？
- 要以何種任務的次序來完成工作？
- 工作場所在哪裡？
- 還要請誰來配合完成工作？
- 這項工作需要如何與設施互動？
- 工作場所應建立哪些環境條件？
- 自主性有多高？
- 需要什麼技術？

工作設計的目標

工作設計係依上列的 8 大要素篩選各種可行方案。以下的五個績效目標可作爲工作設計相關決策的指導方針。

✏ 品質

工作設計會影響員工生產高品質產品或服務的能力。這些影響包括消極地避免立即而明顯的錯誤，以及積極地將工作設計成有利於持續改善。

✏ 速度

速度有時是工作設計最主要的目標，譬如急救人員的任務編組與訓練、作業手續的核定、可自主的因應措施等都應善加規劃，俾能迅速趕赴災區。

✏ 可靠性

工作設計會影響產品與服務供應的可靠性。如郵政業務的工作安排、多技能訓練、良好的人機互動界面設計，都有助於信件與包裹的有效遞送。

✏ 彈性

工作設計可影響新產品或服務的彈性、組合的彈性、數量的彈性、遞送的彈性。如汽車裝配廠對工人施以多專長訓練，以便彈性變換產品或互調職務。

✏ 成本

工作設計會影響作業的生產力以及成本。生產力是指投入勞力與產出的比例。如每小時服務顧客的人數或每位員工平均產製產品的數量。

✏ 健康與安全

工作設計不可威脅到作業人員、作業場所的顧客、消費大眾的健康與福祉。

✏ 工作生活品質

工作設計應考慮作業人員的工作安全感、興趣、工作變化、發展機會、壓力水準、工作態度。

工作設計的實務

圖 9.2 顯示工作設計的演進史。本文即是根據此演進時序來探討不同學派的工作設計。不過，這些不同的設計方法迄今仍明顯地影響工作設計。

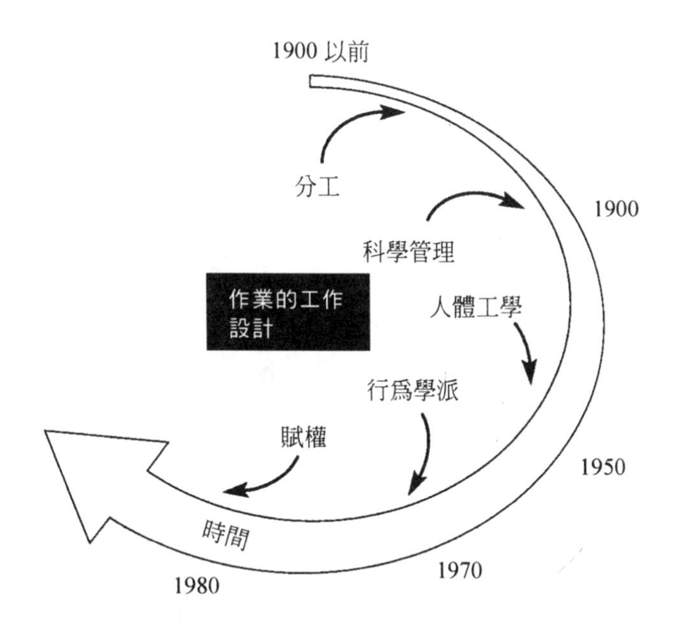

圖 9.2 工作設計取向的歷史演進

分工

分工的概念即將整體的工作任務分割為較小的單元，每個工作單元由某一位作業人員負責完成。這種概念早在西元前 4 世紀時，希臘人就已使用在組織活動中。但「分工」一詞則直到 1746 年，才由美國經濟學家 Adam Smith 在國富論（Wealth of Nations）一書首度給予正式定義。

✏ 分工使學習更加快速

簡短單純的工作單元當然容易學會。分工使新進員工可以很快進入狀況。

✏ 分工使自動化更加容易

簡短而單純的工作單元容易利用科技來取代人力。

✏ 分工減少與生產力無關的工作

分工減省了複雜工作的時間。譬如說，裝配汽車引擎可能要花費兩小時以上在許多彎身、找零件、定位等動作。而這些動作對產品的製造並沒有直接貢獻。整個裝配工作若劃分成三十個獨立作業階段，每個階段只需一位作業員負責執行。因為只由某人專門處理一部份的工作，便可設計特定的工具設備或物料搬運裝置，以提高作業效率。高度分工所造成的嚴重缺失如下：

1. **單調乏味**：工作越簡短，工人越需要重複相同的工作。除了不符人性，許多輿論也極力反對，因為會造成怠工曠職、高流動率、錯誤增加、罷工。
2. **人體傷害**：不斷重複同樣的動作將傷及人體健康，因身體某些部份的過度使用，尤其是手臂和手腕，可能造成身體疼痛與體能衰退，即通稱的重複性壓力傷害（Repetitive Strain Injury，RSI）。
3. **缺乏彈性**：將工作分割為許多小單元會使每一單元的工作固定僵化，結果導致在多變的情境下難以彈性因應。如設計來生產某種產品的生產線，若想生產另一種產品，往往得重新變更設計。
4. **韌性極差**：高度分工的工作表示物料、人力或資訊必須流經好幾個不同的作業階段。一旦某階段運作不當，整條生產線便會受到波及而停頓。

科學管理

1911 年美國的 Fredrick Taylor 出版以科學管理為名的書，科學管理一詞乃告確立。他所揭示的科學管理理論之基本論點包括：

- 工作的每一部份都應利用科學方法加以研究，俾能建立法則、作法、模式，以提供最好的工作方法。
- 這種針對工作的研究，乃是建立「每天標準工作量」的必要途徑。
- 所有工人都需經過有計畫的挑選、訓練，以及培養，俾能圓滿執行任務。
- 經理人須將各種工作的最佳作法標準化，而工人則有責任恪守標準行事。

科學管理的研究衍生出兩個相關的支派：（1）**方法研究**：專門研究工作所涉及的活動與方法；（2）**工作衡量**：研究執行工作所需時間的估計與衡量。兩者的結合通稱爲**工作研究**（參見圖 9.3）。

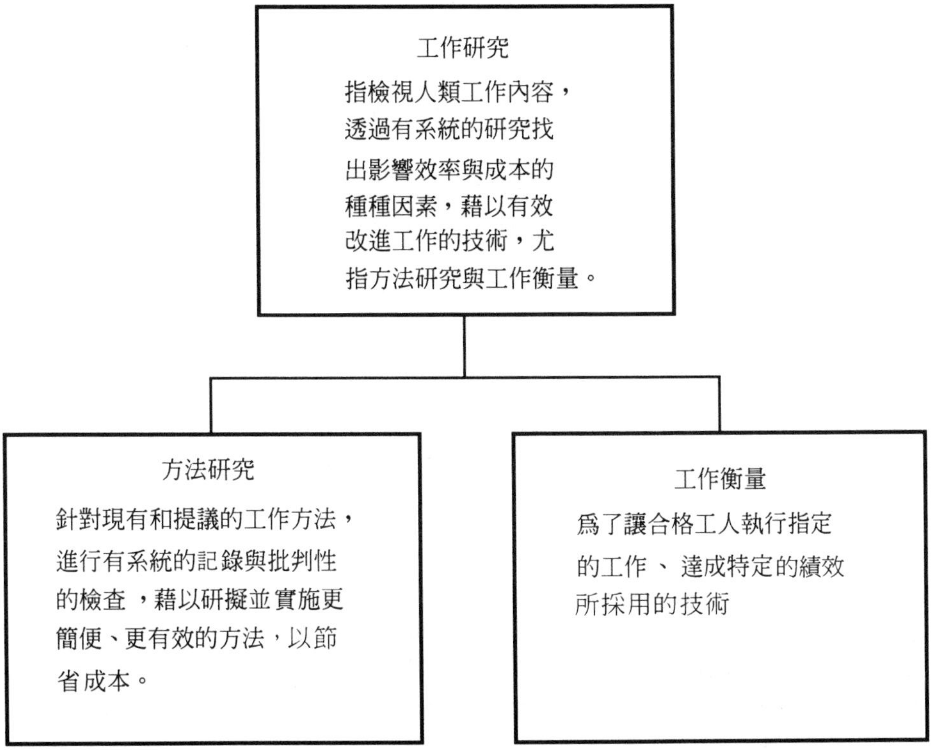

工作研究
指檢視人類工作內容，透過有系統的研究找出影響效率與成本的種種因素，藉以有效改進工作的技術，尤指方法研究與工作衡量。

方法研究
針對現有和提議的工作方法，進行有系統的記錄與批判性的檢查，藉以研擬並實施更簡便、更有效的方法，以節省成本。

工作衡量
爲了讓合格工人執行指定的工作、達成特定的績效所採用的技術

圖 9.3 工作研究的對象包括方法研究與工作衡量

方法研究

方法研究是將科學管理的原理運用於工作設計上最直接的方法。方法研究在作法上必須有系統地遵行以下六個步驟：

✏ 步驟 1：挑選擬進行研究的工作

方法研究的第一步是挑選能帶來最大回收或目前造成瓶頸的研究項目。

✏ 步驟 2 ：記錄與現行方法相關的所有事實資料

記錄技術大多採用以下幾種：記錄該工作各項活動的順序、各項活動的時間關係、移動路徑。

✏ 步驟 3：依序對這些事實資料進行批判評估

本步驟可能是方法研究最重要的階段。最常用的方法是「質問技術」，藉由徹底的追問找出缺點，進而研擬適當的方案。所提的問題有關每個工作要素的目的、作業地點、作業順序、由誰來做、用什麼方法來做。

✏ 步驟 4：研擬出新方法

本步驟要進一步開發想法以便達成如下目標：剔除部份活動項目、將相關要素合併、改變工作單元的順序、簡化活動項目。進行本步驟可使用類似表 9.1 所列舉的「動作經濟原則」檢核表。

✏ 步驟 5 和 6：施行新方法及定期檢核績效

方法研究重視定期檢核與評估新工作方法的績效，其背後理念雖然不是追求「持續改進」，但至少可以持續不斷地重新思考和改進工作方法。

表 9.1 動作經濟原則

發揮人體最大的工作效能	1.	工作安排能配合人體自然的律動。
	2.	考慮到人體的對稱，如手臂的動作應同步且對稱。
	3.	工作應均衡分配人體各部份的能力，應注意安全的設計限制。
	4.	雙臂的重量應服膺物理定律以節省體能。如：力矩應順乎人體，而非對抗人體；移動動作的距離越短越好。
	5.	工作項目應簡化。如：眼睛接觸能少則少，且能集合起來一次使用視力為宜；盡量減除不必要的動作、耽擱、閒置時間。
安頓工作場所以提高績效	1.	工具與物料應歸定位。
	2.	工具與物料及控制箱應靠近使用者。
	3.	工具與物料應按最佳工作程序與動線擺放。
運用機械裝置以節省人力	1.	需用虎頭鉗和夾具時，應能確實夾緊工件。
	2.	利用導軌或導尺協助工件定位，避免肉眼近距離處理。
	3.	利用遙控或腳踏控制裝置，以免伸手處理。

INTEL 的方法研究

在非製造性質的作業方面，方法研究對現行方法進行有系統的質疑與挑戰。圖 9.4 是產製電腦晶片的 INTEL 公司處理費用請款單的流程圖。

流程圖

活動名稱：費用請款單處理　　　地點　　會計部

	要素描述	●	➡	D	■	▼
1	請款單送到應付帳款處	●	➡	D	■	▼
2	等待處理	●	➡	D	■	▼
3	核對請款單	●	➡	D	■	▼
4	請款單蓋章並登記日期	●	➡	D	■	▼
5	將現金送到簽收處	●	➡	D	■	▼
6	等待處理	●	➡	D	■	▼
7	檢核是否有預付款	●	➡	D	■	▼
8	送到應收帳款處	●	➡	D	■	▼
9	等待處理	●	➡	D	■	▼
10	檢查員工過去的收支帳戶	●	➡	D	■	▼
11	送到應付帳款處	●	➡	D	■	▼
12	請款單夾上付款傳票	●	➡	D	■	▼
13	登錄請款單	●	➡	D	■	▼
14	根據公司規定逐項查核	●	➡	D	■	▼
15	等待成批處理	●	➡	D	■	▼
16	請款單累積成待處理之批次	●	➡	D	■	▼
17	該批次之請款單送到稽核處	●	➡	D	■	▼
18	等待處理	●	➡	D	■	▼
19	登錄該批請款單	●	➡	D	■	▼
20	查核付款傳票	●	➡	D	■	▼
21	該批請款單送到批次控制處	●	➡	D	■	▼
22	批次編號	●	➡	D	■	▼
23	請款單副本歸檔	●	➡	D	■	▼
24	請款單歸檔	●	➡	D	■	▼
25	付款傳單送至電腦鍵入處	●	➡	D	■	▼
26	開出支票	●	➡	D	■	▼
		●	➡	D	■	▼

符號	要素	編號
●	作業	7
➡	傳送	8
D	等待	5
■	檢核	5
▼	儲存	1

圖 9.4 INTEL 的費用請款單處理流程圖

經評估現行請款單的處理方式後，該公司將原來的 26 項動作縮減為 15 項（見圖 9.5）。其中合併了第 8、10、11 項，並將第 5、7、14、19 項省去。所有合併與刪除的動作都有排除「耽擱」作業程序的效果。

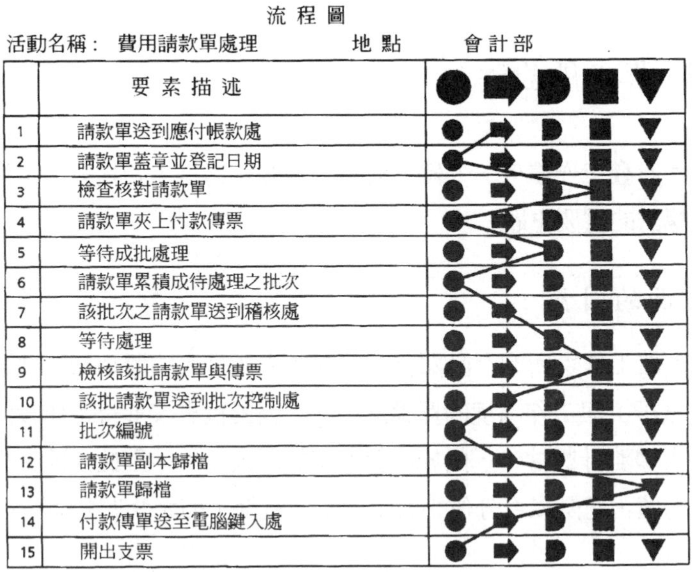

流程圖

活動名稱：費用請款單處理　　地點　會計部

	要素描述	● ➡ D ■ ▼
1	請款單送到應付帳款處	
2	請款單蓋章並登記日期	
3	檢查核對請款單	
4	請款單夾上付款傳票	
5	等待成批處理	
6	請款單累積成待處理之批次	
7	該批次之請款單送到稽核處	
8	等待處理	
9	檢核該批請款單與傳票	
10	該批請款單送到批次控制處	
11	批次編號	
12	請款單副本歸檔	
13	請款單歸檔	
14	付款傳單送至電腦鍵入處	
15	開出支票	

符號	要素	編號	整個時間
●	作業	5	
➡	傳送	5	
D	等待	2	
■	檢核	2	
▼	儲存	1	

圖 9.5　修訂後 Intel 費用請款單處理流程圖

人因工程

人因工程關心的主題是工作設計中人們的生理層面，其研究專注在如何使人們在最適工作條件下發揮最大效能。人因工程涵蓋兩個層面：（1）人與工作場所中實物的界面關係，包括桌椅、機器、電腦等；（2）人與工作環境的界面關係，環境指的是溫度、燈光、噪音等。人因工程有時又稱爲「人體工學」。

運用人因工程的工作場所設計

了解工作場所如何影響工作績效、人體的疲勞、緊張和傷害，乃是人因工程進行工作設計時所要探討的重要主題。

人體測計學方面的因素

人體測計學探究人與工作場所的互動關係，探討的主題是人的體型和特殊體能（例如大力士或左撇子）與工作環境的互動關係。人因工程專家進行工作設計時所用的資料稱爲「人體測計數據」，由於體型和體能因人而異，因此人因工程專家關心的並不是平均值，而是以百分位來表示的某一範圍（如表 9.2 所示）。

表 9.2 人體測計數據——美國女／男公民身材尺寸（單位：公分；年齡：20～60 歲）

	百分位			標準差
	5%以內	50%以內	95%以內	
身軀（高度）	149.5 / 161.8	160.5 / 173.6	171.3 / 184.4	6.6 / 6.9
兩睛平視高度	138.3 / 151.1	148.9 / 162.4	159.3 / 172.7	6.4 / 6.6
肩高	121.1 / 132.3	131.1 / 142.8	141.9 / 152.4	6.3 / 6.1
手肘高度	93.6 / 100.0	101.2 / 109.9	108.8 / 119.0	4.6 / 5.8
坐高	78.6 / 84.2	85.0 / 90.6	90.7 / 96.7	3.5 / 3.7
兩眼高度，坐姿	67.5 / 72.6	73.3 / 78.6	78.5 / 84.4	3.3 / 3.6
肩膀高度，坐姿	49.2 / 52.7	55.7 / 59.4	61.7 / 65.8	3.8 / 4.0

Rover 汽車廠的人因工程應用實例

新科技使許多公司重新思考工作設計的生理面。茲以 Rover 汽車廠汽車油箱的裝配工作設計為例。傳統的作法是由兩個人拿著油箱爬進汽車裝配線底下的狹窄坑洞，進行裝配作業；其中一位托住油箱，另一位將油箱鎖牢於車身。透過人因工程研究，新作法用氣壓將汽車與油箱升高到人體感覺舒適的位置，才開始進行裝配。為了進行研究，Rover 汽車廠蒐集許多資料，包括汽車規格尺寸、抬升重量、以及各種體型作業員手臂運轉自如的空間大小……等等。

✏ 神經學方面的因素

人因工程專家也重視工作設計的神經層面探究，其內容包括：工作場所爲傳送訊息給作業員所涉及的視覺、觸覺、聽覺，味覺等知覺，以及作業員將指令傳回工作場所的方法。「工作場所」最主要指的是製程技術或機器，以及人機互動過程中資訊的呈現與作業的操控。圖 9.6 顯示「人機互動迴路」。

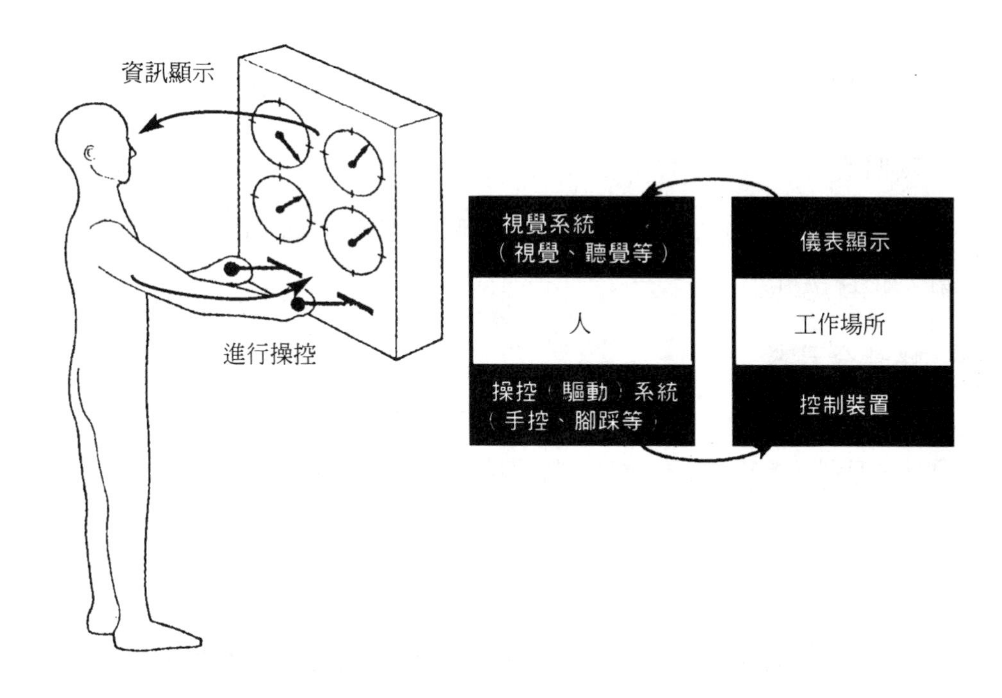

圖 9.6 「人－工作場所」的互動迴路

運用人因工程來設計工作環境

✏ 工作場所的溫度

每個人對工作環境溫度的反應很難測定，工作績效受溫度影響的程度也因人而異。再者，多數人對「溫度」的判斷也受到相對濕度與氣流狀態等變數的影響。以下有關工作場所溫度的幾個要點可作爲工作設計的指引：

- 溫度的範圍依工作類型而定：輕鬆的工作比繁重的工作需要較高的溫度。
- 如果溫度超過攝氏 29 度，需要高度注意力工作的效率就會開始遞減；但同樣的溫度對執行輕鬆手工作業的人來說，又嫌稍低了一些。
- 舒適溫度範圍以外的作業場合，意外事故發生的機率相對較高。

✏ 照明度

燈光強度必須依工作性質而定。一些細膩、精確動作的工作需要很強的燈光照射，如外科手術。

✏ 噪音分貝數

在噪音超過法定標準的工廠裡，就常見到失聰個案。噪音太大除了對人體有害之外，還會影響工作績效，尤其是需要集中注意力與靜心研判的工作。

- 即使兩種噪音的分貝相同，但間歇性或突然的噪音破壞力大於持續的噪音。
- 高頻率噪音（約 2,000 Hz 以上）對工作效能的干擾程度大於低頻率噪音。
- 噪音對工作品質的影響（故障率增加）可能更甚於對工作速率的影響。

✏ 辦公室的人因工程因素

隨著辦公室上班族日漸增多，人因工程原理的應用也逐漸普及至此類的工作場所。圖 9.7 顯示設計辦公室時，須注意的人因工程因素。

圖 9.7 辦公室環境的人因工程

工作設計的行爲取向

行爲學派主張：只根據分工原理、科學管理、人因工程原理所設計的工作往往引發當事人的疏離感；好的工作設計應考慮人們從工作中獲得成就感或被肯定的需求。事實上，行爲學派也的確視工作設計爲一種程序。參見圖 9.8。

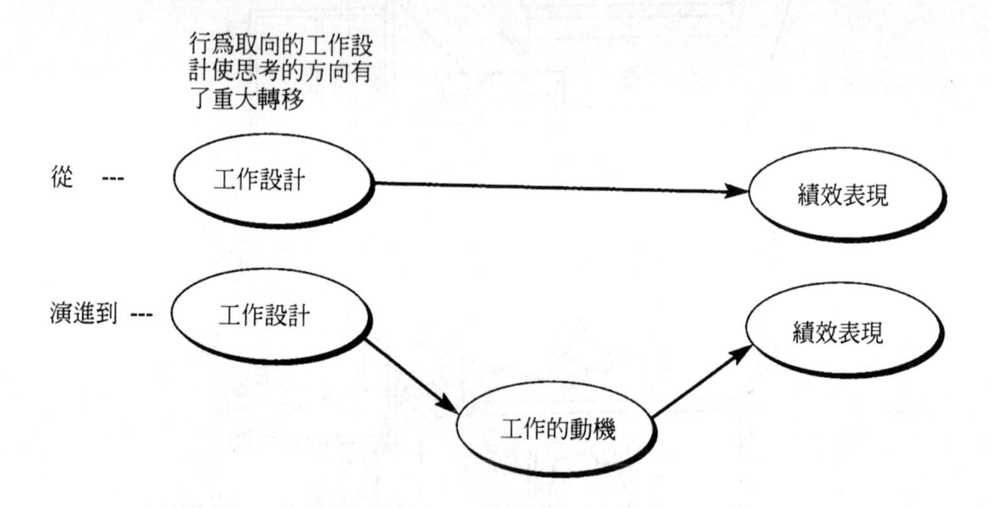

圖 9.8 個人對工作的態度是中介變數

行爲取向思考模式是個人的工作動機才是影響工作績效的重要變數。於是其工作設計步驟分爲：（1）探討工作的各種要素如何影響人們的動機；（2）探討個人的工作動機如何影響工作績效。總之，此學派認爲所設計的工作應當：

- 讓人們感受到自己對於工作中有意義的部份負有責任；
- 提供一組富有意義或有價值感的工作任務；
- 提供有關績效表現的回饋。

圖 9.9 是根據行爲學派觀點進行工作設計的典型實例。「組合任務」是將更多不同的工作要素或活動分派給員工。「形成自然的工作單元」是將活動銜接成一凝聚性（最好也有連續性）的整體。「建立顧客關係」係指員工直接與內部顧客溝通而非透過主管轉達。「垂直方向豐富化」是將工作中的間接活動（譬如維修、工作排程、一般管理事項）也分派給員工做。「開啓回饋流通的管道」有兩方面的意義：一是確保內部顧客可以將自己對作業績效的感覺回饋給作業員工，另一方面則爲了確保作業員工也能得到整體表現的評語。

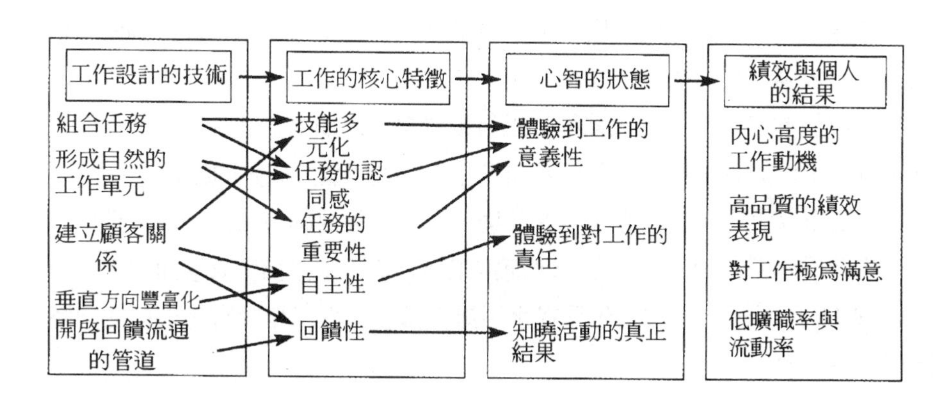

圖 9.9 行為學派典型的工作設計模式

圖 9.9 說明這些工作設計的技術如何塑造工作的核心特徵，而核心特徵又如何影響作業員工「心智的狀態」。此處所謂的「心態」指的是作業員工對自己工作所持的態度。這些態度將會影響員工的工作表現與績效。

工作輪調

有時候想增加員工的任務種類或豐富化其工作內容會遭遇某些限制，此時或許可以考慮讓員工定期工作輪調。這種作法如果施行成功，常常可以增加員工的技能彈性，也可以減少工作的枯燥感。然而，它也可能阻礙工作流程的順暢以及帶給員工本人生活步調失調等不適。

✏ 工作擴大化

行爲學派所主張的工作設計目標之一就是增加員工的任務種類（組合任務），若額外的工作與原先的工作具有相同性質，這種改變就叫做工作擴大化。擴大後的工作應該不會造成體力上或心理上更重的負荷，而應該給予員工更完整的工作感。工作擴大化不僅減少工作重複性，也減少工作的單調無聊感。

✏ 工作豐富化

工作豐富化與工作擴大化一樣，都是將更多的工作項目分派給員工來做，但工作豐富化比較強調授以更多決策權、更大自主性，也因此提高對工作的掌控能力，例如在增加的工作當中加入製程的維修或調整，或加重對品管的監督責任，如此既可減少工作的重複單調，又可增加工作自主性與個人成長的機會。

想了解工作擴大化與工作豐富化有什麼不同，最簡易的方法之一或許是把工作擴大化定義爲水平層面的工作設計，而把工作豐富化定義爲垂直層面的工作設計，如圖 9.16 所示。工作擴大化只在水平層面擴展，而工作豐富化則可能同時指垂直與水平層面。

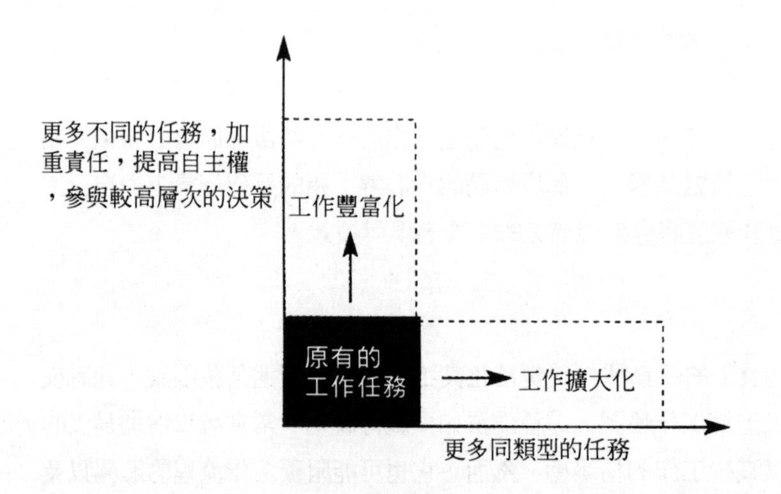

圖 9.10 工作擴大化與工作豐富化

賦權

賦權延伸自行為學派之工作設計的自主性。「賦權」一詞隱含著比「自主性」更上一層的意味；自主性是讓員工自行決定如何做自己的工作；而「賦權」則是授予員工改變工作本身以及如何執行工作的權力。「賦權」可依程度的不同，將工作設計成「提供建議」、「參與工作」、「高度參與」等類別：

- 「提供建議」不是賦權真正的形式，只是提供員工貢獻改進建議的管道，員工並無改變本身工作的自主權。像速食店可能只想讓員工發表改進的建議，沒想要讓員工改變高度標準化的工作方法，更不容許員工進行大的變革。
- 「參與工作」係授予員工重新設計工作的權力，但同時也加上諸多限制。若個別員工的變革作為影響到他人或整體作業的績效，則通常不會得到准許。在此層次上，執行同類型工作的員工往往組成工作再設計小組，以確保重新設計過的工作，確實能夠融入整體作業體系中，並能達成作業目標。
- 「高度參與」是將全體員工納入整個組織的策略方向與績效中。當個別員工的貢獻與責任會對整體策略產生相當高度影響時，這類工作可以採「高度參與」的方式來設計。譬如設計大型工程的顧問公司就應採高度賦權，一來激發員工的工作動機與熱誠，再來也確保作業能獲取員工寶貴的見解。

控制與承諾

圖 9.11 顯示各種取向強調工作設計的「控制」與「承諾」之移轉情形。分工原理強調員工的工作須加以「控制」——藉由對工作的控制，使工作越精簡，越能達到高效率的目標。早期的科學管理主張：為了找出「最好」的工作方法，「控制」確有必要，因此科學管理原本相當強調「完全控制」工作的執行方式。

但近年來方法研究的趨勢卻越來越主張：將科學管理技術移轉給員工，讓員工設計自己的工作，因此有朝「承諾」靠攏的態勢。人因工程關心員工對外界環境的因應方式，可以視爲偏向重視員工「承諾」的跡象；然而人因工程關心的是員工的生理層面需求，對心理反應則較少涉及。行爲學派的工作設計方式比上述各取向更重視員工的工作動機與「承諾」，且確實將員工的主動參與、意願動機等課題列爲工作設計的中心要務。賦權不只強調員工對工作的「承諾」，還將部份工作控制權移轉給員工。工作設計到賦權階段又回頭強調工作的「控制」，只不過是強調賦權給執行工作的個人或小組自我「控制」，而非管理階層的控制。

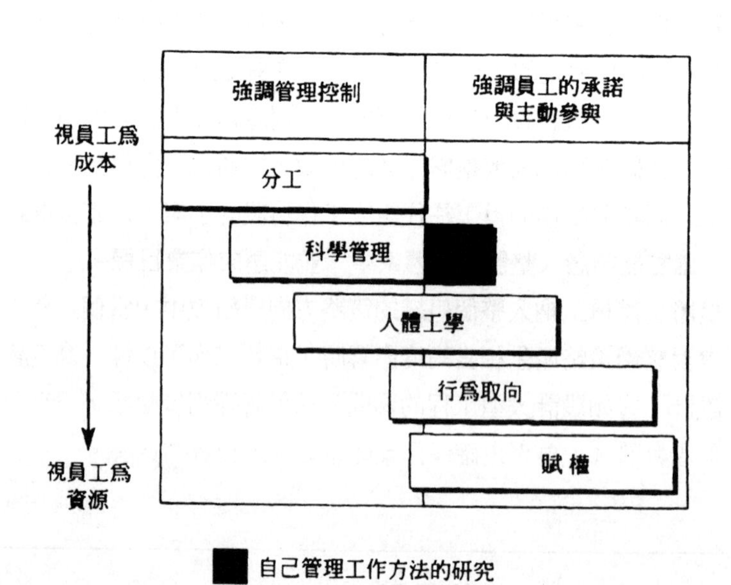

圖 9.11 工作設計的不同取向：每種取向隱含控制與承諾意願有不同的平衡關係

現身說法——專家特寫

Rover汽車廠的Iain Lambeth

Rover一直以產銷四輪傳動汽車而聞名。Iain Lambeth目前主要任務有二：協助與安排經理人員、工程師、專案小組長等人現場技能的培養；持續培訓現場基層員工。

以往都是由工作研究工程師發給作業員工任務說明單，說明單上詳述工作細節以及預定產出的時程，然後生產線就以一定的速度打造被派定的車子。公司通常會派品管人員檢驗成品是否符合標準。現在一切幡然改觀，我們鼓勵團隊精神和員工參與，每個小組都分派完整的工作設計任務，全權負責品管與製程改進，如所有的車內裝潢任務全由一個小組來負責，所有汽車底盤的作業都由另一個小組負責。每位成員如今都擁有更大的自主權，接觸更多樣化的工作，這樣的工作環境更為豐富而有意義。

本章摘要

- 工作設計牽涉到多方面的決策，包括工作分派（誰做哪些工作）、工作順序、工作場所、配合人手、人與工作場所／周遭環境的互動關係、員工應授予多大的自主權、應接受何種技能訓練。
- 影響工作設計的因素很多。根據歷史演進，第一個出現的是分工的概念。分工是將整體工作劃分爲好幾部份，分派給不同的人去做。高度分工有助於成本的降低，減少與生產力無關的工作。不過，高度分工的工作單調乏味，甚至可能造成人體傷害。
- 與科學管理最有關聯的是工作研究，傳統上分爲方法研究（決定工作的方法與活動）與工作衡量（衡量執行工作所需花費的時間）。

- 科學管理領域最廣爲採用的是方法研究。方法研究是一套系統化程序，用以檢視目前的工作方法並謀求改進之道。其程序包括：選定擬研究的工作、記錄目前工作的方法、有系統的檢核原有的方法、根據檢核評價的結果建立新的工作方法、實行新的工作方法、定期檢核與維護新方法的運作。
- 人因工程主要處理工作設計的生理因素，其研究通常可分爲：（1）人類如何適應工作環境；（2）人類如何反應與處置其緊鄰的周遭環境（例如溫度、燈光、噪音等各項環境特質）。
- 行爲學派的工作設計重視個人對工作的反應與態度。此學派主張：工作設計應滿足人們對自尊與前途發展的需求，如此才能產生令人滿意的工作績效。建議的作法包括：工作擴大化、職務輪調、工作豐富化、團隊合作。
- 賦權原則強調提高個人決定自身工作性質的自主性，且將決策權下放到執行工作的第一線。

個案研究：賓州儲蓄銀行（Penn Savings Bank）的秘密武器

過去幾年來，每家銀行都大力推動「關心顧客」或「改善服務」計畫，但這類方案大多無法產生持續的效果。

賓州儲蓄銀行認為服務顧客的理念必須融入經營實務，從而影響到每位員工每天的服務態度上。問卷調查顯示：顧客和員工已對「高品質服務」的特質形成共識，這些特質包括快速、準確、知識豐富、基本禮貌。該銀行決定徹底執行這項服務計畫，於是設計出「賓州儲蓄銀行 SECRET 方案」作為員工接待顧客的行為準則。SECRET 代表的是微笑（Smiles）、熱誠（Enthusiasm）、關心（Caring）、回應（Response）、滿意保證（Ensured satisfaction）、感謝（Thanks）。接著，銀行舉辦顧客服務講習會以訓練全體員工 SECRET 的觀念。

正式推出 SECRET 時，每位員工都穿上印有「在賓州儲蓄銀行，顧客永遠第一」的 T 恤，並對每位走進銀行的客人報以「我很高興您的光臨！」。每位分行經理也都親自參與，藉以確保整個組織都全心投入該計畫。所有員工遞給客人的名片都只頂著一項頭銜——「顧客服務」。新名片的作用在告訴顧客：本銀行以「服務您為榮」；同時也用來提醒員工：每個人的基本職責都是服務顧客。

另外，管理階層也授權所有員工在 50 美元的範圍內，可以自行決定如何處理或賠償顧客可能的損失。這些作法提高了員工的服務熱誠，也使員工勇於當場解決問題，確保顧客人人滿意，而且有助於持續維持員工士氣。

問題：

1. 賓州儲蓄銀行的工作設計有哪些主要特色？
2. 這些特色強調「控制」與強調「承諾」的平衡如何？
3. 這些特色應如何通用於其它類似行業（與顧客接觸頻繁的作業）？
4. 賓州儲蓄銀行的「賦權」作法應如何進一步擴大實施範圍？

問題討論

1. 假如你和 4 個朋友要準備 5 道菜的大餐，給 20 個人吃。列出並說明設計這項工作的有關要素。
2. 製作投影片的工作設計會對大學教授的講課績效產生哪些影響？
3. 說明分工與科學管理的不同。
4. 約幾個人一起進行方法研究，譬如研究餐廳外燴作業、園藝工作等。對這些作業能提出哪些改善建議？工作人員對這些建議的接受程度又如何？
5. 爲下列任務畫出程序圖：
   a. 替印表機的紙盤裝紙
   b. 換汽車輪胎
   c. 泡一杯咖啡

6. 何以有些作業經理人關切工作輪調、工作豐富化、工作擴大化等問題？
7. 說明賦權與行爲學派的工作設計方式有何不同。
8. 專業與提供大量服務的組織在進行賦權方面可能會有哪些不同的考慮？

10 規劃與控制的本質

本章介紹一些規劃與控制的原理與方法。規劃與控制的各種不同構面與要素，都可以視為調和供給與需求的動態過程，見圖 10.1

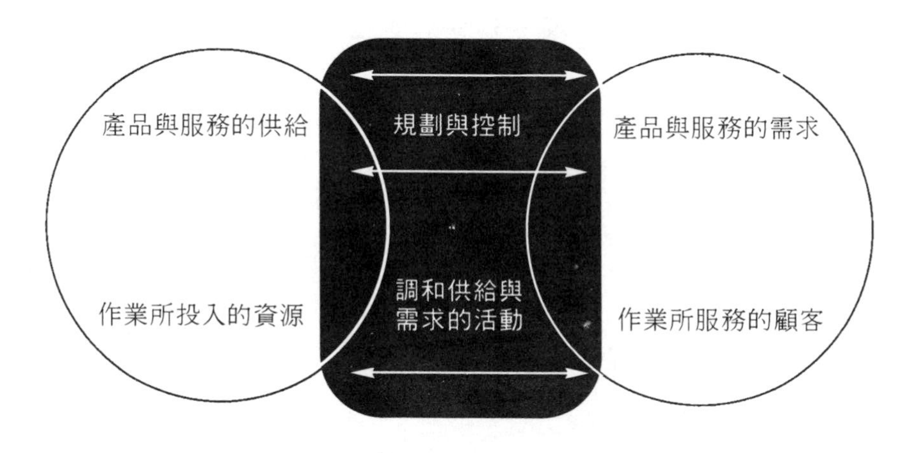

圖 10.1 規劃與控制協調產品或服務的供給與需求

學習目標

- 何謂規劃與控制？規劃與控制如何隨時間變化達到平衡？
- 需求與供給的本質；
- 有限產能與無限產能；
- 工作排序：排序規則及其對作業績效的影響；
- 排程：向前排程與向後排程、推式排程與拉式排程；
- 生產數量／產品種類對規劃與控制的影響。

何謂規劃與控制？

規劃與控制的目的在於確保每日作業能有效運作，以產出預定的產品與服務。為達此目的，作業資源需要有下列條件：適當的數量、在適當的轉換時間點出現、適當的品質水準。

供給與需求的平衡與調和

規劃與控制決策的特性是要連結作業資源與顧客需求。這種調和工作通常都由作業經理人透過一套系統、程序以及決策方法來進行持續不斷的處置。規劃與控制所要探討的主題正是這些連結、調節供給與需求的規劃控制模式。

✏ 規劃控制任務的限制

在任何作業裡，資源的供給都不可能無限制。這些限制通常包括：

- **成本**：產品和服務必須在限定的成本範圍內製造。
- **產能**：產品和服務必須在設計的作業產能限制下製造。
- **時機**：產品和服務必須在仍對顧客有價值的期間製造。
- **品質**：產品和服務必須符合設定的容許誤差。

規劃與控制隨著時間的平衡

圖 10.2 顯示規劃與控制的「控制」面如何隨著活動日期的逼近，而逐漸增加份量的情形。

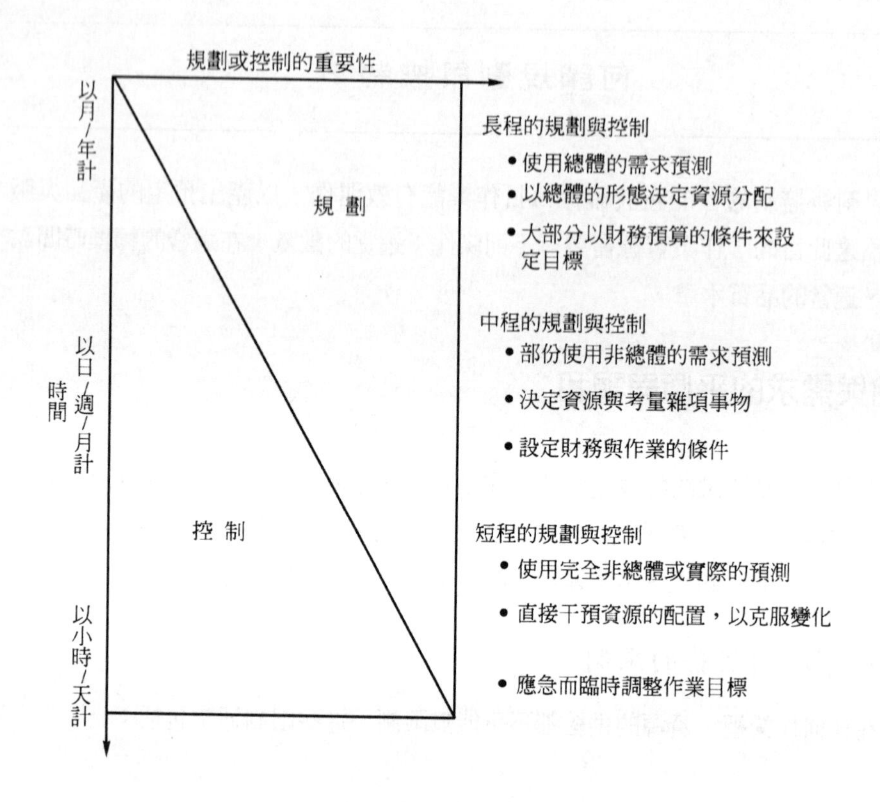

圖 10.2 規劃與控制活動隨著時間的平衡消長情形

需求與供給的本質

英國航空公司（British Airways）的作業管制

英國航空公司擁有 240 架飛機，飛行 72 個國家的 155 個航空站，平均每 90 秒就有一架英航班機從世界某處起飛。英航班機時刻表的規劃牽涉到該公司在全球各地的資源，以及如何確保每架班機都能準時起飛。作業控制部負責規劃班機的時間表、各型飛機、機組人員之間的協調，初步的班機時刻表早在兩年前就已製妥，隨後每隔 6 個月協調較確切的飛航路線（必須考慮分配某些機型到每一條航線的影響）。每架班機在安全著陸前，都屬於作業控制部負責的範圍。至於飛機著陸後，則由工程與航站管制部門接手。

作業控制部的績效係依據正常起飛與準時起飛來評估。正常起飛是以實際起飛班次佔班機時刻表排定班次的百分比為標準，英航在這方面的績效高達 99%。準時起飛是以班機時刻表的時間作為衡量的標準，英航的準時起飛績效為 60%。

作業控制部的成員分兩組，一組著重於持續改善；另一組執行目前的管制任務。這種編組方式確保每日的管制作業運作如常，又兼顧較長遠的目標。

相依需求與獨立需求

相依需求依靠一些已知因素來進行估算。譬如汽車裝配廠每日需求的輪胎數量可以計算得非常準確，如果某一天工廠要生產 200 輛汽車，那麼當天所需的輪胎數便是 5×200=1,000 個。這個需求根據一已知因素——汽車產量——而定。有些作業因爲涉及產品與服務的風險性與新鮮度，作業部門通常都要等到訂單確定後才開始製作產品或服務。相依需求的規劃與控制重點在於先了解作業部門的內部需求，再據以採取後續的動作。

有些作業很難掌控顧客的訂單，唯有依靠需求預測來決定供給量。譬如超市唯有根據以往經驗與對市場的了解來規劃與控制，其決策獨立於實際的情況。如果實際的需求與預測不相吻合，作業就必須冒「缺貨」的風險。譬如汽車修理廠就需要維持輪胎庫存（其工作情況與汽車裝配廠一樣，但是所要處理的顧客需求卻大不相同）。修理廠無法事先得知需求的數量與規格，唯有依靠需求預測與累積存貨來應變。這是**獨立需求**規劃與控制的性質。

需求的因應

處理相依需求的時機都在需求發生的時點之後。譬如會議規劃公司是等到與顧客簽約之後，才開始規劃訂場地、請講師、叫餐點以及聯絡與會代表等等有關活動。這類作業採用「由訂單找物料」（resource-to-order）的規劃控制。

有些作業對需求的性質有十足的把握，但無法預知需求的數量與時機，此時就需儲存大部份所需的資源，而且用來轉換的資源優於待轉換的資源。譬如提供標準設計房屋的營建商通常都能確定必須的原料（因爲房屋屬於標準規格），這些原料可等到需要時才向供應商訂貨，營建商不必事先建好房屋待售；會議規劃公司雖然可儲存一些資源，諸如會議大樓、服務人員等，但也要在收到訂單後才會開始規劃會議細節。以上都是「接單生產」（make-to-order）的規劃控制。

有些作業在接到訂單前就必須有產品的存貨，譬如標準型公寓的營建商通常都一次蓋好大批的預售屋，而不是等顧客訂購一戶才蓋一戶（技術上沒有困難，成本上絕對不划算）。這種「存貨生產」（make-to-stock）方式會有一些風險，若需求大於供給，會造成「訂單積壓」（backlog）；若需求不如預期，廠商必須囤積存貨、擔負資金積壓的風險。可樂裝瓶廠或大量生產廠商都採「存貨生產」方式。另外，電影院也是採用「存貨生產」方式，它們的場次早在實際需求發生前就已完成規劃與生產作業。

圖 10.3 說明「由訂單找物料」與「存貨生產」這兩種極端的規劃控制之間，各種作業方式的差別。前者係根據相依需求執行規劃與控制；後者則受獨立需求的驅使。前者每件產品或服務佔用多數的作業總體產能，譬如營建商每次只能安排一件工程，每次的作業幾乎動員所有的資源；後者的產品或服務相對於整體作業產能就很微小。

P：D比例

從「由訂單找物料」的規劃控制，逐漸轉變爲「存貨生產」的過程，可以用

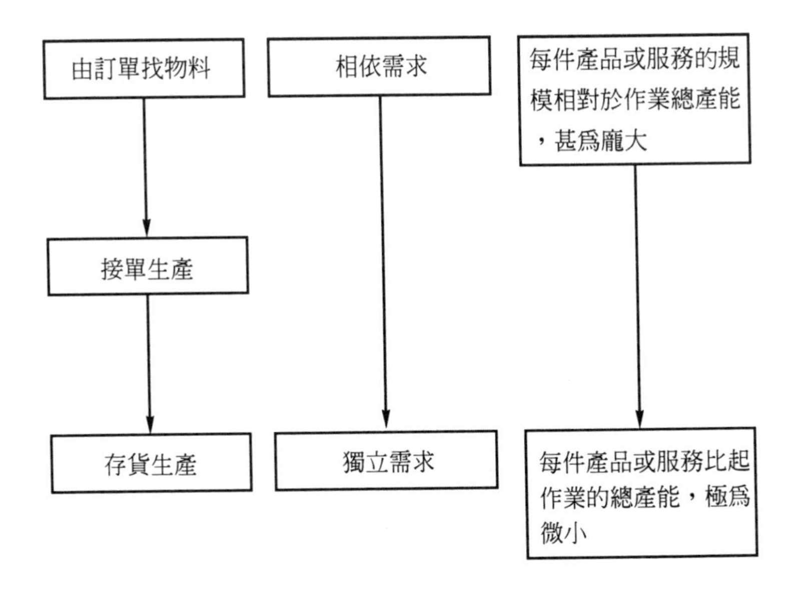

圖 10.3 採行由訂單找物料、接單生產、存貨生產等三種規劃控制的涵義

顧客從訂貨到取得產品或服務所須之等待時間與總生產時間的比值來表示，亦即需求時間 D（Demand time）與生產時間 P（Total throughput）之間的比值。此處的生產時間指作業部門從取得資源、製造、到出貨所花費的時間。

P和D所需的時間視作業而定

典型「存貨生產」作業的需求時間 D 係指將客戶訂單轉至公司的倉儲、撿貨、包裝、出貨到顧客的作業時間總和。在出貨作業執行後，成品存貨的減少促成製造的作業，而製造作業還包括倉庫發料與領料作業，並藉此引發採購作業——亦即將訂單遞交供應商並等待原物料送達存貨倉庫的過程。

「存貨生產」作業的需求時間 D 只是整個生產循環時間 P 的一部分；但「由訂單找物料」作業的 D 與 P 則相等，都包含採購、製造、配送等循環；至於「接單生產」則居「存貨生產」與「由訂單找物料」兩者之間，見圖 10.4。

有些廠商的作業屬於混合的類型，例如某製造商因爲零組件可以搭配組合成各種不同的產品，所以產品線的範圍遠比零組件的種類還要多。正因爲成品的種類太多，無法預先製成並放置倉庫，該公司只針對零組件採「存貨生產」作業，至於成品則採「接單裝配」（assemble-to-order）作業——接到訂單後才開始裝配成品。這家公司的 P：D 如圖 10.5 所示。

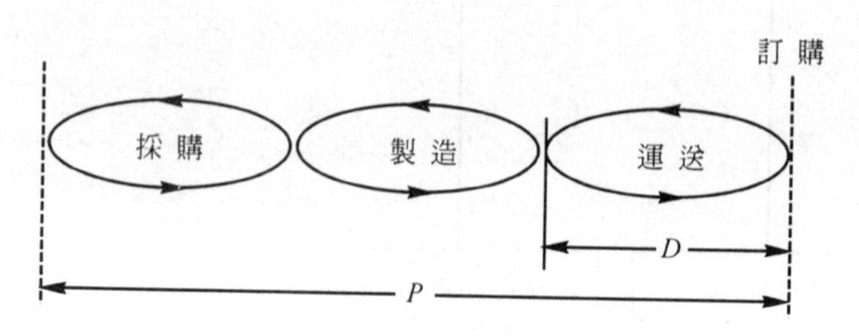

(a) 存貨生產之規劃與控制的 P 與 D

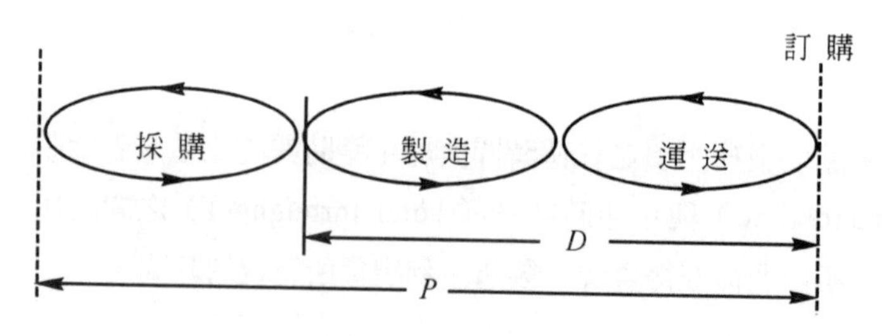

(b) 接單生產之規劃與控制的 P 與 D

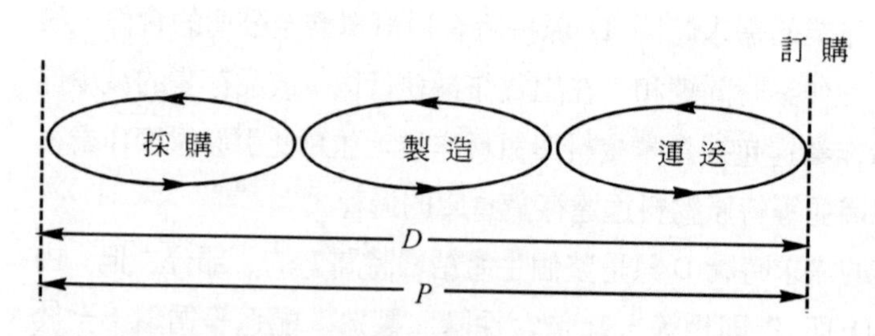

(c) 由訂單找物料之規劃與控制的 P 與 D

圖 10.4 不同類型的規劃與控制之 P：D 比例

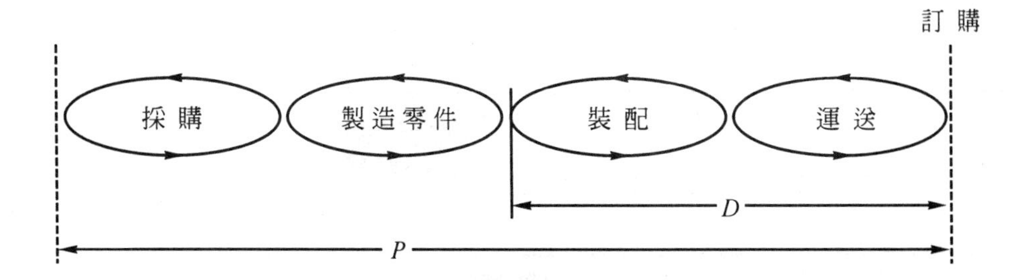

圖 10.5 接單裝配的規劃與控制之 P 與 D

P：D 比例顯示投機的程度

總生產時間 P 的減少對顧客等待時間 D 將有不同程度的效應。「由訂單找物料」作業的 P 與 D 相等，若能加速 P（生產）任何一個環節，勢必可以縮短顧客等待時間 D。對於「接單裝配」產品的顧客而言，只有縮短P的「裝配」與「運送」時間，D 才會跟著縮短。一般而言，P：D 值越大，作業的投機成分就越高，承擔的風險也越大，因爲無法準確預測需求。倘若預測十分精確，則不管 P 比 D 大多少，風險將會甚低或根本就不存在。換言之，當 P＝D 時，則不管預測多麼不準，投機或風險程度都是等於 0，因爲所有產品都在收到確定的訂單後才製造。事實上，降低 P：D 的比例正是減少作業規劃與控制風險的一種方法。

規劃與控制的任務

產能

產能是指分配到工作中心的工作量。例如某部機器理論上的每週工時爲 168 小時，但不表示這部機器可以 168 小時都不停地運轉。圖 10.6 顯示可用工時受到減損的情況。

最大可用時間	
正常可用時間	不運轉
規劃可用時間	
規劃運轉時間	更換工作項目
可用時間	
眞正運轉時間	機器閒置時間

圖 10.6 機器可用工時的「減損」情形

有限產能

有限產能是根據一組限制來分配工件量給工作中心的方法。限制乃是對工作中心產能的估計，工作中心的工作量不得超過產能限制（見圖 10.7）。有限產能特別適用於下列作業：產能可能受限的作業，例如一般醫院的掛號或美容院的預約作業；產能有必要設限的作業，例如飛機的乘客人數與行李重量應加以限制，以保障飛航安全；限制產能之成本不是很昂貴的作業，例如專門產製賽車級跑車的廠商嚴格限制顧客的資格，這種作法不致於影響訂單來源。

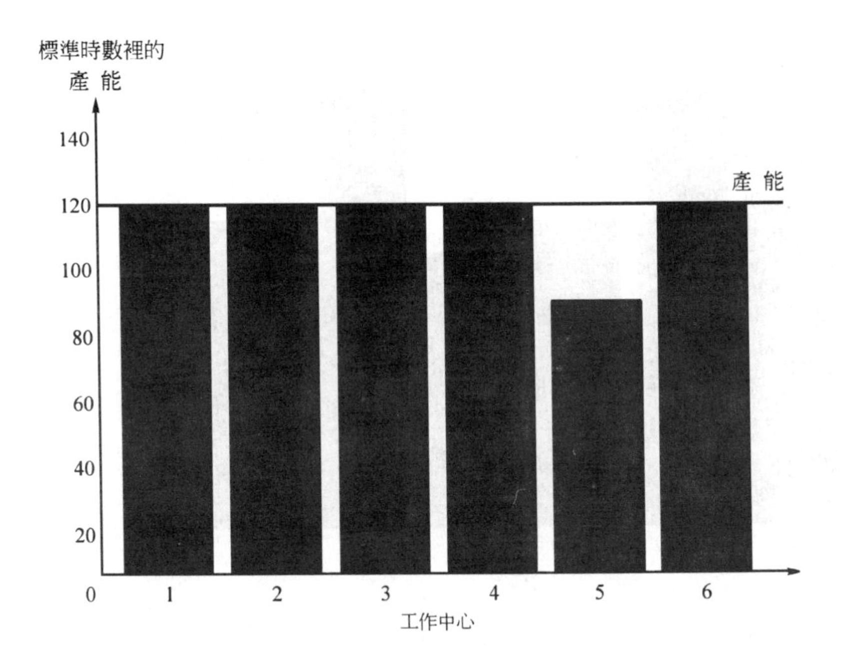

圖 10.7 有限產能

無限產能

無限產能不限制工作的產能，甚至設法解決產能不足的問題。圖 10.8 顯示無限產能的情況。無限產能適用於下列的作業：產能不可以設限的作業，例如醫院的急診部不能拒收病患；產能沒必要設限的作業，例如速食店的設計就是爲了能有彈性地適應大量的來客；限制產能之成本非常昂貴的作業，例如銀行若在大廳門口管制進入的人數，將會招致顧客不滿，甚至流失顧客。

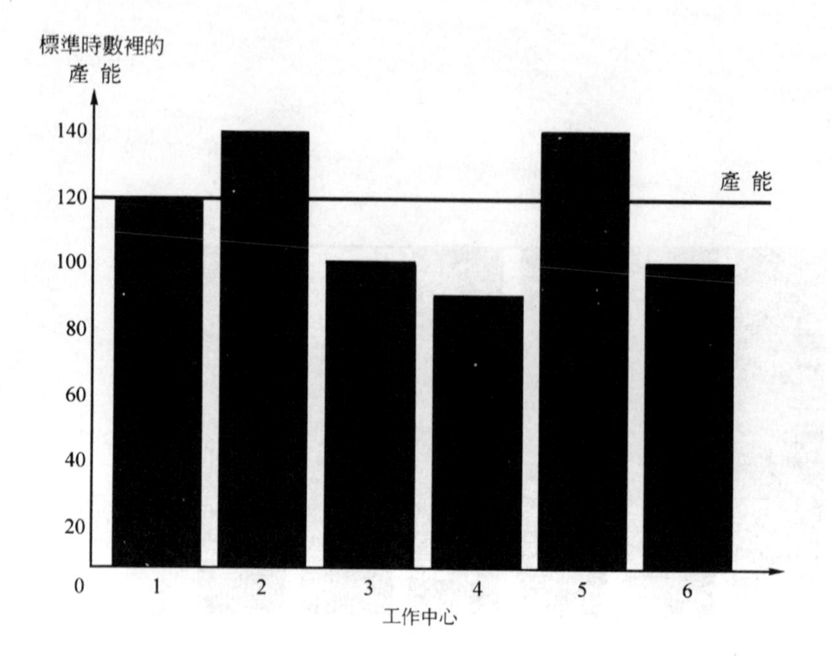

圖 10.8 無限產能

工作排序（Sequencing）

決定工作處置順序的活動就是所謂的**工作排序**。作業任務優先次序的設定往往是依據預先定義的規則。茲將一些重要規則概述如下：

✏ 顧客的相對重要性

有些作業會優先處理重要或情況緊迫的顧客或產品項目，而不管該顧客或產品項目到達的先後次序。此法則一般用在顧客組合呈偏斜分布的型態，即一大群小客戶與幾個重要的大客戶。譬如有些銀行會優先接待大客戶，旅館也常對大吵大鬧的顧客讓步而優先處理其問題。優先處理某些顧客的工作排序意味著「大量採購」的客戶獲得較佳的服務，但無形中降低對更多顧客的服務水準。若工作流程因大客戶「插隊」而發生中斷現象，勢必降低整個作業的平均績效。

✏ 截止期限

有些作業的工作排序係依照出貨的「截止期限」來排定，而不管每件工作的大小或每位顧客的重要性。例如公司的影印室常會依照工作的截止期限來安排作業。雖然這是較有效率的工作排序方法且可降低總成本，卻不一定是最佳生產力的作法。然而，當有新的、緊急的工作出現時，這不失為彈性的作法。

✏ 後進先出（Last In First Out，LIFO）

後進先出的方式通常只在必要時才採用。譬如電梯只有一個進出口，採用 LIFO 法就比較方便而實際。然而，這種方法並不公平也不合理。

✏ 先進先出（First In First Out，FIFO）

有的作業完全依照顧客到達的次序，以先進先出的方式（FIFO）來處理，如電影院等候買票的隊伍。這是最公平的方法，但因未考慮急迫性與截止期限，有些顧客的需求就無法滿足，交貨速度與可靠性也無法發揮最大效果。

✏ 優先處理作業最長／總工作時間最久的工作

這種作法的好處是可以長期利用該作業的工作中心，避免一再換線生產的缺點。此法若能配合獎勵誘因，更能鼓勵員工提高機器或產能的利用率。不過，這個方法未考慮送貨速度、送貨可靠性或彈性。

✏ 優先處理作業最短／總工作時間最少的工作

有時作業在某個階段的資金會很緊迫，工作排序可以先處理工期較短、馬上可變現獲利的工作。若交貨的衡量單位係以完成的工作數來計算，此舉就可改進交貨績效。然而，這對整體的生產力可能有不良影響，也可能會得罪大客戶。

排程（Scheduling）

在工作排序完成後，有些作業需要更詳細的程序表來指示工作何時開始與結束，這便是排程。

✏ 甘特圖（Gantt chart）

排程最常見的方法是 1917 年由 H.I. Gantt 所設計的甘特圖。通常在圖中以長條或棒狀來表示工作或工作中心的起始與實際工作進度。圖 10.9 是傢具製造廠的「工作進度」甘特圖，目前桌子已製作完成，比預定完工日期提早一天；但架子的製作進度已經落後；床的實際製作進度與預設相同；而廚具的製作則預定在後天才開始。圖 10.10 則是工作中心的甘特進度圖，架子是在準備木材的工作中心產生耽擱，而桌子已經在上漆的工作中心提前完工。

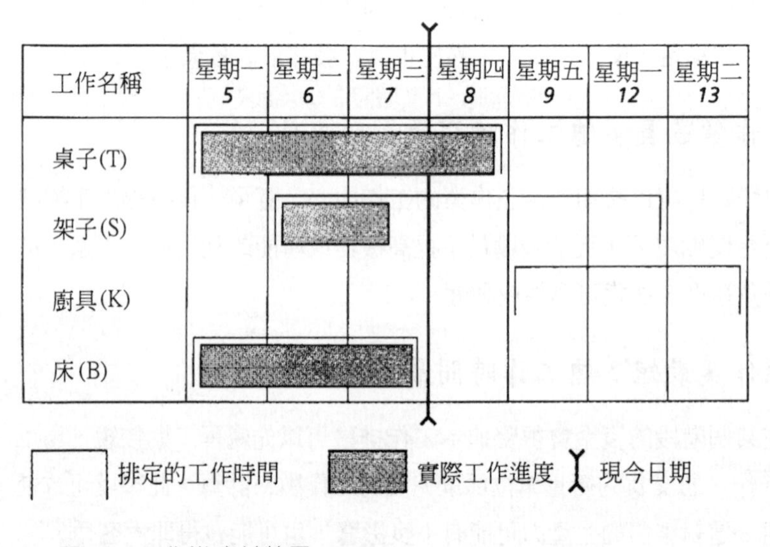

圖 10.9 工作進度甘特圖

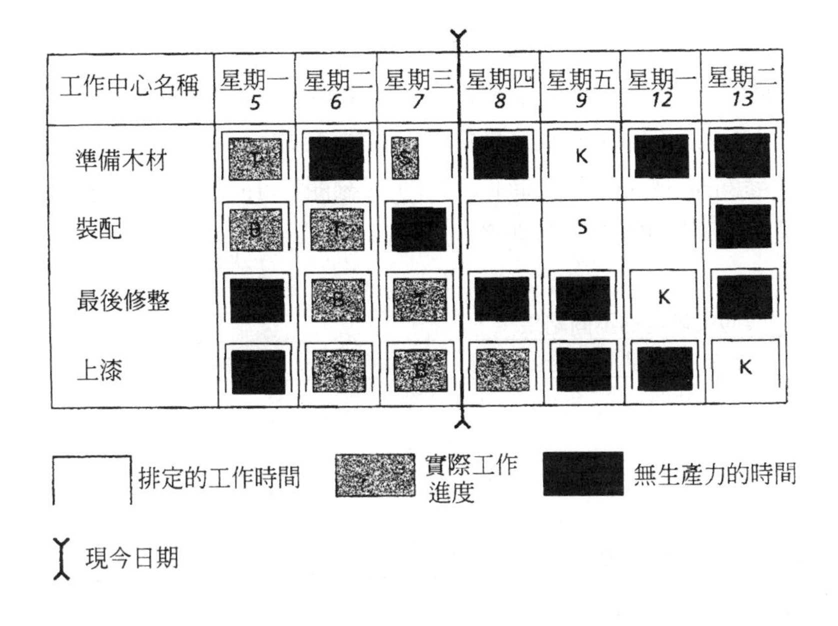

圖 10.10 工作中心的甘特進度圖

排程的複雜性

排程是作業管理最複雜的活動之一。排程同時處理好幾種不同的資源，機器各有不同的功能與產能，人員的技能才智也各不相同。排程方案的數量會隨著活動和製程的數量呈快速增加。一般而言，一部機器執行 n 個工作有 n 個階乘的排程方法。倘若機器不只一部，則問題就變得更複雜。假如兩部機器彼此獨立，則執行五項工作的可能排程將有 5！x5！=14,400 種方式。排程數計算公式如下：

可能排程數＝$(n!)^{m}$　　　　n 爲工作數目，m 爲機器數目

向前排程與向後排程（Forward & Backward Scheduling）

向前排程係指工作一發生即開始往前處理；向後排程則將工作由完工時間往

後追溯最遲的起始時間。譬如洗衣店每一批衣物的工作必須花 6 小時，若某一批衣物在上午 8 點收件，預定下午 4 時送件，表 10.1 顯示向前排程與向後排程的規劃結果。表 10.2 列出向前排程與向後排程方式的優缺點。理論上，物料需求規劃（MRP）（參閱第 14 章）與及時化（JIT）（參閱第 15 章）都採用向後排程方式，也就是在必要時才開始進行作業。

表 10.1 向前排程與向後排程的不同結果

工作任務	需要工作期間	起始時間（向後排程）	起始時間（向前排程）
燙平	1 小時	下午 3 點	下午 1 點
烘乾	2 小時	下午 1 點	上午 11 點
洗淨	3 小時	上午 10 點	上午 8 點

表 10.2 向前排程與向後排程的優點

向前排程的優點	向後排程的優點
人力使用率高：工人隨時開始工作	物料成本降低：物料在需要時才使用
彈性：系統空餘時間可處理預料之外的工作	顧客改變排程所造成的損失風險較小

推式排程與拉式排程

推式規劃控制系統的作業藉由中央系統來排程，上游工作站把工作「推」出去時，不考慮下游工作站的作業。各工作站不直接溝通，而是藉助中央作業規劃控制系統來進行協調。推式排程常造成計畫與實際排程的時間差異，由於這些閒置時間的發生，存貨過多與排隊等候就成了推式排程的特徵。

拉式規劃控制系統的作業速度與規格係由「顧客」（下游）工作站來設定，即「顧客」去前一個上游工作站（供應商）「拉」來工作。顧客是整體作業的啓動力，若顧客沒有對供應商提出工作要求，供應商就不進行生產。顧客的要求不但驅動供應商的生產，還促使供應商向其上游供應商要求更多的貨源供給。

✏ 推式排程與拉式排程造成的存貨結果

推式排程與拉式排程對存貨的累積具有不同的影響。拉式排程不太可能累積存貨，因此及時化 JIT 作業方式（參見第 15 章）很喜歡採用。圖 10.11 所示的推式排程猶如身處斜坡的作業體系，每個上游工作站都有較低階的下游工作站，上游工作站所產製的半成品就沿坡道往下推到次一階，而每一階段產生的耽擱都可能使半成品累積成存貨。反之，拉式排程的半成品不可能自動往下一階流動，只有下一階將零件往上拉才會向前挪移，因此存貨不易累積。

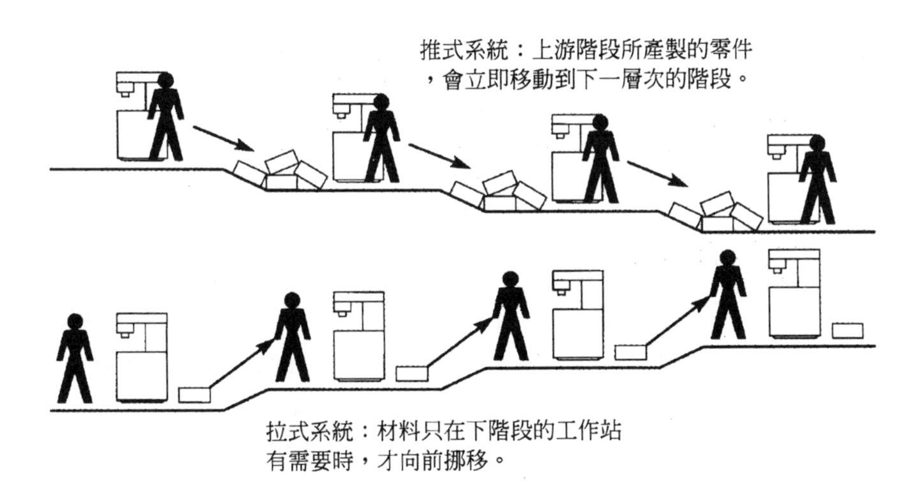

圖 10.11 推式排程與拉式排程

數量—種類對規劃與控制的影響

規劃與控制活動的決策深受作業之數量—種類特性的影響。產品或服務爲少量多樣的作業必然不同於大量生產標準化產品或服務的作業，見表 10.3。

以數量—種類特性的兩個極端——建築師事務所與電力公司爲例。前者的服務根本無法標準化，只有在顧客需求產生時才能開始設計，因此回應顧客需求的速度很慢；P 與 D 的比值趨近於 1；規劃作業的時間長度比較短；規劃過程的決策通常限於相關活動的時間安排，像是何時提出設計、何時開始動工等問題；控制決策比較詳細；同時作業韌性或應變能力必須較高，譬如某位建築師無法繼續工作時，工作伙伴還能持續進度完成工作。

表 10.3 數量－種類特性對規劃與控制的影響

數量	種類	回應顧客	規劃時間	主要的規劃決策	控制決策	作業韌性
低	多	慢	短	時間	詳細	高
↓	↓	↓	↓	↓	↓	↓
高	少	快	長	數量	總體	低

另一方面，電力公司則展現極為不同的規劃控制特性：生產數量多、產品種類幾乎不變。顧客期望能極迅速的滿足需求，像是室內電燈開關一打開就立即大放光明；但電力開發作業的規劃時間長度可能極長，多數發電廠對未來的能源供給決策必須提早數年進行規劃；電力公司的規劃決策著重於產出數量（供電能力）；控制決策不著重產出的細節（因為產品同質性高），反而著重產出的總體衡量值（總發電量）；同時作業韌性或應變能力非常低，一旦某部發電機組或變電所發生故障，供電能力立即停擺。

Avis 租車公司的 Wizard 系統

全世界每個重要的機場或市中心幾乎都有租車服務提供。由於所有租車公司提供的車種大同小異，租車業的競爭重點反而轉向「服務」和「價格」。服務的最關鍵因素是能提供顧客指定的車型與快速簽訂的租車合約。Avis 的廣告也因此強調快速的服務能力，目標是每件租車手續都在 2 分鐘內辦妥。Avis 的 Wizard 電腦系統不僅能執行預約、簽約、庫存管理、印發收據等作業，還整合 Avis 遍佈全球超過 15,000 台終端機的資訊，因此國際預約服務能透過網路精確執行。一般而言，每位顧客在 Wizard 系統都有一個代號，因此辦理預約與簽約手續時，只需提供顧客代號、所需車型、租用時間等三項資料，即可在 2 分鐘以內辦妥手續。

現身說法——專家特寫

比利時布魯賽爾機場服務公司（BATC）的 Paola Petrà

BATC 是一家專門處理乘客作業與行李搬運的公司，Petrà 在此負責分析機場終端作業之主要資源使用情形，尤其是乘客報到櫃台與行李搬運系統的作業。

航空公司都想分配到多一些乘客報到櫃台，這種心態造成許多櫃台在非尖峰時段閒置不用的現象。其實機場空間有限，我必須根據航班時刻表與各類型旅客人數來分配櫃台。通常包機乘客的報到手續較快，因為多數乘客都會提早抵達櫃台；就商務乘客佔多數的航班而言，許多乘客都在飛機起飛前一刻才到達櫃台；長程班機的乘客與行李都較多，報到手續也較費時。

每個報到櫃台都連接著輸送帶，而貼上條碼的行李就由輸送帶運到行李處理中心。我的任務是使行李搬運系統能達到最高效能產出，並且不會產生行李遺失或誤送的情形，這種高效率正是爭取更多業務的競爭優勢。

本章摘要

- 規劃與控制的目的在於確保作業的有效運作，並產出應有的產品與服務。
- 規劃與控制決策的特性在於調和產品與服務的供給潛能與顧客需求。

- 規劃與控制活動會受到許多資源的限制，包括成本、產能、時間、品質。
- 規劃與控制之間的平衡會隨時間變化。長期的規劃與控制著重總體規劃與預算活動；短期的規劃與控制則在資源限制下進行干預，以因應短期變化。
- 需求可分爲相依需求和獨立需求。相依需求較易預測，因爲它依附某些已知因素；獨立需求較難預測，因爲它依附的市場變數多而且難以掌控。
- 作業因應需求的方式有：由訂單找物料、接單生產、存貨生產。
- 作業因應需求的不同方式，可以用作業的 P：D 比例來說明其差異。所謂 P：D 比例是指總生產時間相對於顧客需求得到滿足所需的時間。
- 在規劃與控制生產數量與時間點時，每項作業都必須執行三種活動：安排產能、工作排序、排程。
- 產能決定分配到作業中各項任務的工作量，可分爲有限產能與無限產能。
- 工作排序決定工作在作業過程中的處理順序。
- 排程決定各種活動的細部時間表，即設定各項活動的起訖時點。
- 排程分爲向後排程與向前排程。
- 排程也可分爲推式或拉式排程。推式排程由中央將規劃與控制決策傳送到各工作站，員工則負責執行作業並將半成品送往下一個工作站。拉式排程則由（內部）顧客向上一個工作站提出需求來引發作業。
- 一般來說，拉式排程所需的存貨水準遠低於推式排程。
- 作業的生產數量與產品種類會影響規劃與控制任務的執行、對顧客的回應、規劃的時間長度、主要的規劃決策、控制決策、規劃控制的韌性。

個案研究：兩座複合式影城

比利時布魯賽爾的 Kinepolis 影城與英國伯明罕的 UCI 影城

比利時布魯賽爾的 Kinepolis 影城

Kinepolis 影城擁有 28 個放映廳，共有 8,000 個座位，每部影片每天放映 4 次，開演的時間都排在下午 4 點、6 點、8 點和 10 點半。多數觀眾都在電影開演前 30 分鐘買票，18 個售票口在最忙碌的時候總是大擺長龍。售票口上方設有閉路電視，提供影片名稱、分類等級、每場尚未賣出的座位數等資訊。

每個售票口都有網路連線的電腦與電影票印表機。票務人員先根據觀眾需求輸入放映廳代號以確定是否還有座位，接著輸入顧客所需的電影票張數，最後印出電影票。票務人員在收取現金或信用卡後，將電影票交給觀眾。這些作業總平均花費 19.5 秒；此外，下一位觀眾走到售票口需要 5 秒鐘。接著又是另一個交易循環，估計每個售票口每小時最多可處理 150 次交易。若全部售票口一起作業，總計每小時可交易 2,700 次。因為每次交易平均購買 1.7 張票，所以這項售票作業程序每小時約可售出 4,500 張電影票。觀眾排隊時間很少超過 5 分鐘，只有當整座影城接近滿座時，售票的產能才會面臨壓力。同時，觀眾無法指定座位位置。

英國伯明罕的 UCI 影城

UCI 影城共有 8 個放映廳，共可容納 1,840 人，與經銷商的合約規範每天的放映場數，但詳細的場次表由管理部門規劃。8 個放映廳的開演時間彼此相隔約 10 分鐘，最強檔的片子（只適合成人觀賞者）通常排在最前面。因為影片的片長不一，所以排程工作十分複雜，而這也關係到整個影城的營運利潤與績效。

售票口最多可以開放 4 處，每次交易的時間目標為 20 秒，交易次數每分鐘最高可達 12 次，平均每次交易可售出 1.8 張票，每小時最多可售出 1,300 張票，有充分產能可應付觀眾的最高需求，而劃位原則採「先來先選」的方式。此外，UCI 還採用中央預售系統。在英國全境，人們可以打免費電話訂票，並以信用卡付款，然後再到影城取票。雖然電話訂票要酌收手續費，但手續的便利性仍吸引許多觀眾利用，也因此到場排隊買票的現象已大大減少。

問題：

1. 從作業經理人的觀點來看，這兩家影城最大的不同點何在？
2. 兩家影城的影片場次排程方式各有何優缺點？對不同類型觀眾有哪些影響？

問題討論

1. 以下列作業爲例，找出以規劃與控制來調和供給與需求的方法：
   a. 醫療中心
   b. 食品製造公司
   c. 西裝店
2. 說明相依需求與獨立需求的不同。
3. 下列各種作業需求爲相依或獨立需求的程度各爲何？
   a. 速食漢堡店
   b. 電腦通路商
   c. 電視機製造廠
4. 排程如何影響作業管理的五大績效目標？
5. 軍隊的衛哨兵應如何排程以調和產能與需求？
6. 有位畫家受託臨摹五張名畫並用不同的裝飾畫框爲這些畫裱裝。畫家希望能盡快完成任務，則應依何順序來處理？估計的作畫和裱裝時間如下：

   梵谷　作畫 2 小時　裱裝 4.5 小時

   莫內　作畫 3 小時　裱裝 3.5 小時

   波洛克　作畫 10 小時 裱裝 1 小時

   雷諾瓦　作畫 4 小時　裱裝 2 小時

   畢卡索　作畫 1.5 小時　裱裝 4.5 小時
7. 汽車維修服務中心如何處理工作的優先順序？設備使用效率如何？一旦某項工作所用的時間超過預期，則應如何處置？
8. 下列兩家醫院的規劃與控制會有哪些主要的不同點？一家處理的個案大多屬於例行性作業，另一家則大多處理意外與緊急病患。

11 產能的規劃與控制

作業管理的基本任務是提供足夠的產能，以滿足目前及未來的需求。規劃與控制根據公司的總需求水準來調節總產能，見圖 11.1。

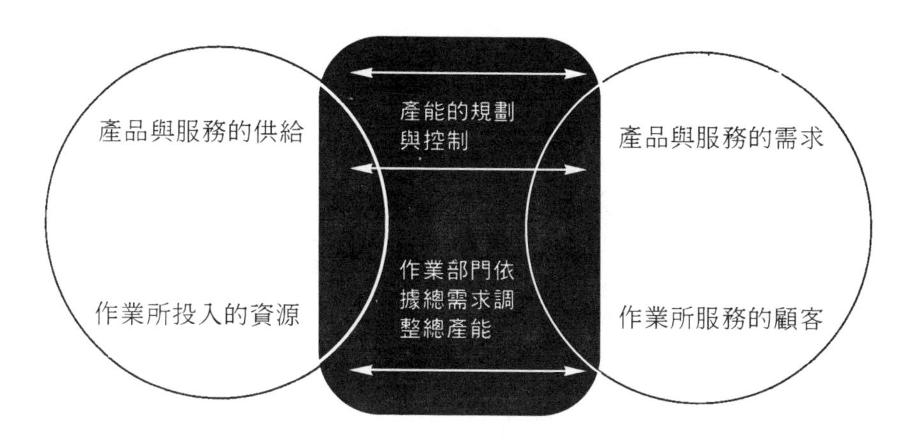

圖 11.1 產能規劃與控制的定義

學習目標

- 產能的定義與限制；
- 產能規劃與控制的目標；
- 如何衡量產能與需求；
- 組織調節產能與需求的可行方案；
- 如何使用累積表示圖與排隊等候理論來協助規劃產能；
- 產能規劃與控制的動態變化。

產能的定義

產能的正確定義是：作業部門在一段特定時間內的正常作業狀況下，作業處理程序所能產生的最高附加價值。例如捷運每天所能載運的乘客總人數。

產能限制

許多企業組織因需求不足，無法充分利用產能；或因作業活動須應付湧至的訂單，幾乎達到產能的巔峰，已達巔峰的作業便是作業系統的**產能限制**。

產能的規劃與控制

產能的規劃與控制是要設定有效的產能以因應外界需求，即決定作業部門該如何應付需求的波動變化。長程產能已於第 6 章討論。

中程產能與短程產能

作業經理人設定長程產能策略後，接著調整中程的作業產能，通常是針對 2 到 18 個月內的需求進行評估。例如更動機器設備的使用時數來調整原先規劃的產能。事實上，多數作業活動都要應付臨時的變化，作業經理人也得根據預測（如銀行中午特別忙碌）或突發情況（意外事故時的急診室）做短程產能調整。

產能規劃與控制的目標

作業經理人的產能規劃決策對公司績效的影響有以下幾方面：

- **成本與收入**會受到產能與需求是否平衡的影響。產能若高於需求，則產能利用率偏低，產品單位成本便會提高，但需求獲得滿足，就沒有營收損失。
- **營運資金**會因作業部門在需求未發生之前，就先囤積存貨，以致短缺不足。
- **產品或服務的品質**會受產能計畫的影響，特別是產能水準若大幅變化時。
- 庫存充裕或預留產能可以使**回應顧客需求的速度**加快。
- 需求接近產能上限時，較無法處理變異，**產品和服務供給的可靠性**較差。
- 數量的**彈性**將因預留額外的產能而提高。

✏ 產能規劃與控制的步驟

作業經理人產能規劃與控制決策程序的第一步是**估算並決定總需求與產能的水準**。第二步是**擬訂產能計畫的可行方案**，以供選擇採用，俾能因應需求的起伏變化。第三步是配合當時情境，**選定最適當的產能計畫**。

衡量需求與產能

預測需求的起伏變化

多數公司由業務或行銷部門單獨或共同負責需求預測，但產能規劃與控制決策所需的資料通常由作業部門負責。需求預測須具備的三大要素如下：

- 預測應以產能規劃與控制的衡量單位來表示：預測若僅以金額表示，而未指出對作業活動的產能要求，則應轉成產能的單位（如每年的機器小時）。
- 預測應力求準確：爲因應需求變化，預測在需求確定前常需要調整。
- 預測應顯示相對的不確定性：作業經理人針對價格敏感的市場，應研擬出規避風險、壓低成本的產能計畫，而毋需汲汲於滿足尖峰需求；而針對附加價值敏感與重視服務品質的市場，則應執行較有彈性的產能計畫。

✏ 需求的季節性變化

幾乎所有產品和服務的需求都會隨季節變化；有時供給也會有季節變化，如農產品一類的原料。季節性變化的原因見圖 11.2。

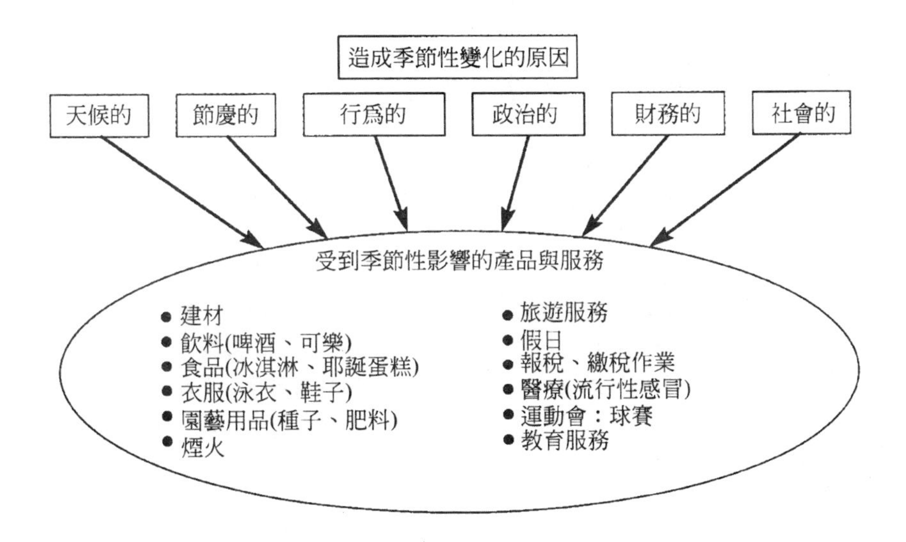

圖 11.2 須因應季節性需求變化的作業活動

✏ 每週和每日的需求變化

季節性的需求變化至少須經過 1 年才覺察得出。有些產品或服務的需求變化週期較短。例如超市在週一、週二的需求甚低，然後需求逐日增加，到週五、週六需求達到高峰。銀行、政府機關、電力公司都須預估每週、每天、每小時的需求型態以調整產能。

衡量產能

理論上，所有作業活動都可以用「產出」與「投入」來衡量產能。但實際上，多量少樣、重複性高的作業都以產出為準，且實際與預測的銷售數據也多以產出數量表示（如每月產出汽車的輛數）；而多樣少量的產品或服務，多以投入來衡量產能（如醫院的病床數），見表 11.1。

表 11.1 不同作業以投入或產出來衡量產能之實例

作業型態	以投入衡量產能	以產出衡量產能
汽車工廠	機器可運作的小時數	**每週產出台數**
醫院	**可利用的病床數**	每週診療病患人數
劇院	**座位數**	每週可容納的觀眾人數
大學	**學生人數**	每年畢業人數
大賣場	**樓面的賣場空間**	每天售出商品件數
航空公司	**客艙座位**	每週搭載乘客數
電力公司	發電機規格	**每月發電量：千瓦小時**
釀酒廠	釀酒桶數量	**每週釀酒公升數**

註：粗體字表示最常用的衡量方式。

以產出衡量產能與以投入衡量產能之間的轉換

兩種衡量產能的方式可以互相轉換；例如，釀酒廠若知釀酒桶的投入產能及其標準發酵時間，即可算出每週以公升計的產出產能。衡量產能方式的轉換通常以時間作單位，如每小時、每天、每年的產能。

產能視作業活動的組合而定

醫院通常不能憑病床數預測病患人數。若多數病患僅須簡易診療，醫院就可以診療許多病患；若病患需長期住院或複雜的診療程序，醫院所能處理的病患勢必減少。醫院的產出（即診療人數）端視診療科別組合而定。

實例

某冷氣機工廠的產品分爲豪華型、標準型、經濟型。每組裝 1 台的時間：豪華型 1.5 小時、標準型 1 小時、經濟型 0.75 小時。工廠每週有 800 個人工小時可供組裝作業。若豪華型、標準型、經濟型的需求台數比例爲 2：3：2，則裝配這三種機型 2+3+2=7 台，所需時間爲（2×1.5）+（3×1）+（2×0.75）=7.5 小時。

每週生產台數：$\frac{800}{7.5} \times 7 = 746.7$台

假定豪華型、經濟型、標準型的需求比例，改爲 1：2：4，則裝配 1+2+4=7 台，所需時間爲（1×1.5）+（2×1）+（4×0.75）=6.5 小時。

每週生產台數：$\frac{800}{6.5} \times 7 = 861.5$台

✏ 設計產能與有效產能

設計產能是工程師在製程設計時所預設的產能，通常不一定能達成。例如，相機底片廠生產線的最高轉速乘以作業時間，即可得知生產線的設計產能。事實上，生產線不可能一直都維持最高轉速。因爲有些停機時間源自於市場需求和技術問題，所以將這些預先規劃的時間從設計產能扣除，即是有效產能；而有效產能扣除其它停機時間（品管問題、機件故障、人力不足等），即是實際產出。換言之，生產線的實際產出會低於有效產能，而實際產出與設計產能的比率稱爲產能利用率，實際產出與有效產能的比率稱爲生產效率。

實例

假設相機底片廠生產線的設計產能爲每分鐘 200 平方公尺，生產線機器若每週 168 個工作小時不停地運轉，則設計產能爲每週 200×60×168=201.6 萬平方公尺。根據每週平均生產記錄可得知下列不具生產力的時間損失：

1. 生產線整備　　　　20 小時

2. 定期維護保養　　16 小時
3. 停工修理機器　　8 小時
4. 品管抽樣檢查　　15 小時
5. 故障停機維修　　18 小時
6. 調查品管不符原因　　20 小時
7. 缺貨待料　　14 小時
8. 人工短缺　　6 小時

該週的實際產出共達 58.2 萬平方公尺。失去生產效能的工時可分爲已規劃在內或未規劃在內兩種因素。前四項已規劃的原因造成 59 小時的閒置時間；後四項未規劃的時間損失達 58 小時之多。各項資料（見圖 11.3）的計算如下：

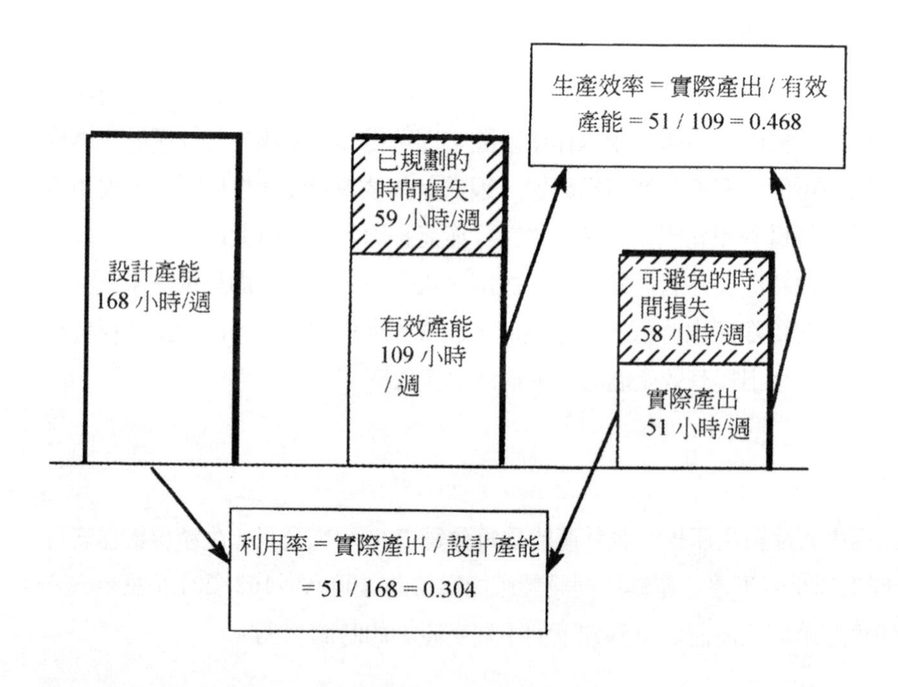

圖 11.3 產能利用率與生產效率

設計產能＝每週 168 小時

有效產能＝168－59＝每週 109 小時

實際產出＝168－59－58＝每週 51 小時

$$產能利用率=\frac{實際產出}{設計產能}=\frac{51小時}{168小時}=0.304$$

$$生產效率=\frac{實際產出}{有效產能}=\frac{51小時}{109小時}=0.468$$

✏ 以產能利用率作為衡量作業績效的標準

產能利用率是許多企業衡量作業績效的主要標準，也是設計產能用來提升產品或服務附加價值的比例。產能利用率的名稱因產業的不同而異，譬如旅館的住房率、飛機客艙的載客率、工廠的正常運轉率。

以產能利用率來衡量作業績效會產生一些誤導。低產能利用率的可能原因是需求太少、機器故障、停工待料、勞資糾紛等。大量生產的作業若是太強調高產能利用率，大量的在製品存貨會造成工作瓶頸，作業規劃與控制成本將會大增。

產能計畫的備選方案

平準產能計畫（Level Capacity Plan）

平準產能計畫所設定的產能在規劃期限內始終一致，不論需求預測如何變化，產能水準維持固定不變。超出需求的產出以存貨的型式儲存，所以這種計畫廣爲產出屬不易腐敗的產業所採行，見圖 11.4。

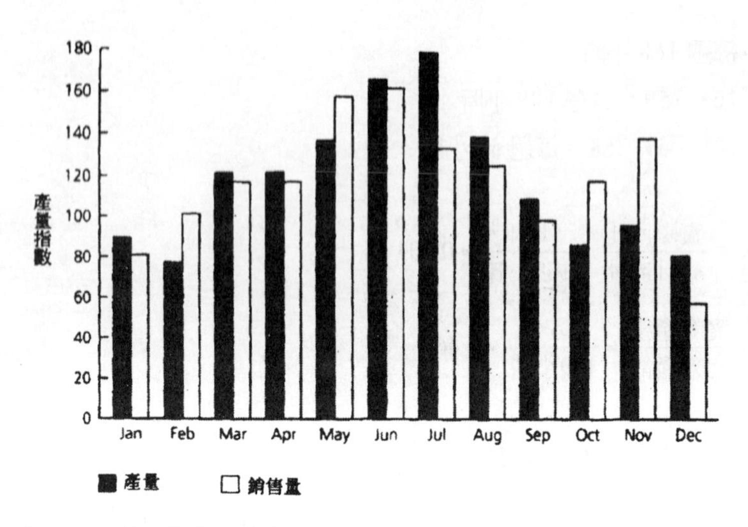

圖 11.4 利用存貨因應未來需求的平準產能計畫

平準產能計畫能安定人事，提高產能利用率，有較低的單位成本與較高的生產力；但缺點是累積大批存貨，導致資金積壓，且累積的存貨是否符合未來的市場需求才是一大問題。平準產能計畫明顯不適合「容易腐壞、不能久放」的產品，如生鮮食品、藥品、流行或變化難測的商品。

緊跟需求產能計畫（Chase Demand Plan）

緊跟需求產能計畫必須即時調整產能以因應需求預測（見圖 11.5），這比平準產能計畫更難執行，因為這牽涉到每一生產階段不同的人力資源、不同的工時、甚至不同數量的機器設備。緊跟需求產能計畫較適用於無須儲存產出的作業，一方面可避免人力閒置浪費，又始終能滿足顧客需求。產出若可儲存，採取緊跟需求產能計畫是為了降低或消除製成品的庫存壓力。

逐期調整產能有時很難辦到，一直進行人力資源調整、雇用臨時員工、加班處理、工作外包等作業，將很難落實服務品質與安全規定。

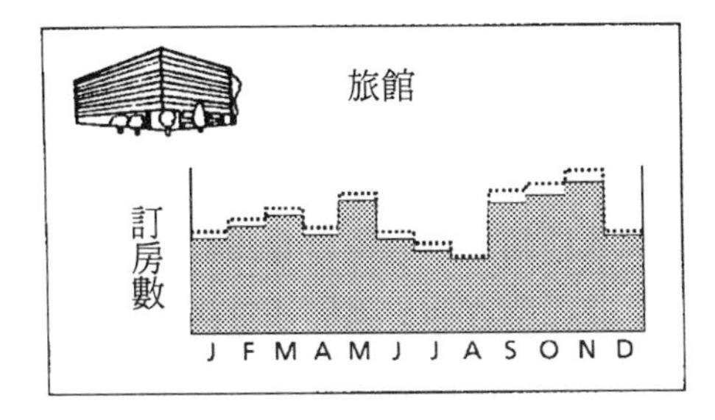

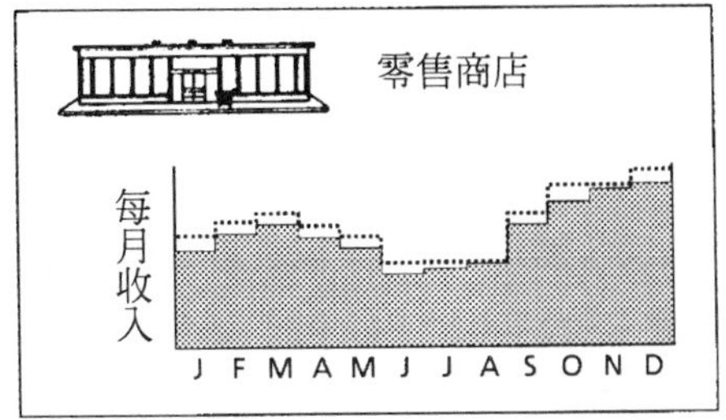

┈┈┈┈ 整個年度的產能

圖 11.5 緊跟需求的產能計畫反映需求的變化

調整產能的方法

- **超時加班與閒置時間**：工作時數的增減是調整產能最簡便的方法。需求若高於正常產能，可增加工作時數；需求若低於正常產能，則減少時數或進行清潔保養工作。此法只適用多餘產能可配合額外需求的時機，若超級市場超出員工正常服務產能的顧客人數都發生在正常上班時間，晚上要求員工加班就沒有效益。此法所增加的成本是加班費的支出或閒置時間的工資損失。
- **調整員工人數**：產能的高低若取決於員工人數，則可以從增減作業人數來調整，但應先考慮聘雇成本與解雇的道德問題。
- **聘用兼差人員**：調整員工人數的變通方式是雇用兼差人員，例如速食店雇用以鐘點計酬的工讀生。若兼差人員的固定成本過高，就不宜採用。
- **轉包或外包**：在需求高的時期，作業部門不妨外購產能來因應，暫時不要投資擴充產能；若倉促投資擴充，等高需求時期一過，投資形同浪費。因爲外包廠商必定獲取利潤，外包的開銷一般都相當昂貴。而工期延誤、溝通不良、品質不穩等成本浪費與外包廠商進入同一市場競爭的風險都需考量。

需求管理（Demand Management）

需求若能維持穩定，企業應可降低成本，並提高產能利用率。許多企業想盡辦法「管理需求」，設法把顧客的需求從尖峰時期轉移或分攤到業務較空閒的時段。需求管理通常是行銷或銷售部門的職責，而作業經理人則評估需求管理的優點。需求管理的作法之一是「改變需求」，即改變「行銷組合」的組成要素，例如調整價格、變換主力產品、廣告促銷。總之，要設法在非尖峰需求期間吸引更多顧客，提高銷售業績。有些企業會利用現有的製程與產能來開發全新的產品或服務，以填補低需求空檔，兼以滿足全年各種不同的需求型態。例如，許多大學都在假期善用教室與運動設施，舉辦會議、研討會、夏令營等。

Hallmark 賀卡公司

有些公司以往必須配合季節變化來調整產銷作業，如今則致力於研發突破季節限制的新產品／服務，其中最成功的案例當屬賀卡印製業。各種節慶都在鼓勵人們寄送（或購買）應時的祝福卡、賀片，Hallmark 賀卡公司是不限場合賀卡的開發先驅，推出一年到頭不論何時都可致送的卡片。此舉大大擴展了非節慶或不合季節的業務空間，公司也就不再受季節變化的影響。

收益管理（Yield Management）

產能較為固定的作業活動都須善用產能以創造最大收益，像航空業、旅館業，而方法之一是採用「收益管理」。收益管理尤適用於下列作業：產能較固定、市場區隔明顯、服務無法儲存、服務可預先出售、交易的邊際成本較低。譬如航空公司就完全符合這些標準，它們用以下幾種方法來獲取最大收益：

- **產能超賣**。許多乘客預訂機位卻不來搭機，因此航空公司接受預訂的機位通常高於班機所能容納者。假如超額的訂位剛好等於已訂位卻不來搭機的人數，便可獲得最大收益。如果搭機的乘客超過預期，就要設法安撫無機位者（提供金錢補償或換機）。
- **折扣優待**。每逢旅遊淡季，需求無法填滿產能時，航空公司通常會給旅行社很大的折扣，以幫助促銷及分擔風險。
- **調整服務等級**。頭等艙、商務艙、經濟艙的相對需求經常變化不定，需求高的機艙無須打折。收益管理會設法調整不同機艙的座位多寡，以反映艙位需求的變化。

選取最適的產能規劃與控制方式

需求與產能的累積表示法

圖 11.6 顯示某巧克力廠預測的年度需求，產品需求在 9 月達到最高點。如欲評估某特定產能水準能否滿足需求，可計算該圖產能水準下方代表產能過剩（A 區與 C 區）區域的面積，及該圖上方代表產能不足（B 區）區域的面積。如產能過剩的區域面積大於產能不足的區域面積，則規劃的產能似乎可滿足需求。

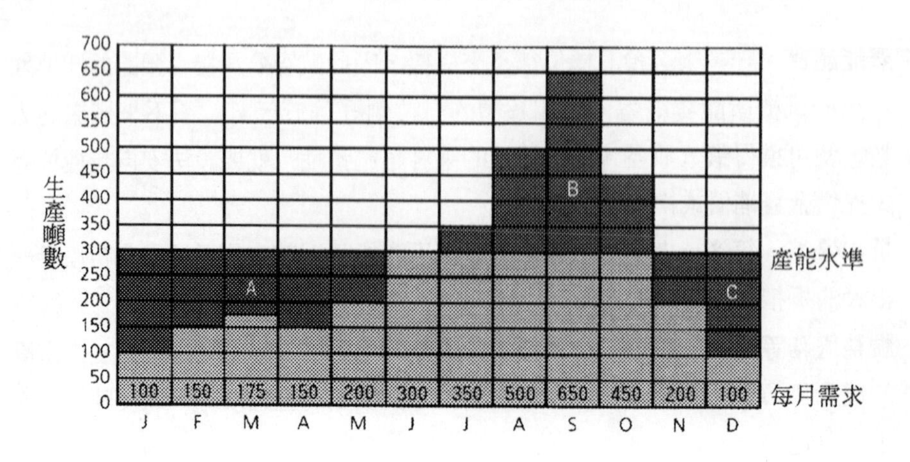

圖 11.6　如果產能過剩區域（A+C）大於產能不足區域（B），則其產能似可滿足需求，但事實上未必盡然

然而，這種累積表示法會產生兩個問題。第一，每個月的生產日數不相同，產能會不同；其次，看似足敷需求的產能水準必須在存貨累積後，才能供給產品，若產能不足期間發生在年初，就不可能累積存貨以滿足需求。因此評估產能計畫最好的方法，乃是先以**累積**的方式描出需求曲線，見圖 11.7。在累積需求的同一圖表中描出產能線，便能評估產能計畫的可行性與影響。圖 11.8 表示某一平準產能計畫的每日平均產量爲 14.03 噸，如此就可滿足年度累積需求。

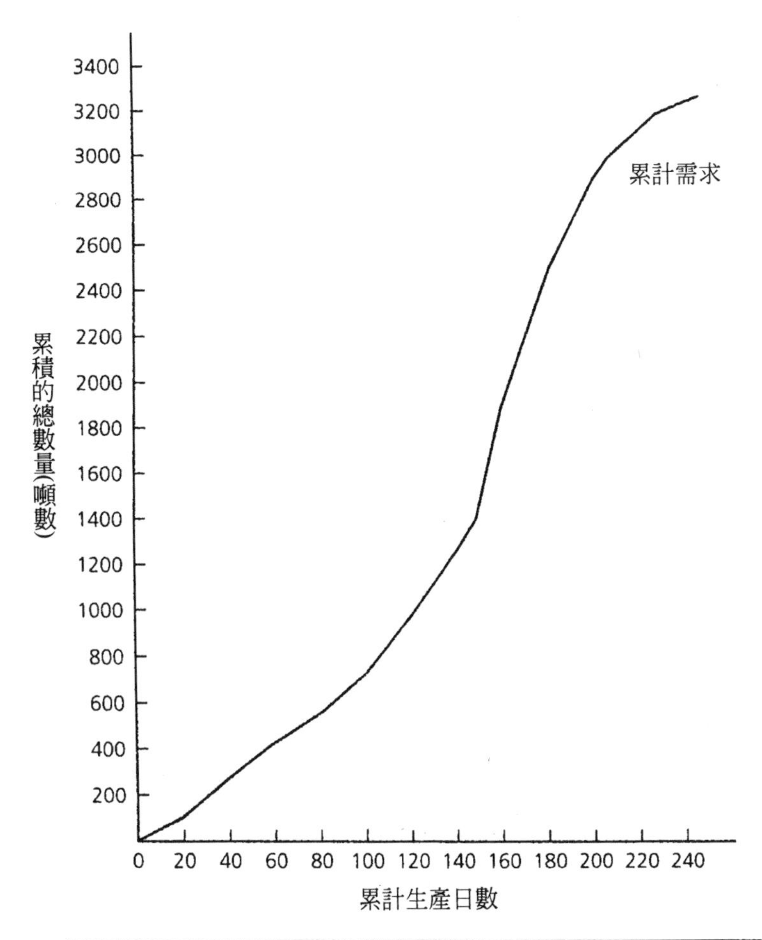

	J	F	M	A	M	J	J	A	S	O	N	D
需求(每月噸數)	100	150	175	150	200	300	350	500	650	450	200	100
生產日數	20	18	21	21	22	22	21	10	21	22	21	18
需求(每日噸數)	5	8.33	8.33	7.14	9.52	13.64	16.67	50	30.95	20.46	9.52	5.56
累計日數	20	38	59	80	102	124	145	155	176	198	219	237
累計需求	100	250	425	575	775	1075	1425	1925	2575	3025	3225	3325

圖 11.7 以累積的方式計算需求

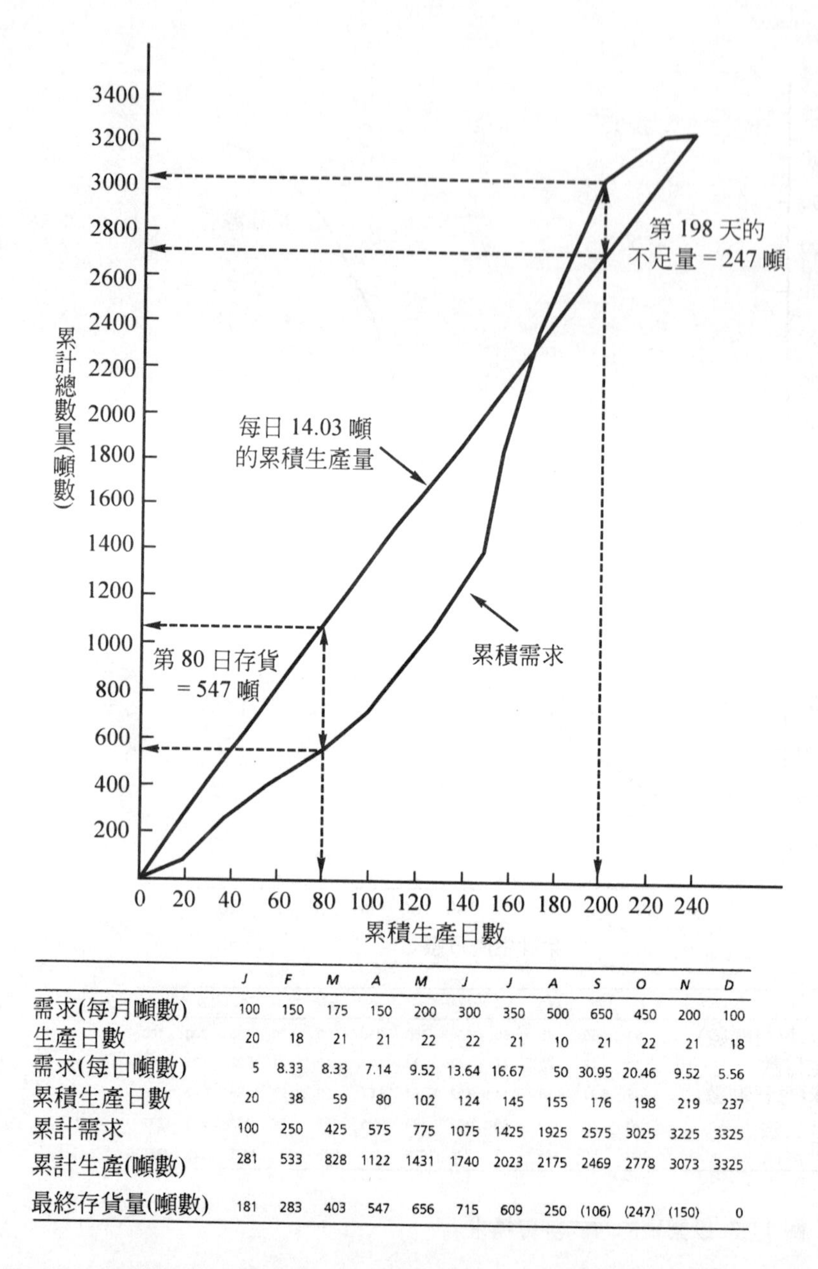

	J	F	M	A	M	J	J	A	S	O	N	D
需求(每月噸數)	100	150	175	150	200	300	350	500	650	450	200	100
生產日數	20	18	21	21	22	22	21	10	21	22	21	18
需求(每日噸數)	5	8.33	8.33	7.14	9.52	13.64	16.67	50	30.95	20.46	9.52	5.56
累積生產日數	20	38	59	80	102	124	145	155	176	198	219	237
累計需求	100	250	425	575	775	1075	1425	1925	2575	3025	3225	3325
累計生產(噸數)	281	533	828	1122	1431	1740	2023	2175	2469	2778	3073	3325
最終存貨量(噸數)	181	283	403	547	656	715	609	250	(106)	(247)	(150)	0

圖 11.8 平準產能計畫即使能在年底滿足總需求，也會提前發生缺貨的現象

如果要在需求一發生，就能立即供給，則該產能計畫還不夠完備。在第 168 天以前，工廠產出的累積數量都可以滿足需求。在第 80 天以前，總共產出 1,122 噸，而累積需求只有 575 噸，因此存貨共達 547 噸。在第 198 天時，累積需求是 3,025 噸，累積產量只有 2,778 噸，總共缺貨 247 噸。

產能計畫若要在需求發生，就能即時供給，則累積生產曲線必須一直維持在累積需求線上方。圖 11.9 表示足敷需求的平準產能計畫與存貨成本。若每噸存貨每日成本 2 英鎊，而每月平均存貨等於月初與月底存貨數量的平均。每月存貨成本等於每月平均存貨乘以每噸存貨每日成本，再乘以當月生產總日數即得。

✏ 從累積曲線比較不同的產能計畫

緊跟需求產能計畫的累積生產線是時有變化的曲線，與累積需求曲線重疊成一線。如此雖節省存貨成本，但要負擔**改變產能水準的成本**，如圖 11.10 所描繪的曲線。產能改變成本的多寡端視下列因素而定：改變的程度、改變的方向、從哪個水準開始改變。一般而言，產能改變的邊際成本會隨改變幅度擴增而提高。假如前述的巧克力廠要提高 5%的產能，可簡便地藉加班來達成；假如改變幅度擴增到 15%，那就要增添人手，開銷既大，又費時費事；產能若再擴增達 15%以上，便會超出該廠現有實體產能（就機器的產能而言），只能藉外包來解決需求問題，但外包開銷更爲可觀，相關的聯繫安排更是曠日費時。改變產能的成本也受改變時點與改變方向影響。一般而言，改變正常水準的產能要比改變偏離正常水準的產能較節省成本。以巧克力廠爲例，若目前產能水準比正常產能高 10%，若欲降低 5%的產能，使其更接近正常水準（可採減少加班、臨時工人解約等方式），則所需付出的成本要比再提升 5%的產能更少。

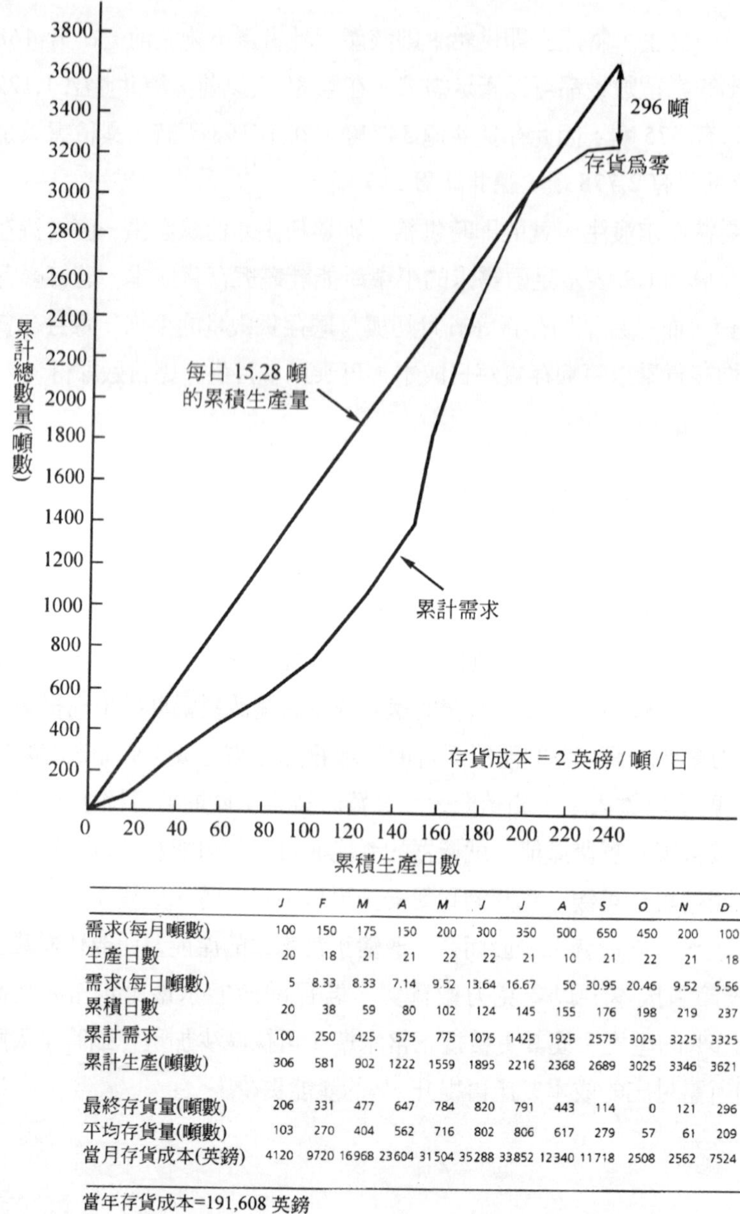

	J	F	M	A	M	J	J	A	S	O	N	D
需求(每月噸數)	100	150	175	150	200	300	350	500	650	450	200	100
生產日數	20	18	21	21	22	22	21	10	21	22	21	18
需求(每日噸數)	5	8.33	8.33	7.14	9.52	13.64	16.67	50	30.95	20.46	9.52	5.56
累積日數	20	38	59	80	102	124	145	155	176	198	219	237
累計需求	100	250	425	575	775	1075	1425	1925	2575	3025	3225	3325
累計生產(噸數)	306	581	902	1222	1559	1895	2216	2368	2689	3025	3346	3621
最終存貨量(噸數)	206	331	477	647	784	820	791	443	114	0	121	296
平均存貨量(噸數)	103	270	404	562	716	802	806	617	279	57	61	209
當月存貨成本(英鎊)	4120	9720	16968	23604	31504	35288	33852	12340	11718	2508	2562	7524

當年存貨成本=191,608 英鎊

圖 11.9 整年內任何時點都能滿足需求的平準產能計畫

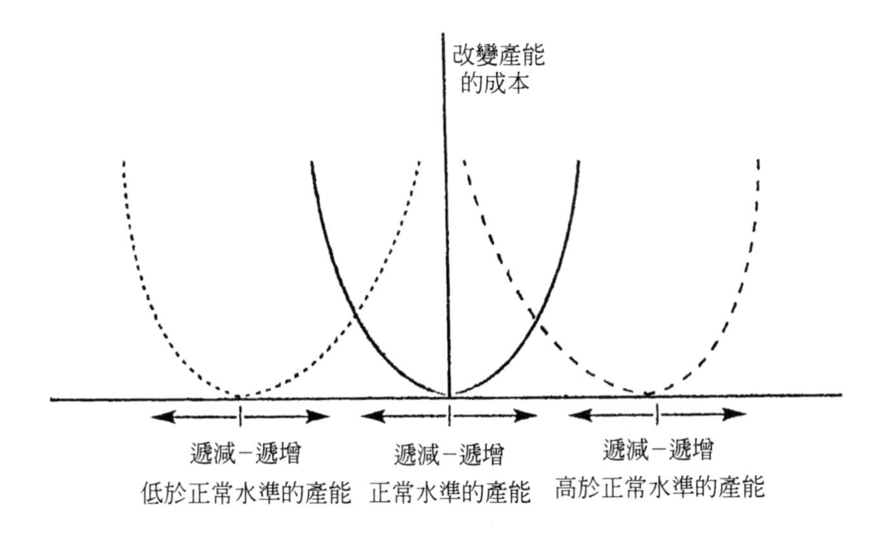

圖 11.10 改變產能的成本視改變的時點、程度及方向而定

等候理論（Queueing Theory）

需求與產能的累積表示法比較適合具有存貨管理的製造業，而大多數的服務業的產出無法儲存，所以其產能的規劃與控制問題與製造業大異其趣。

服務業也須預測平均的需求水準，但通常無法預知每個顧客或每筆訂單何時會進來，因此很難擬訂足敷需求的產能。顧客何時上門固難揣測，但每位顧客何時能受到服務更是無從知悉。圖 11.11 顯示這類問題的一般模式：顧客依某種機率分配到達作業部門等待服務（除非有服務單元能立即處理），接著顧客依序由 n 個平行（獨立）的服務單元之一（服務或處理時間呈機率分配）處理，處理完畢則離開作業現場。

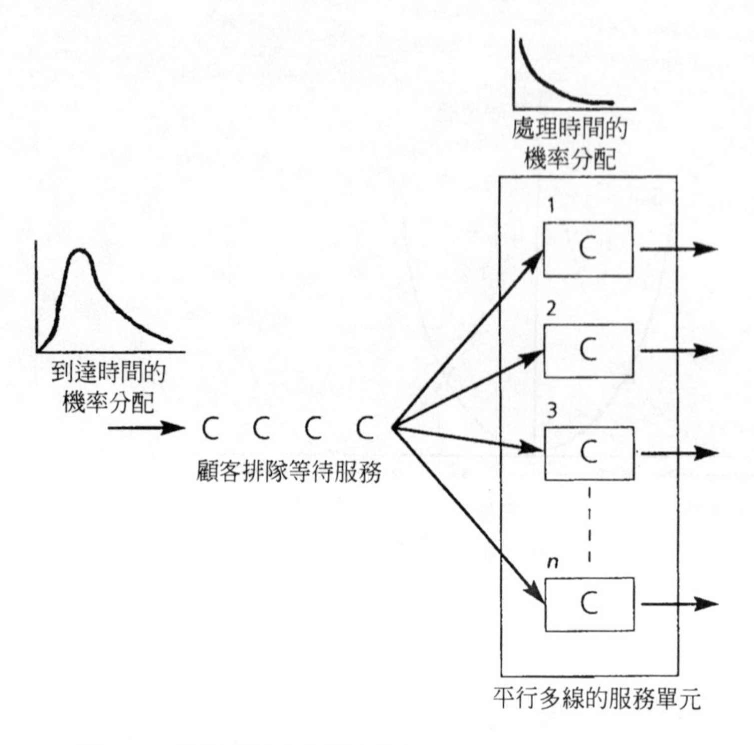

圖 11.11 等候系統中產能決策的一般化模式

在任何時點要配置多少平行服務單元才能滿足需求？ 假如服務單元太少（即產能水準太低），即使各服務單元利用率都很高，但顧客會久等不耐；如果服務單元太多（即產能水準太高），顧客隨到隨辦，但各單元利用率偏低。因此，等候系統產能規劃與控制主要是調節顧客等候時間與服務系統利用率。

✏ 分析性等候模型

圖 11.12 的曲線描述兩項要素的關係，即等候系統的顧客平均人數（正排隊等候與正接受服務者）與 n 個獨立平行服務單元的利用率因素（$\lambda / n\mu$）。圖 11.12 係假定顧客隨機到達，每單位時間的到達人數呈 Poisson 分配，每位顧客服務時間呈負指數分配，且顧客依照先來先辦的原則接受服務。

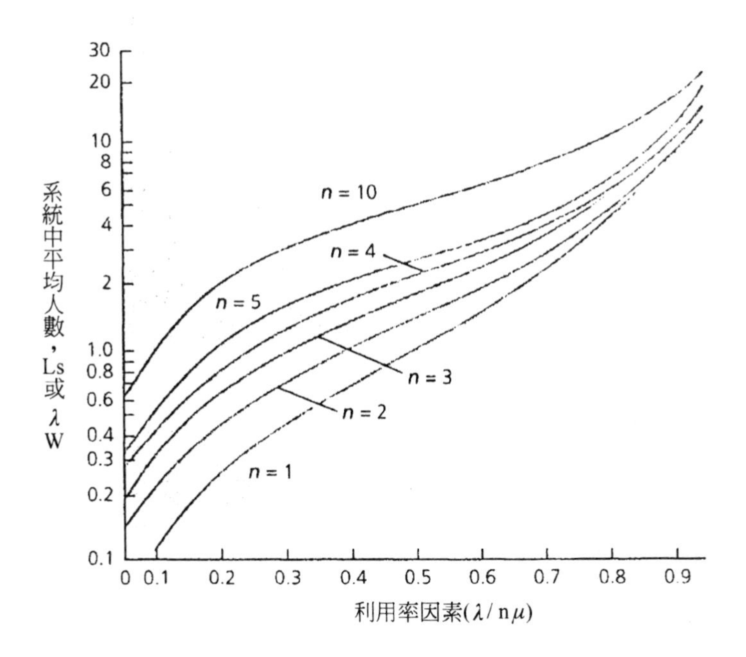

圖 11.12 *n*個平行服務單元的系統之等候曲線

下列符號分別代表：

λ=平均到達率（每小時顧客抵達人數）

μ=每個服務單元的平均服務率（每小時服務的顧客人數）

ρ=交通動線強度（λ/μ）

n=服務單元的數目

L_s=系統中的平均顧客數

L_q=正在排隊的平均顧客人數=Ls－ρ

W_s=顧客在系統中平均花費的時間= $\frac{L_q}{\lambda}+\frac{1}{\mu}$

W_q=顧客在排隊中平均花費的時間=$\frac{L_q}{\lambda}$

實例

銀行經理想確定中午尖峰時段須安排幾位櫃台行員。這段時間的顧客平均每小時到達 9 位，每位行員服務一位顧客平均 15 分鐘。該經理認爲此時由 4 個人值班即夠，但想確定每位顧客能否在 3 分鐘內處理完畢。

λ=到達率=每小時 9 人

μ=服務率=$\frac{60}{15}$=每小時 4 位

n=4 個服務窗口或行員

利用率因素=$\frac{\lambda}{n\mu}=\frac{9}{4\times 4}=0.5625$

由圖 11.22 得知，利用率因素爲 0.5625 且 n=4。

L_s=表示該系統的服務顧客數=2.56

L_q=表示排隊等候的顧客數=$L_s-\rho=2.56-\frac{9}{4}=0.31$

W_q=表示排隊時間=$\frac{L_q}{\lambda}=\frac{0.31}{9}=0.0344$小時$=2.07$分鐘

荷蘭阿姆斯特丹 Tussaud 博物館：等候方式與產能管理

Tussaud 博物館每日遊客達 60 萬人，堪稱阿姆斯特丹排名第三的觀光勝地。旅客服務中心在夏季每天接待遊客多達 5,000 名，而冬季可能只有 300 名。該館係憑票入場，每週開放 7 天，開放時間從每天上午 10 時到下午 5 時 30 分。售票亭在冬季或輪班交替時只有一端售票；遊客多時，兩端都售票。兩部通往展場的電梯各可裝載約 25 人，電梯每隔 4 分鐘一班。

該博物館透過動畫聲光效果來介紹阿姆斯特丹的歷史，共有 5 個「表演型態」的階段，由一條導覽小徑貫串，每場持續約 4 分鐘，兩個階段之間的移動配合得天衣無縫，各個階段表演週而復始地向每一批遊客呈現。

產能規劃與控制的動態性

產能管理是動態性、連續性的程序，必須持續管理控制，並配合實際需求變化，隨時調節產能。如圖 11.13 所示：產能的控制程序可視爲一系列因應需求的產能決策程序。作業經理人先要預測需求，了解現有產能與前期存貨，並據以規劃下期產能。每一期都週而復始，只不過屆時要根據全新的情況重作決策。

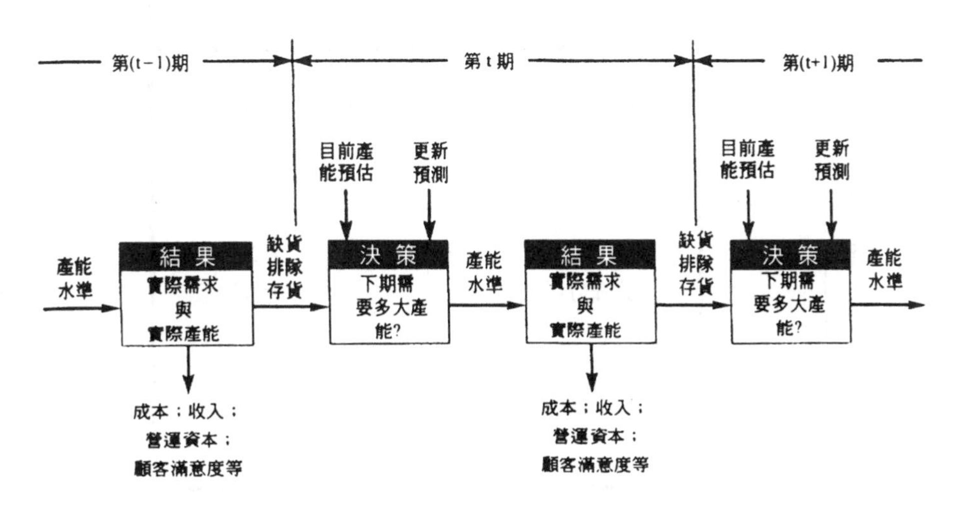

圖 11.13 產能的規劃與控制可視為一連續的動態決策程序

✎ 遠景展望矩陣

作業經理人若對遠景充滿信心，其長程的需求預測可能會高於目前的產能，短程決策會容許產能過剩；若對遠景信心不足，長程會採減縮產能政策；看法中庸的話，便是維持目前的產能水準。即使長程需求不看好，只要有短程需求，也有提高產能的必要。圖 11.14 說明長程與短程展望的信心高低所組合的產能規劃實例。所謂信心展望，其定義如下：

$$展望=\frac{預測需求}{預測產能}$$

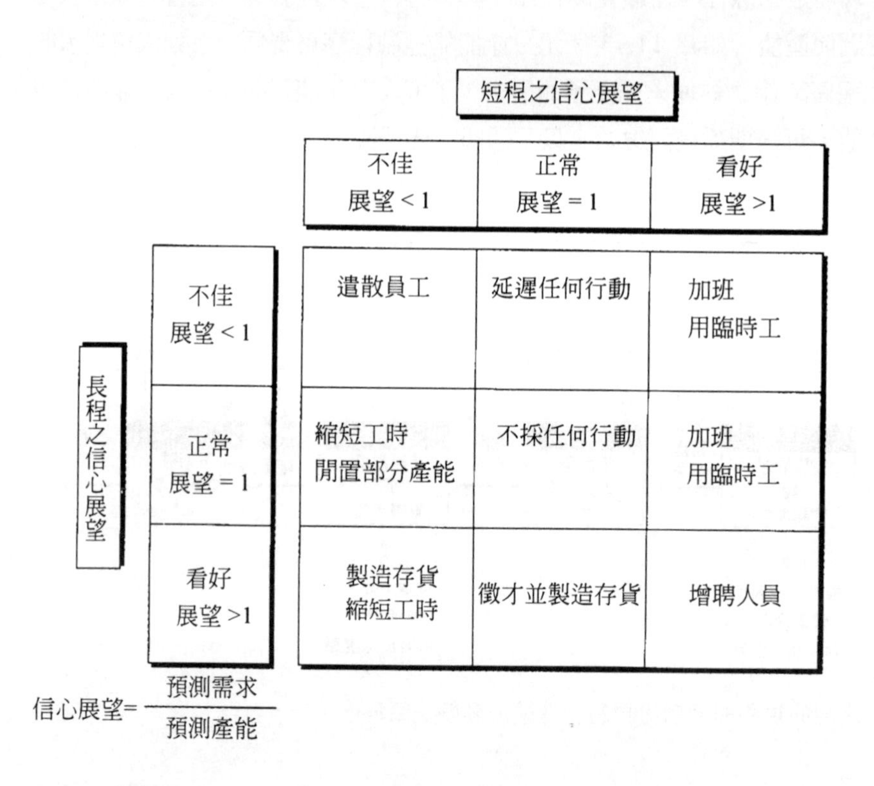

圖 11.14 產能規劃的動態部份受限於長程與短程展望的組合

現身說法——專家特寫

倫敦警局總監 Brian Paddick

Brian 管轄外勤警員數百名，而外勤警員的任務包括外出巡邏、警局值班、在犯罪或意外事故現場執勤。Brian 須規劃產能，有效部署警力以滿足業務需求。

警力的需求以隨機突發狀況居多，往往難以掌控。但一般來說，雨天的街頭犯罪率大降，車禍事故頻仍；而夏季與週末夜晚的街頭騷亂較多。在規劃產能與部署警力時，員警生命安全總是擺第一。有時員警必須出庭作證或是遇到特別節慶場合，因而打亂工作排程與警力配置，這只好靠加班因應或請鄰近分局派警力支援。

本章摘要

- 產能的定義：作業部門在一段特定時間內的正常作業狀況下，作業處理程序所能產生的最高附加價值。
- 產能的規劃與控制會影響成本、收入、營運資金、品質、速度、可靠性、彈性等績效。產能規劃與控制的第一步：估算並決定總需求與產能的水準。
- 產能的衡量方法很多：多數企業是根據作業的投入，如醫院病床數；另有一些是根據作業的產出，如酒廠每週釀造啤酒的公升數。
- 產能規劃與控制的第二步：擬訂產能計畫的可行方案，以供選擇採用，俾能因應需求的起伏變化。常用的計畫有三種：
  a. 不論需求變化幅度，產能水準均維持一致（平準產能計畫）。
  b. 需求一有變化，隨即調整產能以配合需求（緊跟需求產能計畫）。
  c. 設法改變需求，俾能善用目前可用的產能（需求管理）。
- 以上三種產能計畫都與成本有關。多數企業都將三者混合搭配，交互運用，俾在符合成本與滿足顧客兩者之間，維持平衡。

- 產能規劃與控制的第三步：選定最適情境的最適產能計畫。常用的技術有二：需求與產能的累積表示法與等候理論。

個案研究：特製的家鄉口味水果蛋糕

2000 年 1 月 Jean Fulbright 和 Dave Fulbright 夫婦開創了西點美食生意。這一行的製程複雜煩瑣，產品不能久藏，風險特高。Dave 決定以高級水果蛋糕為主要產品。廚房內有普通磅秤與烘烤設備、1 具 15 公斤攪拌器、2 座小型烤箱、1 座冷藏庫，以及各種器皿用具等。Dave 談起創業的艱辛：

> 2000 年初，我們只生產單一尺寸 2 公斤的精美蛋糕，多數賣到咖啡屋和餐廳，每日需求量約在 100 到 200 個。隨著業務逐漸成長，我們嘗試打進生鮮超市的家庭客源，於是在 2000 年 7 月推出尺寸較小的 1 公斤蛋糕。這項新產品的銷售情況超過預期，需求很快就超越原先的 2 公斤蛋糕，兩個人根本忙不過來。但是在 2001 年時，因為生產過剩，只好打折出清存貨。水果蛋糕的保鮮期長達 12 個月，不過最好在 6 個月內享用，生鮮超市要求的有效期限是 3 個月，因此蛋糕不能存放在工廠超過 3 個月。此外，店裡冷藏庫的容量只不過 3,000 公斤，只能利用此一空間來輪替擺放存貨。

Jean 的看法顯然有些不同：

> 我們的市場定位與行銷對象都搞錯了！生鮮超市要求的折扣大，且都緊急訂貨，尤其是復活節（3 到 4 月）與耶誕節（11 到 12 月）的採購季；而藝品店和觀光勝地的遊客服務中心都不要求打折，且 1 公斤蛋糕銷路很好。我認為應該增開加工廠兼門市，直接服務老主顧，產品也要更多樣化。

兩種蛋糕 2000 年與 2001 年各月的銷售額如表 11.2。

表 11.2 2000 及 2001 年的銷售記錄與 2002 年的預測銷售額

	2000	2001													2002
		1 月	2 月	3 月	4 月	5 月	6 月	7 月	8 月	9 月	10 月	11 月	12 月	總計	預測
1 公斤蛋糕	900	80	200	600	320	120	80	120	80	240	480	800	1600	4720	6000
2 公斤蛋糕	1950	160	340	300	240	140	160	240	160	180	260	300	400	2880	3500
總計（公斤）	4800	400	880	1200	800	400	400	600	400	600	1000	1400	2400	10480	13000

問題：

1. 根據目前的作業方式，何為該作業的月產能？年產能？該產品的總重量是否可用來衡量蛋糕的產能？
2. 2001 年為何要將存貨低價脫售？這種情形可能發生於哪幾個月？
3. 若業務擴展到藝品店或遊客服務中心，比起生鮮超市導向的利弊得失為何？
4. 構想中的自營門市之作業任務有何不同的特點？
5. 若研發 10 種不同款式的新產品，每種有 2 個規格，則生產作業有何影響？

問題討論

1. 說明產能規劃與控制的意義，並描述某一家公司產能限制對其作業的涵義。
2. 下列作業的產能過剩與產能不足各有何影響？

   a. 環島鐵路網路　　b. 演講廳　　c. 果汁工廠的榨汁設備
3. 從長程、中程、短程的需求趨勢討論預測不準確可能招致的後果。
4. 說明下列組織衡量產能的方法及其相關優缺點。

   a. 捷運　　b. 牙醫診所　　c. 電梯維修公司

5. 某汽車電瓶廠生產 4 種電瓶：精簡型、精簡 HD 型、標準型、標準 HD 型。表 11.3 列出每種電瓶每日的產量與各電瓶填灌電瓶液所需的時間。填灌機每日可 24 小時作業，填裝不同類型電瓶無須調整填灌機。現今有 2 家新客戶有意下訂單：A 公司每日需要各種類型電瓶總計 80 到 100 具；B 公司每日需求量爲 10 具精簡 HD 型、 70 具標準 HD 型。假設填灌機是唯一的產能限制，試檢討這兩批訂單的優點。

表 11.3

	每日產量	填灌酸劑的時間
精簡型	80	3
精簡 HD 型	50	5
標準型	90	4
標準 HD 型	20	6

6. 下列各項作業的產能利用率應如何衡量？使用產能利用率與生產效率來衡量作業績效各有何優點。

   a. 外科手術室　　b. 大學教室　　c. 冰淇淋製造商

7. 以下幾種作業各應採用何種主要的產能計畫？應如何執行？爲什麼？

   a. 大學　b. 醫院加護病房　　c. 光碟片製造廠　　d. 計程車服務

8. 某渡假小島的旅館十分擔心住房率的問題。2 月、3 月、12 月住房率爲八成，其它月份爲三成。應採用什麼方法才能達成全年 100%的住房率目標？

9. 某電腦公司的電話客服小組有 10 位員工提供全天候服務。該小組每小時約可協助 15 位顧客；每處理一個問題平均花費 10 分鐘。作業經理人確信：若顧客等候回電時間超過 2 分鐘，則會感到不耐。檢討此一情況，並評論之。

10. 某洗車公司在週六上午平均每小時有 5 位顧客，顧客到達時間呈 Poisson 機率分配。洗一部車平均花費 10 分鐘，而洗車時間呈負指數分配。該公司應開放幾個洗車棚，才能保證顧客開進洗車棚後，等候不會超過 3 分鐘？

11. 某披薩公司預測下一年度的需求如表 11.4 所示。該公司目前有 100 名員工，每月可做出 1,000 份披薩。

a. 針對需求情形擬出一份生產計畫，並討論須安排多少的倉儲空間？

b. 規劃一緊跟需求產能計畫。假設加班的最大工時只能高於原有工時的 10%，這對員工的調派有何影響？

表 11.4

月份	需求（份數）
1 月	600
2 月	800
3 月	1000
4 月	1500
5 月	2000
6 月	1700
7 月	1200
8 月	1100
9 月	900
10 月	2500
11 月	3200
12 月	900

12 存貨的規劃與控制

存貨管理面臨的困境是：持有存貨除了提高成本，也有其它諸多缺點，但存貨對調節供需平衡卻功不可沒，見圖 12.1。

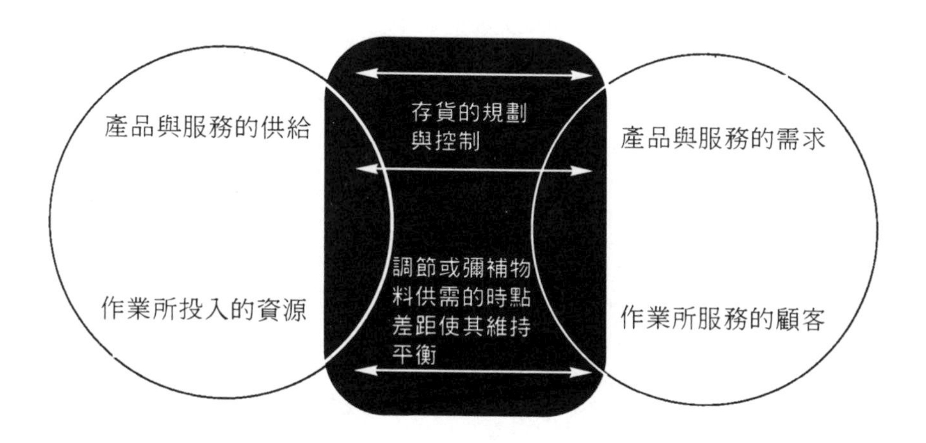

圖 12.1 存貨規劃與控制的定義

學習目標

- 存貨在作業管理中的角色、地位、型態；
- 訂貨數量決策與存貨成本；
- 各種經濟訂購量（EOQ）的型態及評論；
- 持續與定期的存貨檢視系統與訂購時點決策；
- 存貨控制決策、存貨分類、存貨與存貨控制系統的衡量方式。

什麼是存貨？

存貨是生產作業轉換過程所累積的物料或資源，通常係指**待轉換的投入資源**，例如製造業儲存的物料、稅捐稽徵處存放的稅籍資料、遊樂場排隊的遊客。

任何作業系統都得儲備存貨

表 12.1 列舉幾種不同型態的存貨實例。作業的型態或性質不同，存貨處理的次數與時間長短也會不同。有些貨品只當一次存貨，例如速食店的食物在暫時儲存後，就被人取用；有些貨品則須當兩次存貨，例如汽車零件總經銷將供應商運來的零件先存在經銷中心倉庫（第一次存貨），然後再配送到各地零售點（第二次存貨）。相對於作業的總投入成本，有些存貨的價值簡直微不足道，有些則遠高於作業的總投入成本，尤其是儲存貨物爲主的作業部門，庫存貨品的價值可能遠高於每日的薪資、租金及營運等成本開支。不管貨品的價值、性質爲何，也不管作業的哪個階段，由於供需時機配合不準，隨時可能產生存貨問題。當然，任何物料若是一出現就有需求，則該物料根本不必儲存。作業管理的工作重點是設法調節供需速率，使其達到均衡點，俾能降低存貨水準。

表 12.1 作業部門持有存貨的實例

作業類型	在作業過程當存貨處理的實例
速食店	食物、飲料、廁所用品、清潔用品
醫院	繃帶、裹傷包紮用品、血庫、食物、藥物、清潔用品
零售商店	銷售商品、包裝材料
汽車零件經銷商	經銷中心倉庫庫存的零件、各零售點庫存的零件
電視機裝配商	零組件、原料、待裝配的半成品、電視成品、清潔用具

存貨的型態

✏ 安全存貨（Buffer Inventory）

安全存貨又稱緩衝存貨，係針對供需不確定性而預先彌補可能的缺貨。例如，零售業向供應商的訂貨數量多是預估最可能的需求水準加上一些安全存貨，這可避免在補貨送達之前缺貨。若某兩個連續且平均產速一樣的製程，其中之一因故停機，安全存貨即可解決缺貨的不確定情況，則另一製程就不受影響。

✏ 週期存貨（Cycle Inventory）

週期存貨是由於作業部門不想零散製造或訂購，而以整批作業的方式所導致。假設某麵包店產製三種麵包，每次僅能以批量方式生產一種麵包（見圖 12.2），且每批產量須足以因應需求的時效與需求量，因此會有週期存貨產生。

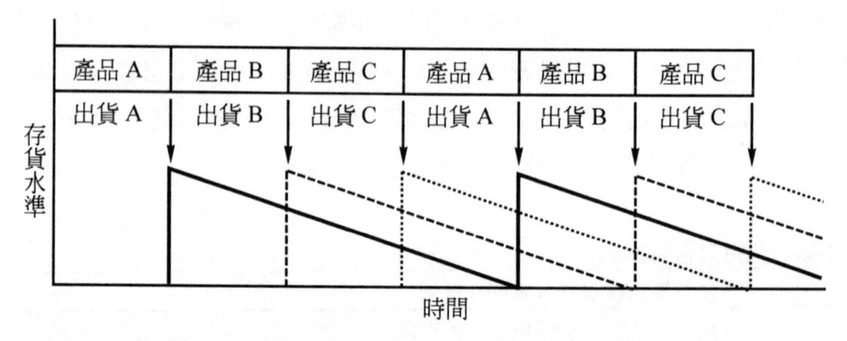

圖 12.2 麵包店的週期存貨

✏ 預期存貨（Anticipation Inventory）

預期存貨係因預期供需或價格會波動，而預為儲備。預期存貨常用於需求顯著變動，但仍可預估時，如運動飲料的季節性需求。公司組織若認定某物料在某一時期頗具生產價值，或物料供應可能中斷，存貨會因預期心理而累積。

✏ 在途存貨（Pipeline Inventory）

物料若無法在供應點與需求點之間即時流通，便會產生在途存貨。例如，零售商向供應商下單訂貨，供應商與零售商之間運送中的存貨即是在途存貨。

存貨的位置

圖 12.3 顯示作業內存貨關係不同的複雜度。製造業多半須維持三種存貨：供應商送到的**進料存貨**、製程各階段的**在製品存貨**（Work in Process，WIP）、製造完成的**成品存貨**。

存貨決策

作業經理人的存貨決策有三：1.**訂購數量**。每次補貨應該訂多少數量？此爲**數量決策**；2.**下訂單時點**。何時開始請購？此稱**時機決策**；3.**控制存貨系統**。如何依不同的產品 / 服務項目，排定優先順序，建立各種存貨作業的程序與步驟？如何建立存貨管理資訊系統？

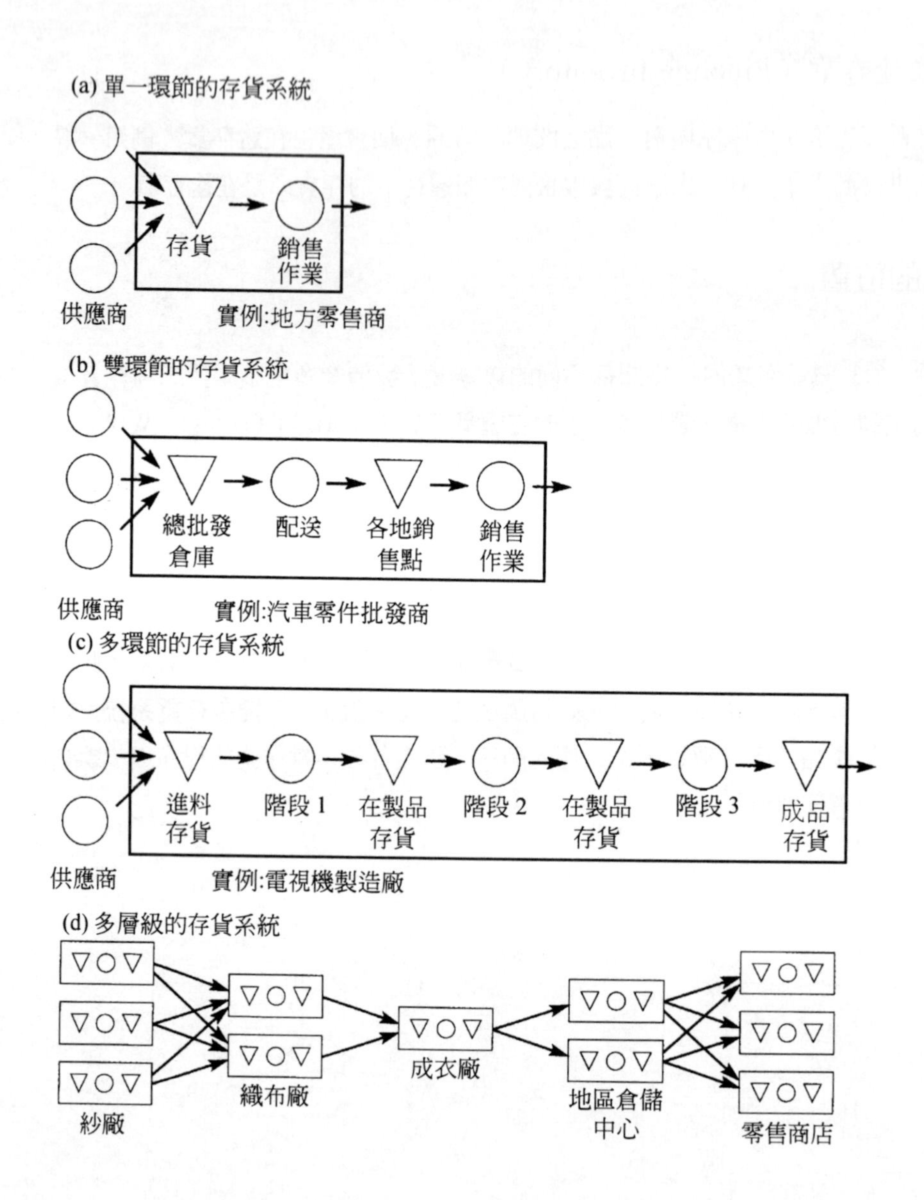

圖 12.3 （a）單一環節（b）雙環節（c）多環節（d）多層級的存貨系統

數量決策——訂購數量

存貨成本

在決定訂購數量之前，作業經理人也須先衡量、評估各種影響決策的成本因素。這些成本因素包括：

1. **訂貨成本**。每次下訂單都需準備相關的訂貨文件、安排交貨付款條件、與供應商連絡，這些作業手續都會造成各種成本支出。
2. **價格折扣成本**。許多供應商對數量大的訂單都會給予價格折扣。
3. **缺貨成本**。如果存貨無法滿足顧客的需求，將會產生存貨短缺的損失。外部客戶的訂單會因此取消；內部訂單會因為後續製程閒置待料、效能低落。
4. **營運資金成本**。向供應商購買原料就必須付款，而製成品賣給客戶就必須收款，在付款與收款之間的時間落差必須為存貨籌措資金，此即存貨的**營運資金**。相關成本包括向銀行貸款的利息、資金無法投資其它計畫的機會成本。
5. **儲存成本**。儲存貨品的倉庫租金、空調通風設備及能源、照明設備的花費。
6. **過時風險成本**。若採用儲存大量物料的決策，儲存時間拖得太長，貨品可能老化、變壞，如食品有過時之虞、時裝不再流行。
7. **生產效率低落的成本**。依照及時化（Just in Time，JIT）的作法，存貨水準過高，會看不清整個作業問題的全貌，將在第 15 章深入探討。

我們可將上述與存貨有關的成本分成兩類：前三種成本會隨著訂貨數量增加而下降；其它四種成本會隨著訂貨數量增加而上升。

✏ 存貨剖析圖

圖 12.4 是零售作業某項存貨的簡單剖析圖。假設每次訂購數量均爲 Q，每批補貨能立即送到，且該項貨品每一期的需求 D 個單位。當存貨用完時，另一批 Q 數量的物料即刻送達。因此：

平均存貨 $= \frac{Q}{2}$（圖 12.4 中兩塊陰影面積相等）

兩次補貨時點的間隔期數 $= \frac{Q}{D}$

每一期平均補貨次數＝兩次補貨時點間隔期數的倒數 $= \frac{D}{Q}$

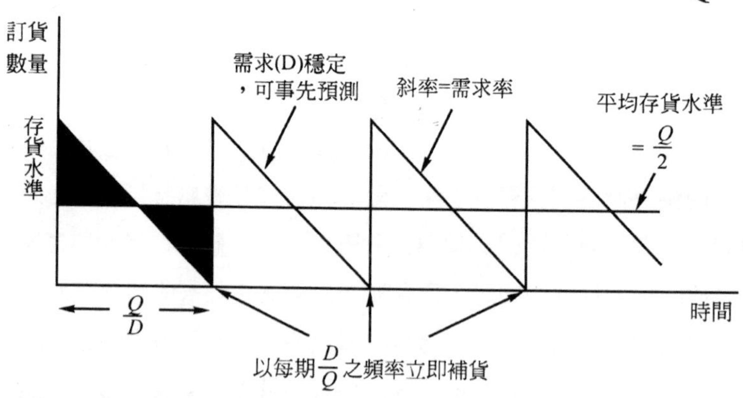

圖 12.4 存貨剖析圖顯示存貨水準的變動

經濟訂購量（Economic Order Quantity，EOQ）公式

決定存貨補充數量最常用的方式就是經濟訂購量（EOQ）。圖 12.5 所示爲某項每年需求爲 1,000 件的物品之存貨訂購方案：方案 A 一次訂購 400 件，以實線表示；方案 B 一次訂購 100 件，以虛線表示。方案 B 的平均存貨爲方案 A 的四分之一，但方案 B 的補貨次數爲方案 A 的四倍。

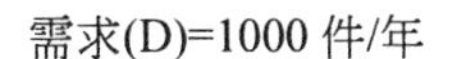

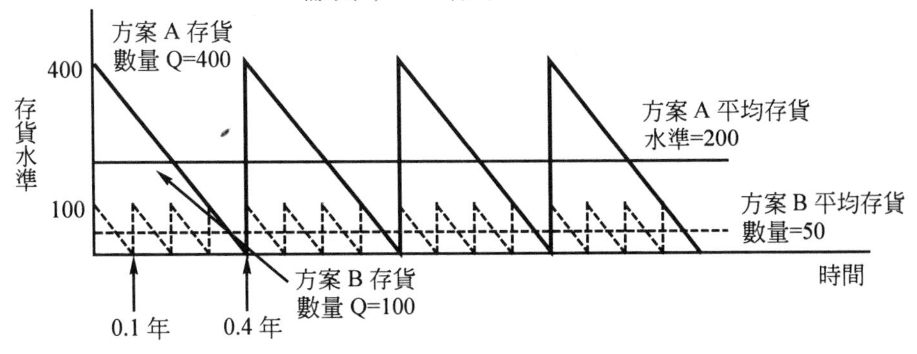

圖 12.5 兩種訂購數量不同的存貨決策方案

持有每單位存貨的成本（C_h）包含以下三項成本：營運資金成本、儲存成本、過時風險成本。每次下單訂購的成本（C_o）包含以下二項成本：訂貨成本（包括送貨成本）、價格折扣成本。

總持有成本＝每單位存貨持有成本x平均存貨＝$C_h \times \frac{Q}{2}$

總訂購成本＝每次下單訂購成本x每一期訂購次數＝$C_o \times \frac{D}{Q}$

全期總存貨成本 $C_t = \frac{C_h Q}{2} + \frac{C_o D}{Q}$

若訂貨數量 Q 較小，則持有成本較低，但訂購成本較高；若訂貨數量 Q 較大，則持有成本較高，但訂購成本較低。以簡單的微分可以導出 EOQ 的公式：

全期總存貨成本＝ $C_t = \frac{C_h Q}{2} + \frac{C_o D}{Q}$

全期總存貨成本的變動率等於 C_t 對 Q 取第一階導數：$\frac{dC_t}{dQ} = \frac{C_h}{2} - \frac{C_o D}{Q^2}$

當 $\frac{dC_t}{dQ}=0$ 時，總存貨成本最低，即 $0=\frac{C_h}{2}-\frac{C_oD}{{Q_o}^2}$，且 $Q_o=EOQ$

$$Q_o = EOQ = \sqrt{\frac{2C_oD}{C_h^{\ 1}}}$$

兩次訂單之間的時間間隔期數 $=\frac{EOQ}{D}$

每一期下單訂貨的次數 $=\frac{D}{EOQ}$

逐漸補貨——經濟批量（Economic Batch Quantity，EBQ）

實際的補貨作業往往是在一個時段內陸續補足，而非一次補足。在貨物陸續送抵的這段期間內，需求也會持續發生。若貨物送抵的速率（P）高於需求消耗存貨的速率（D），則存貨會持續增加；在補貨完成後，需求又會逐漸用掉存貨，因而形成圖 12.6 的存貨剖析圖。這也可代表企業內部前製程以批量生產方式補充後製程需求的作業。圖中使成本最小的批量稱爲經濟批量，又稱經濟生產量（Economic Manufacturing Quantity，EMQ）。公式推導過程如下：

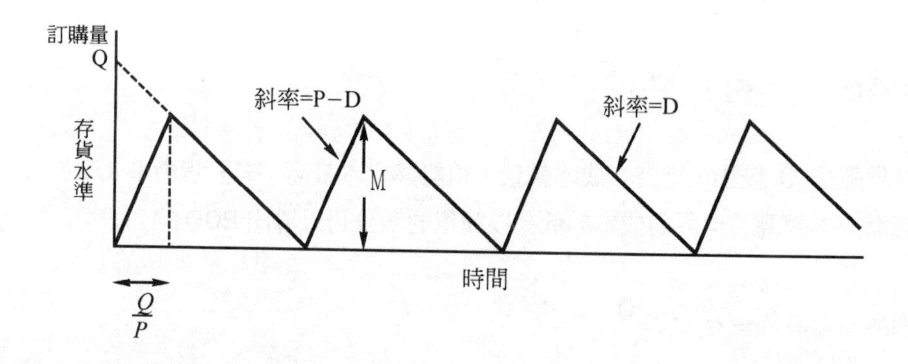

圖 12.6 逐漸補充存貨的剖析圖

最高存貨水準＝M　　　　　　　　存貨累積的斜率＝P－D

補充存貨所需的時間＝$\frac{Q-M}{D}=\frac{M}{P-D}$，故得 M＝$\frac{Q(P-D)}{P}$

平均存貨水準=$\frac{M}{2}=\frac{Q(P-D)}{2P}$

總成本＝持有存貨成本＋訂購成本＝$C_t=\frac{C_h Q(P-D)}{2P}+\frac{C_o D}{Q}$

$$\frac{dC_t}{dQ}=\frac{C_h(P-D)}{2P}-\frac{C_o D}{Q^2}$$

同樣的，令其等於零，以解出 Q，即得使成本達到最小的 EBQ。

$$EBQ=\sqrt{\frac{2C_o D}{C_h\left(1-\frac{D}{P}\right)}}$$

允許缺貨的經濟批量模式

在推導經濟批量公式時，有一項假設：在任何作業時點的存貨水準皆不得低於零。實際上，如果顧客所訂的物品缺貨，也可能願意等待；此時，存貨小於零，顧客需求仍持續存在。當補貨送達時，優先送交等待中的客戶，而不計入存貨水準。結果見圖 12.7 的存貨剖析圖。

依前法，導出 EBQ，其公式如下：

$$EBQ=\sqrt{\frac{2DC_o}{C_h}}\sqrt{\frac{C_h+C_s}{C_s}}$$

其中 C_s＝每個期間每單位的缺貨成本。

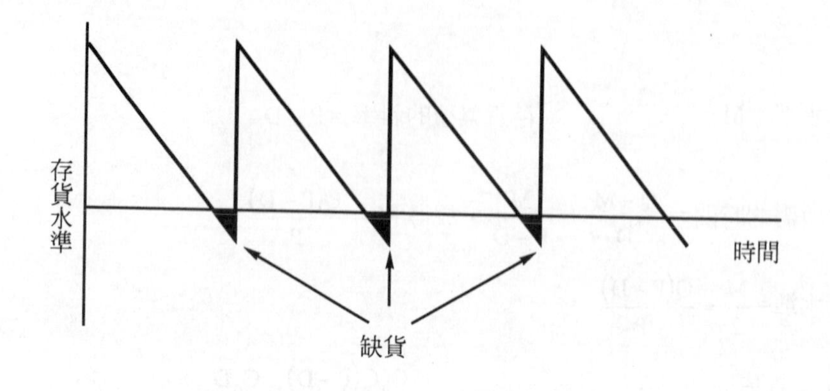

圖 12.7 允許缺貨的存貨剖析圖

客戶若不願意等待補貨的情形

存貨訂購量決策的特例是，產品具有時效性，特定期限一過，該批貨品形同廢物。例如報攤決定每天進貨多少份報紙，若當天報紙缺貨，客戶會轉往它處購買或乾脆不買；若當天報紙沒賣完，剩餘的報紙沒人要。其它如流行服飾店、零售商店、出版社、唱片公司，全都會面臨同樣的問題。

對經濟訂購量（EOQ）決策模式的評論

✏ 模式的假設條件

EOQ 模式有下列各項假設：需求穩定、訂貨成本固定不變、存貨持有成本可用線性函數表示、缺貨成本也能確定。這些假設條件對模式的運用具有某些嚴格的限制。需求穩定的條件（即使需求符合某已知的機率分配）對生產項目繁多的作業部門就不切實際，因其需求變化難測。平常向供應商下單訂購常買的各項產品，則訂購成本可能較便宜；但若只訂購某特定項目，訂購成本反而較高。多數廠商都以存貨採購價的一定百分比來計算存貨成本，但產品項目繁多時，存貨水準實無法一視同仁。提高存貨水準所帶來的邊際成本，可能積壓資金，造成周轉困難，而且還得增建或外租倉庫，來儲存額外的存貨。因此，作業經理人在運用 EOQ 模式時，務必注意決策是否逾越成本之假設條件的適用範圍。

✎ 存貨的實際成本有多高?

如圖 12.8，增加存貨持有成本線的斜率不僅會提高任何訂購量的總成本，而且會將最低成本的最佳點移向左側較低的經濟訂購量。換言之，作業部門對存貨持有成本越不具信心，越應採取多次訂購、每次少量的訂貨政策。

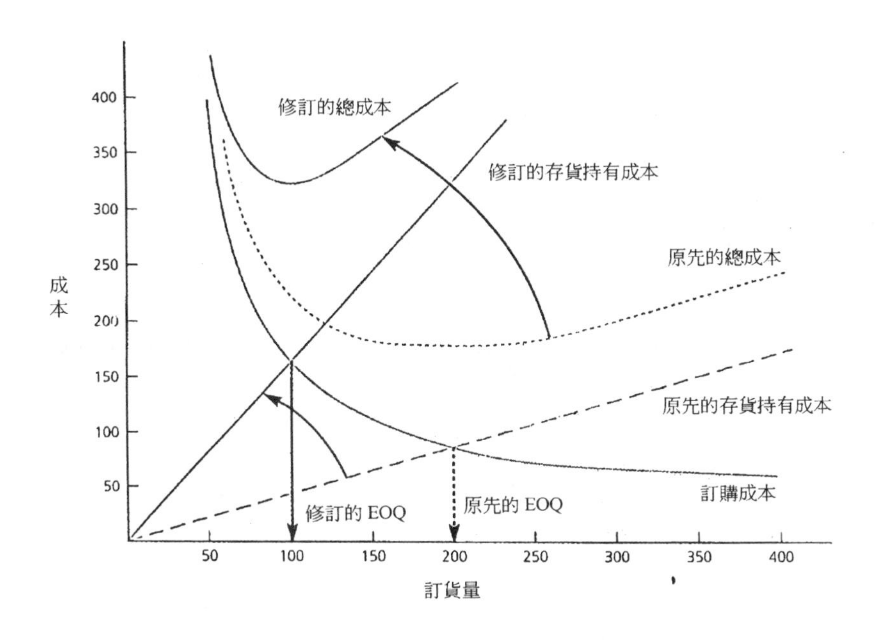

圖 12.8 存貨持有成本線斜率的變動，會造成經濟訂購量的變動

✎ 以經濟訂購量 EOQ 模式作為決策指導規範

對 EOQ 模式最根本的批判可溯及日本的及時化（JIT）理念。有些學者認爲作業經理人所關注的 EOQ 問題應是「生產作業應如何改善，才能降低作業所需

的存貨水準」，而非「最佳訂購量應訂在多少」。EOQ 模式固然是存貨持有成本的一種合理表達方式，但不見得是一項指導訂購決策的良好規範。許多企業爲大幅降低訂購成本，會設法降低生產線的換線次數，使損失的產能越少，EOQ 模式的訂購成本曲線也隨之下降，進而減低實際的經濟訂購量，見圖 12.9。

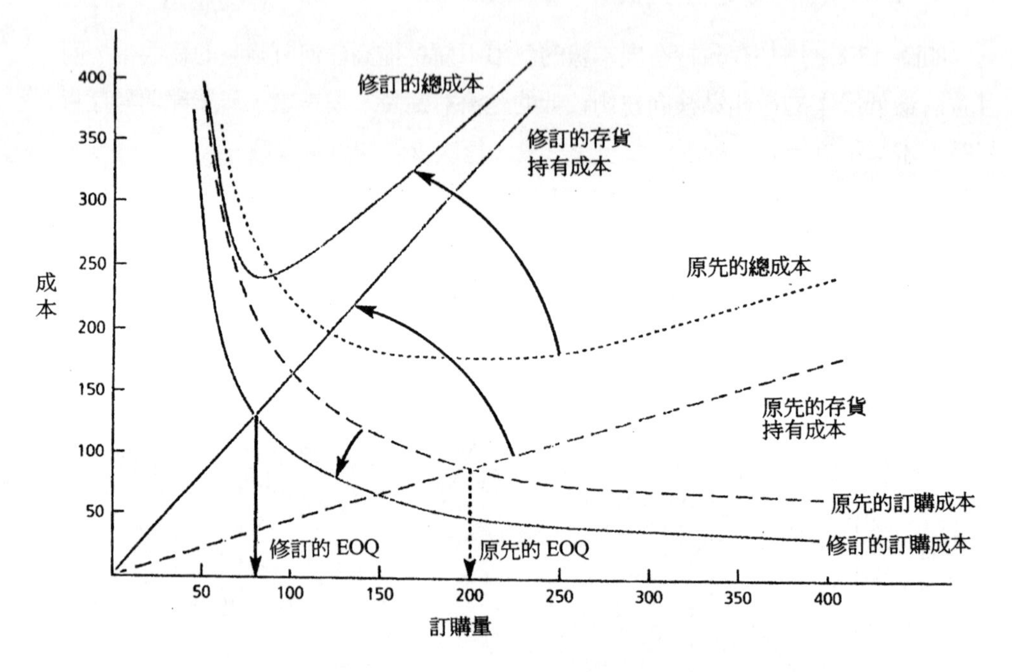

圖 12.9 降低訂購成本（或製程換線成本）可使經濟訂購量 EOQ 變得更少

時機決策——下訂單時點

在下訂單與補充存貨送達的時點之間有時間差。下單時機的計算，見圖 12.10。本例所需的訂購前置時間爲兩週。因此，再訂購點（Reorder Point，ROP）即是存貨降爲零的時點減去前置時間兩週，或是根據存貨水準來界定。本例的再訂購水準（Reorder Level，ROL）爲 200 件。

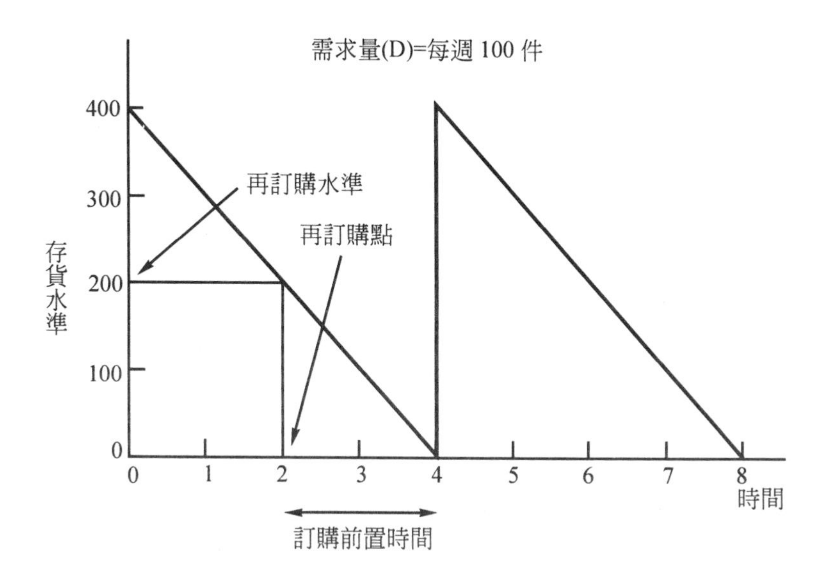

圖 12.10 再訂購水準與再訂購點可經由訂購前置時間與需求率推算

以上推論均假設需求與訂購的前置時間可事先預知。當然，實際的需求與訂購前置時間可能會產生如圖 12.11 的變化。因此，提早下單補貨有其必要性。若提早送出補貨訂單，補貨送到時，倉庫可能還有存貨，即所謂安全存貨。補貨訂單下得越早，預期的安全存貨也會越多。因前置時間（t）與需求率（d）都會變動，所以安全存貨水準有時高於平均值，有時則較低。

安全存量可從訂購的前置時間使用量（lead time usage）之機率分配計算而得。前置時間使用量的機率分配結合了前置時間與前置時間內需求率的機率分配。安全存量的設定若低於此分配的下限，則每個補貨循環皆會缺貨；安全存量的設定若高於該分配的上限，則不可能發生缺貨。安全存量一般都設定在不致缺貨太多的某一範圍內。圖 12.11 顯示第 1 批與第 2 批補貨的前置時間分別是 t_1 與 t_2，前置時間使用量分別是 d_1 與 d_2。第 3 批補貨的前置時間使用量則以機率分配的型式表示。

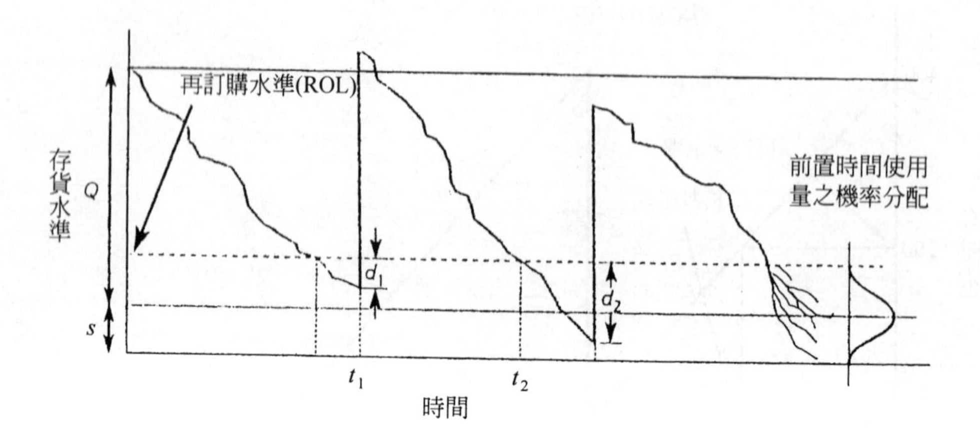

圖 12.11 需求量或訂購的前置時間不確定時，安全存貨可避免缺貨

✏ 範例

某運動鞋進口商檢查先前的訂貨記錄發現每 10 次訂貨：1 次花費 1 週、2 次花費 2 週、4 次花費 3 週、2 次花費 4 週、1 次花費 5 週。運動鞋的需求率每週 110 或 140 雙的機率均爲 0.2；每週 120 或 130 雙的機率都爲 0.3。若要使缺貨機率在 10%以下，則該進口商應於何時下單再訂購？

前置時間與需求率都會影響前置時間使用量，所以必須合併兩者的機率分配，如圖 12.12 與表 12.2 所示。表 12.3 顯示各種前置時間使用量之發生機率，表 12.4 是前置時間使用量之累積機率。若將再訂購水準訂在 600，則前置使間使用量只有 0.08 的機率會高於存貨水準。換言之，發生缺貨的機率不到 10%。

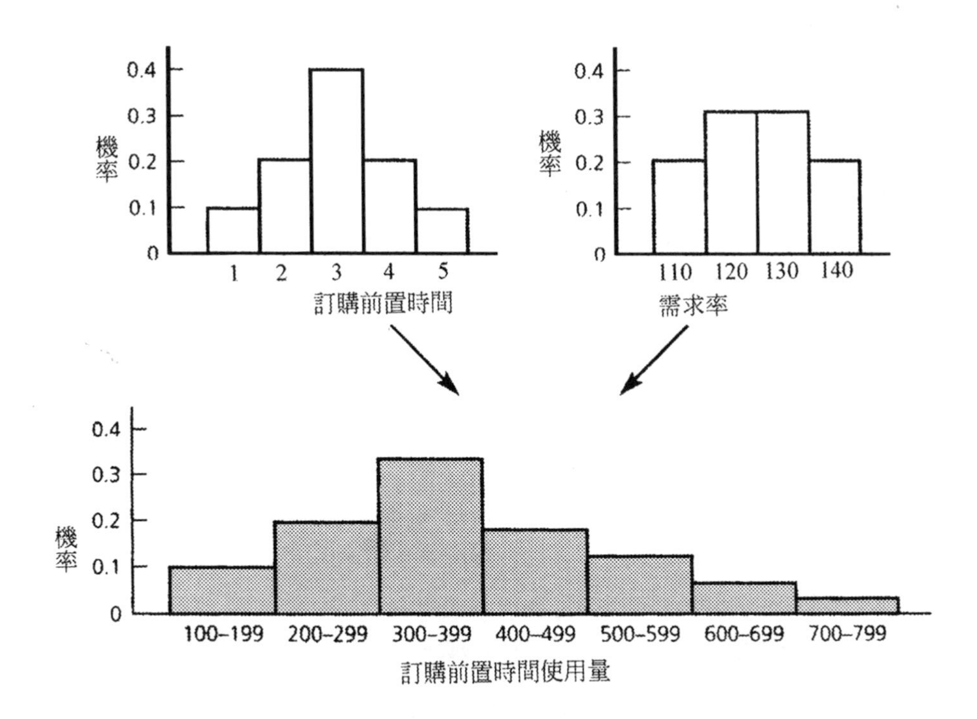

圖 12.12 合併前置時間與需求率的機率分配，可得出「前置時間使用量」的機率分配

表 12.2 前置時間與需求率的機率矩陣

			前置時間的機率				
		前置時間	1	2	3	4	5
	需求率	機率	0.1	0.2	0.4	0.2	0.1
需求率的機率	110	0.2	110 (0.02)	220 (0.04)	330 (0.08)	440 (0.04)	550 (0.02)
	120	0.3	120 (0.03)	240 (0.06)	360 (0.12)	480 (0.06)	600 (0.03)
	130	0.3	130 (0.03)	260 (0.06)	390 (0.12)	520 (0.06)	650 (0.03)
	140	0.2	140 (0.02)	280 (0.04)	420 (0.08)	560 (0.04)	700 (0.02)

表 12.3 聯合機率

前置時間使用量	100-199	200-299	300-399	400-499	500-599	600-699	700-799
機率	0.1	0.2	0.32	0.18	0.12	0.06	0.02

表 12.4 累積機率

前置時間使用量 X	100	200	300	400	500	600	700	800
使用量大於 X 的機率	1.0	0.9	0.7	0.38	0.2	0.08	0.02	0

持續與定期檢視（Continuous & Periodic Review）

目前爲止，所討論的補貨時機決策稱爲**持續檢視法**，因爲作業經理人須針對每個項目的存貨數量持續進行檢視，一旦存貨降至再訂購點，即下訂單補貨。採用持續檢視法下訂單的時間雖不規則（視需求率的變化而定），但訂購數量卻不變，可設定爲最經濟訂購量。然而，此法相當費時費力。

另一補貨時機決策方法爲**定期檢視法**，此法較持續檢視法簡便，但得犧牲固定不變的訂貨量，其訂貨方式係依照固定的時距。所以，每項產品的存貨水準皆可定期檢視；例如，每月月底固定下補貨訂單，以便將存貨提升至預訂水準。此一水準應計入補貨前置時間使用量。圖 12.13 說明定期檢視法的相關參數。

存貨經理人在圖 12.13 的 T_1 時點檢查存貨水準，同時下補貨訂單 Q_1，將存貨提升到最高水準 Q_m。然而，訂單 Q_1 的前置時間是 t_1，在此期間內，需求持續耗用存貨。訂單 Q_1 送達時，存貨水準提升，但不會高於 Q_m（除非 t_1 期間全無需求）。接著，需求持續發生直到 T_2，再下訂單 Q_2 來補充存貨到 Q_m，此訂單在 t_2 時間後送達，在此之前，需求更加耗用存貨。因此，T_1 時點所下訂單數量須滿足 T_2 時點之前與前置時間 t_2 的需求。

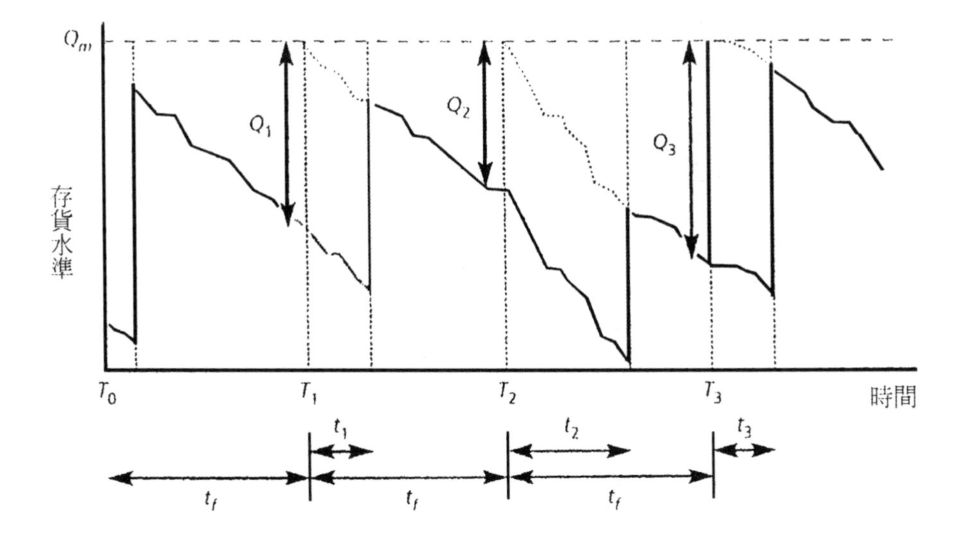

圖 12.13 以機率性需求與機率性前置時間來決定訂購時點的定期檢視法

✏ 時間區間

兩次訂單相隔的時距 t_1 可用 EOQ 公式來計算。如某項物品每年需求 2,000 件，每次訂單成本爲 $ 25，存貨持有成本爲每件每年 $ 0.5，則經濟訂購量：

$$EOQ = \sqrt{\frac{2C_oD}{C_h}} = \sqrt{\frac{2\times 2000\times 25}{0.5}} = 447$$

由此可算出兩次訂單相隔的最佳時間間距 t_f：

$$t_f = \frac{EOQ}{D} = \frac{447}{2000}\text{年} = 2.68\text{個月}$$

存貨分析與控制系統

Flame電器公司的存貨管理

南非 Flame電器公司所供應的照明器材產品，種類多達 2,900 種。這些照明器材儲放在一座佔地 5,000 平方公尺的大倉庫。電腦化存貨管理系統是 Flame 電器公司滿足客戶期望的利器。該系統儲存所有客戶資料、可能購買的照明產品種類、偏好的品牌、品質標準與特性、售價、倉庫儲放每項貨品的代碼與位置等。客戶來電訂貨時，電腦語音系統立即找出所有資訊，並提醒客戶鍵入所需各項照明器材的數量。接著，電腦系統自動指示倉庫依訂單至貨品儲放位置挑選與遞送訂貨。該系統還能依照倉庫裡每項貨品的位置，計算倉管人員搬移貨品的最短動線。

倉庫的補貨訂單由一套再訂購點系統啟動。每項存貨的再訂購點依下列因素而定：訂購前置時間內可能的需求（根據去年同期的訂單加以預測）、訂購的前置時間、前置時間的變異（根據先前的經驗來判斷）。Flame 公司盡量採用整個貨櫃來裝運進貨（不滿一整櫃的裝載量，運費較貴）；但體積較小或價格昂貴的項目也允許少量訂貨。每種器材的訂貨量均根據顧客需求、貨品價值、運送成本來計算。

存貨的優先順序——ABC 分類系統

存貨項目若超過一種以上，必定有某項或幾項較重要。例如，有些存貨周轉率較高；有些存貨項目金額較高，存量過多，必提高成本。存貨之重要與否，通常是依據其耗用金額（即耗用率乘以單價）多寡來依序排比，耗用金額特高的幾項存貨應予嚴格管制。一般而言，極少數的幾項存貨往往佔總存貨價值相當高的比例。此種現象稱爲柏拉圖定律（Pareto Law），又稱 80／20 法則，原因是20%的存貨項目通常佔總存貨價值的 80%。

- A 類存貨價值最高，約佔總存貨價值的 80%，項目約佔總數的 20%。
- B 類存貨僅次於 A 類，約佔總存貨價值的 10%，項目約佔總數的 30%。
- C 類存貨價值較低，約佔總存貨價值的 10%，項目約佔總數的 50%。

✏ 範例

表 12.5 列舉電子零件批發商各種零件存貨（計 20 項）的每年耗用量與每件成本，據此可算出每種存貨項目每年的耗用金額、佔總耗用金額的百分比、累積耗用金額百分比。編號 A／703 的存貨項目耗用金額最高，佔總存貨金額 25.14%，卻僅佔總存貨項目的 5%。圖 12.14 爲表 12.5 的圖解說明，圖中前四項零件歸爲 A 類，若其訂購數量或安全存量略作改進，將可大幅節省成本；第五項到第十項的零件歸爲 B 類，此類存貨只需稍加管制；其餘零件歸爲 C 類，僅須偶爾檢查，查看是否需要補貨即可。

全年耗用量與全年耗用總金額雖常作爲存貨分類系統的基準，但下列幾項也可作爲分類基準：**缺貨的後果**－有些存貨項目的缺貨將耽擱生產或導致停機，故應優先補貨；**供給的不確定性**－有些存貨項目價值雖低，但供給情況甚不確定，值得特別注意；**容易過時、退化或變質者**－有些存貨項目一旦過時或變質，便失去時效、價值，應予特別注意與監控。

表 12.5 存貨項目依據耗用金額排序

存貨編號	每年耗用量	每件成本（$）	每年耗用金額（$）	佔總金額%	累積金額%
A / 703	700	2.00	1400	25.14	25.14
D / 012	450	2.75	1238	22.23	47.37
A / 135	1000	0.90	900	16.16	63.53
C / 732	95	8.50	808	14.51	78.04
C / 375	520	0.54	281	5.05	83.09
A / 500	73	2.30	168	3.02	86.11
D / 111	520	0.22	114	2.05	88.16
D / 231	170	0.65	111	1.99	90.15
E / 781	250	0.34	85	1.53	91.68
A / 138	250	0.30	75	1.34	93.02
D / 175	400	0.14	56	1.01	94.03
E / 001	80	0.63	50	0.89	94.92
C / 150	230	0.21	48	0.86	95.78
F / 030	400	0.12	48	0.86	96.64
D / 703	500	0.09	45	0.81	97.45
D / 535	50	0.88	44	0.79	98.24
C / 541	70	0.57	40	0.71	98.95
A / 260	50	0.64	32	0.57	99.52
B / 141	50	0.32	16	0.28	99.80
D / 021	20	0.50	10	0.20	100.00
總計			5569	100.00	

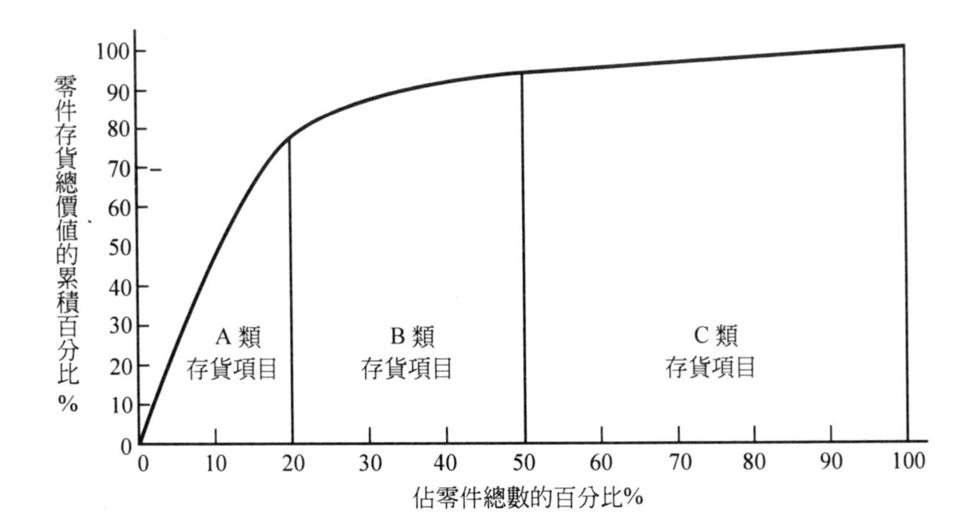

圖 12.14 倉庫各種零件存貨的柏拉圖曲線

存貨的衡量

實例

表 12.6 顯示三種葡萄酒的存貨數量、每瓶成本價格、每年的需求量。

表 12.6 三種葡萄酒的存貨量、成本與年需求量

項目類別	平均存貨水準	每瓶成本（英鎊）	每年需求量
A	500	3.00	2000
B	300	4.00	1500
C	200	5.00	1000

總存貨金額=Σ（平均存貨水準x每瓶成本）

=（500x3）+（300x4）+（200x5）= 3700

每項存貨的供應週數計算如下（假設每年有 50 個銷售週）：

$$A的存貨供應週數 = \frac{庫存量}{需求量} = \frac{500}{2000} \times 50 = 12.5週$$

$$B的存貨供應週數 = \frac{庫存量}{需求量} = \frac{300}{1500} \times 50 = 10週$$

$$C的存貨供應週數 = \frac{庫存量}{需求量} = \frac{200}{1000} \times 50 = 10週$$

每項存貨的周轉率計算如下：

$$A的存貨周轉率 = \frac{需求量}{庫存量} = \frac{2000}{500} = 4次/每年$$

$$B的存貨周轉率 = \frac{需求量}{庫存量} = \frac{1500}{300} = 5次/每年$$

$$C的存貨周轉率 = \frac{需求量}{庫存量} = \frac{1000}{200} = 5次/每年$$

若要求解所有存貨的供應週數與存貨周轉率，乃是以個別需求與總需求量 4500 的比例爲權值相加即得：

$$所有存貨的供應週數 = \left(12.5 \times \frac{2000}{4500}\right) + \left(10 \times \frac{1500}{4500}\right) + \left(10 \times \frac{1000}{4500}\right) = 11.11$$

$$所有存貨的周轉率 = \left(4 \times \frac{2000}{4500}\right) + \left(5 \times \frac{1500}{4500}\right) + \left(5 \times \frac{1000}{4500}\right) = 4.56$$

存貨資訊系統

存貨控制大部份的日常工作都可應用電腦系統，尤其是條碼閱讀機（Bar Code Reader）與銷售點（Point of Sale，POS）交易記錄器。這使得銷售交易資料的取得與保存更方便。許多因應電腦系統的存貨控制法也紛紛出籠，包括：

- **更新存貨記錄**：每次交易達成時（如貨品售出、從倉庫搬上車、運入倉庫），該存貨的位置、狀態、價值等都隨之改變，這些資料都須一一更新。
- **自動發出訂單**：訂購數量與訂購時點這兩項主要決策皆可經由電腦化存貨控制系統來處理。電腦系統能自動開立訂單及其它相關文件，並透過電子資料交換系統（Electronic Data Interchange，EDI）遞送再訂購訊息。
- **製發存貨報表**：存貨控制系統可定期印出各項不同存貨的金額與缺貨次數，這將有助於作業管理與監督，俾能準確掌控存量供需，提高績效。
- **預測**：所有存貨決策都是根據對未來需求的預測。存貨控制系統會比較預測需求與實際需求之間的差距，並依據實際需求水準調整預測的需求。

現身說法——專家特寫

Boots 藥粧店的 Ros Kennedy

Boots 是英國最大的藥粧連鎖店，Ros Kennedy 是其中一家連鎖店的經理。

零售業務著重在適當時機儲存客户所需的適當產品。分析客户採購行為的趨勢對於需求預測大有助益。藥局的場地不大，因此存貨水準必須降至最低。我的職責是監控各種貨品的銷售狀況，並預先向 Boots 當地倉庫訂貨補充，使存貨維持在不缺貨也不佔空間的水準。配藥部門作業採 ABC 分類法：A 類物品隨時保持充沛供應量；B 類物品數量則維持在最低量的水準；C 類物品則須依據處方箋的數量來訂購。基本管理要領是使缺貨的次數減到最少，同時控制好存貨持有成本與管理成本。

本章摘要

- 存貨發生是因爲供需時間的配合不當。存貨是用來解決供給與需求的差距。
- 持有存貨的主要理由有四，因此存貨也可歸納爲四種：

  a. 緩衝存貨　　b. 週期存貨

  c. 預期存貨　　d. 在製品存貨
- 作業經理人的存貨規劃與控制決策有三：每次下訂單補貨應訂購多少？何時訂購？如何管理存貨的規劃與控制系統？
- 訂購數量決策是要調整存貨持有成本與訂購成本，使總成本最少。存貨持有成本與營運資金有關，而訂購成本則與訂單處理的作業有關。
- 決定訂購數量常用經濟訂購量（EOQ）模式，其公式可依不同的存貨行爲假設，適用於各種存貨型態，提供最佳或最低成本的訂購量。
- 針對 EOQ 模式訂購量的批判主要來自三方面：

  a. EOQ 模式對需求與成本的假設不切實際；

  b. 從存貨對作業本身成本的影響來看，實際存貨成本遠高於假設的成本；

  c. 將 EOQ 決策模式當作規範，認定與訂貨有關的成本爲固定不變，不能激發降低或改善成本的動機。
- 安全存貨的水準深受需求與前置時間變異性的影響，此二種變動因素常合併爲前置時間使用量的變動。
- 存貨控制最常用的是 ABC 存貨分類方式。利用柏拉圖原理，按存貨項目的價值與用量，區分爲 A、B、C 三類，予以重點管理。
- 常見的存貨衡量方式有三：存貨總金額、存貨可供應期間、存貨周轉率 。
- 存貨管理已逐漸利用各種精密的電腦資訊系統來處理，如存貨記錄更新、發出訂單、製發存貨報表、需求預測等。

個案研究：Plastix 公司

瑞典 Plastix 公司是一間家用塑膠產品廠商， 300 餘種產品專門供應批發商與大零售商。該公司所有產品存貨充足，訂單都能在接單 24 小時內處理完畢。近來，成品存貨日漸累積，公司針對所有生產作業進行診斷。下表列出 2001 年 9 月存貨盤點其中 20 項產品的結果。

產品編號	單位變動成本（$）	前 12 個月銷售量（千）	2001 年 9 月存貨（千）	再訂購量（千）	標準產出率（件／小時）
016GH	1.60	10	0	2	240
033KN	2.40	60	8	2	200
041GH	0.50	2200	360	600	300
062GD	3.00	40	15	5	180
080BR	5.00	5	6	5	260
101KN	0.60	100	20	10	600
126KN	0.30	200	80	50	2000
143BB	2.50	50	1	2	120
169BB	1.50	60	0	2	180
188BQ	10.80	10	8	5	120
232GD	2.00	2	6	2	200
261GH	0.80	60	22	8	400
288LY	1.00	10	17	50	1000
302BQ	0.20	5	12	2	400
351GH	1.00	25	2	2	300
382KN	0.50	800	25	80	650
421KN	2.00	1	3	5	220
444GH	0.05	200	86	50	3000
472GH	6.00	300	3	10	180
506BR	0.80	10	9	20	400

Plastix 公司採大量生產的射出成型製程，停機更換產品（換模）的時間為 4 小時，所需成本為＄400。由於目前需求量太大，工廠訂單的前置時間至少需要 8 週。為使換模作業成本降低、產能利用率提高，工廠計畫讓所有製程至少持續運轉 20 小時，再訂購量水準為過去 13 週平均銷售量。經銷商要求訂貨一周內就可供應

所需貨品，問題是許多經銷商要分幾次才能收到訂貨，而且要拖好幾星期，導致管理營運成本與運費大增，而有時短缺的貨品卻是曬衣夾一類的小東西。

工廠所有機器均集中佈置，每位作業員可同時看管四部機器。雖然射出成型製程完全自動化，仍須有人監督原料輸入與成品輸出。廠方以論件計酬與提供獎金來提高產量及生產力。所有機器都相同，即所有產品皆可在任一台機器生產。

鑄模機器產出效率雖高，但瑕疵品也多。常見的問題是刀具損壞或磨損造成產品表面粗糙，或因溫度壓力調整不當造成產品扭曲。最近退貨率有升高現象，顧客報怨也增多。而當市場佔有率提高，產品更複雜時，情況將更惡化。若專注於提升品質，生產卻更耽擱，整批交貨的延誤更加惡化。工廠與倉庫須挪出更多寶貴空間給品管部儲存待檢物品之用。

問題：

1. Plastix 公司何以無法在設定的一周內交貨？延期交貨對經銷商有何影響？
2. 哪些內部問題來自目前的規劃控制政策？將這些問題大致分為排程、產能管理與存貨管理等政策。這些政策是否相互影響？
3. 該公司的存貨管理方式對品質績效有何影響？

問題討論

1. 說明下列組織可能的物料存貨？試加以分類。

   a. 電影院　　b. 傢具零售商

   c. 釀酒廠　　d. 汽車客運公司

2. 某電力公司每月需使用 3,000 公尺的電纜線，每次下訂單的成本為 $ 40。電纜線的存貨成本為每公尺每年 $ 0.05，則該公司每次應訂購多少電纜線？若採用 EOQ 模式訂貨，每年的存貨成本為何？

3. 某影印店的紙張耗用率每天 86 包。每包價格＄2，每年存貨成本為紙張成本的 10%。若每次下訂單成本為＄25，每年工作 250 天，則紙張的經濟訂購量為何？假設送出訂單到收到貨品需時 3 天，則再訂購點為何？
4. 某屠宰廠的包裝機每天可包裝 1,000 份牛排。該廠每天的牛排產量可滿足一週的需求。假設每年有 50 週，且該機器每包裝一批牛排的固定成本為＄100，每份牛排每天的存貨成本為＄0.5。與採用 EBQ 的方法比較，若每週生產一批牛排且每批數量為 1,000 份，該廠損失多少錢？
5. 某公司採 EOQ 模式訂貨，若需求量已增加 50%，則其訂購量應調整為多少？若存貨成本增加 50%，則訂購量又應調整為多少？
6. 某大學出售印有學校圖案的運動衫給學生，平均每年約售 2000 件，每次的訂單成本為＄5，運動衫的進貨價為每件＄15，且每件每年的存貨成本為進貨價的 30%，則校方每次應訂購多少件運動衫？
7. 冰淇淋小販每天早晨均須採購冰淇淋，每單位冰淇淋成本＄0.2，售價＄0.5，但每天所剩的冰淇淋無法退還。此小販將客戶對冰淇淋的需求區分為三種：低需求 40-80 單位、中等需求 80-120 單位、高需求 120-160 單位。低中高三種需求的機率分別為 0.2、0.5、0.3，則小販每天應採購多少單位的冰淇淋？若每單位冰淇淋的售價降為＄0.4，小販是否需改變訂購決策？
8. 傢具店每次向工廠下訂單的成本＄60，每件傢具每年的存貨成本為＄10，前置時間使用量的機率分配如下表所示，若該傢具店希望每一訂貨週期的缺貨機率都小於 5%，試決定其再訂購點。

前置時間使用量	機率
600-650	0.2
650-700	0.2
700-750	0.3
750-800	0.2
800-850	0.05
850-900	0.05

13 供應鏈的規劃與控制

本章要探討供應鏈的「基礎建設」，即供應鏈「管道或路線」的規劃與控制問題。供給——需求的協調與連結見圖 13.1。

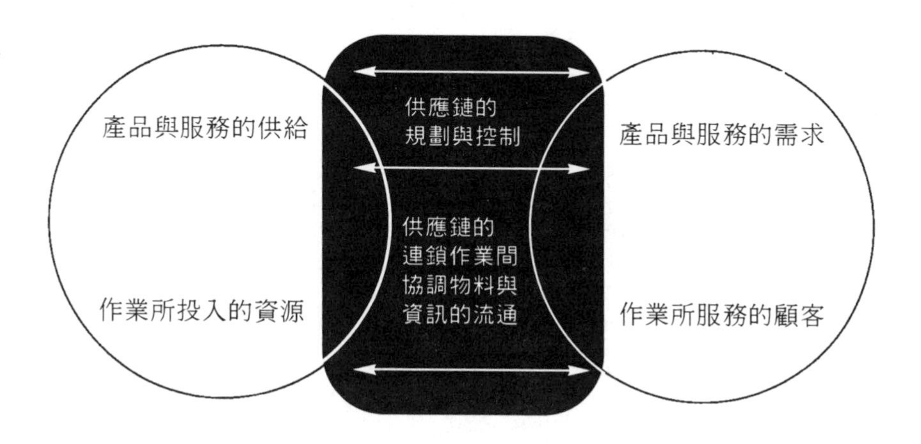

圖 13.1 供應鏈的管理：管理供應鏈中物料與資訊在各作業間的流通

學習目標

- 採購、實體配銷、物流管理、物料管理、供應鏈管理的定義；
- 採購與發展供應商關係；
- 實體配銷管理；
- 以物流管理與物料管理的概念整合內部的作業功能；
- 以供應鏈管理的概念整合組織的整體運作。

供應鏈之規劃與控制的定義

本章介紹的有些術語背後概念重疊，圖 13.2 有助於釐清各專用術語的確切意涵。整個供應鏈體系靠近供應來源的組織、企業爲「上游」，靠近終端顧客則爲「下游」。「上下游」之分是相對的。

- **採購與供應管理**：作業部門與上游供應市場之間界面的管理。
- **實體配銷管理**：供應給下游直接顧客的作業管理。
- **物流管理**：物料與資訊流的管理，由企業透過配銷通路到達終端顧客。
- **物料管理**：供應鏈中物料與資訊流的管理。此一定義涵蓋採購、存貨管理、店面管理、作業規劃與控制、實體配銷等活動的管理。
- **供應鏈管理**：管理的範疇跨越公司，驅動整個通路體系來滿足終端顧客。

採購與供應商關係的培養與建立

採購活動

採購經理人負責聯繫作業部門與供應商，必須了解己方作業活動中所有製程的詳細規格要求，以及供應商供應產品或服務的能力。圖 13.3 說明採購單位與供應商或作業部門的互動關係。

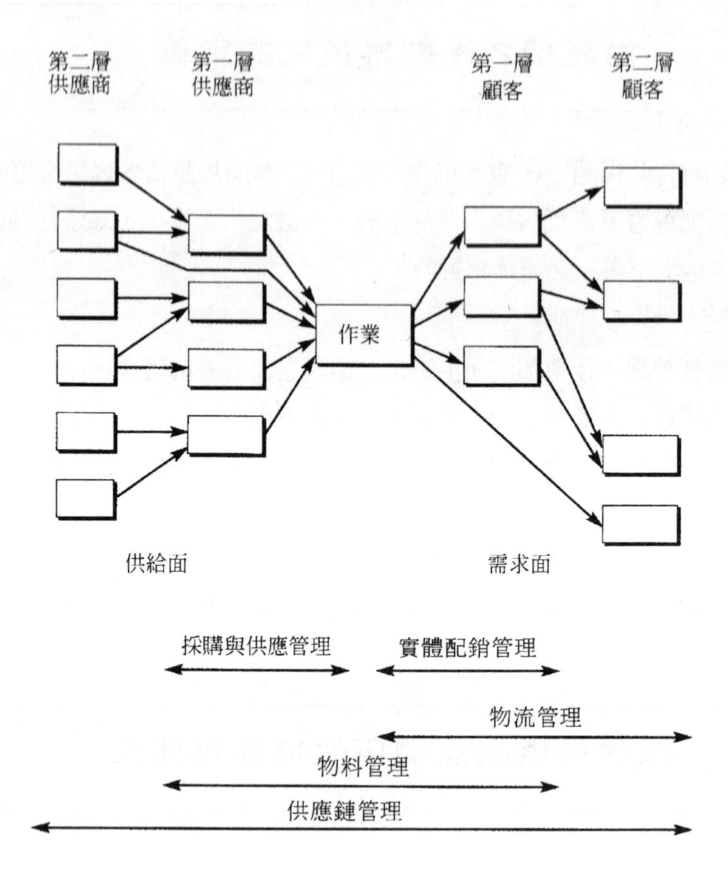

圖 13.2 供應鏈管理一些專用術語圖示

採購部門的目標

作業部門經常會採購各式各樣的物料與服務。一般而言，從這些採購項目數量與金額的成長，可窺知組織所著重的「核心任務」。每一個公司的採購目標都一樣，通稱「採購的五大準則」：以最適當的價格、以最適當的數量、從最適當的來源、採購最適當品質的產品與服務、在最適當的時間交貨。

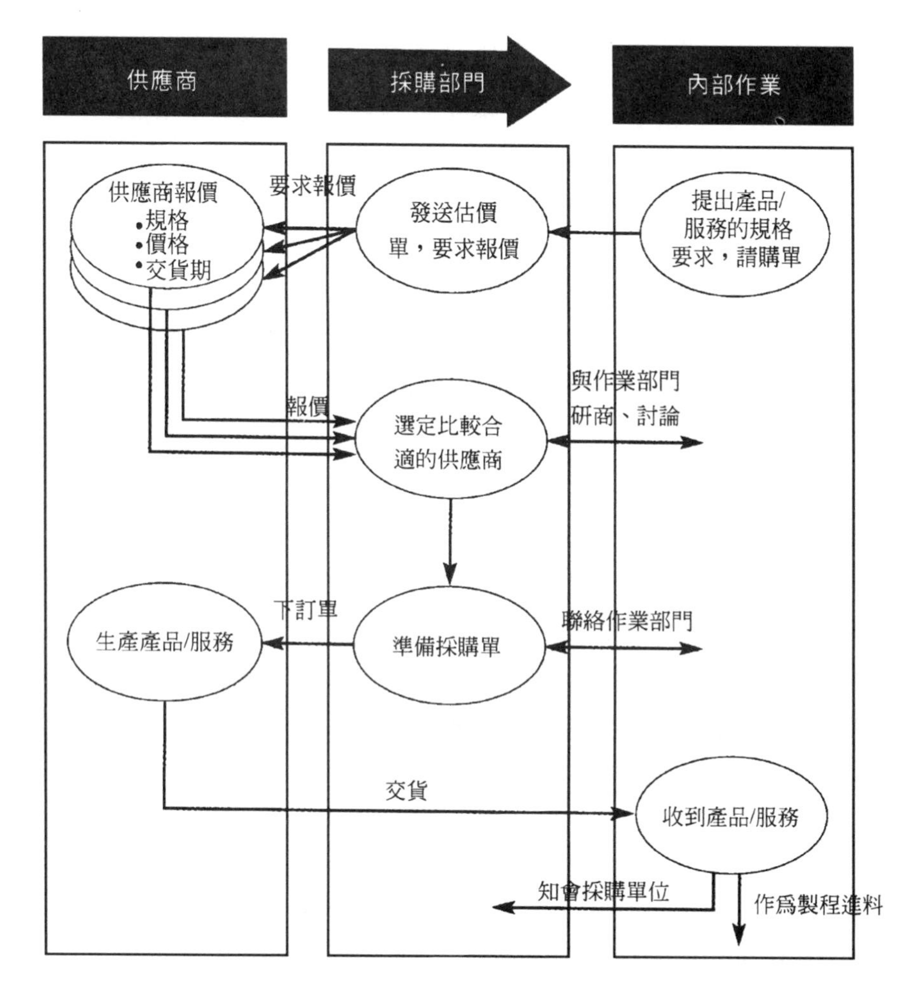

圖 13.3 採購功能猶如作業部門與供應商之間溝通的一座橋

✏ 以最適當的價格採購

採購部門最大的貢獻是替生產作業爭取到最好的價格，使其獲得成本優勢。降低成本一直是採購實務所強調的目標。採購績效評估多半也依此爲衡量標準。茲舉某項簡單製造作業爲例，說明採購作業何以對價格特別敏感：

總銷售額= $ 10,000,000　　採購服務與物料的成本= $ 7,000,000
薪資成本= $ 2,000,000　　營業費用= $ 500,000
淨利= $ 500,000

如果採取下列任一方案，其獲利可能倍增到 $ 1,000,000：總銷售額增加 100%、薪資成本降低 25%、營業費用減少 100%、採購成本降低 7.1%。比起其它各方案，採購成本降低 7.1%乃是最切合實際的選擇。壓低採購價格之所以會大幅提高獲利率，原因是採購成本佔總成本的比例甚高。

適時適量交貨的採購

採購若能做到適時適量，便會提高作業部門的交貨速度、交貨的安全可靠性與彈性等各方面的績效。採購必須考慮供應市場特性的影響，尤其是採購數量與時機的決定。例如，國際採購須涉及海運，船期動輒兩、三個月，再加上裝卸、報關通關手續，採購作業勢必提前辦理。產品或服務本身的特性，也會影響採購時機，例如，農作物須把握成熟、新鮮的時機，及時採購加工。

適當品質的採購

採購品質優良的產品與服務，乃是作業部門取得品質優勢的關鍵。品質優良與否會影響交貨速度與可靠性。品質不良的組件或服務會延誤製成品或服務的分配與運送作業。同理，購進品質不佳的物料或服務會增加成本。

透過適當來源採購

一般人選擇產品與服務的來源往往先考慮價格、品質及交貨等所謂的重要因素。但採購人員選擇特定的來源，有時則著重在目前或將來具有**供應潛力**，而非這些近期與直接的效益因素。

✏ 獨家採購來源與多元採購來源

表 13.1 獨家採購與多元採購來源的優缺點比較

	獨家採購來源	多元採購來源
優點	• 更能密集施行供應商品保計畫 • 彼此關係堅固長久，加強彼此的信賴 • 溝通更爲簡便、有效 • 有助於彼此合作，研發新產品／服務 • 可達到較大的經濟規模 • 可維持較高的機密性	• 採購者可從多家競標，挑選最適價格，從而壓低採購價格 • 若不滿意供應服務，可隨時更換 • 可從多處來源獲得廣泛的產品資訊與專業知識
缺點	• 供應若發生差錯，生產易受嚴重影響 • 供應商易受需求數量變化的影響 • 若缺少比價或預備的供應商，單一廠商若抬高價格，易受嚴重影響	• 很難要求對方承諾供應的保證 • 較不易有效推動供應商品保計畫 • 溝通比較麻煩、費事 • 供應商改善或更新製程的意願較低 • 較不易達到規模經濟

自製或外購的決策

有時公司自行生產某些零件，或許成本較低，或許品質較外購精良。有時委託專業供應商產製，反而物美價廉。採購部門須分析外購與自製何者較爲有利。作業部門若決定自製，須先分析自製該產品／服務而產生的**額外成本**。如該部門已有現成的設備與人力可自行製造，部份產能又閒置，則所需的額外成本即爲生產該產品的變動成本。此外，若該產品或服務並非其核心業務，則宜採用外包。

實體配銷管理

製造業滿足需求的過程，乃是將產品實際從製造部門運送給顧客。至於與顧客接觸頻繁的服務業，則是當著顧客面前，現場提供服務。

多層級的存貨體系

多層級存貨系統即物流在送達顧客之前，會在不同地點暫時儲放。圖 13.4 的成衣廠會將成品存放在成品倉庫，再轉運到地區倉庫，作爲零售商的分配點。

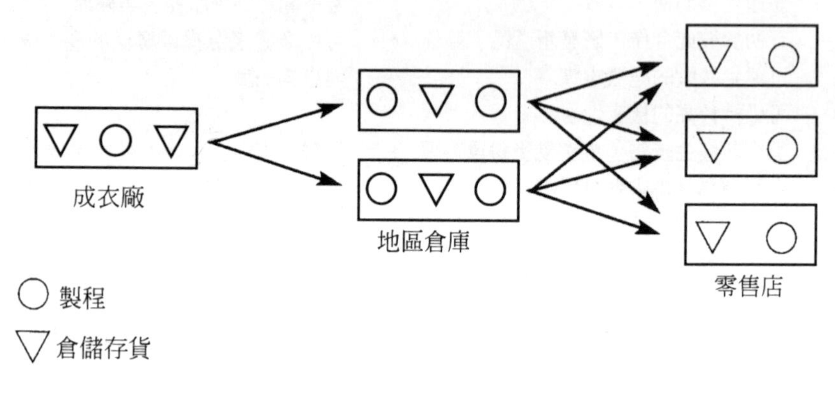

圖 13.4 多層級存貨體系

倉儲可簡化配銷路徑與溝通

圖 13.5 說明如何運用倉儲簡化實體配銷。

實體配銷的運輸工具

常見的運輸方式有：路運、鐵路、海運、空運、管線。每種方式各具特性，影響適合運送的特殊產品。圖 13.6 說明如何根據數量－價值的特性來決定運輸方式。產品的外表、體積等特性會限制配銷經理人對運輸工具的選擇。例如，氣體、液體的運輸利用管線較方便；大型建材就不適於空運。表 13.2 說明各種運輸方式的相對績效評比。選定的運輸方式也會影響其它作業決策。例如，有些公司常因選定的運輸方式，而選擇於港口、機場、鐵路或交通要衝附近設廠。選定的運輸工具之裝載容量也會影響每批產品的體積大小與訂單數量的決策。

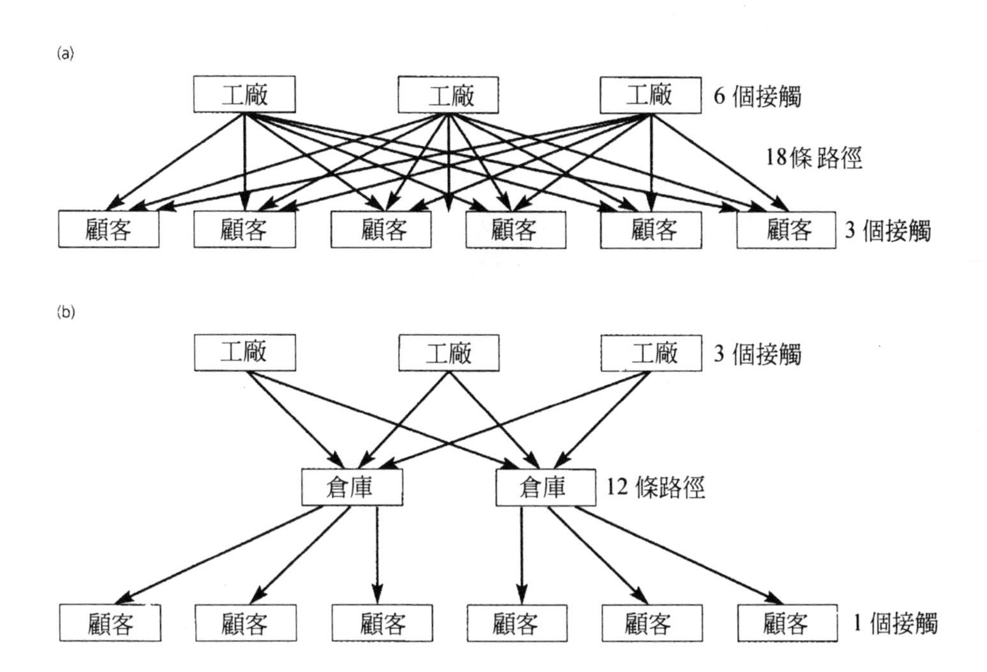

圖 13.5 利用倉儲系統簡化多層級存貨體系的配銷路徑與溝通效果

表 13.2 各項運輸工具的相對績效評比

作業績效目標	運輸方式				
	路運	鐵路	空運	水運	管線
交貨速度	2	3	1	5	4
交貨可靠性	2	3	4	5	1
產品品質	2	3	4	5	1
成本	3	4	5	2	1
路線的彈性	1	2	3	4	5

說明：1=績效最高；5= 績效最差

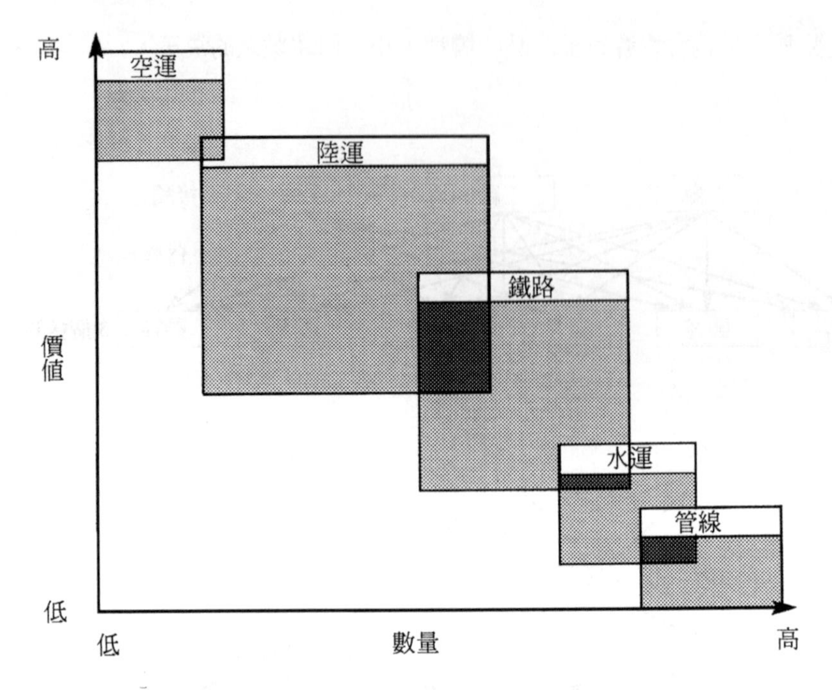

圖 13.6 產量／種類特性決定運輸方式

✏ 合約條件

國際常見的海空貨運報價術語分別說明如下：

- **工廠交貨價**（Ex-work）：以出廠價格報價。買方負擔從供應商（賣方）工廠起運的所有運費，包括訂艙位、保險費、港口裝卸、報關費等。此種報價適用於無國際貿易概念的供應商，或熟悉運輸細節的買主。
- **船邊交貨價**（Free alongside，FAS）：供應商的報價負擔到貨運起運點，包括這段路程的保險費與內陸運費，此後由買主負擔裝船費及後續費用。
- **船上交貨價**（Free on board，FOB）：供應商負擔出貨的裝船費、出口報關費。而此後的運費與其它相關開支，包括保險費或風險，概由買主負擔。

- **成本 & 運費價**（C&F）：由供應商安排裝船並負擔直到約定交貨點（港口或機場）的運費，但買方須負擔保險費，並申請產地證明。
- **成本、保險及運費價**（CIF）：類似 C&F，只是增加供應商負擔投保費用。
- **送達指定地點**（Delivered）：供應商送貨品到買主指定地點，並負擔所有運費、保險等費用，直到對方點收，圖 13.7 說明各合約條件的差異。

✏ 國際運輸管道的成本與前置時間

國際採購與供應程序對作業規劃與控制的影響不容忽視。從出貨到押匯收款的期間動輒二、三個月，這會造成資金積壓、存貨成本增加、貨物過期不流行、商機延誤、貨物遭竊破壞等機會成本。

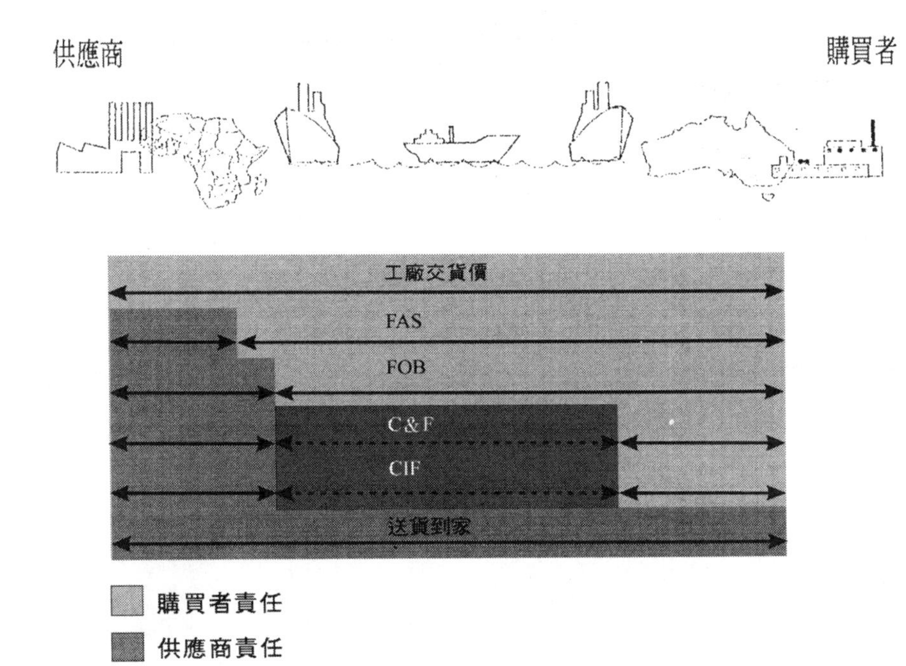

圖 13.7 不同契約條款所界定的責任與風險範圍

整合的概念

採購作業與供應商關係的發展重視採購者傳送資訊到供應商的流程。實體配銷重視產品從供應商運送給買主的流程。將這兩種概念加以整合，便形成了整個供應鏈。任何供應鏈都由一系列「購買者—供應商」的互動關係所組成，整個供應鏈聯繫關係的整合運作方式如圖 13.8 所示。

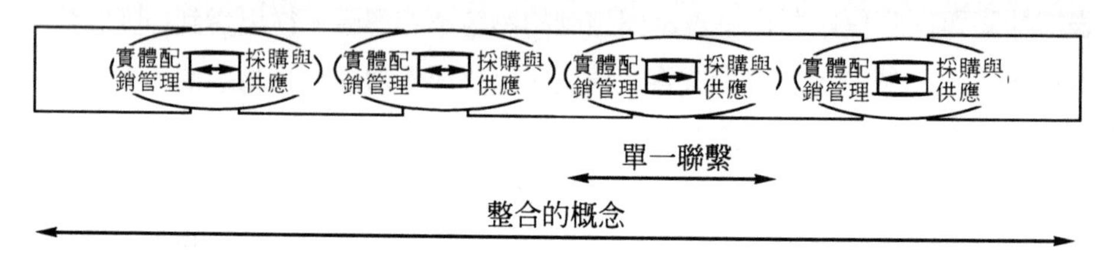

圖 13.8 供應鏈的整合概念

物料管理

物料管理的概念源自採購部門，採購、跟催、存貨管理、商店管理、生產規劃與控制、實體配銷管理等諸項功能全都納入，其範圍圖解見圖 13.9。物料管理應將掌管全部物流與資訊流的權責由某一部門全權負責，如此才能降低存貨、作業績效才能大幅提高、前置時間亦可大爲縮短，這正是物料管理的宗旨。

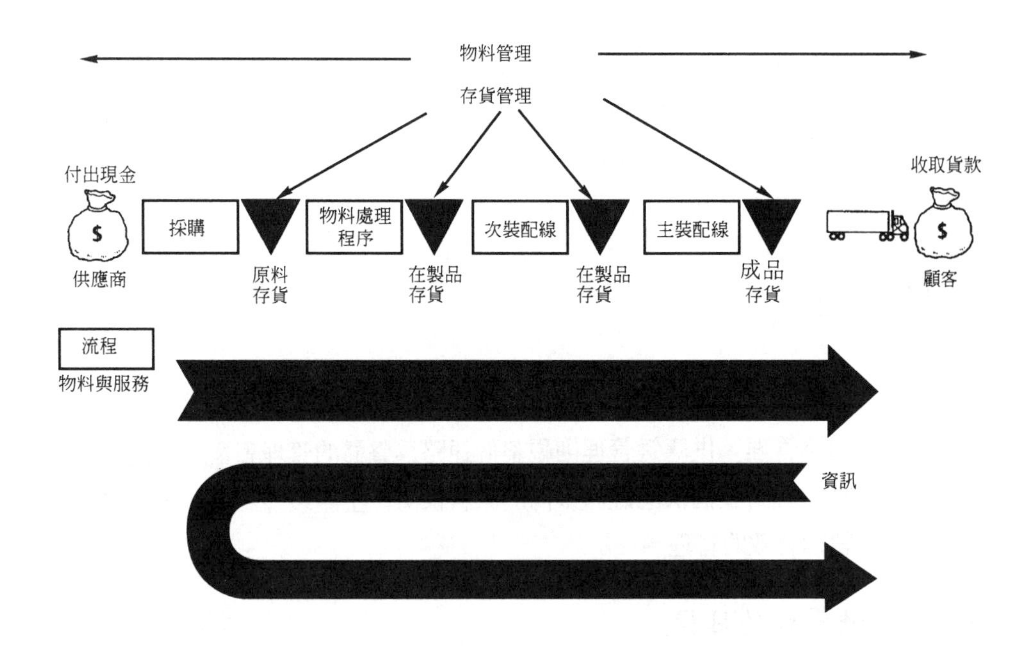

圖 13.9 物料管理的概念

買賣業管理（Merchandising）

零售業的採購往往結合銷售和實體配銷作業，稱爲「買賣業管理」。零售業者的採購作業須密切配合每天的銷售活動，隨時因應顧客的需求，提供適當的產品組合，維持一定數量與貨色的存貨。近年來，零售業已紛紛引進電子銷售盤點系統，不僅可記錄銷售情形，還會自動通知配銷中心補貨，大幅提高消費品的週轉率。此外，業者也已採用條碼掃描，隨時可登錄、控制存貨及適時補貨。

物流管理（Logistics）

許多組織、企業都設有物流管理的部門，負責從上游工廠到最終顧客的整個商品流程。物流管理的定義爲「物料的採購、運送、儲存與存貨管理，以及經由行銷通路的整個分配過程」。物流管理與物料管理有些微差異。物料管理較不重視製成品的實體配銷，而較偏重作業部門本身製程的規劃與控制；物流管理則將製造作業視為一「黑箱」，而強調實體配銷的重要性。兩者有其共同目標：都是要整合物流與資訊流之管理控制，期以獲取最大的作業績效。

供應鏈管理

物流管理較不重視供應商的上游通路管理，而物料管理較不重視下游產品與服務的配銷通路管理。供應鏈管理則視整個通路為整體的管理對象。因此供應鏈管理可定義為：針對整個供應鏈體系內的原料供應、生產製造、裝配、最終送達顧客手中，執行有效的管理。

✏ 供應鏈管理的目標

- **滿足終端顧客的需求**：供應鏈的最終顧客乃是唯一的實際財源。最終顧客一決定購買，就會觸動整個連鎖反應系統，帶動整個供應鏈的所有成員。
- **根據爭取與留住終端顧客的目標制定與執行策略**：供應鏈中的關鍵廠商能影響其它通路夥伴，共同爭取並留住最終顧客。汽車業的關鍵作業通常是裝配廠，其所設定的標準，常左右汽車產業基本設施的設計。
- **改進供應鏈的管理效能與效率**：從整體策略來分析供應鏈，改善瓶頸作業以縮短上市時間。就整個供應鏈進行成本與價值分析，找出可能降低成本的項目。而新產品或服務供應鏈的關鍵是掌握產品上市的時機。

DELL 電腦如何建構其供應鏈

隨著個人電腦市場的競爭變為成本導向，許多公司紛紛投入郵購市場，直接銷售給用戶。因多數電腦零件來自同一來源，若想從供應面來降低成本機會渺茫。顧客之中具電腦素養者日漸增多，不再需要經銷商的技術支援。DELL 斷然廢除經銷制度，繞過需求面的供應鏈，直接打進終端顧客群，躍身為電腦界的明星。

除了降低成本外，DELL 也發現重新建構供應鏈的效益。DELL 直接跟顧客互動，比競爭對手更能掌握顧客的需求。打從顧客初次詢價，直到每次服務或維修的資料，全都登錄在資料庫。銷售與服務人員更能反映顧客的回饋與心聲。

✏ 供應鏈管理的障礙

協調分屬不同組織的供應鏈頗富挑戰性，尤其是供應鏈的某些部份須同時服務兩組不同的終端顧客時。例如，許多汽車零件廠須服務兩組迥然不同的終端顧客：一是新汽車市場，即買附有零件的汽車客戶；一是汽車零件市場，即零件的售後服務市場，見圖 13.10。零件廠擁有著重不同競爭因素的兩種供應鏈，兩者的存貨角色、規劃與控制的優先順序、價格談判等各不相同，但零件可能都是來自同一生產作業，因此除非能妥善管理規劃，否則可能會導致作業程序大亂。

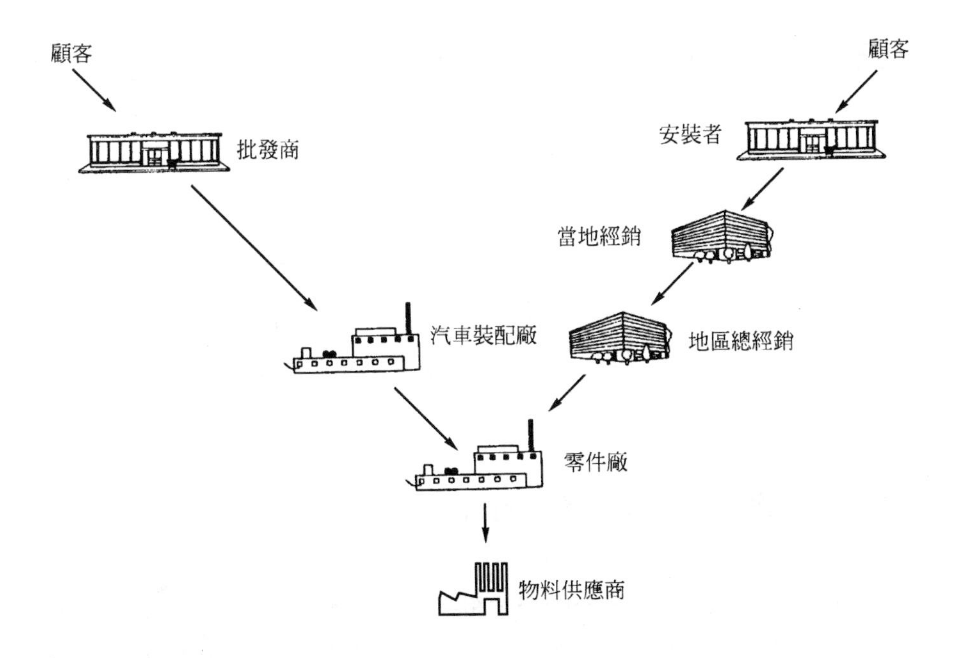

圖 13.10 汽車零件廠的兩大顧客群

Benetton 的供應鏈

Benetton 是全球數一數二的成衣零售業者，品牌連鎖店遍佈世界。其成功關鍵在於掌控了供應鏈，從供給面到需求面完全包辦。

Benetton 雖自擁工廠，但絕大部份的貨源都是仰賴代工廠供應。這些代工廠（許多是由 Benetton 員工創設或投資）製造、加工 Benetton 品牌的產品，同時也將部份工作外包出去。Benetton 的外包作業有二項優點：成本遠低於競爭對手、減少並緩和需求變化。

Benetton 在需求方面多委由代理商執行，包括新店的創立。產品從義大利運到各連鎖店後，立刻上架陳列。Benetton 連鎖店的店面設計小巧玲瓏，所陳列的服飾色彩鮮豔，營造一片洋溢青春活力的環境。Benetton 工廠的成衣產製策略盡量以灰色系列為主色，遇有特定顏色的需求數量夠大時，才進行染色作業。這種作業程序比起直接使用各種不同顏色的成本當然要高，但其供應面的效益卻足以沖抵彈性作業可能增加的成本，且能快速因應各店對貨品的需求。

供應鏈中的各種關係

供應鏈管理的主要決策是：每個企業成員對供應鏈應掌控到什麼程度？對整個供應鏈應發揮多大的影響力？此即垂直整合程度。供應鏈內不同成員彼此作業之間的流通涉及待轉換資源（如物料）或用來轉換的資源（如人力或設備）。

整合的層級關係（Integrated Hierarchy）

整合的層級即爲完全垂直整合的企業組織，業務涵蓋供應鏈的所有作業活動：從原料來源到配送商品給終端顧客，以及所有支援活動，見圖 13.11。完全整合的層級體系，並無公司之間的訂單、資訊以及物料等交換，此種完全垂直整合的供應鏈極爲罕見。

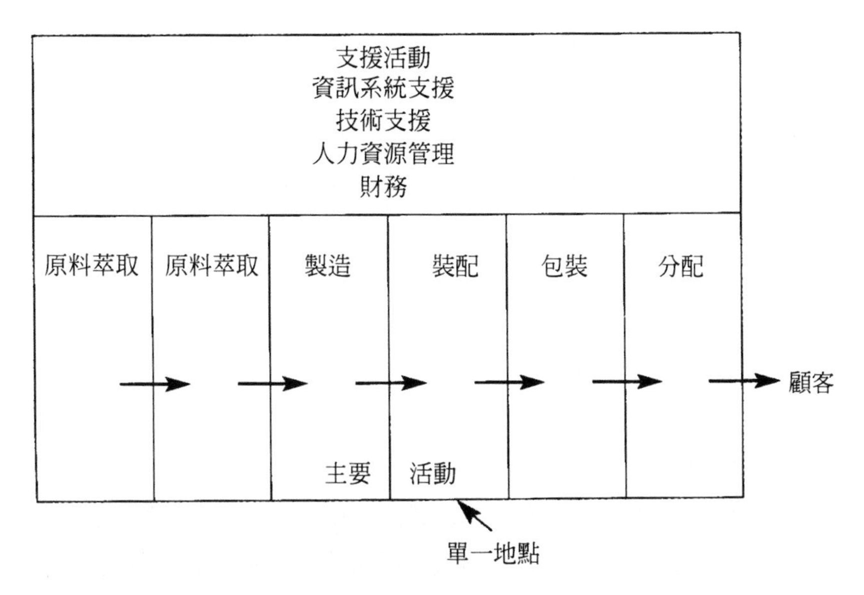

圖 13.11 完全整合的層級組織體系

半整合的層級關係（Semi-hierarchy）

半整合層級組織的供應鏈成員或由控股公司掌控，或是同屬某一集團的子公司，但都像各自獨立的個體自行運作，見圖 13.12 石油產業的例子。從原油淬取、提煉、輸送以製品的零售，即爲實例之一。

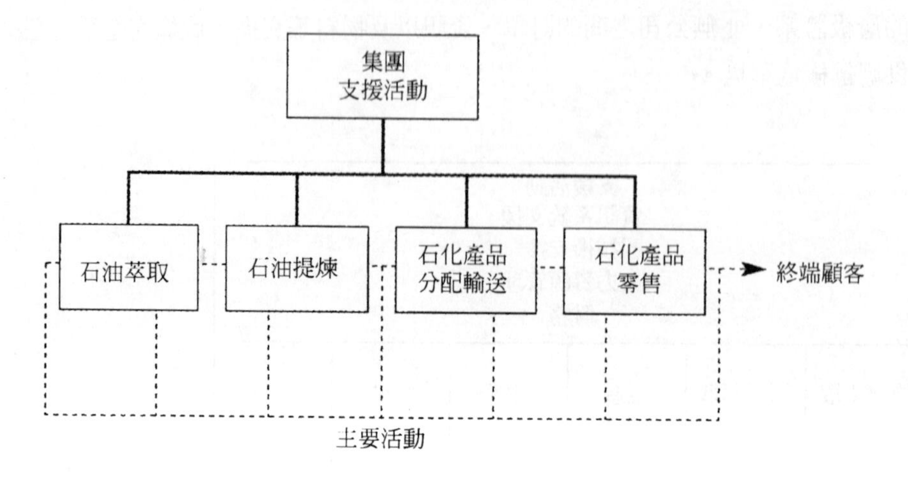

圖 13.12 半整合層級關係的組織體系

完全整合層級與半整合層級都是所有權屬同一公司的垂直整合。然而，半整合層級涉及不同組織之間物料、服務以及財務的交換程序。除物料與資訊的交換外，可能有機器設備或科技的交換。雙方人員可能爲特定專案或例行性活動依組織結構設計進行交流。若採中央統籌採購，也可能從大量採購中取得交換利益。

共同承包（Co-contracting）

共同承包是指不同組織間的長期關係，雖因各種理由未合併，但實際上有某些所有權、科技、人才、資訊或產品 / 服務的交流、轉移。這種聯盟常見於航太與汽車工業。這種聯盟未涵蓋整個供應鏈。共同承包的交換要素見圖 13.13。

共同承包關係的另一種重要類型是「夥伴關係」，即利益均霑，共擔風險，以達降低成本、改進交貨與品質的競爭優勢。建立夥伴關係應基於提高生產力與作業效率的理念，並著眼於中、長程的效益。

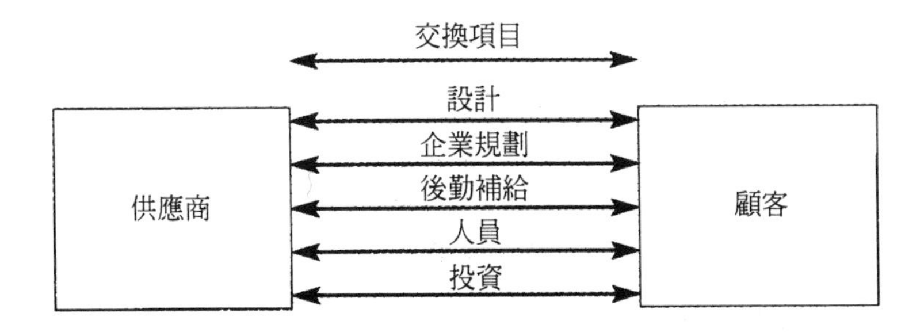

圖 13.13 共同承包關係

荷蘭鹿特丹的水果港與顧客的夥伴關係

鹿特丹港是世界港務最繁忙的港口之一，佔地達 5 千公頃，泊船碼頭總長 60 餘公里。每年進出的大小船隻約為 3 萬 2 千艘，處理貨物重達 3 億公噸，鹿特丹港是許多公司供應鏈中不可或缺的一環。該港長年為各船運公司提供服務，由於歐洲各國港口競爭激烈，鹿特丹港體認到與顧客建立夥伴關係才有前途。

為配合顧客需求，鹿特丹港首創獨特機能的水果專業港區，讓進出港口的水果、果汁、蔬菜等相關產業聚集一處，共享特別研發的現代設備與基礎設施。設立專用碼頭的好處是各種處理水果的作業都予以整合，產品與文件都能快速處理。水果港務局、報關行、海關人員、檢驗公司、貿易商、水果交易拍賣人員、倉庫管理員、銷售公司等全都形成「夥伴」關係，因而形成一個強固有效的供應鏈。

協調承包關係（Co-ordinated Contracting）

協調承包關係由主要承包商帶頭執行作業。譬如，建築承包商將工程轉包給一組合作的轉包商，包括木工、水泥工、電工。轉包商可與承包商簽約長期合作，也可就特定個案合作。協調承包作業多由承包商提供產品／服務的規格，並協助所有轉包商預作規劃與控制。轉包商須自備專業機具設備。這種協調承包關係通常只適用於專案計畫的執行。協調承包的交換要素見圖 13.14。

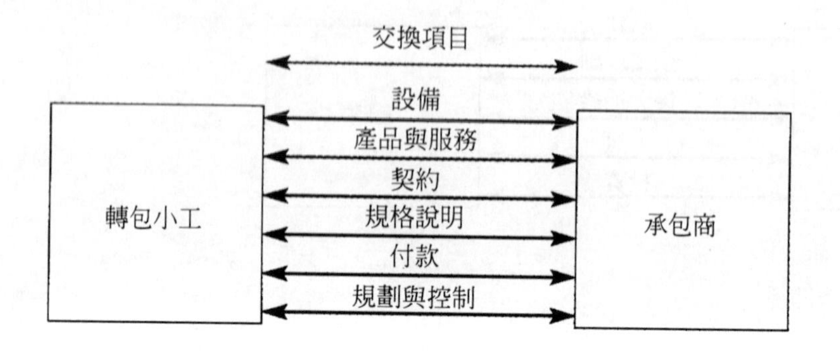

圖 13.14 協調承包關係

協調收益聯合關係（Co-ordinated Revenue Links）

這類結盟關係通常是大廠授權給小公司，而小公司支付給大廠一定比例的權利金，並簽約成爲大廠的加盟成員。合約通常明訂下列的權責關係：產品或服務的財產權通常仍屬授權者或加盟特許權的授予者；被授權對象或加盟者的營運範圍；授權產品與服務的規格標準；生產作業所使用的程序與規格；作業績效的檢查評估程序，及績效不彰導致的矯正動作。這種授權加盟關係常見於服務業，尤其是與顧客來往頻繁者，便利商店、速食店都是這類加盟模式。見圖 13.15。

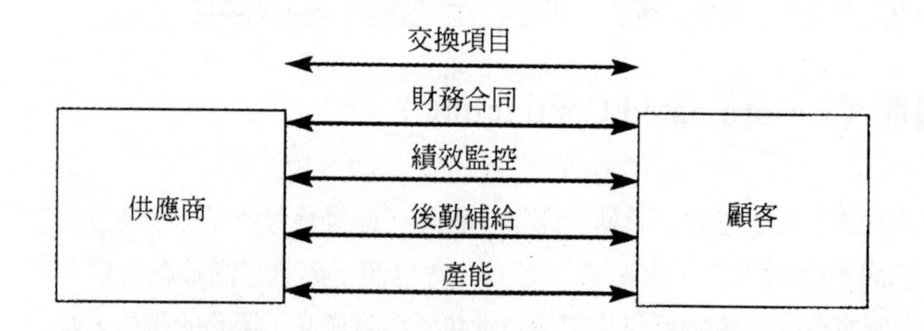

圖 13.15 協調收益聯合關係

中長期交易承諾（Medium / Long Term Trading Commitment）

有些企業彼此的生意往來超過 20 年以上，卻從不曾正式簽約去約束對方。然而，中長期交易的發生總有某種承諾。例如概括或綜合性訂單（Blanket Order）使買方在一段時間內，依事先約定的價格購買一定數量的產品，而非以每日、每週或每月的訂購量來計價處理。例如，採購物料零件可訂出一個出貨排程表，明訂每週出貨項目、數量，同時簽下一紙載明基本報價的合約。服務業可訂下服務契約，如花園苗圃定期的培育維護，並詳列栽培養護期間、維護標準等。中長期交易承諾關係的交換要素見圖 13.16 所示。

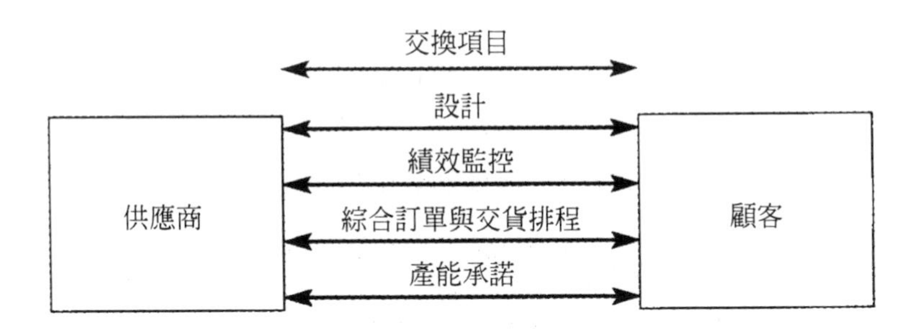

圖 13.16 中長期交易承諾關係

短期交易承諾（Short Term Trading Commitment）

除了訂單以外，短期交易承諾關係別無其它互相依存的關係。買賣方經過市場調查比價之後簽約。交易完成後關係即告結束，見圖 13.17。

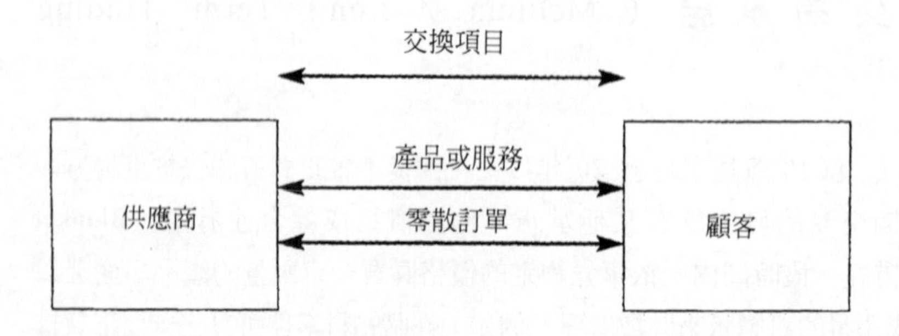

圖 13.17 短期的交易承諾關係

許多作業部門所採購的物品只訂一次或不甚固定。如辦公大樓的窗戶更新工程大都涉及比價競標。有些公家機關的採購也屬這類短期合約，因為公帑須本著公平、公開、公正的運用原則。但這種短程、價格導向的關係不利於獲取永續的支援與可靠的服務，落得經常以所謂「最底標」作採購的決策規範，長久下來，反而較不利於成本。

茲將不同類型關係的主要交換要素，整理摘要如表 13.3。

表 13.3 各種不同型態的關係涉及的交換要素

關係形態	交換元素	舉例
整合的層級	人員、物料、產品與服務、技術、資訊、資金、產權	單一產品公司，如紙廠、煉鋁廠
半整合的層級	人員、物料、產品與服務、技術、資訊、資金、產權、集中控制、部門匯報制	多分部公司、控股公司，如化工業、食品業等
共同承包	中期／長期契約、技術、人員、規格、物料、產品服務、知識	聯合製造、合資或技術合作
協調承包	規格、付款、規劃與控制、物料、資訊	專案工程，如營建業

協調收益聯合	合同、績效衡量評估、製程與產品／服務的規格、品牌配套、設施、培訓	授權代理；連鎖加盟，如速食連鎖店
長期交易承諾	未來產能的保留、產品、服務、付款、需求資訊	單一或雙重採購來源，概括性訂單，如電子業
中程交易承諾	未來交易的有限度承諾、保留產能、產品與服務、規格	特定挑選的供應商，如國防工業
短期交易承諾	產品與服務、付款、訂單文件處理	不定期、零散訂單；如文具的採購

現身說法——專家特寫

Rover 集團的 Julia Dawson

Rover 集團是英國最大的汽車廠，Julia Dawson 目前在此擔任物流經理，負責規劃協調新車型零組件的交貨業務。

這種工作須整合工程、企業、人際關係等技能。物流管理探討如何改善產品的流程，提升供應商／顧客的合作關係，減少物料與在製品存貨，並有效提高企業營運效率與績效。我負責管理排程、存貨、運輸新車型的交貨作業。這項工作必須了解供應商與 Rover 的策略及相關作業程序等細節，包括零件生產的排程作業、零件製造的前置時間、生產線上車輛排程的所有細節。生產計畫經常更改，相關零件的交貨規劃也隨之彈性變更。保有彈性也是物流管理的重要目標。

本章摘要

- 供應鏈是流經組織內部供應網路的作業鏈。
- 採購與供應商關係發展著重於組織供應面的各項工作。採購工作包括：提出請購單、要求供應商報價、評核供應商資格、正式下訂單、跟催交貨。
- 採購功能試圖達成下列目標：以最適當的價格、以最適當的數量、從最適當的來源、採購最適當品質的產品與服務、在最適當的時間交貨。
- 購進物料所節省的成本對不同公司整體獲利率的影響不一；採購物料的成本佔總成本的比例越高，則購進物料節省的成本對降低總成本的效果越大。
- 採購作業主要的決策包括：獨家採購來源或多元採購來源？許多組織趨向於採用單一來源的採購政策。
- 實體配銷管理係管理自己與顧客的存貨（通常都屬多層級存貨系統）與運輸系統。實體配銷的決策包括：設置多少倉庫？設置地點？何種運輸工具？
- 物料管理是個整合的概念，涵蓋採購活動、供應活動、實體配銷活動。更重要的是，還包括作業系統中的物料流與資訊流。
- 物流管理包括需求面的實體配銷，而將服務與產品透過整個供應鏈的運作，最後達到最終顧客。
- 供應鏈管理是個更擴大、策略性意義更重要的概念，整個供應鏈始自原料供應，歷經製造、裝配，迄於分配交貨予終端顧客。
- 供應鏈各個不同環節之間的關係可視爲一連續譜，一端是高度整合的層級關係，另一端是短期的交易承諾關係。

個案研究：Laura Ashley 與 Fedex 聯邦快遞的策略聯盟

英國的 Laura Ashley 是女仕服裝、窗簾、裝潢布及壁紙業界的獨特品牌，產品設計具有田園景色、懷舊氣氛，賦有獨特的「英國」風格。Laura Ashley 在產品開發與設計、商品化與行銷方面，雖成就非凡，但其生產作業的績效則乏善可陳。問題似乎發生在業務快速成長，但生產前置時間拖延過久，存貨囤積，退流行的過時品持續累積。該公司擁有 8 座主要倉庫，外包給 8 家運輸公司管理。

1991 年 9 月，Jim Maxmin 受聘擔任公司的總裁，他全面檢討公司的作業策略，設定了將產能利用率從 80%提高到 99%、貨品配送要在 24 或 48 小時內抵達世界各分店、存貨量要降低 50%的目標。其供應鏈實況：商品從設計到上架陳列共須花上 18 個月；存貨周轉率平均不到 2 次！有關公司組織改造前的物流管理體系，見圖 13.18。

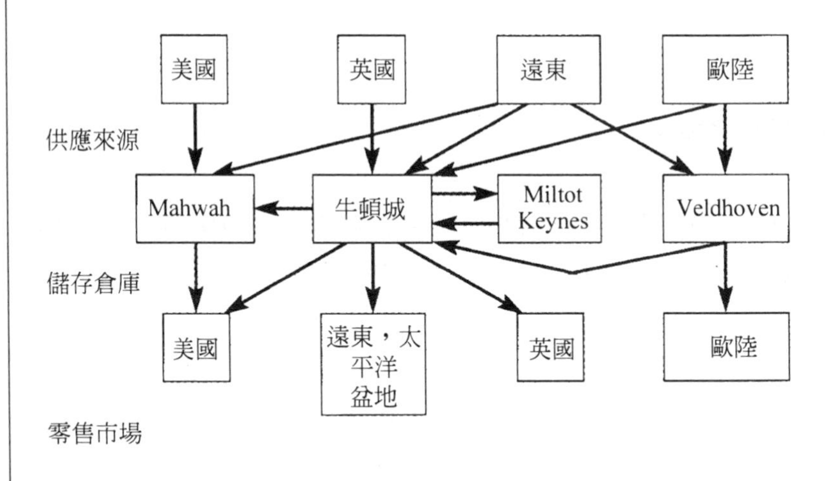

圖 13.18 整頓前的 Laura Ashley

經通盤檢討後，Jim Maxmin 打算與貨運服務業舉足輕重的 Fedex 共組策略聯盟，但許多主管認為將所有國際業務委託單一廠家的風險太大。後來 Fedex 與 Laura Ashley 在 1992 年 3 月進行為期至少 10 年的結盟，俾能邁向永久夥伴的境界。重新建立的物流管理架構，見圖 13.19。

根據評估，全球有多處倉庫應予關閉，只設立全球唯一的物流中心，統籌處理所有存貨，避免許多區域性倉儲作業的凌亂無章，也大幅減少總存貨量，節省可觀運費。銷售點的銷貨記錄及物流資訊系統也正式納編。

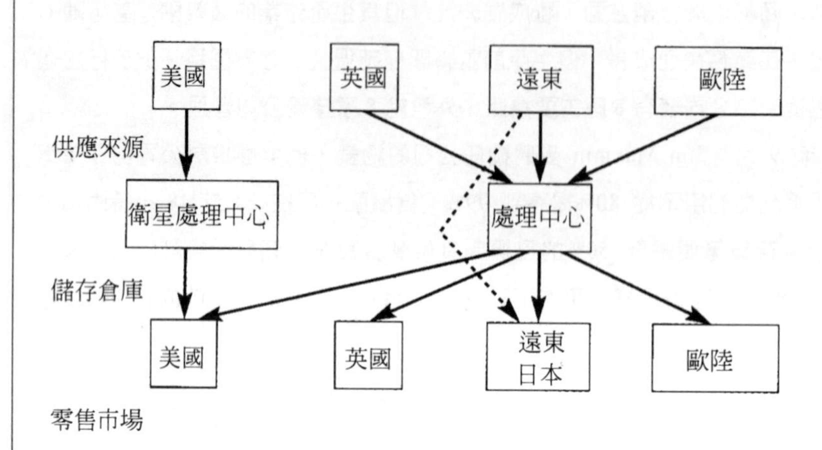

圖 13.19 整頓後的 Laura Ashley

Laura Ashley 和 Fedex 設定的目標如下：平均存貨量降低 50%、節省物流成本 10-12%、建立全球郵購業務、整合各項服務並改進所有服務水準。

問題：

1. 為何有些主管反對與 Fedex 結盟？有哪些方法或策略可以化解反對聲浪？
2. 除此方案，還可以如何改進 Laura Ashley 物流管理的作業績效？
3. Fedex 與 Laura Ashley 的策略聯盟有什麼風險？
4. 整合各項服務並改善服務水準的目標，應採用何種績效評量標準？

問題討論

1. 說明以下名詞的意義：物流管理、買賣業管理、物料管理、供應鏈管理。
2. 垂直整合與夥伴關係的採購有何不同？
3. 某公司要印製產品說明書，自行印製的估價爲每 1 千張＄10，其中紙張和油墨＄7，印刷機電費＄0.50，經常開支＄2.50，不必增添人手或機器；外部印刷廠的最低報價是每千張＄8.50，交貨時間至少需 2 週。該公司應如何評估並選擇委託外印或自行印製？
4. 採購部門績效評估制度的標準該如何訂定？
5. 物流管理與物料管理有何不同？
6. 採購部門與各不同部門交換的資訊是哪些方面的資料？
7. 多元採購來源在什麼狀況下比較有利？

14 物料需求規劃

MRP 可代表物料需求規劃，也可代表製造資源規劃。MRP 的目標在於協調資源的供需，見圖 14.1。

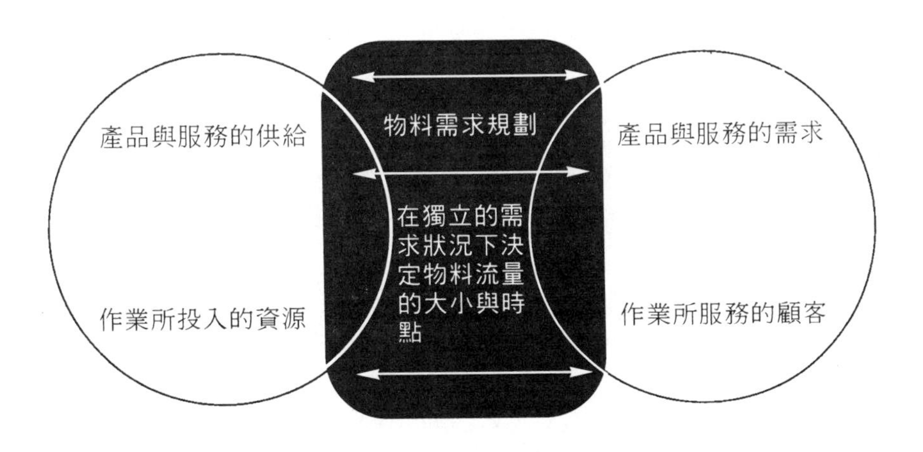

圖 14.1 物料需求規劃的定義

學習目標

- 物料需求規劃的意義：MRP I 與 MRP II；
- MRP 的概念；
- MRP 的流程；
- MRP I 系統的要素或模組；
- MRP 的封閉迴路；
- MRPII 的概念

何謂物料需求規劃？

物料需求規劃（Materials Requirement Planning）首創於 1960 年代，簡稱 MRP I，可以協助公司計算所需各種物料的數量與需求時點。在 1980 與 1990 年代之間，物料需求規劃的概念逐漸拓及企業組織的其它部份，此種 MRP 的擴增版本即爲**製造資源規劃**，又稱 MRP II，可幫助公司考量未來需求對財務與工程技術方面及物料需求的影響。

執行 MRP I 所需的基本要件

圖 14.2 說明執行 MRP I 所需的資料及其產出。圖 14.2 上方開始，最初投入 MRP I 的是顧客訂單與需求預估，MRP 根據這兩部份的需求進行計算，在 MRP 流程中所有其它需求都是由此衍生。

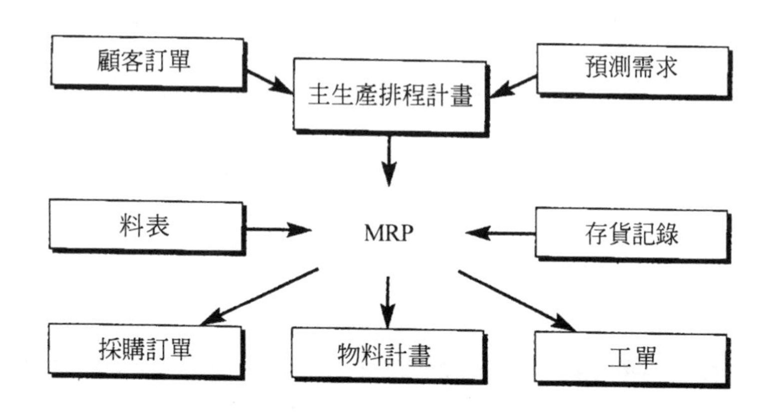

圖 14.2 MRP 的架構

需求管理

需求管理結合顧客訂單及銷售預測的管理，涵蓋與顧客市場互動的程序，包括接受訂單、預測需求、確認訂單、服務顧客、實體配銷。

顧客訂單

大多數企業的銷售部門不斷處理形形色色的顧客，將不同需求的訂單登錄成冊。MRP I 在計算物料需求時，特別著重顧客訂購產品的品名、數量、交期。

✏ 銷售訂單的變化

銷售訂單是代表顧客承諾的契約。不過，顧客可能下單後改變產品項目數量，要求提前或延後交貨，甚或取消訂單。由於顧客服務與彈性已是市場競爭的重要因素，因此作業部門必須具備因應需求改變的能力。企業必須決定能給顧客改變需求的彈性多大，在何種情況下顧客須自行承擔改變的風險與後果。這類決策往往會嚴重影響企業整體的生產，以及更細部的物料與資源之需求計算。例如，許多電影院接受信用卡訂位，但不准退票。一旦通融退票，將會使觀眾人數的控制、座位的分配更加複雜。

雖然大多數的製造業已能因應市場競爭，在顧客下訂單時，快速回應顧客的需求，但許多業者仍無法達到及時化的作業標準。因此，企業必須預測未來可能的需求，以保證在一接單後，立刻擁有所需的原料，及時投入生產製程。

需求預測

不論企業的預測程序有多複雜，以過去的資料來預測未來的趨勢、周期或季節性變化總非易事。

✏ 結合訂單及預測

許多企業都是結合確認的訂單與預測的訂單來代表需求。不過，不宜將需求預測視爲銷售目標。因爲目標可能設得太高，導致銷售人員產生樂觀的預期。最佳的預測應指出可能會合理發生需求的時點。需求管理最重要的一個特性是：預測時間越遠，需求越不確定。

作業的類型不同，結合確認訂單與預測訂單的需求也不同，見圖 14.3。接單生產的業者（如零星印刷品承印商）往往比存貨生產的業者（如耐久用品製造廠）更能預見確認的訂單。由訂單找材料的企業則要等到確認訂單才開始採購大部份原料，如零星代工的裁縫師，要確定有訂單才購入布料。其它既不承擔採購原料風險，又不增加人手或設備的企業，可稱爲「依訂單購進資源」的企業，如營建工程專案經理在標到工程後，才訂購大部份的建築材料、聘僱工人、租賃機具設備。另一種極端的作業是在訂單需求不確定的狀況下，就須作出大多數的決策，如報社以賣不完可退貨的方式配銷報紙至零售點。

從規劃控制的觀點來看，需求管理的產出就是顧客未來購買行爲的預測，而已知的銷售訂單、預測訂單，或兩者的組合，是主生產排程的投入要素。

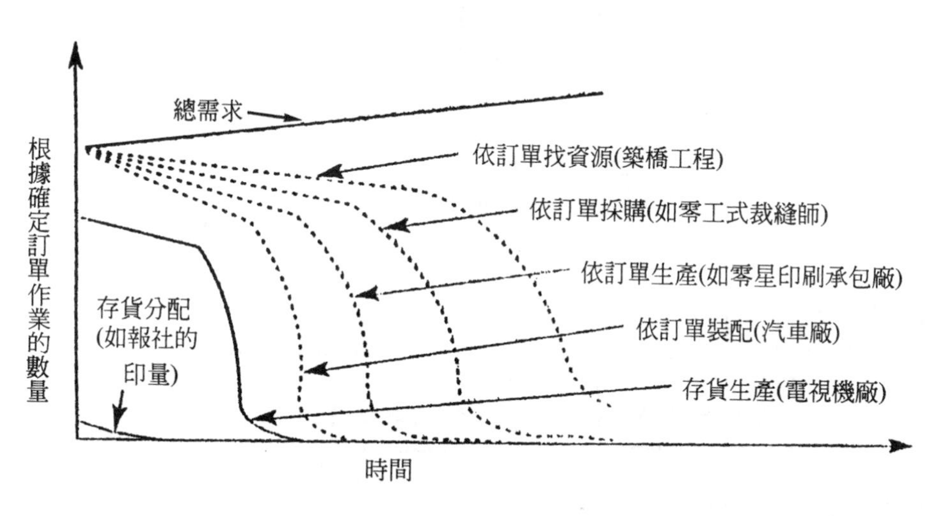

圖 14.3 預測對不同類型作業的重要性

主生產排程（Master Production Schedule，MPS）

MPS 是企業中最重要的規劃及控制排程，而且是 MRP 主要的投入要素。MPS 的排程結果包含最終產品的數量與時點，這個排程驅動整個製程與採購作業，乃是規劃人力與設備利用率的基礎，也是決定原料與資金投入的依據。

✏ MPS的資料來源

圖 14.4 說明排定 MPS 時，應納入考慮的各項投入。表 14.1 是某產品 MPS 資料的實例，確認訂單及預測訂單構成第一行的「需求」項，該產品每週末的預期存貨量即是第二行「可用存貨」項，期初存貨餘額顯示在左下角的「在手量」項。此處 30 代表第 0 週的最初存貨，而 30 單位最初存貨減去第一週 10 單位需求數，即算出第 1 週末尚有 20 單位可用存貨。第三行是 MPS，代表該週有多少產品需完成才能滿足需求。第 1、2 週已有足量的可用存貨，此二週無需生產。但到了第 3 週，須生產 10 單位以滿足預期需求。此時若不能生產 10 單位，顧客訂單的交期就須延後，即顧客訂單將要等候生產排程。

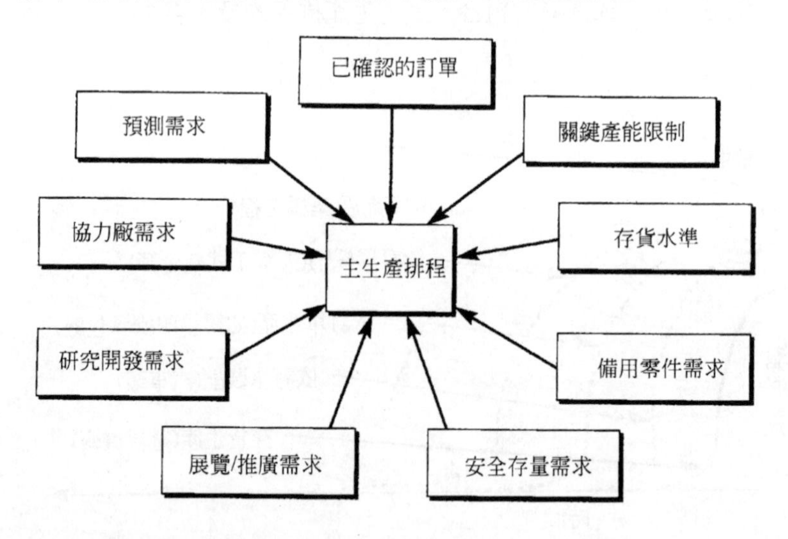

圖 14.4 MPS 的各種投入

表 14.1 追趕式 MPS 實例

		週別								
		1	2	3	4	5	6	7	8	9
需求		10	10	10	10	15	15	15	20	20
可用存貨		20	10	0	0	0	0	0	0	0
MPS		0	0	10	10	15	15	15	20	20
在手量	30									

✏ 追趕式或平準式的 MPS

從表 14.1 可知，MPS 會隨需求的增加而增加，且目標是讓存貨降到 0，這種是追趕式的 MPS。表 14.2 代表另一可行方案，即平準式的 MPS。平準式 MPS 係將所需的產品數量予以平均，消除產出水準的變動。由表 14.2 可知，平準式 MPS 會產生較多的存貨。

表 14.2 平準式 MPS 實例

		週別								
		1	2	3	4	5	6	7	8	9
需求		10	10	10	10	15	15	15	20	20
可用存貨		31	32	33	34	30	26	22	13	4
MPS		11	11	11	11	11	11	11	11	11
在手量	30									

✏ 允交量（Available To Promise，ATP）

MPS 可提供銷售部門何時可對顧客供貨多少數量的資訊，銷售部門可對照 MPS 來接訂單。表 14.3「ATP」這一行，代表任一週可用存貨的最大數量，即可承接訂單的最大數量。銷售部門的承諾若超出此一數字，可能無法辦到。若銷售訂單超出了 ATP，就須協調 MPS 調整，俾能滿足增加的訂購數量。

表 14.3 含 ATP 的 MPS 範例

		週別								
		1	2	3	4	5	6	7	8	9
需求		10	10	10	10	15	15	15	20	20
銷售訂單		10	10	10	8	4				
可用存貨		31	32	33	34	30	26	22	13	4
ATP		31	1	1	3	7	11	11	11	11
MPS		11	11	11	11	11	11	11	11	11
在手量	30									

料表（Bill of Materials，BOM）

MPS 會推動其它的 MRP 程序。MRP 則計算物料所需的數量與時點，以配合 MPS。若以生產「尋寶遊戲」遊戲盒來說明這個程序，首先確定每組遊戲盒要放入那些配件。執行 MRP 程序須先檢查所要製造產品的原料與組件，料表顯示需要用到哪些種類的零件、數量需要多少。圖 14.5 的產品結構圖列出遊戲盒所須製造的零組件。

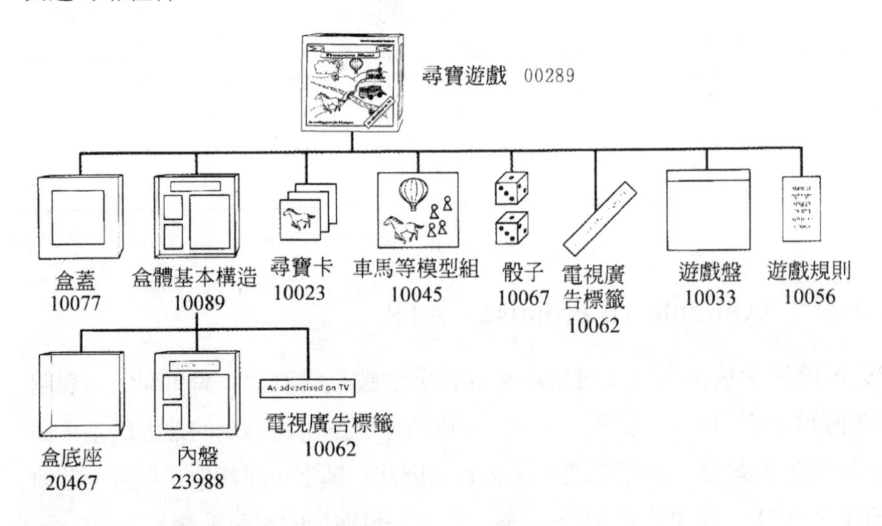

圖 14.5 尋寶遊戲盒的產品結構圖

✏ 裝配的層次

產品結構圖顯示有些零件是要裝進另一次組件之中，MRP 稱之為「裝配的層次」。遊戲盒之裝配層次定為 0，置入遊戲盒中的零件（如盒蓋 10077、骰子 10067）及次組件（如盒體基本構造 10089）定為層次 1，而置入次組件的零件則為層次 2（如盒底座 20467、內盤 23988）。

✏ MRP 的特色

此一產品結構圖及其 MRP 具有幾點特色：對某些零件有多重需求，MRP 須知道每一零組件所需的數量，以計算出總需求；相同零配件（如電視廣告標籤 10062）可用於同一產品結構的不同層次，MRP 也計算這些共同零件的總需求；當產品結構細分到無法由企業自行產製的零組件時就停止。例如，內盤 23933 係由別家公司供應，遊戲盒製造廠的 MRP 系統則視內盤為購進料件。

產品結構的「形狀」

產品結構的形狀與產品設計息息相關，其形狀部份取決於每種裝配層次所使用的零組件數目；使用的零件越多，形狀越寬。因此，標準化零組件因變化較少，可使產品結構的形狀變窄。該形狀也受到公司自製零件數目的影響，假如大部份的零組件均係外購，只有少數須自製，則其產品結構的裝配層次便會縮減。典型常見的產品結構形狀有：A 型、T 型、V 型、X 型，見圖 14.6。

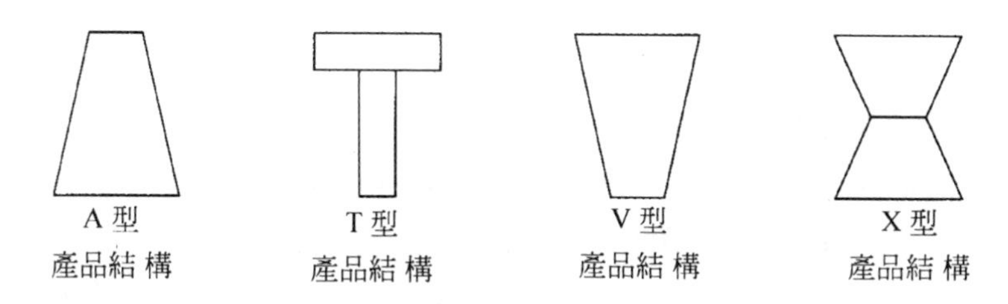

圖 14.6 不同形狀的產品結構

✏ A 型產品結構

A 型產品結構的最終產品係由較多的零件裝配而成。所投入的物料類別多，而最終產品的種類卻極少，便是典型的 A 型結構，表示該企業只提供顧客有限的產品項目。由於變化不大，標準化生產作業可令產量達到規模經濟。

✏ T 型產品結構

T 型產品結構的原料種類少，採用標準化的製程，但產品系列多，能配合顧客的個別需求。典型實例是印製個人名片的印刷廠，因為作業的最後階段須配合每位顧客的不同要求，故採接單生產。初始階段的製程則採標準化大量生產方式，以獲得經濟規模。接單生產公司的部份作業採連續製程，而不同的訂單常須採不同的作業管理方式，所以流程控制難度較高。少樣多量的作業可盡量降低成本，提高資源的利用效能；而顧客導向、產品多樣的作業則強調交貨迅速。

✏ V 型產品結構

此型類似 T 型產品結構，但其製程較不標準化。典型的實例是石化業，因其原料種類甚少，但只要投入的原料組合稍微變動，就可產生種類繁多的產品與副產品。這些產品項目是依顧客訂單生產。由於投入的原料種類不多，原料供應須力求穩定；某種原料供應一出問題，將導致製程停頓，廣大客層受影響。

✏ X 型產品結構

有些製造業採用標準模組，將產品設計標準化。這類標準模組即屬 X 型產品，能讓顧客依要求偏好去選擇搭配，使製成品種類繁多。汽車的生產作業即屬典型的 X 型產品結構。利用相同的汽車底盤、傳動裝置、煞車系統、引擎等零配件，即可生產各種不同車型的汽車。保時捷（Porsche）的車主若知道福斯（VW）的 Scirocco GTX 也使用同型引擎，可能會大吃一驚。X 型產品結構的作業既能依顧客訂單迎合需求，又能穩定地產製模組達到經濟規模。此種公司都在 X 的交叉處安排 MPS，而非在最終製成品的層次。

單層與多層料表

單層料表的零件與次組件關係是以單一層次表示。例如，前述尋寶遊戲盒的單層料表如表 14.4 所示。表 14.5 則說明尋寶遊戲盒的多層（indented）料表。

表 14.4 尋寶遊戲盒的單層料表

零件編號：00289
品名：尋寶遊戲
裝配層次：0

裝配層次	零件編號	說明	數量
1	10089	盒體基本構造	1
1	10077	盒蓋	1
1	10023	尋寶卡	1
1	10062	電視廣告標籤	1
1	10045	車馬等模型組	1
1	10067	骰子	2
1	10033	遊戲盤	1
1	10056	遊戲規則	1

零件編號：10089
品名：尋寶遊戲
裝配層次：1

裝配層次	零件編號	說明	數量
2	20467	盒底座	1
2	10062	電視廣告標籤	1
2	23988	內盤	1

表 14.5 尋寶遊戲盒的多層料表

零件編號：00289
品名：尋寶遊戲
裝配層次：0

裝配層次	零件編號	說明	數量
0	00289	尋寶遊戲	1
.1	10077	盒蓋	1
.1	10089	盒體基本構造	1
..2	20467	盒底座	1
..2	10062	電視廣告標籤	1
..2	23988	內盤	1
.1	10023	尋寶卡	1
.1	10045	車馬等模型組	1
.1	10067	骰子	2
.1	10062	電視廣告標籤	1
.1	10033	遊戲盤	1
.1	10056	遊戲規則	1

存貨記錄

料表提供 MRP 有關產品零組件或結構的資料。然而，MRP 要能確認某些需要的製成品、在製品或原料是否有存貨，因此 MRP 必須引用存貨記錄。MRP 系統需有下列 3 個主要的存貨管理檔：零件主檔、交易資料檔、存貨地點檔。

零件主檔

所有存貨記錄的關鍵在於料號。製造業的每個零件都須編定一個易於辨識的料號，讓生產過程不致混淆。除料號之外，零件主檔也包含零件的基本資料，通常包括產品的種類、零件採購或製造的前置時間、衡量單位、標準成本等。

交易資料檔

交易資料檔保有物料收貨、發出及日常餘額的記錄。MRP 系統能即時處理每日的存貨狀況；一旦收到憑證，交易資料檔即予更新。

✏ 存貨地點檔

有些公司採固定倉儲作業；然而，對存貨數量大、項目多樣又經常變化的公司而言，固定地點的倉儲效率太低，隨機存放的方式使零件都置於鄰近工作場所的地點。隨機地點的存貨方式，更需精心安排控制，因為同一產品可能同時擺在幾個不同地點。隨機存貨地點能善用空間，也更易於實施「先進先出」的原則，加速實體存貨的週轉率，並利用電腦印出撿貨單，通知作業部門採取行動。。

✏ 存貨檔應力求準確無誤

MRP 系統務必保持存貨記錄的準確無誤，並須隨時更新。若發生錯誤或存貨遭竊毀損，存貨記錄將無法真實反映公司的存貨。因此，許多公司執行**永續盤存制**（Perpetual Physical Inventory，PPI）。PPI 可對照電腦資料，檢查某一零件實際的存貨水準與存放地點。一有差池，電腦記錄會自動更新。在引進 PPI 之前，通常只在年底配合會計年度，以人工做一次年終盤點。

MRP 的計算

MRP 的核心是有系統地擷取規劃資訊，精準計算能滿足需求的物料數量與時點。

MRP 求得淨需求（netting）的程序

圖 14.7 說明 MRP 計算所需物料數量的程序。MRP 使用為每項最終產品所規劃的 MPS 與單層料表，檢查該 MPS 需要多少次組件與零件。在往下推移到產品結構的第 1 階之前，MRP 會檢查最終產品還有多少存貨。接著，MRP 為第 0 階最終產品的淨需求發放工單；若是外購，則是向供應商發出淨需求的訂購單，

該淨需求即構成第 1 階料表的排程。同樣地，第 1 階淨需求所需次組件與零件的可用存貨也要經過檢核，接著再針對第 1 階淨需求發放工單。此一查對、下單的程序持續進行，直到產品結構的底層。

圖 14.8 以尋寶遊戲盒來說明 MRP 求取淨需求（netting）的程序。假設顧客需要 10 盒的尋寶遊戲，MRP 先檢查現有存貨，得知料號 00289 的尋寶遊戲有 3 件存貨，於是發出生產 7 件的工單。接著，MRP 再查核尋寶遊戲的單層料表，發現每件尋寶遊戲均需一件料號 10089 的盒體基本構造。MRP 於是查出料號 10089 的存貨有 2 件，因此發出料號 10089 淨需求 5 件的工單。接下來，查核料號 10089 的單層料表，得知每件料號 10089 需要一件料號 20467 的盒底座、一件料號 23988 的內盤、一件料號 10062 的電視廣告標籤。同樣再檢查存貨，假定料號 20467 的盒底座只有 1 件存貨，因此至少須向外訂購 4 件；假定料號 10062 電視廣告標籤的存量足夠，便無需要求補貨。

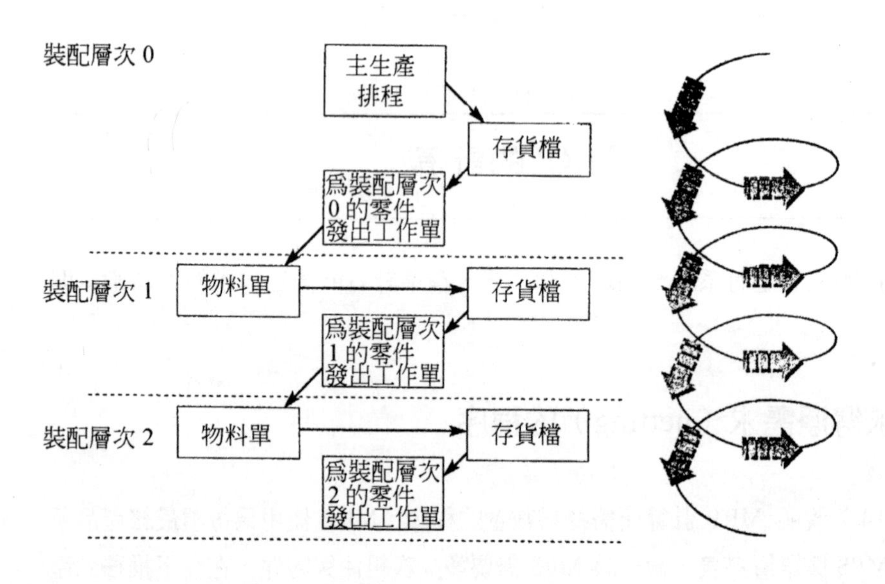

圖 14.7 MRP 求得淨需求（netting）的程序

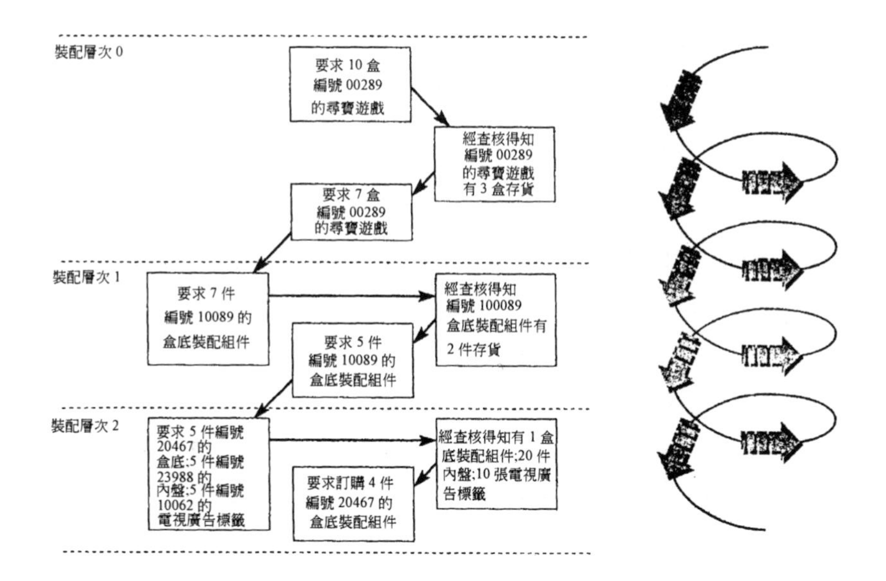

圖 14.8 MRP 求得淨需求（netting）的程序實例

✏ 向後排程（Back Scheduling）

MRP 除計算所需物料的數量之外，還要考量物料需求的時點與排程。MRP 通常採「向後排程」的規劃方式，考量每個裝配層次所需的前置時間（Lead Time）。以尋寶遊戲盒爲例，若預定在 35 天內生產 10 盒，須先知道每件零組件要花多少前置時間取得，這些前置時間都儲存於 MRP 檔案中，見表 14.6。

以圖 14.9 的甘特圖說明前置時間的資料。假如完成最後製成品需要 2 天，則次組件須於第 33 天前製作完成。根據向後排程，可以決定何時應進行哪些生產工作，何時應採購哪些零組件。從實例得知，內盤應該要及早購得。

表 14.6 MRP 的向後排程

零件編號	品名明細	前置時間（以天計）
00289	尋寶遊戲	2
10077	盒蓋	8
10089	盒體基本構造	4
20467	盒底座	12
23988	內盤	29
10062	電視廣告標籤	8
10023	尋寶卡	3
10045	車馬等模型組	3
10067	骰子	5
10033	遊戲盤	25
10056	遊戲規則	3

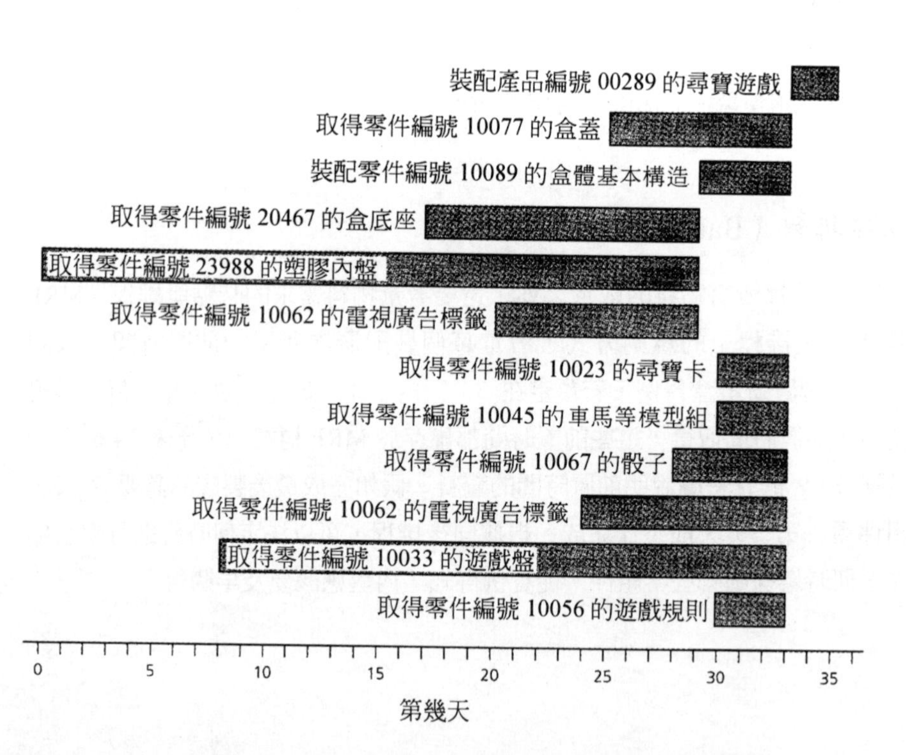

圖 14.9 MRP 的向後排程：以向後排程的甘特圖說明尋寶遊戲盒的製程

從表 14.6 中的前置時間及表 14.7 的存貨水準，便可推導出如圖 14.10 所示的 MRP 記錄。在裝配層次 1，每項零件的總需求是根據料號 00289 的預定下單數量而來。因此，在第 33 天需要 7 件盒蓋、盒體基本構造、電視廣告標籤等。根據裝配層次 1 每項零件的前置時間執行向後排程，便可求得預定發出訂單的時間。依此類推，裝配層次 2 的時點亦可如此取得。

表 14.7 尋寶遊戲盒零組件的存貨

零件編號	品名明細	存貨
00289	尋寶遊戲盒	3
10077	盒蓋	4
10089	盒體基本構造	2
20467	盒底座	1
23988	內盤	20
10062	電視廣告標籤	10
10023	尋寶卡	0
10045	車馬等模型組	0
10067	骰子	0
10033	遊戲盤	0
10056	遊戲規則	0

尋寶遊戲

產品編號：00289	1	2	3	4	5	6	7	8	9	10	11	12	13	14	15	16	17	18	19	20	21	22	23	24	25	26	27	28	29	30	31	32	33	34	35
總需求																																			10
預定取得時間																																			
現有存貨	3	3	3	3	3	3	3	3	3	3	3	3	3	3	3	3	3	3	3	3	3	3	3	3	3	3	3	3	3	3	3	3	3	3	0
預定發出訂單																																	7		

盒蓋

零件編號：10077	1	2	3	4	5	6	7	8	9	10	11	12	13	14	15	16	17	18	19	20	21	22	23	24	25	26	27	28	29	30	31	32	33	34	35
總需求																																	7		
預定取得時間																																			
現有存貨	4	4	4	4	4	4	4	4	4	4	4	4	4	4	4	4	4	4	4	4	4	4	4	4	4	4	4	4	4	4	4	4	0	0	0
預定發出訂單																									5										

盒底組件

零件編號：10089	1	2	3	4	5	6	7	8	9	10	11	12	13	14	15	16	17	18	19	20	21	22	23	24	25	26	27	28	29	30	31	32	33	34	35
總需求																																	7		
預定取得時間																																			
現有存貨	2	2	2	2	2	2	2	2	2	2	2	2	2	2	2	2	2	2	2	2	2	2	2	2	2	2	2	2	2	2	2	2	0	0	0
預定發出訂單																													5						

盒底

零件編號：20457	1	2	3	4	5	6	7	8	9	10	11	12	13	14	15	16	17	18	19	20	21	22	23	24	25	26	27	28	29	30	31	32	33	34	35
總需求																													5						
預定取得時間																																			
現有存貨	1	1	1	1	1	1	1	1	1	1	1	1	1	1	1	1	1	1	1	1	1	1	1	1	1	1	1	1	0	0	0	0	0	0	0
預定發出訂單																	4																		

內盤

零件編號：23988	1	2	3	4	5	6	7	8	9	10	11	12	13	14	15	16	17	18	19	20	21	22	23	24	25	26	27	28	29	30	31	32	33	34	35
總需求																													5						
預定取得時間																																			
現有存貨	20	20	20	20	20	20	20	20	20	20	20	20	20	20	20	20	20	20	20	20	20	20	20	20	20	20	20	20	15	15	15	15	15	15	15
預定發出訂單																																			

TV 廣告貼紙

零件編號：10062	1	2	3	4	5	6	7	8	9	10	11	12	13	14	15	16	17	18	19	20	21	22	23	24	25	26	27	28	29	30	31	32	33	34	35
總需求																													5				7		
預定取得時間																																			
現有存貨	10	10	10	10	10	10	10	10	10	10	10	10	10	10	10	10	10	10	10	10	10	10	10	10	10	10	10	10	5	5	5	5	0	0	0
預定發出訂單																									2										

尋寶卡組

零件編號：10023	1	2	3	4	5	6	7	8	9	10	11	12	13	14	15	16	17	18	19	20	21	22	23	24	25	26	27	28	29	30	31	32	33	34	35
總需求																																	7		
預定取得時間																																			
現有存貨	4	4	4	4	4	4	4	4	4	4	4	4	4	4	4	4	4	4	4	4	4	4	4	4	4	4	4	4	4	4	4	4	0	0	0
預定發出訂單																									3										

造型模型組

零件編號：10045	1	2	3	4	5	6	7	8	9	10	11	12	13	14	15	16	17	18	19	20	21	22	23	24	25	26	27	28	29	30	31	32	33	34	35
總需求																																	7		
預定取得時間																																			
現有存貨	0	0	0	0	0	0	0	0	0	0	0	0	0	0	0	0	0	0	0	0	0	0	0	0	0	0	0	0	0	0	0	0	0	0	0
預定發出訂單																														7					

骰子

零件編號：10067	1	2	3	4	5	6	7	8	9	10	11	12	13	14	15	16	17	18	19	20	21	22	23	24	25	26	27	28	29	30	31	32	33	34	35
總需求																																	14		
預定取得時間																																			
現有存貨	0	0	0	0	0	0	0	0	0	0	0	0	0	0	0	0	0	0	0	0	0	0	0	0	0	0	0	0	0	0	0	0	0	0	0
預定發出訂單																												14							

遊戲盤

零件編號：10033	1	2	3	4	5	6	7	8	9	10	11	12	13	14	15	16	17	18	19	20	21	22	23	24	25	26	27	28	29	30	31	32	33	34	35
總需求																																	7		
預定取得時間																																			
現有存貨	0	0	0	0	0	0	0	0	0	0	0	0	0	0	0	0	0	0	0	0	0	0	0	0	0	0	0	0	0	0	0	0	0	0	0
預定發出訂單								7																											

遊戲規則

零件編號：10023	1	2	3	4	5	6	7	8	9	10	11	12	13	14	15	16	17	18	19	20	21	22	23	24	25	26	27	28	29	30	31	32	33	34	35
總需求																																	7		
預定取得時間																																			
現有存貨	0	0	0	0	0	0	0	0	0	0	0	0	0	0	0	0	0	0	0	0	0	0	0	0	0	0	0	0	0	0	0	0	0	0	0
預定發出訂單																														7					

圖 14.10 尋寶遊戲盒在 MRP 中的記錄摘要

封閉迴路的 MRP

利用 MRP 系統的封閉迴路，可對照現有的資源來檢查生產計畫，因此在整個製程中，產能水準會不斷接受檢核，若未達預定的規劃水準，便會加以修正，見圖 14.11。最簡單的 MRP 系統都是封閉迴路系統，係對照作業部門現有的資源，以檢查生產計畫，使用的例行計畫有三：資源需求計畫、瓶頸產能計畫、產能需求計畫。

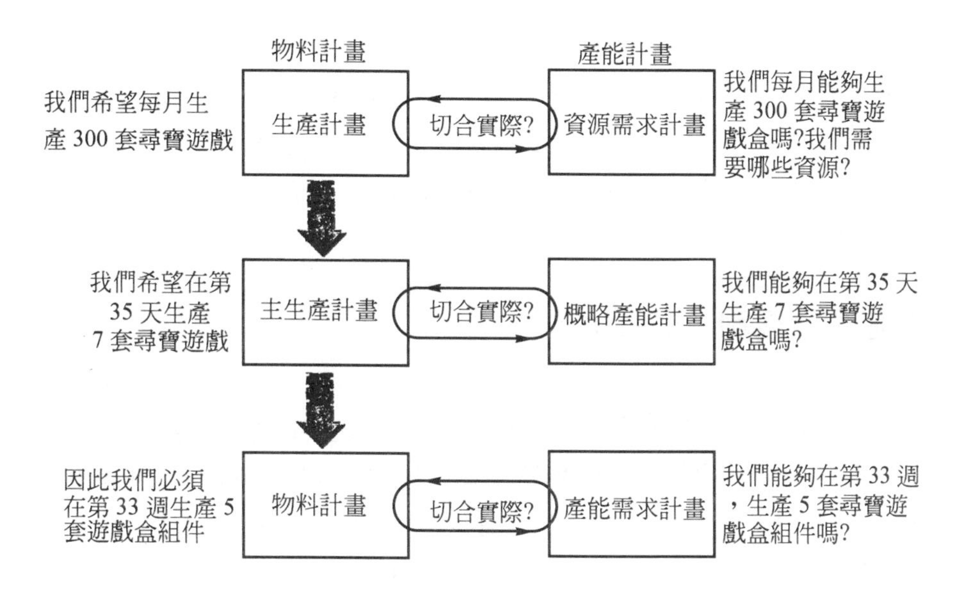

圖 14.11 封閉迴路的 MRP

✏ 資源需求計畫（Resource Requirement Plan，RRP）

RRP 是靜態的計畫，牽涉到作業部門以長程眼光，預測結構性的重大決定，諸如建立新廠的數目、地點與規模。因爲是安排各種所需要的資源，來推動長期生產計畫，所以又稱爲「無限產能計畫」，因其假定在未來需求的驅使下，生產產能的擴充不受限制。

✏ 瓶頸產能計畫（Rough Cut Capacity Plan，RCCP）

就中程到短程而言，MPS 必須利用現有的產能。在此一層次上，封閉回饋迴路會就已知的產能瓶頸與關鍵性資源來檢查 MPS。若 MPS 無法達成目標，應予修正。因此，RCCP 是有限產能計畫。

✏ 產能需求計畫（Capacity Requirement Plan，CRP）

由 MRP 發出的工單會對特定機器或某些工人的工作負荷產生影響，CRP 即是預先籌畫此種負荷。因為 CRP 並不考慮每部機器或工作場所的產能限制，所以屬於無限產能計畫的一種。若負荷輕重不一，則可重新規劃為有限產能，或暫時調撥資源使負擔平均。MRP 的封閉迴路系統更可用來推動極短程的產能計畫，見圖 14.12。

製造資源規劃（MRP II）

MRP I 基本上專用於製造業的生產與存貨之規劃控制。擴大應用範圍的 MRP I 改稱為 MRP II，是由 MRP 創始人之一的 Oliver Wight 首先提出這個概念，他將 MRP II 定義為：一套供製造業用以規劃及監控所有資源的行動計畫，包括製造、行銷、財務、工程等資源。利用 MRP 封閉迴路系統算出財務數字。

若無 MRP II 系統，則各部門的資料庫分散各處，無法發揮整體效益。例如，產品結構與料表若在工程部存放一套，物料管理部也保存一套，一旦工程部更改產品設計，則兩個部門的資料庫都得更新修訂。況且，要經常保持兩套資料完全一致也很困難。兩者之間的差異往往要到生產過程用錯零件時，問題才會出現。財務會計部門所提供的成本資料，像是針對標準成本而作的變異分析，也須根據作業其它單位的變動，如持有存貨或製程變化，隨時更動調整。

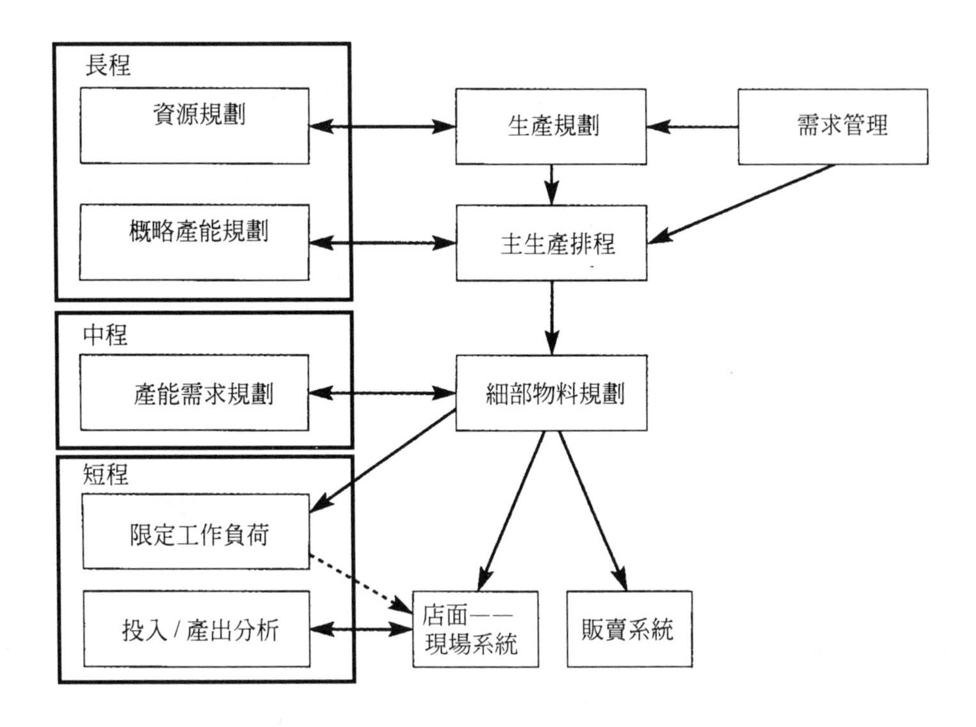

圖 14.12 封閉迴路的 MRP

MRP II 建立在一套整合的系統之下，該系統有一個包含整個公司資料的資料庫，公司各部門可根據自己的需求抓取這些資料。資料能夠如此整合固然有賴於資訊技術，但 MRP II 的有關決策仍有賴人腦的貢獻。

最適化生產技術（Optimized Production Technology）

其它一些規劃的觀念與理論也根據已知產能限制執行生產規劃，而不讓生產作業負荷過度，導致無法達成預定計畫。其中「限制理論」（Theory of

Constraints，TOC）強調要注意產能限制及作業瓶頸的部份，認爲作業部門應經常找出產能的限制所在，設法將之排除，並繼續尋找下一個限制，也就是要集中注意力於嚴重影響產出速率的製程部份。若系統任一部份的作業速率超越瓶頸的速率，則製造出來的項目就會囤積。若運作速度低於生產瓶頸的速率，則整個系統並未完全發揮其潛能。根據限制理論，Eliyahu Goldratt 發展出最適化生產技術（Optimized Production Technology，OPT）這套軟體。

✏ OPT原理

1. 應去調節的是流程，而不是產能。
2. 非瓶頸產能的利用水準取決於系統中的其它限制，而非取決於本身的產能。
3. 資源的利用與資源的啓動並不相同。
4. 瓶頸若浪費 1 小時，整個系統將永遠喪失 1 小時。
5. 非生產瓶頸節省 1 小時並無太大作用。
6. 產能瓶頸主宰生產系統的產量與存貨。
7. 移轉批量可能不會，往往也不等於製程批量。
8. 製程批量是變動的。
9. 前置時間是規劃排程的結果，而非預先設定的。
10. 規劃排程應考慮所有的限制。

OPT 不能替代 MRP，也不可能同時運作。然而，從上述 OPT 的基本原理看來，OPT 對採用 MRP 的企業可能會有衝突。雖然 MRP 的概念並不預先設定前置時間與固定批量的大小，但許多採 MRP 的作業爲求簡化，都將這些要素固定。然而，由於製造作業的需求、供給、製程都存在動態的變化，因此生產瓶頸也游移不定，嚴重程度不一。因此，前置時間很少能加以固定。假如產能瓶頸會影響排程，則廠內作業的批量是否會改變要看工作中心是否爲生產瓶頸而定。

現身說法——專家特寫

Elida Gibbs 公司的 David Alcock

Elida Gibbs 公司專門產製家庭日用品，產品包括洗髮精、除臭劑、牙膏、護膚霜及乳液等。David Alcock 是英國 Leed 廠的生產倉儲經理，負責預測分析銷售趨勢，提出可行的生產計畫，確保所有的物料供應網路能密切配合。

我們的產品種類繁多，而且外銷產品各有其指定的標籤及包裝。此外，主要的大顧客與超市通路都要求迅速鋪貨，這些都使生產規劃益形困難。我們採用 MRP 系統協助處理這些複雜難題。MRP 記錄料表、每項零件的資料等。銷售預測由總公司的品牌規劃小組輸入系統，製成品總需求一旦輸入 MRP 系統，自動依料表發出生產及物料需求。我們須查對供應商是否能按約定時點交貨。預測與實際銷售間總有誤差。安全存貨幫我們處理差距。我們經常檢核物料供給、機器產能、可用資源等是否適當，備用生產計畫是否可行。

本章摘要

- 物料需求規劃系統（MRP I）是相依需求系統，能計算對物料的需求數量與時點，以滿足確定與預測的需求。
- MRP I 系統的概念可擴大而爲製造資源規劃系統（MRP II），此一整合的企業系統納入製造、財務、行銷等資訊系統。
- 主生產排程 MPS 驅動 MRP 系統，因此須做出可達成數量與時點的計畫。
- 料表是產品的零組件清單，載明製造產品所需零件的原料種類與數量。
- 存貨記錄包含執行 MRP 不可或缺的重要資料，諸如零組件的料號、存放位置、存貨數量、各種交易憑證。

- MRP 由上而下分析每一裝配層次的料表，並計算存貨及前置時間。MRP 能有效地從到期日起，向後安排製程，規劃物料的自製計畫與向外訂購。
- MRP 的封閉迴路系統可隨時查對產能，確定生產計畫是否妥當可行。
- MRP II 系統是 MRP I 的延伸，整合與 MRP 相關的許多程序。
- OPT 系統專用來為製造系統的瓶頸排程。

個案研究：Psycho 運動用品公司

Peter Townsend 所經營的 Psycho 運動用品公司成長快速，但目前最大的問題是製造控制。現在的產品系列涵蓋各種運動用品。

圖 14.13 顯示新產品料號 5654 桌球拍的產品結構。這種球拍預定第 13 週上市（現在的時間是第 1 週），上市後的銷售預測估計如下：第 13-21 週（含）每週 100 只、第 22-29 週（含）每週 150 只、第 30-35 週（含）每週 200 只。

Peter 想取得新球拍所需組件的現有存貨水準、成本資料及前置時間等資訊，但他花了 2 天的時間才取得這些資訊，因為記錄保存在不同的地方，沒有一個彙總的方法，有時甚至沒有紀錄，必須到倉庫中清點。搜集到的資料如表 14.8 所示。

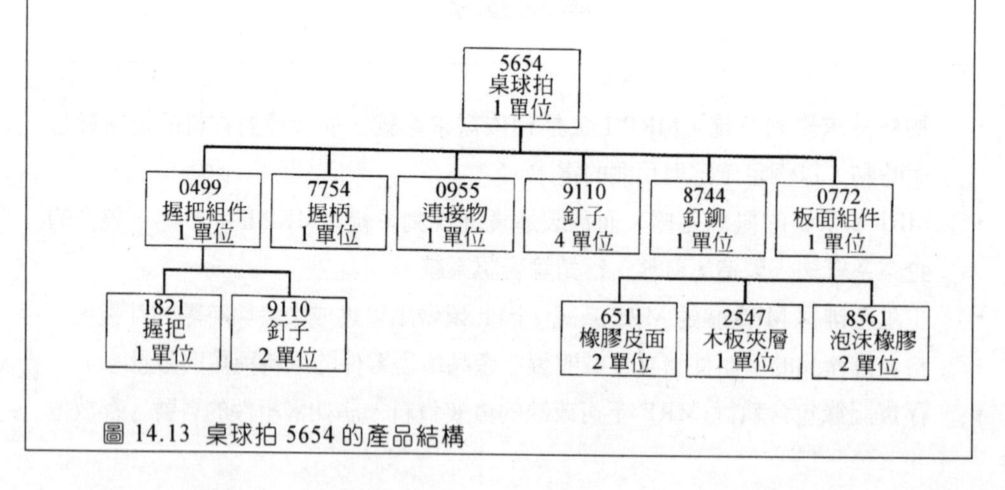

圖 14.13 桌球拍 5654 的產品結構

練習 1：

擬定每一裝配層次的單層料表與完整的多層料表。

練習 2：

a. 為球拍的組件及次組件建立物料需求規劃記錄；

b. 列出任何有關完成 MRP 記錄的問題；

c. 公司能否有其它方法解決問題？它們的相對價值何在？

練習 3：

根據前 2 項練習，建立另一組 MRP 記錄，這次允許每項組件有一週的安全前置時間：也就是說，在需要它們的前一週時即有存貨。

表 14.8

零件料號	說明	存貨水準	經濟批量	前置時間（週）	標準成本
5654	桌球拍	0	500	2	12.00
0499	握把組件	0	400	3	4.00
7754	握柄	15	1000	5	1.00
0955	連接物	350	5000	4	0.02
9110	釘子	120	5000	4	0.01
8744	釘鉚	3540	5000	4	0.01
0772	版面組件	0	250	4	5.00
1821	握把	0	500	4	2.00
6511	橡膠皮面	0	2000	10	0.50
2547	木板夾層	10	300	7	1.50
8561	泡沫橡膠	0	1000	8	0.50

練習 4：

使用安全前置時間對平均存貨有何影響？

練習 5：

若要降低存貨成本 15%，應採取什麼行動？該項行動的影響為何？

練習 6：

公司的生產作業應如何平準化？

問題：

1. 何以 Peter 取得相關資料的困難重重？

問題討論

1. MRP I 與 MRP II 有何不同？
2. 某廠商用 MRP 系統來管制生產。公司的標準產品及特殊規格品都有一定的訂單數量，偶有國外訂單，並爲顧客提供維修、零配件供應、重新製造等服務。哪些要素構成需求的來源，且須成爲 MRP 的投入資料？
3. 某鏡子製造公司有兩種產品：特殊型鏡子鑲有金色邊框，而標準型鏡子則爲素面黑框。兩種鏡子大小相同，且製造每件產品都需要標準鏡面、框架及鏡背。這兩種鏡子的鏡面與鏡背規格也相同。生產任何一件產品的前置時間是 2 週，而框架所需的前置時間是 1 週，依規格切割鏡面的前置時間是 3 週，鏡背所需的前置時間是 2 週。每面鏡子所需的框架材料長 2.5 公尺。每種鏡子的訂單達 200 單位時，則製造時間小於 10 週。若標準鏡子再增訂 100 付，則需 11 週的製造時間；而 300 單位的金框鏡子則需 12 週的製造時間。下一次的訂單是在第 14 週，訂每種型式的鏡子各 200 付。如今公司倉庫已無任何物料存貨。試用 MRP 流程推演排程，以滿足需求。
4. 公司決定在任何時間點訂購多少零件的方法有哪些？固定期間訂購一次的優

缺點爲何？

5. 何謂 MRP 的封閉迴路系統？

6. 某公司製造的產品 A 由 B 組件 1 單位與 C 組件 0.5 單位所構成。每單位 B 組件由 1 單位 D 零件、2 單位 E 零件、1 單位 F 零件所組成。每單位 C 組件由 0.5 單位 G 零件與 3 單位 H 零件組成。製造所有零件的前置時間如下：

A：2 週	E：3 週
B：1 週	F：1 週
C：2 週	G：2 週
D：2 週	H：1 週

所有零件都有 20 單位的存貨，且在 7 週後須交出 100 單位的 A 產品。

a. 畫出產品結構圖與多層料表。

b. 替該廠研訂總物料需求計畫。

c. 替該廠訂出淨物料需求計畫。

15 及時化 Just In Time 的規劃與控制

本章將闡述：JIT 是什麼？JIT 如何影響作業規劃與控制？及時安排產品或服務的配送對於內部或外部顧客有何涵義？見圖 15.1。

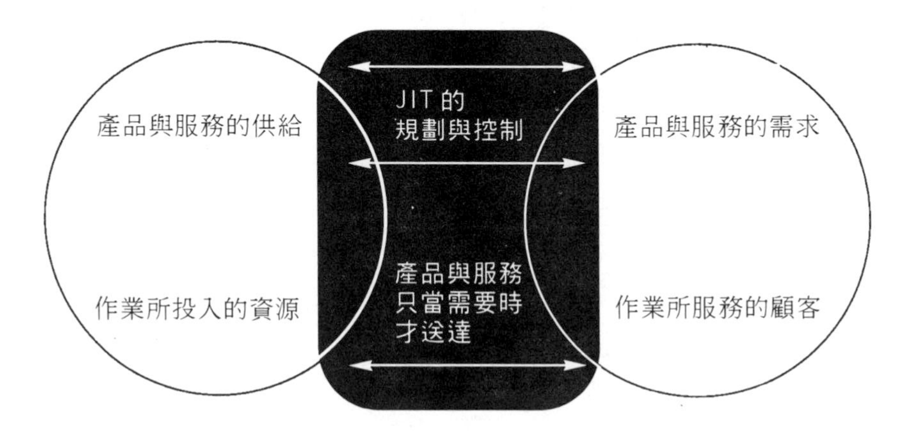

圖 15.1 JIT 的規劃與控制是要及時以最高品質與最低成本來滿足需求

學習目標

- JIT的意義；JIT與傳統作業方式的差異；
- JIT的理論及其與日本產業文化的淵源；
- 與JIT作業方式有關的技術範圍；
- JIT特定的規劃與控制技術；
- JIT在服務業的應用實例；
- JIT和MRP兩者如何相輔相成。

何謂及時化（Just In Time，JIT）？

JIT 就是在有需求時才生產商品與勞務，而不是在沒有需求之前就生產，也不是在有需求之後才生產。JIT 除了「及時生產」的要素外，還可加上品質與效率的要求。JIT 作業是爲提高整體的生產力，消除不必要的浪費，而採用的一種訓練有素、符合成本效益的生產和運送方式；在適當的時間與地點，只送達所需要的適當品質與數量之零組件，同時使用最少的設備、原料及人力。JIT 全靠供應商的彈性與製造商的彈性互相配合，施行成功的要件是全員參與和團隊合作。JIT 的基本原則就是凡事簡化。因此，JIT 作業的目標是要以最完美的品質、最節省的成本，及時滿足需求，但並不表示公司的生產作業若採 JIT 方式必可達成目標，只能說 JIT 有助於公司組織朝這些目標邁進。

圖 15.2 說明 JIT 與其它傳統製造方法的不同。傳統製程假設整個製造過程中，每一階段都會將產出的零組件以存貨儲存，形成流向下一階段的緩衝存貨；下一階段則從緩衝存貨取出零組件來加工處理，之後再儲存爲緩衝存貨。這些緩衝區（Buffer）是爲了隔開前後相鄰的階段而存在。有了緩衝區，每個階段都可獨立運作；例如，A 階段若因故障或缺料停機，B 階段可暫時繼續生產，C 階段可保持正常的運作更久，因其停機前須經兩個緩衝區。緩衝區內存貨越多，相鄰階段越能獨立運作，越不受停機問題的干擾；但缺點是高存貨（積壓資金）和低週轉率（對顧客的回應慢）。

圖 15.2 下方的 JIT 方式則是另一極端：零組件生產後，及時直接送到下一階段加工處理。每個階段的問題對整個系統各有不同的影響。例如，A 階段若停機，B 階段馬上察覺，C 階段接著知道。A 階段問題馬上擴散到整個系統，全都受到該問題的影響。因此，解決問題不全是 A 階段人員的責任，系統內每一份子都要負責。換言之，階段間的存貨不會積壓，工廠的營運效率將大爲改善。

傳統製造和 JIT 方式都是爲了提高作業效率。傳統的作法是保護每個製造階段，使其不致中斷停機，能維持最佳的運作狀態。JIT 則會讓問題在製程中突顯出來，並能改變整個系統解決問題的「動機結構」。JIT 認爲存貨是隱藏於製程的「陰暗地帶」，使問題不易發覺，見圖 15.3 所示。許多作業的問題如深藏於河床的石頭，此處的「河水」是指作業系統的存貨水準。肉眼雖不見石頭，但水流速度（生產力）卻因石頭的存在而減緩。逐漸使河水（存貨）的深度變淺，最糟的問題（石頭）就會暴露出來，然後加以解決。

(a) 傳統方式－不同階段之間，設置緩衝存貨

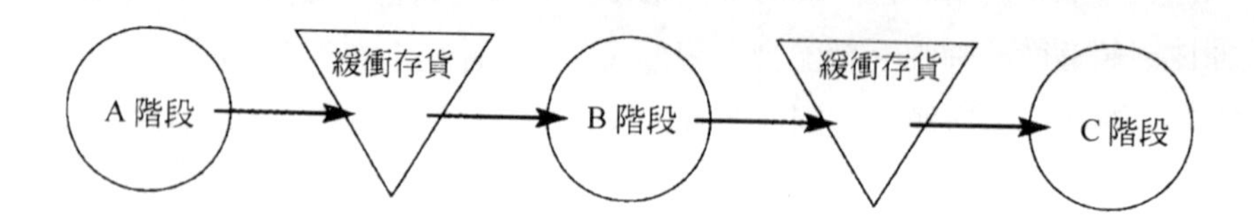

(b) JIT 方式－遇有要求才配送

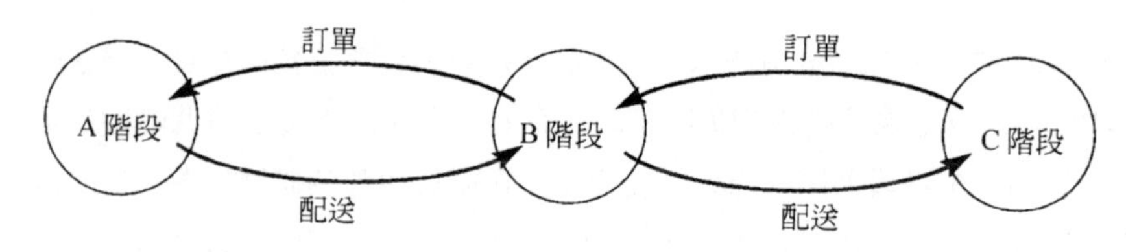

圖 15.2 製程階段間的（a）傳統流程（b）JIT 流程

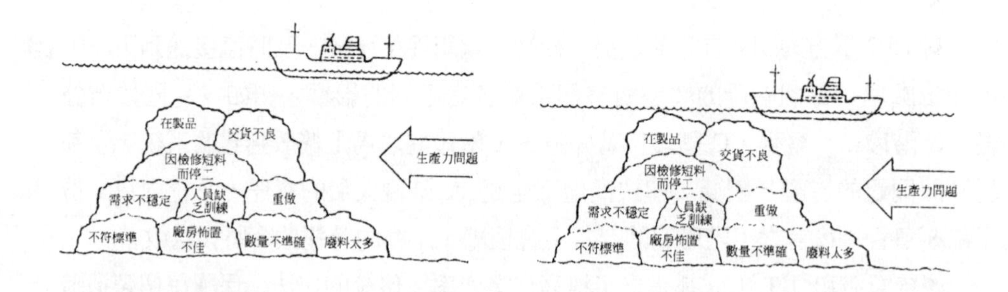

圖 15.3 降低存貨水準（河水）可讓作業管理（船隻）看見營運問題（石頭）

JIT 的必備要件

- **品質**必須優良。作業過程的任何時點若品管不當，會導致停機修訂，減慢物料產出速度，影響內部供應的可靠性，造成存貨累積，使整體生產率大降。
- **速度**是基本要求；若要直接從生產線上供應顧客的需求，速度尤須講求。
- **可靠性**是提高速度的前題；若組件供應或設備性能不可靠，速度難達要求。
- **彈性**對小批量訂貨的處理尤其重要，須能加速產出，縮短交貨的前置時間。

JIT 和產能利用率

運用 JIT 最大的犧牲是產能無法充分利用。發生於 JIT 的任何生產停頓，都會影響整個製程的其它部份，進而降低產能利用率。JIT 的支持者認爲作業部門不應純爲生產而生產，產出若對整體銷售目標無實質貢獻，生產實無必要，因爲額外存貨的囤積，只會使任何改進措施更不可能出現，見圖 15.4。

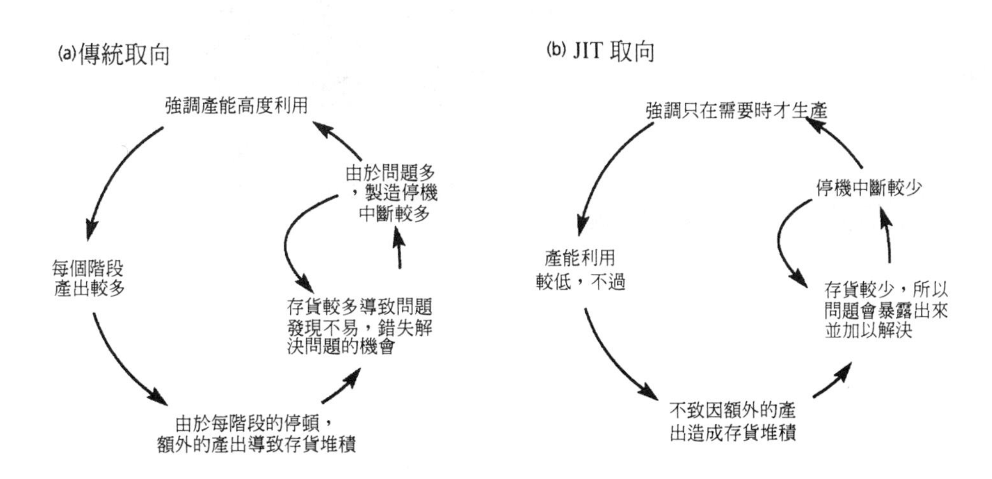

圖 15.4 傳統取向和 JIT 取向對產能利用率的不同觀點

JIT 是一種哲學觀，也是一套管理技術

JIT 既是一種關乎製造的哲學理念，同時也是一套包羅各種工具和技術的組合。JIT 在規劃和控制方面的作法，見圖 15.5。

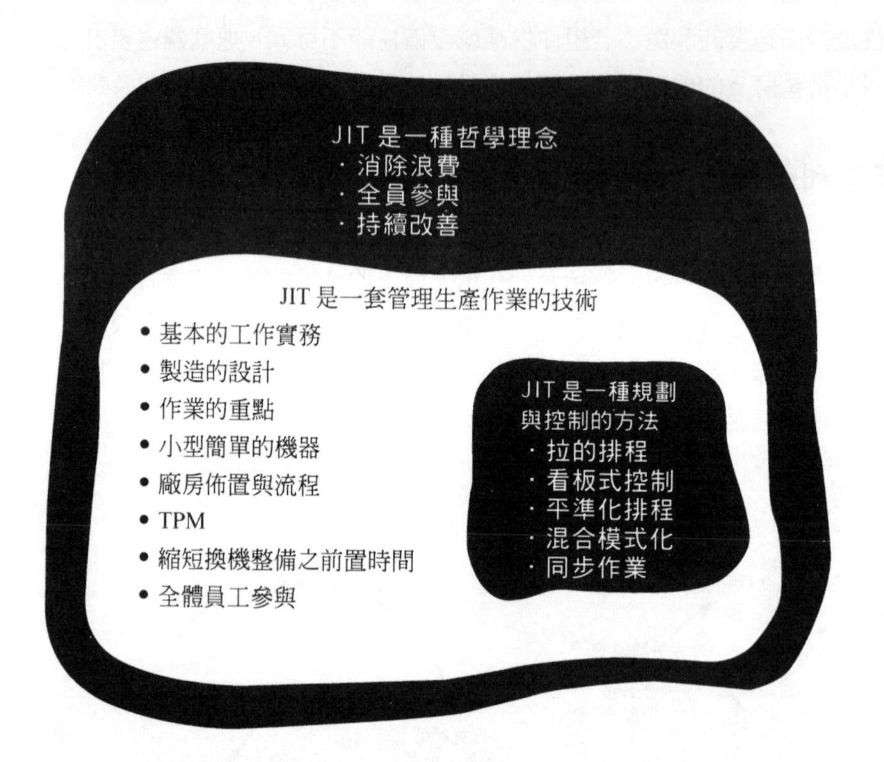

圖 15.5 JIT 是一種哲學理念，一套管理技術，也是一種規劃和控制的方法

JIT 的哲學理念

JIT 的哲學理念和日本的作法

JIT 的哲學理念起源於日本，於歐美各國具體實踐。其哲學原理是把簡單的事情做好、漸漸地作得更好並消除每一步驟所產生的浪費。將 JIT 在日本付諸實行要歸功於豐田汽車公司（Toyota Motor Company），該公司讓製造部門和供應商、消費者密切合作，發展出一套及時化的作業方式，簡稱 JIT。

JIT 的作業哲學

✏ 消除浪費

任何不會產生附加價值的活動都是浪費。豐田汽車公司歸納產業常見的浪費有 7 種。

- **超量生產的浪費**：若生產超過下一階段製程所需的數量是最大的浪費。這種浪費可由 JIT 的原始定義，即「及時生產」加以消除。
- **等候時間的浪費**：機台效率和人工效率常用來衡量機台和人員等待的時間，但作業人員若一直生產非及時需要的在製品，易使人忽視真正等候的時間。
- **運送的浪費**：工廠物料的運送是沒有附加價值的活動，但作業部門都視之爲製程的一環。重新佈置廠房並改善運送動線可大幅減少浪費。
- **製程本身的浪費**：零組件設計不良或保養維修不當的浪費可設法消除。
- **存貨的浪費**：JIT 的基本原則是要消除所有存貨。
- **動作的浪費**：作業員忙著找零件箱或工作卡對產品沒有附加價值。可以藉由改善夾具與治具來簡化工作，並減少動作的浪費。

- **不良瑕疵品的浪費**：由廢料數量固然可看出物料品質的低劣或人工成本的浪費，但生產控制系統的停機中斷或無法如期交貨等，則較不易覺察。

全員參與

JIT 的哲學理念通常是以整體全面的角度來審視問題，指導組織內的每一成員、每個部門單位，都能施行正確的作業程序。透過組織文化的薰陶與傳佈，強調組織全員參與，邁向共同的目標。此等嶄新的組織文化可為「全面品管」的實施鋪路，甚至同步進行。JIT 和全面品管相輔相成，通稱「JIT / TQM」。

JIT 抱持尊重人性的理念，通常要求以團隊合作方式解決問題、以工作豐富化（使作業員的工作涵蓋維修與整備等任務）、工作輪調、多技能的培養等方式提高工作的責任感、工作投入與參與感。

持續改進

JIT 的目標往往過於理想化。堅守 JIT 的基本信念，持續不斷努力，才能逐漸接近目標。因此，持續改善乃成為 JIT 的一項重要觀念。

JIT 的技術

基本工作規範

1. **紀律**：攸關公司成員、環境安全、產品品質的工作標準，人人都須遵守。
2. **彈性**：工作職責的指派應盡可能讓每個人發揮其最大潛能，職位等級與限制性慣例等有礙彈性的障礙均應排除。

3. **平等**：待遇不公和差別歧視的人事制度均應廢除。
4. **自主**：增加授權給直接負責的人員，使得經理人的要務在於支援現場作業。
5. **人力資源發展**：組織目標是要培養能提高競爭力的團隊。
6. **工作生活品質**：參與決策、就業保障、工作樂趣、工作場所與設施。
7. **創造力**：這是激發工作動機不可缺的要素。

作業重點

作業重點背後的觀念是簡化、重覆、熟能生巧。製造的重點是專注於有限而足以掌控的產品、技術、產量、市場；並學習建構基本的製造政策與支援服務，專注於直接明確的製造任務，而不是分心於許多不明確、彼此衝突的任務。

工廠佈置和製造流程

佈置技術可使生產作業的物料、資料與人員的流程更為順暢。工廠製造流程若過於冗長，容易造成存貨堆積，不會提高產品的附加價值，並減緩產品的產出速度。JIT 針對佈置特別建議：

- 各工作站盡量靠近配置，以免存貨累積；
- 各工作站的佈置宜整體規劃，生產線流程應透明化，人人都可互相照應；
- 採用 U 型生產線，讓作業人員能在工作站間移動以平衡產能；
- 採取以製造單元為主的佈置。

全面生產維護（Total Productive Maintenance，TPM）

生產過程中非預期的故障會造成作業的變動，TPM 的目的便是消除這類變動。此項工作有賴全員參與找尋變異，進行維修改進。製程管理者平時宜妥善照顧機器設備。保養維修專家則專責負起較高級而精密的維修改善重任。

減少整備時間（Set-up Reduction，SUR）

整備時間是指生產製程的更換時間，即由生產原先批量換成生產新批量所需的時間。縮短換機整備時間的方法很多，包括縮短尋找工具與設備的時間、避免耽誤換機的準備工作、精減整備工作的例行項目。

SUR 另一常用的方法是將內部整備工作（internal work），即須將運轉的機械停止下來才能進行的換機工作，轉爲可於機器運作時，同時執行的整備工作（external work）。將內部整備工作，轉換爲外部整備工作的方法有三：

1. 事先組裝整套工具，使其可在機器運轉時，不必停機就進行裝上或卸下的動作。最好所有的調整都在機器外部進行，內部整備只是組合作業。
2. 將不同的工具或模具附在標準化設計的固定裝置上。
3. 簡化工具與模具的裝卸作業，改善物料搬運設備，如利用輸送帶。

作業的透明化

所有問題、品管專案、作業檢核表都應公佈周知，讓大家了解與採取行動。公佈方式如下：將績效衡量標準公佈於工作場所；利用燈號顯示停機；張貼統計品管控制圖表；運用海報顯示改善技術和檢核表；展示競爭對手的產品、自己的產品及不良品等樣品；採行人人看得見的控制系統，如看板系統；工作場所採用開放式配置。

JIT的規劃和控制

看板（Kanban）控制

看板控制是「拉」式規劃控制的一種作業方法。看板管理、控制物料在各作業階段之間的輸送。就最簡單的形式，看板是由顧客送出需求卡，指示供應者運送更多的物料。看板系統也可採用其它媒介來傳達。

- **傳送看板** Conveyance Kanban：用來告知前一個作業環節，物料可由庫存取出，送往指定地點。看板上載有物料的名稱、型號、來源、目的地。
- **生產看板** Production Kanban：用來指示某一製程可開始生產，並將製程完成後的物品置入庫存。看板載有物品的品名與編號、製程說明、生產所需原料、以及成品或半成品應送往何處等。
- **賣方看板** Vendor Kanban：此看板用來通知供應商傳送物料或零件到指定的作業環節，性質類似傳送看板，但用於外部的供應商。

每種看板都是根據相同的原理：接到看板後，啓動傳送或生產或供應某一工件或某一標準量的工件組合。看板是傳送、生產或供應活動的唯一授權工具。看板即使以卡片或實物以外的媒介表示，亦有同樣的效力。有些公司使用「看板區域」（squares），在作業現場的地板或工作台上留出空間，劃上方塊，剛好擺放一箱或幾箱工件組合。若該方塊區已淨空，代表供應該區域應開始生產。

看板的使用可分爲單卡制與雙卡制。單卡制只使用傳送看板（從外部供應商取得物料時，則是賣方看板）；而雙卡制使用傳送看板與生產看板。

✏ 單卡制（Single-card System）

圖 15.6 顯示單卡制看板的運作方式。在每一階段（圖中只有 A、B 兩階段）都有工作中心和存貨區。所有的生產和存貨物品都以標準工件箱放置。每箱擺放的零件數量完全相同。B 階段需要較多的零件加工時，就從 A 階段的產出存貨點取出一標準箱零件。當 B 階段的工作中心開始使用這箱零件，就把傳送看板放到看板存放盒。當 B 階段的工作中心用完這箱零件，就將空的零件箱送至階段 A 的工作中心，這表示 A 工作中心應開始生產；傳送看板也同時由 B 階段的看板存放盒向階段 A 的產出存貨點移動，表示授權從 A 階段的產出存貨區移動另一整箱零件至階段 B 的工作中心。兩個封閉迴路可有效地控制物料在兩個階段之間的流轉。傳送看板的迴路（圖中以細線表示者）使看板在兩階段間循環流通；而標準箱的迴路（圖中以粗線表示者）銜接兩個工作中心和產出存貨點，使零件箱穿梭其間。

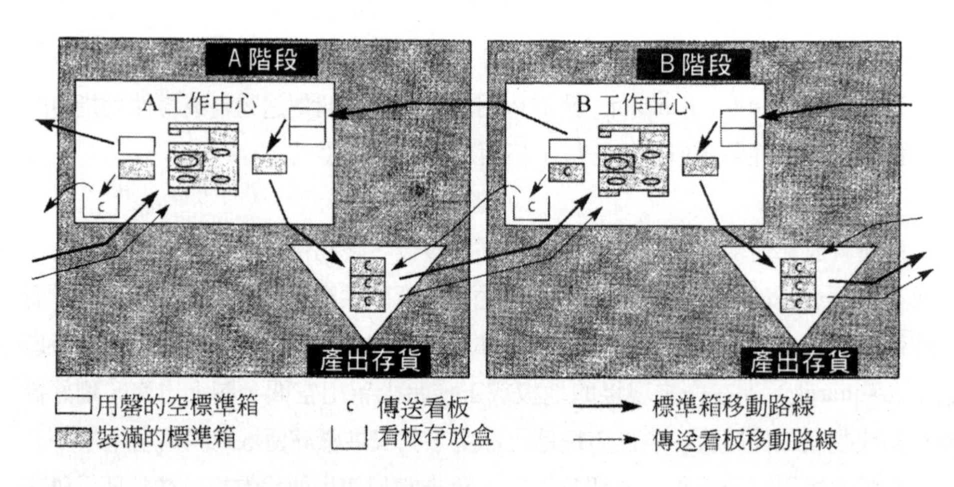

圖 15.6 「拉」式控制的單卡制看板運作方式

雙卡制（Dual-card System）

圖 15.7 是豐田汽車公司所用的看板管理系統，包括**傳送看板**和**生產看板**兩種，這有助於各階段產出不同零件的數目相當多時，控制兩階段之間的流程。圖 15.7 中 A 和 B 兩階段各有兩個存貨點：投入存貨點處理由上一階段送來的標準箱零件，產出存貨點處理即將移往下一階段的標準箱零件。傳送看板的封閉迴路類似單卡制。從 B 階段的投入存貨點開始，此時 B 工作中心需要零件來進行加工生產，便從該投入存貨點取貨，並將傳送看板擺進投入存貨點的看板存放盒。B 工作中心將標準箱零件用罄，就把 B 階段投入存貨點看板存放盒的傳送看板擺進空箱，一起送回 A 階段的產出存貨點。經由此一傳送看板的授權，另一裝滿零件的標準箱，從階段 A 的產出存貨點送到階段 B 的投入存貨點，完成傳送看板的循環。用罄的空標準箱就待在階段 A 的產出存貨點，直到階段 A 的工作中心需要時，才去裝取加工完畢的工件。標準箱在 A 工作中心與 A 產出存貨點之間的流轉過程，全由生產看板來掌控。由階段 A 的產出存貨點移至 A 階段工作中心的空標準箱，在裝滿工件時，附上取自 A 工作中心看板存放盒的生產看板，一起傳送到階段 A 的產出存貨點。該標準零件箱從 A 產出存貨點送出之前（指根據 B 階段的傳送看板指示），其生產看板要取出放在階段 A 的產出存貨點的看板存放盒。生產看板接著往上移放至 A 工作中心的看板存放盒，放入裝滿零件的標準箱，再送回 A 階段的產出存貨點，完成生產看板的封閉迴路。

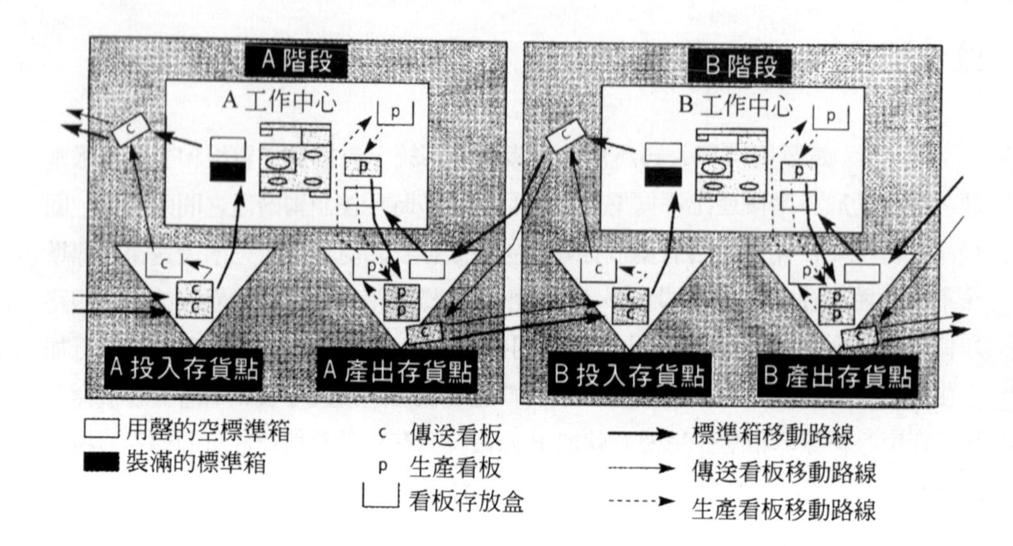

圖 15.7 「拉」式控制的雙卡制看板運作方式

各生產階段或各存貨點之間，來回循環的看板數目正好等於在看板系統中移動的標準零件箱數目，因此就等於可能產生的存貨。若從封閉循環中抽出一張看板，即可降低存貨。總而言之，看板系統的管理規則可歸納如下：

- 每只零件箱都有一張看板，載明料號、名稱、使用單位、製造地點、數量。
- 零件箱總是被「拉」往下一個製程階段，即因應顧客或使用者的需求。
- 沒有看板的指示或授權，不得開始生產任何零件。
- 任一標準零件箱的容量，正好符合看板所載的零件數量。
- 任何瑕疵品不得傳送給下一階段的製程。
- 製造部門（指物料供應部門）只能生產被取走的存貨數量。
- 看板數目應予減少。

平準化排程

生產排程平準化是指產品種類與產量的平均化，即在製程的各個時點長期維持平均水準。例如，與其大量生產一批 500 件來滿足未來三個月的需求，不如以平準化排程每小時固定生產 1 件。圖 15.8 說明如何從傳統生產排程改爲平準化排程。假如某一段時間需要生產某產品組合，一般是一個月，傳統作法是先計算每種產品的經濟批量（Economic Batch Quantity，EBQ），圖 15.8 顯示該作業單位 20 天內須生產 3 種產品。

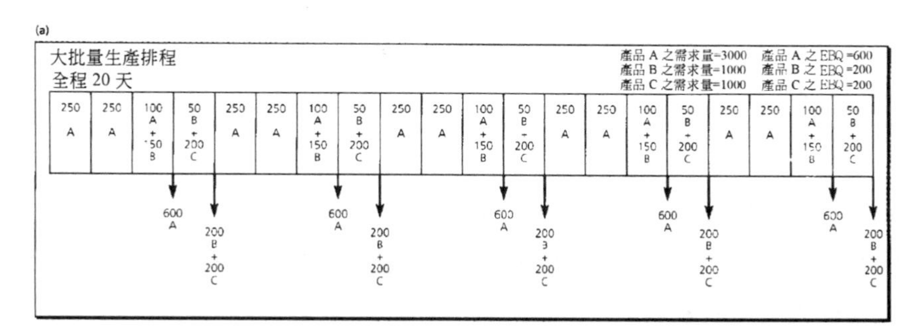

(b)
平準化排程
全程 20 天
將每批數量減爲 產品 A 之 EBQ=150 產品 B 之 EBQ=50 產品 C 之 EBQ=50
150 A 50 B 50 C（每天）
150 A 50 B 50 C（每天產出）

圖 15.8 平準化排程使每天的產品組合平均一致

產品 A 的需求量=3000	產品 A 的 EBQ=600
產品 B 的需求量=1000	產品 B 的 EBQ=200
產品 C 的需求量=1000	產品 C 的 EBQ=200

根據圖 15.8（a），該作業單位從第 1 天開始生產 A 產品。在第 3 天完成一批 600 件 A 產品的產出，運送到下一階段。接著，開始生產 B 產品的批次，但要到第 4 天才完成。第 4 天剩餘時間用來生產 C 產品，B、C 兩批產品都可在第 4 天結束之前送出去。如此大批量生產週而復始地循環，會在各階段之間產生大量存貨。其次，多數的工作日的產量與數量都不一樣。

若該單位提高作業彈性，使每種產品的 EBQ 降至原先的四分之一，結果見圖 15.8（b）。每一批量的產品都可在一天內完成，且每天都可完成三批，並送達下一階段。在各階段之間轉移的存貨較少，降低整體的在製品存貨，每天產出量變得較爲規律一致。

混合生產模式

平準化排程可擴展爲零件的重覆組合。假定生產單位的機器產能具有彈性，能達到 JIT 作業的理想，即 EBQ 等於 1。該單位產出的產品順序會如圖 15.9 所示，即能夠持續且穩定的產出每種產品。

圖 15.9 完全平準化（EBQ=1）排程的產出順序

✏ 實例説明

假設在 20 天內所需的各種產品數量分別爲：產品 A=1920、產品 B=1200、產品 C=960。若每天工作 8 小時，每種產品的生產週期可依下列公式求得：

$$A\ 產品=\frac{20\times8\times60}{1920}=5分鐘$$

$$B\ 產品=\frac{20\times8\times60}{1200}=8分鐘$$

$$C\ 產品=\frac{20\times8\times60}{960}=10分鐘$$

所以，該生產單位應能每 5 分鐘生產 1 單位的 A 產品、每 8 分鐘生產 1 單位的 B 產品、每 10 分鐘生產 1 單位的 C 產品。求 5、8、10 的公倍數得 40，即每 40 分鐘生產 8 單位的 A、5 單位的 B、4 單位的 C。就這樣混合 8 單位 A、5 單位 B、4 單位 C 的生產順序，且每 40 分鐘重覆一次，即可達到要求的產出量。混合生產的順序有很多方法，例如：……BACABACABACABACAB……重覆……。

豐田 TOYOTA 的生產系統

豐田汽車公司的 JIT 稱為豐田生產系統（TOYATA Production System，TPS）。TPS 的兩大支柱為：

- JIT 的拉式排程：需求發生時，才生產與傳送所需適當數量的產品或服務。
- 自動化：問題一發生，生產線由生產線的管理員工按停，或由機器自動停止。因機器可偵測異常現象，阻止瑕疵品進入下一製程，省卻事後檢查。

TPS 的關鍵控制工具是看板系統，其用途有三：指示前一製程階段持續傳送零組件；顯示製程中過度生產、或同步作業失調的生產區域；做為持續改善的利器。

豐田使用二種基本看板來施行 JIT 的拉式排程，分別是生產看板和移動看板（即是傳送看板）。生產看板授權前一個製程階段製造更多零組件。生產看板又分二種：多重製程看板，用於複雜製程，如金屬機具加工；單一製程看板，用於單項加工程序，如擠壓、鑄造等。移動看板則是用來指示投入零組件的時點與數量。這種看板也分內部（針對內部供應者）以及外部（針對外部供應者）。有關生產與移動看板的實例見圖 15.10。

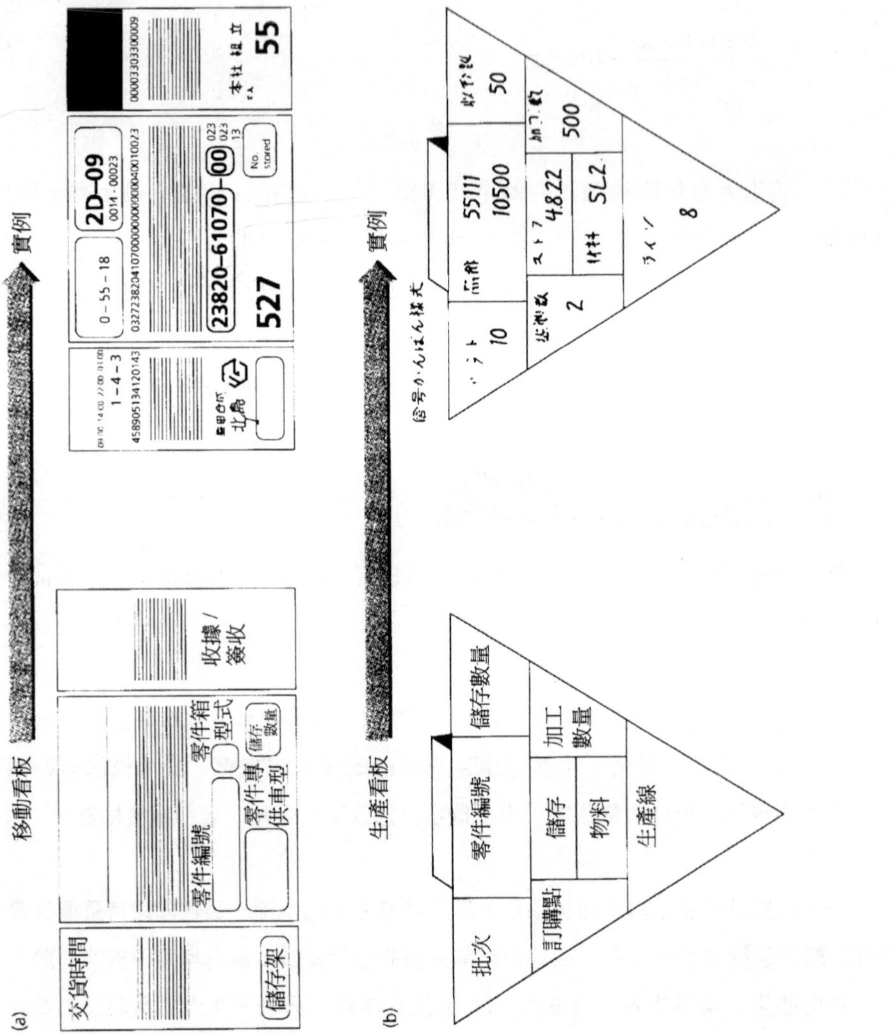

(a)

移動看板 → 實例

交貨時間
儲存架
零件編號
零件箱型式
零件專供車型
儲存數量
收據／簽收

0 − 55 − 18
2D−09
0014 · 00023
23820−61070−00
527
No. stored
1−4−3
4589051341201143
北島
本社 組立
55
000033033000009

(b)

生產看板 → 實例

批次
零件編號
儲存數量
訂購點
儲存
物料
加工數量
生產線

ロット 10
品番 55111 10500
収容数 50
発注点 2
ストア 4822
材料 SL2
加工数 500
ライン 8
信号かんばん様式

圖 15.10 豐田汽車廠的移動看板與生產看板

同步製造

很多公司製造的零件和產品種類繁多，無法全都按照平準化排程來處理。同步製造工程可調整每一製程階段的產出速度，確保每項零件或產品通過製程的每一階段都有相同的流程特性。零件應依其需求頻率分類，先區分**經常需要**（runner）、**定期需要**（repeater）、**較不需要**（stranger）三類。

- 經常需要：指每週都會使用到的產品或零組件。
- 定期需要：指較長的一段時間後，固定會使用到的產品或零件。
- 較不需要：指需求極不規律，難以預測何時需要的產品或零件。

如能設法控制經常需要與定期需要產品或零件的需求頻率，盡量減少變化，將有利於提高生產效能。減少生產時間的變化才能使這類零組件的製程同步作業。更好的作法是調整較快速的生產作業，使其產速減慢，以免生產過量，導致下一製程無法同時處理完畢。

服務業的 JIT

很多 JIT 的原理技術也能應用在服務業。製造業著重於探討存貨水準對於改善生產績效和解決問題的影響。製造業要處理存貨或等待物料，相當於服務業要處理等候的顧客，見表 15.1 比較存貨（物料等候）與排隊（顧客等候）的類似特性。

表 15.1 存貨和排隊的相似處

	存貨（等待的物料）	排隊（顧客排隊等候）
成本	資金積壓	浪費時間
使用空間	需要倉庫	需要設置等候區
品質	瑕疵隱藏住	造成負面印象
分隔工作負荷	使每個製程階段獨立自主	促進分工與專業
利用率	每一階段忙於處理在製品	服務人員因客人等候而保持忙碌
協調	避免流程必須同步	避免供需必須相符

JIT 和 MRP

MRP 和 JIT 的作業理念似乎背道而馳；JIT 提倡拉式的規劃和控制，而 MRP 卻主張推式的規劃和控制。JIT 的目標超乎作業規劃和控制的活動範圍，而 MRP 只是一種規劃和控制的計算機制。但如取兩種方法的優點，則可共存於同一作業部門。作業經理人關注以下二個重要課題：如何能將 JIT 和 MRP 結合，俾能在同一作業中並行？MRP 導向、JIT 導向、結合 MRP 與 JIT 導向，這三種規劃和控制方式該如何選擇取捨？

✏ MRP 的主要特性

- MRP 的設計雖屬拉式系統（由 MPS 來拉動整個生產系統），但其內部仍是推式系統。透過每一製程推動存貨，以回應每一期的物料需求細部計畫。
- MRP 採用由 MPS 衍生的訂單來作為控制的單位。
- MRP 需依靠較複雜且中央式的電腦管理部門來支援軟、硬體與作業系統，導致員工不易及時回應顧客的需求，尤其是第一線作業人員。
- MRP 作業的順利端賴準確的料表、存貨記錄等資料。

- MRP 係假定作業環境固定不變，可算出物料到達下一個作業環節的前置時間。然而，搬運裝卸作業及其它因素常令前置時間變化難測。
- MRP 更新記錄相當費時。理論上，每項交易資料都應隨時更新登錄。但實務上，往往拖一星期或一個月才更新一次。

JIT 的主要特性

- 製程每一階段皆由前一階段的需求「拉力」來帶動。
- 不同階段間的「拉力」控制係利用簡單的顯示卡、替代媒介或空置區域來驅動轉移與生產。
- 規劃與控制決策權下放到基層，無須事事倚賴電腦資訊處理系統。
- JIT 的排程係根據比例來計算，如每單位時間內某項零件的產出率，而不是根據數量，即零件的絕對產出數量。
- JIT 假定（與鼓勵）資源具有彈性，盡量縮短前置時間。
- 在 JIT 的作業哲學下，JIT 的規劃和控制觀念僅只是其中的一環。

JIT 和 MRP 的異同

分析上述兩種取向的一些假設與特點，有助於將兩者截長補短、結合運用。MRP 最終目的是及時傳送產品，以滿足當時的需求，即 MRP 是要確保所生產的產品爲市場所需要的。MRP 先預測未來什麼時點要交出何種最終產品，幫助人們規劃預期的生產需求。MRP 使用料表做工具，計算顧客預期的需求數目，再決定物料零件的訂購量，藉此將顧客的需求與供應網路連結起來。MRP 也可以處理複雜的情形；例如處理詳細的零件需求，即使是不常生產或少量的產品。

另一方面，JIT 就無法處理類似的複雜問題，而較適於結構簡單、產品需求較易預測、製程中原料流程清楚的作業。JIT 有時比 MRP 更不能達到及時化的遞送，因爲純 JIT 係屬回應式的做法——它難以回應需求的變動，JIT 並非預估需求的系統。JIT 爲了不使上游的零件生產作業遭受需求變動的影響，JIT 缺乏因應變動的彈性，尤其在產品結構趨向複雜，且 JIT 追求簡化的需求受到壓迫時，JIT 實在難以因應。話說回來，JIT 這種簡單透明化的「拉」式控制原理，配合持續改進的要求，使得日常例行的管理控制能夠有效地執行。

JIT 和 MRP 常見的結合方式有二，在以下兩節分述之。

不同的產品採取不同的系統

若以「經常需要」（runner）、「定期需要」（repeater）、「較不需要」（stranger）三類來區分需求，使用看板的拉式排程適用於「經常需要」與「定期需要」的產品／服務。MRP 控制則適用於「較不需要」的產品。圖 15.11 的料表可分成兩部份：一是針對「經常需要」與「定期需要」的通用零件，另一是針對「較不需要」者。改善的機會包括：縮小 MRP 系統運作的規模及更準確地運轉、更密切地控制罕見的狀況、持續改良產品設計並增加通用性的零件。

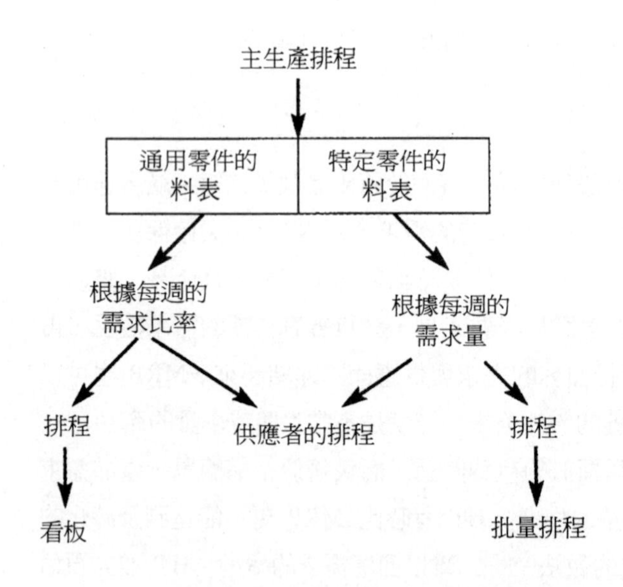

圖 15.11 高產量零件採看板控制，低產量零件採 MRP 控制

以 MRP 為整體控制工具，以 JIT 為內部控制工具

供給面的 MRP 作業是爲了確保在製造途程中有足夠物料，能及時供應需求。圖 15.12 說明採用拉式排程 MRP 來採購物料的製造業者會達到何種效果。MRP 將 MPS 加以分解（根據未來需求的預測），然後物料的實際需求經由看板以 JIT 方式運送。整個工廠所有物料的傳送都由連結各作業階段的看板迴路來掌控，廠內的生產節奏則由工廠的裝配線排程來決定。

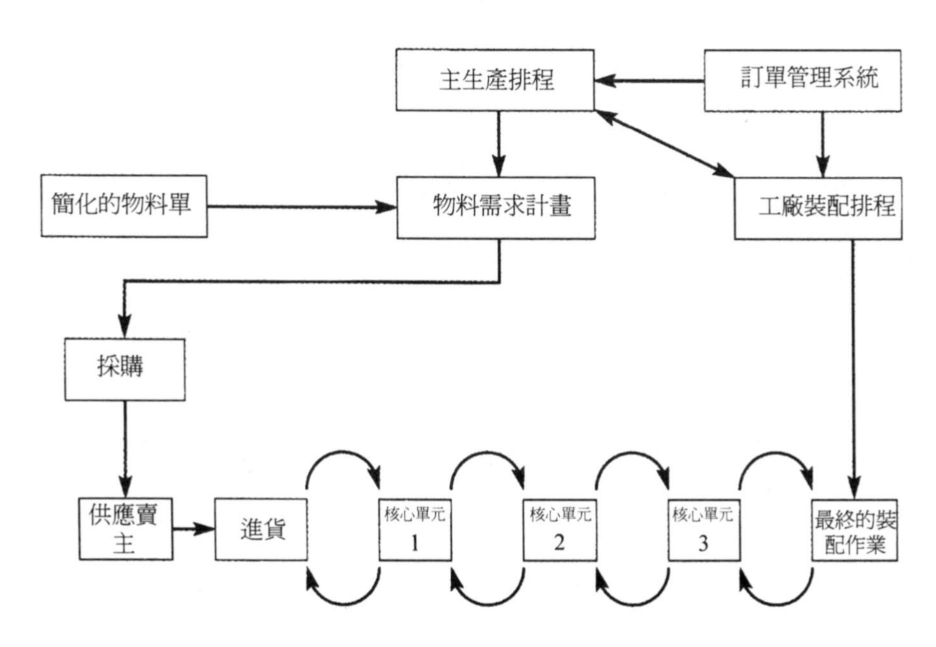

圖 15.12 使用 MRP 控制最後的裝配排程和採購，並輔以看板來控制內部的流程

以這種方式結合兩個系統比起傳統 MRP 作法有下列優點：作業內部、不同階段之間無須發放工單；只須監控各核心單元之間的在製品存貨，無須監督每個作業活動；料表的傳送層級較傳統的 MRP 少；簡化製程路線的資訊；簡化工作中心的規劃與控制；縮短前置時間與在製品的作業時間。

JIT、MRP 或兩者合用的適切時機

MRP 導向、JIT 導向、結合 MRP 與 JIT 導向，這三種規劃和控制方式該如何選擇取捨？判斷準則有二：

✏ 以複雜性為決定因素

圖 15.13 區分產品結構的複雜性和製程路線的複雜性。產品結構簡單、流程路線多重覆，則宜選拉式控制，JIT 易於應付這些直接的要求。隨著結構和路線變得複雜，就需藉助電腦來拆解產品結構，並據以向供應商訂貨。大部份內部的物料都可以用拉式排程來控制。用拉式控制的物料大多是每週或每月經常要用到者，其數量通常由設計的標準化而增加，見圖 15.13 的箭頭方向。

當結構和路線更形複雜時，零件需求也變得更不規則，則使用拉式排程的機會變少。極爲複雜的結構必須運用計畫評核術（PERT，詳見第 16 章）之類的網路方法。此等結構雖甚少使用拉式排程，但仍可用 JIT 來避免存貨囤積。例如，在作業現場的地板上畫出看板區域，務必等到該區域淨空時，才能將工作移到下一個作業階段。

✏ 以產品的產量—種類特性與控制層次為決定因素

圖 15.14 以矩陣來決定選取各種規劃與控制。相關的考量構面包括製程類型與控制系統的控制層次。**製程類型**是指「產品數量—產品種類」的特性，若一併考慮即爲製程的複雜性。製程前置時間的長短、可選擇的流程路線、產品結構的複雜性、產品樣式的變化等都與產品的數量和種類有關。**控制層次**是指如何執行控制任務。高層次控制涉及通盤協調全廠各部門所需物料的傳送流程，並明確顯示未來預期的產出數量。中層次控制是將產品訂單細分，再分配到工廠各部門單位。低層次控制是指對現場日常例行作業進行監控與調整。

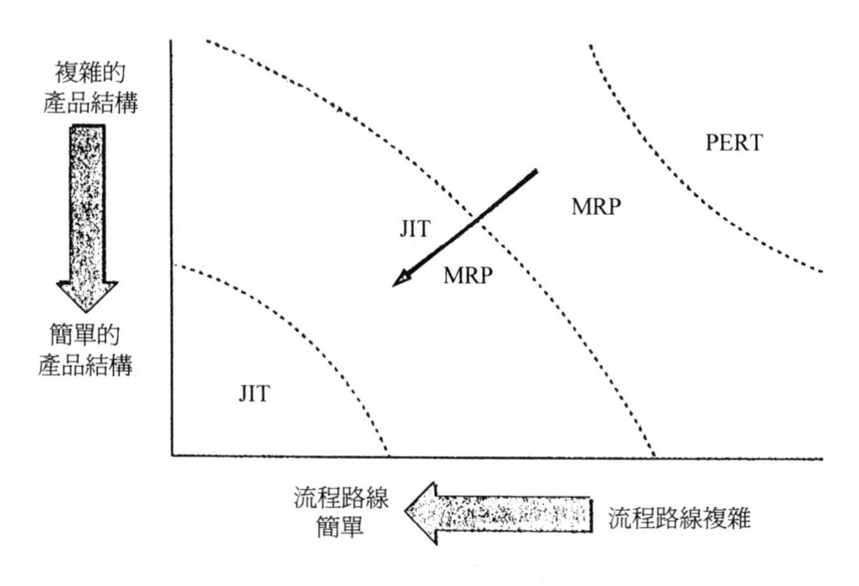

圖 15.13 複雜性是決定規劃與控制方式的一個因素

圖 15.14（A）區域代表產量大、全自動化的製程，其現場的控制層次須配合生產技術。例如，有些食品加工廠引進新科技，能自動將物料在不同廠房之間移轉。如欲停止自動轉送動作，則需人力介入或管制。圖 15.14（B）區域代表一個極需配合顧客多樣化要求之製造業的各現場細部排程與控制。此時，廠內每個工作的性質支配著生產控制任務，常要運用諸如網路規劃之類的控制技術。

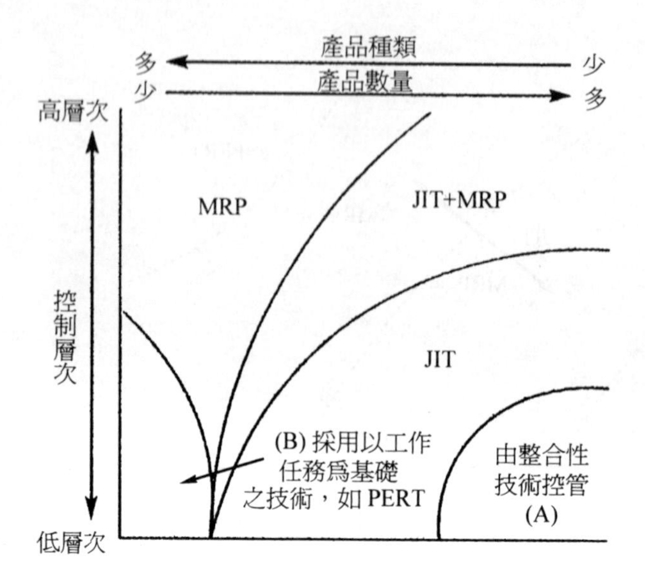

圖 15.14 「產量—種類」特性與控制方式是另一個決定因素

現身說法——專家特寫

Rainford 集團的 Steve Millward

Steve Millward 是 Rainford 集團的製造部主管，他的近期要務是引進 JIT 製造策略。Rainford 集團的業務是供應行動電話通訊基地設備給行動電話通訊公司。

為因應公司在產品產量與種類的快速成長，我們必須重新擬訂策略重點，重組目前的作業架構，蛻變成為產品導向的部門，期能創出更精簡的核心單元。有些核心單元適合採用 JIT 控制，像是訂單固定、產品種類又不複雜的核心單元。為了將製造系統改變為 JIT 系統，我們須重新佈置廠房的裝配區，以有效控制生產線上的在製品數量。我們也採平準化排程以維持產品項目生產率的穩定。設計 JIT 的作業控制需先分析每站的作業活動及工作負荷是否平衡，才不致產生製程的瓶頸。JIT 為使作業所需物料零件容易取得，物料都沿生產線存放於貨架，送到生產線的物料零件都採及時化作業。

改採 JIT 的製造方式是公司文化的一大變革，而不只限於品質檢驗的領域。我們雖有品質檢驗小組，但 JIT 強調品管應整合於製造過程，人人都應為自己經手的產品品質負責。

本章摘要

- JIT 作業的整體目標是，在及時滿足需求的同時，達到完美的品質要求，且不造成任何浪費。
- JIT 及時傳送的主要理由是維持最低的存貨水準，不僅可節省營運資金，又可大幅提升組織內部的作業效能。
- JIT 係日本於第二次世界大戰後首創，深受當時日本的經濟背景影響。
- JIT 是一種哲學理念，可歸納成三項互相重疊的要素：消除任何形式的浪費、全員參與改善、持續進行所有改善方案。
- JIT 的規劃與控制技術包括：
  a. 「拉」式排程：由顧客負責拉動產品的運送，而非供應作業主動運送。
  b. 看板控制：有時被誤認是 JIT 的同義詞。看板只是一種簡單的控制媒介，如卡片標籤，可用來控制物料在各製程階段之間的傳送及生產在製品進存貨區，可分爲單卡制與雙卡制看板系統。
  c. 平準化排程試圖縮短重複性生產順序的週期時間，使產出更平穩。
  d. 混合生產係由平準化排程發展而來，假定一系列的產品的經濟批量 EBQ 等於 1，使能更平順地產出所需的產品組合。
  e. 同步製造是由較大量的產品來主導生產線的節奏。
- JIT 和 MRP 看似兩種截然不同的規劃與控制方法，但兩者也能結合運用。

結合的方法很多，要領是取長補短，善用其相對的優點。

- 選擇適當的規劃與控制方法時，可以考慮許多決定因素，諸如：產品結構、製程路徑的複雜性、產品數量—產品種類、控制的層次。

個案研究：St. James 醫院的 JIT 作業

St. James 醫院是歐洲最大的教學醫院。由於降低成本、減少存貨及改善服務的呼聲越來越大，於是針對其自身作業活動作一重點分析。

醫院有 15,000 種不同的物料由 1,500 家供應商供應，傳統的訂購作法完全依據醫生的要求辦理，往往同一產品可能有超過 6 家的供應商。經醫療和供應兩部門的工作小組研商後，擬定一項產品與供應商合理化方案，並揭露多項浪費的根源。例如，加護病房用的手套竟高達 20 種之多，其中 1 雙＄1 的外科手套可用較便宜（約＄0.2）的物品替代。購自 6 家不同供應商的麻醉品，其實可以統一向一家採購。況且大量採購，尚可要求折扣降價。供應商若知自己是獨家供應，也將十分樂意以優惠價格，小量多次交貨。

提高住院手續的作業效率使得根據 JIT 原理的改善方案更為可行。例如，以往三分之一的慢性病患預約被無故取消，因為從診斷動手術到通知到手術房報到，期間要經過 59 道關卡。醫院於是重新設計作業流程，將 59 道手續降到現在的 13 道，新手續簡便迅速，不但降低成本且更為可靠。

對局部區域的存貨引進簡單的看板系統。例如，第九區病房儲藏室的物架存放 2 盒注射筒，第一盒用完時，第二盒便往前挪移，而值班護士便再訂一盒，空盒隨後也移往儲藏室外頭，定期由供應部人員用條碼掃描機讀取產品料號。

問題：

1. 列出 St. James 新策略中的要素。
2. JIT 的原理還有哪些可運作在其它的醫院場合？

問題討論

1. 說明何以 JIT 是一種哲學觀、一種策略、一組技術？
2. 爲何持續改善需要採長期觀點？討論「持續改善可強化企業文化」的意義。
3. 如何使接單生產（make-to-order）的公司避免浪費？
4. 爲何在製品和前置時間有關？
5. 採用 JIT 的公司應如何找尋供應商？
6. 就 JIT 的觀點而言，經濟採購量（EOQ）有何缺點？
7. 解釋混合生產如何擬訂細部的作業排程，這和擬訂主排程有何不同？
8. JIT 的作業如何運用新科技來支援看板的運作？
9. 解釋 JIT 的技術如何用來提升作業管理中的產量和產品配套的彈性。
10. 爲何「Jidoka」（生產線停機職權）被視爲豐田生產系統的基石？
11. 解釋傳統和 JIT 製造方法的不同。這些不同之處也存在於服務業嗎？
12. 討論 JIT 的優缺點。
13. 浪費的意義爲何？解釋消除浪費的起源及意圖？
14. 以下列五項作業的績效目標來討論降低整備時間的好處：成本、彈性、品質、可靠性、速度。
15. 解釋推式和拉式規劃和控制方式的異同。爲何不同組織會選擇不同的作法？
16. 說明速食餐廳應如何運用看板及可能採取的形式。
17. 某印刷電路板廠每 3 分鐘生產一片電路板，其標準箱的容量是 4 件。整體生產效率爲 90%，目前每天的整備或前置時間是 180 分鐘。管理部若引進 JIT 系統，且看板數目不得超過 3 個，則整備時間應降到多少，才能達到目標？
18. 討論降低批量的好處。
19. 服務業採用「生產線停機職權」（Jidoka）的作法有何優缺點？舉一公司組織的實例說明。

16 專案的規劃與控制

本章探討少量一多樣生產作業的規劃與控制，習稱專案計畫作業，其相關活動通常複雜多變，且明定開工與結束期限，見圖 16.1。

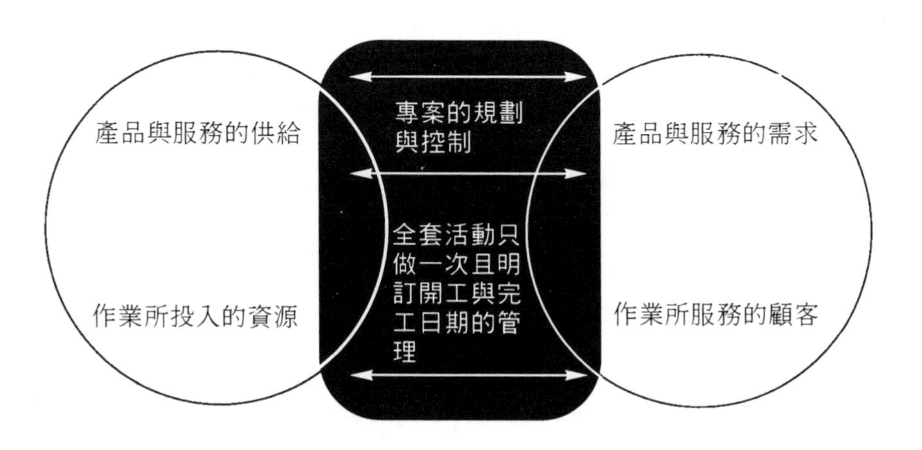

圖 16.1 專案規劃與控制的定義

學習目標

- 專案的性質與專案管理的本質；
- 執行專案的背景環境；
- 如何以專案的目標、範圍以及完成的策略，來替專案下定義；
- 專案計畫的規劃方法；
- 專案計畫的控制方法；
- 如何利用網路分析來規劃與控制專案。

專案的定義

構成專案的一整套作業活動都具有明確的起點、終點及要達成的明確目標，並且運用一定組合的資源。大型而複雜的專案計劃消耗資源較多，花費時間較長，也較需要組織內各部門多作協調溝通。公司如欲規劃與控制專案，須先設計出一個模型，以說明該專案的複雜性，並保證能適時達成專案目標。

專案的組成要素

- **目標**。一個明確的最後結果、產出或產品，通常是由專案各項活動的產出時間點、成本以及品質來界定。
- **複雜性**。達成專案目標的任務若繁雜多樣，彼此的關係勢必相當複雜。
- **獨特性**。專案具有「只此一次」的性質，並非重複性的工作。
- **不確定性**。所有專案都是在執行之前預先規劃，必須承擔失敗的風險。
- **暫時性**。專案都訂有明確的起點與終點，通常要臨時調集資源加以運用。
- **生命週期**。任何專案在各階段所需的資源也常隨著專案生命週期而變化。為方便規劃與控制，專案生命週期可分為許多計畫階段（Project Phase）。

雖然專案的管理都涉及「少量－多樣」型態的生產作業，但大量且持續性的生產作業也常愛用專案計畫，例如石化公司蓋新廠就屬「僅此一次」的專案。接著該新廠可能依專案計畫來維護，員工訓練也是根據專案來實施等等。

專案的分類

圖 16.2 說明專案如何根據複雜性與不確定性來分組歸類。複雜性代表專案的規模、開銷、參與人數；而不確定性代表達成成本、時限以及品質等目標的機

率而言。上述分類有助於合理地列出各種可能的專案類型，俾能運用適當的專案管理原理。此一分類還提示各種專案的性質及其管理的困難所在。不確定性主要會影響專案的規劃，而複雜性則對專案的控制影響特大。

高度不確定性的專案可能不容易明確設計，也不易設定實際的目標。不確定性越高，整個專案的規劃過程越須保持高度彈性，以應付各種可能的變化。表 16.1 說明不確定性對專案規劃的影響。

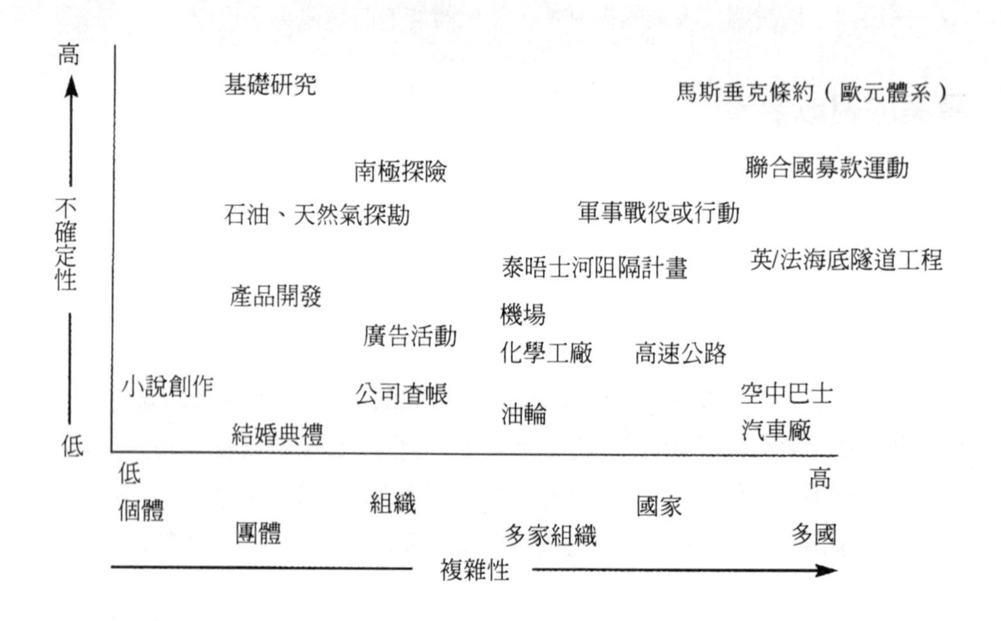

圖 16.2 專案的類型

表 16.1 不確定性對專案規劃的影響

專案規劃的主要層面	不確定性	
	高	低
規劃目標	演變中	確定
規劃範圍	不易明確界定	清楚明確
計畫綱要	模糊	明確界定

複雜性高的專案不見得不易規劃，但控制方面卻是問題重重。若專案所牽涉的資源、人員越多，事情出錯的機率也就越高。而隨著專案的獨立作業活動數目的增加，彼此的影響也會呈指數或倍數增加，因而需花更多功夫來偵測控制各個活動。若專案涵蓋的個別活動甚多，彼此間依賴程度又高，必須共享許多資源，則任一作業活動萬一進度落後，便會牽一髮而動全局。

專案管理的成功之道

- **目標明確界定**：包括專案的使命與專案小組成員對目標的承諾與投入。
- **專案經理人的能力**：擁有人際、技術和管理技能之專案主持人。
- **高階管理當局全力支持**：高層主管對專案的支持承諾與各相關單位的共識。
- **專案小組成員勝任稱職**：小組成員應擁有技術能力，能支援專案的執行。
- **取得充足資源**：提供專案達成所需的資源，包括財力、人力、後勤支援等。
- **溝通管道暢通**：有關專案的目標、進度、變更、組織現況、顧客需求等資訊，均可讓專案成員隨時得知，完全了解。
- **設有控制機制**：建立監控系統以偵測變異，並能找出偏離計畫的變異因素。
- **具有回饋能力**：所有參與專案的單位都能提供回饋意見與修正方案。
- **回應顧客的能力**：專案所有潛在用戶的反應均獲得適當的處理關照。
- **備妥解決問題的機制**：可運用一套處理問題的程序，找出問題根源並解決。
- **專案成員穩定**：人員流動率太高會影響團隊的經驗傳承，降低學習績效。

專案經理人

專案經理人須具備正確的「技術素養」與「個人特質」，才能有效執行各項專案管理任務。成功的專案經理人應具備的五項特質歸納如下：

- 符合專案需求的工作背景和經驗；
- 領導才能和策略素養，能通盤掌握專案全貌及其環境變化；
- 專案有關的專門技術，能作出妥適的技術性決策；
- 人際關係與待人處事的能力，能肩負專案推動者、溝通者、協助者等角色；
- 實務管理能力與資歷。

專案的規劃和控制程序

圖 16.3 的專案管理模型將專案管理活動分爲 5 大階段，其中有 4 個階段牽涉到專案的規劃與控制。

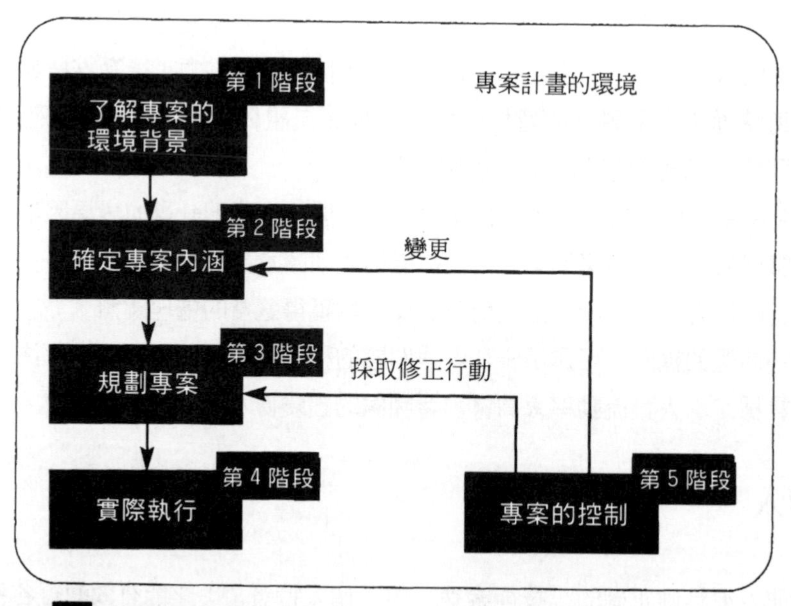

圖 16.3 專案管理模式

我們可根據第 1、2、3、5 等階段的標題：專案環境、專案內涵、專案規劃以及專案控制，來探查專案的規劃與控制。其中第 4 階段，專案的實際執行則依不同專案所需的特別技術而定。應特別注意的是，以上各階段並非連續步驟，而是可能隨時重複的程序。

第 1 階段：了解專案的環境背景

專案的環境包括影響專案全部執行過程的一切因素，是專案執行時的背景與情境。可能影響的環境因素見圖 16.4。

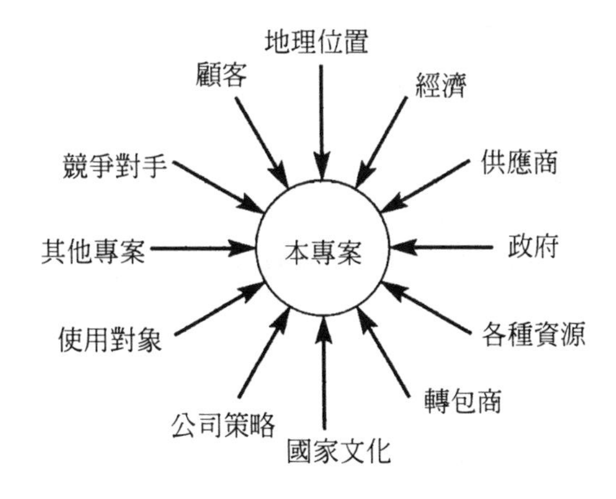

圖 16.4 專案的背景環境包括影響專案的所有因素

充分了解專案的環境十分重要，理由有二：第一，環境影響專案的執行方式。例如，組織內其它正在執行的專案之規模大小、時間長短以及內容性質，都可能影響新專案的擬訂與規劃。過去爲其他顧客執行的專案，也可能影響目前專案的作法。第二，專案的環境乃是不確定性的主要來源。例如，供應商的財務是否健全，影響專案管理當局的採購意願甚鉅。專案所處的地區，若政治不安定，更會影響專案各項活動的作業時機與資源的取得等。

第 2 階段：確定專案內涵

執行專案的複雜任務之前，務必先對這些工作有一清晰的了解。有些專案的主要工作已有前例可循，如火力發電廠的設立專案。至於全新的專案——例如「僅此一次」的太空探險專案，就比較不易設定內涵。專案內涵的界定，須先考慮下列三項要素：**目標**、**範圍**、**策略**。

✏ 專案目標

專案目標爲整個計畫提供方向，又能幫助人員專注於專案的依據及預期的結果。不過，目標的設定卻要求專案經理人逆向思考，即先確定專案必須達到何種最終狀態，專案才能視爲成功。對於專案的終點思索得越具體，就更易規劃出理想的目標。目標的設定有助於明確界定終點的境界，從而監督專案的進度。

不同層級的目標

在專案下每一個次目標都須與整體目標息息相關，見圖 16.5。

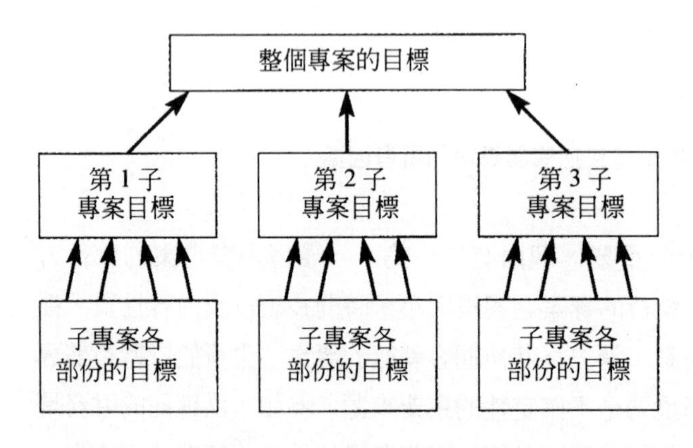

圖 16.5 專案目標的層級

目標必須明確

良好的目標應可以衡量評估，最好能以數量化表示。目標若不明確，就很難評估成功與否。一個有用的方法是將專案目標分為三大類：專案目的、最終結果、成功標準。

專案管理的績效目標

- **成本**：雖然金錢屬於專案作業的「彈性」資源，但專案的總成本在一開始便已確定。專案管理的關鍵要務就是控制資源，以免超出預期的成本。
- **時間**：時間資源完全沒有彈性，因為時光一去不復回。活動雖可縮短，但唯有重新修訂目標，才能改變專案的完工時間。
- **品質**：專案計畫的產出應符合原先的目標。專案品質的認定是完成的專案符合原先的規格與規格本身的合適性。

各項目標的相對重要性會隨著專案的不同而異。新型飛機的研發計畫特別注重品質目標，因攸關乘客安全；對經費固定的專案而言，成本是最重要的考慮因素；另有一些專案強調時間，如籌辦戶外音樂演唱會，該專案須一直到當天完成後，才算達成目標。圖 16.6 所示為「專案目標三角形」。

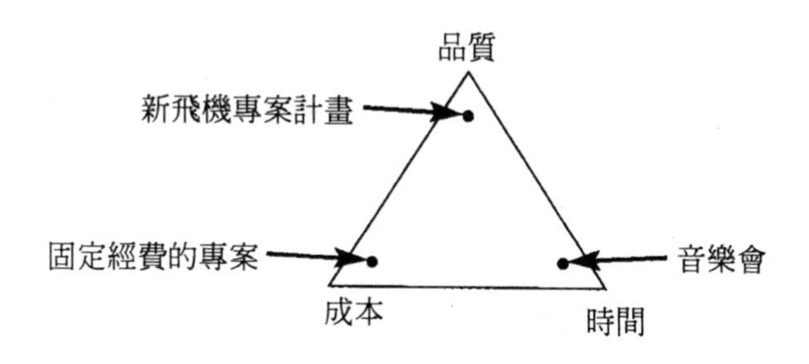

圖 16.6 專案目標三角形

✏ 專案的範圍

專案的範圍所界定的是計畫的工作內容及其產品或結果，其任務是要區分該做與不該做的工作以簡化專案，幫助釐清專案成員的權責範圍。通常參與專案的各部門、成員，包括外包廠商，都需以工作說明書詳述工作的內容與要求，尤其是外包廠商會涉及到商業與法律的權益問題，像是外包廠商的供應範圍應釐訂出必須履行的任務。一般而言，設定專案的內容範圍可界定下列五項要素：

- **受到影響的組織部門**：例如，「在倉庫收貨平台設計並裝置無人搬運車」。
- **時間期限**：例如，「專案須於 1 月 5 日前開始，並於 3 月 2 日前完成」。
- **所牽涉的商業流程**：例如，「將訂單檢索系統和存貨檢查系統銜接」。
- **使用的資源**：例如，「安裝機器的人員不得超過 5 人」。
- **外包商的責任**：例如，「提供所有電力和資訊供應系統的輔助配件」。

✏ 專案的策略

專案的策略係指以概括而非特定的方式，來說明組織如何達成專案目標，並符合相關績效的衡量標準。方法有二：第一、專案策略應界定執行專案的各個階段，並以活動的時間順序來區分。以軟體開發專案為例，可能劃分的各個階段：

- 設定規格階段（specification phase）：依顧客需求研擬軟體的規格。
- 設計階段（design phrase）：確定軟體系統的設計與子系統的規格。
- 執行階段（implementation phase）：確定模組的規格內容。
- 模組測試階段（module-testing phase）：分別測試各個模組。
- 整合測試階段（integration-testing phase）：測試子系統與整個系統。
- 交貨階段（delivery phase）：將完成的系統交給顧客。

第二、專案策略應訂定轉折點，俾能檢討專案生命週期各個重要階段的時點、成本、品質。這些階段的轉折點不必馬上確定日期，可留待更後面的規劃階段再來決定。事實上，專案經理和顧客正式簽約都以轉折點作為付款或罰款的時間依據。例如，製作電視廣告片可訂定各個轉折點如下：

第 1 個轉折點：提出整體的廣告概念，經客戶認可。
第 2 個轉折點：備妥故事大綱，經客戶同意採納。
第 3 個轉折點：完成規劃拍片細節的各項安排。
第 4 個轉折點：提供初步的作品組合給客戶參考。
第 5 個轉折點：繳交完成的廣告品給客戶簽收。

專案的定義雖粗分為設定目標、界定範圍以及研擬策略三大部份，但三者彼此之間其實關係十分密切，見圖 16.7。

第 3 階段：專案的規劃

專案的規劃是為了達成以下四個明確的目的：確定專案的成本開銷與持續期間；決定所需資源的多寡；協助分派工作和偵測工作進度；協助評估任何變化對專案的影響。

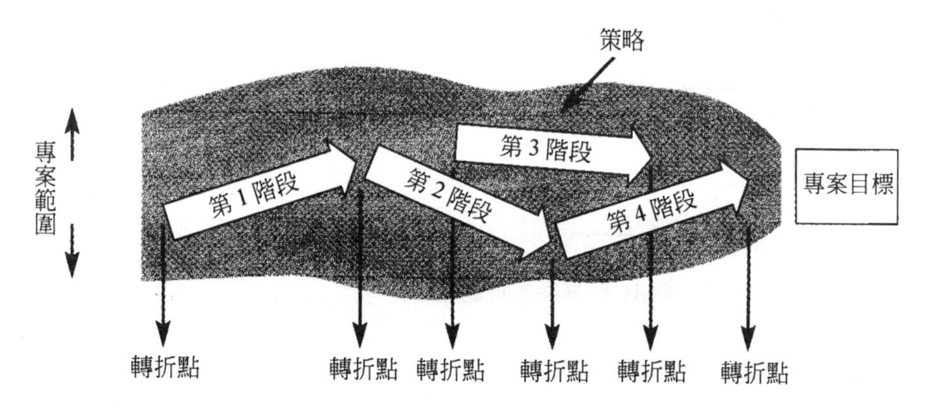

圖 16.7 專案定義中目標、範圍及策略三者間的關係示意圖

規劃並非「僅做一次」的過程。在整個專案生命週期裡，規劃會重覆進行好幾次。重新規劃並不代表專案失敗或管理不當；高度不確定性的專案計畫一再重新規劃乃屬司空見慣。事實上，經此嘗試錯誤期，專案的不確定性自然大爲降低。專案計畫的規劃程序一般都包括 5 道步驟，見圖 16.8。

確定活動項目：工作結構的拆解

專案若未先作分析拆解，都難以有效規劃與控制。專案可分解簡化成一家族樹。家族樹列出各主要的工作任務，或專案的子計畫（sub-projects），接著再將子計畫細分成更小的工作單位，即可明確界定、容易管理分派的工作組合（work package），然後再依照時間期限、成本以及品質分別設定其目標。此一過程即爲工作結構的拆解（Work Breakdown Structure，WBS）。WBS 可視爲第一份說明規劃資料與進度的報表。

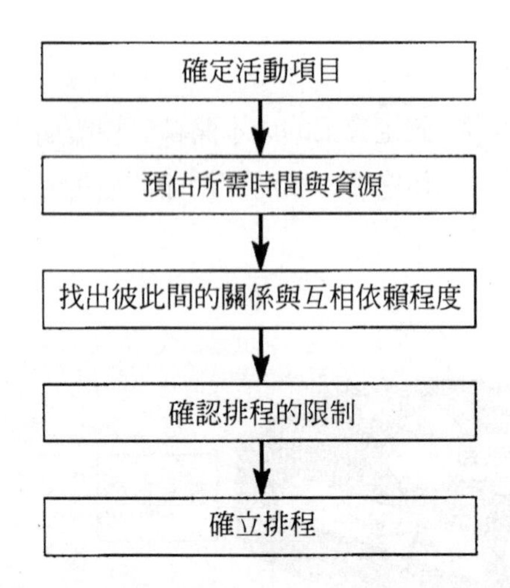

圖 16.8 專案的規劃程序

實例說明

以準備早餐爲例，工作結構的拆解如圖 16.9 所示。

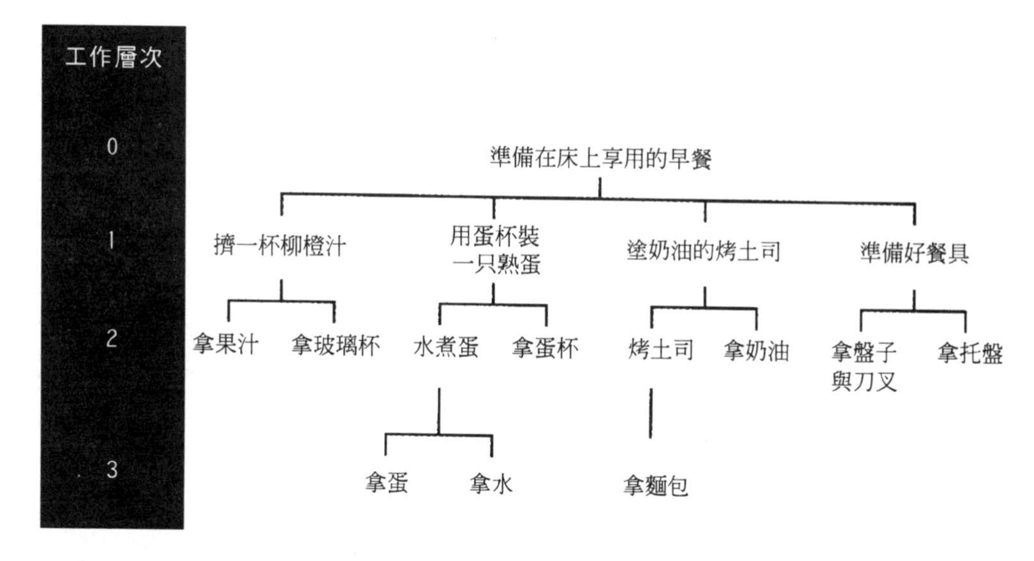

圖 16.9 一項準備早餐專案拆解後的工作結構

✏ 估計時間和資源

活動項目確定之後，要決定工作組合所需的時間與資源。估算時間與資源是專案管理決策的根本工作。

✏ 確認活動彼此的關係與相依程度

專案的每項活動彼此都有關係，關係視該專案的排程邏輯而定。例如，蓋房子要先打穩地基，接著築牆，之後才能搭建屋頂。這些活動具有相依性或序列性關係。另有一些活動則並無這種彼此相依或先後次序的關係。例如，房屋的前庭後院，與蓋地下室可能毫無關係。這便屬於彼此獨立或平行的關係。

✏ 確認排程的限制

規劃過程應考慮資源的有限性，如特殊技工不易請到，也不能無限供應。

- **資源的侷限**。當專案公司本身擁有高度專業的裝配與測試設備時，規劃資源排程只能運用現有的資源，因此專案進度可能延誤。
- **時間的侷限**。最優先的考慮是在限定時間內完成專案。若是可用的資源用完，就將替代資源列入排程。

✏ 找出最適排程

專案規劃人員最好能多準備幾個替代方案，以便從中選出最迎合專案的目標者。如有可能，應同時檢討資源與時間受侷限的方案。

第 5 階段：專案的控制

專案的控制過程，涉及下列三方面的決策：

- 如何監控專案，並檢查其進度。
- 如何經由比對專案的監控資料與專案本身，以評估專案績效。
- 如何適時修正專案，避免偏離原計畫。

✏ 專案的監控

專案管理的重點目標若是成本、品質、時間，這三者就是應監控的重點。表 16.2 列出一些監測到的問題及影響的主要績效目標。

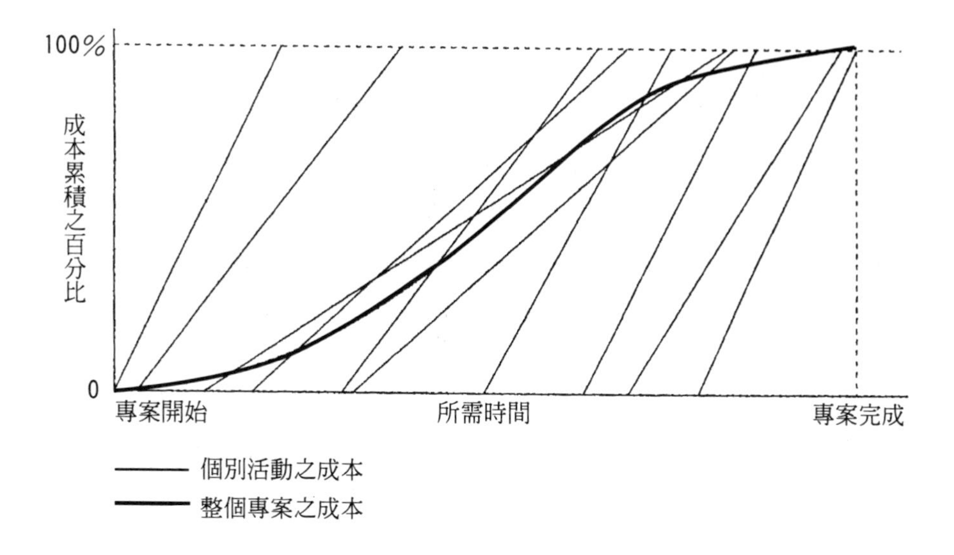

圖 16.10 專案總成本的典型 S 曲線

表 16.2 監測到的問題及其對專案績效目標的影響

監測到的問題	受到影響的主要績效目標
成本超出預算	成本
現金短缺	成本
供應商調高價格	成本
加班太多	成本
專案計畫變更範圍	成本、品質、時間
技術性績效不佳	品質、時間、成本
檢驗工作不確實	品質、時間、成本
資訊錯誤	品質、時間、成本
因資源耽擱而等待	時間、成本
供應商的耽擱	時間、成本
顧客更改交貨日期	時間、成本
作業活動未按時開始	時間
作業活動未按時完成	時間
錯過轉折點	時間

✏ 評估專案的績效

評估程序的第一步是查看專案在任何時點應處的狀態。整個專案典型的成本剖析圖見圖 16.10。專案一開始，有些活動雖已著手進行，但大多數活動須待其它動作完成後才進行。隨著一些活動次第完成，更多活動接著開始與結束。最後只剩下幾項活動猶待完成。因此，其總支出比例遂呈現如圖 16.10 中的 S 型，而個別活動的成本曲線則全都呈直線。任何特定專案的預期總成本曲線都可與實際的成本曲線比對，見圖 16.11。

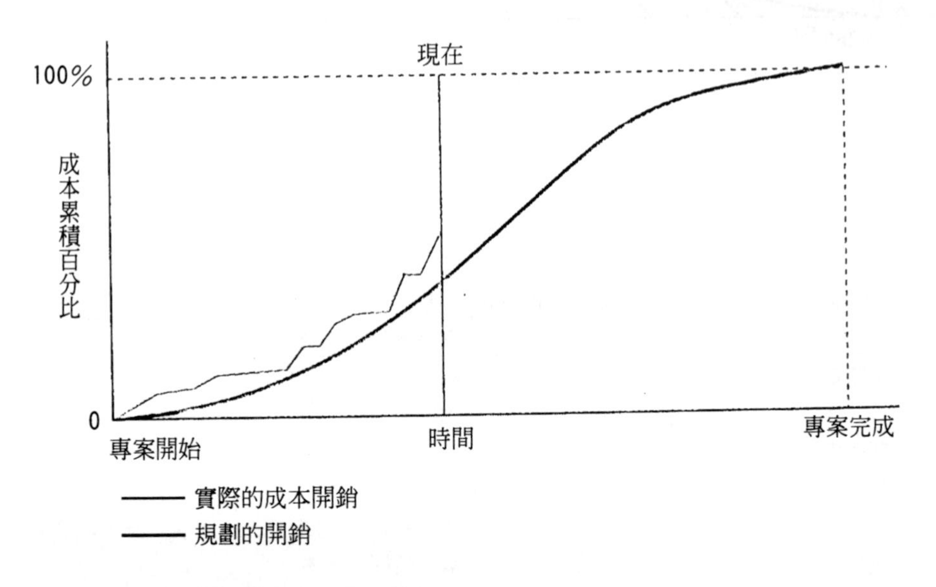

圖 16.11 實際支出與預期支出的比較

✏ 適時修正專案的措施

若經判斷某專案目前的績效不符原先規劃的目標，專案經理人就須適時介入改變。有鑑於專案中的活動彼此息息相關，因此改變務須廣徵意見。有時即使專案依原計畫進行，也須干預處理。圖 16.12 顯示依計畫進行的排程變異與成本變異，以及變異的可容忍界限。變異在可容忍的範圍的上下限移動，但專案經理人從長期的趨勢看，可能會發現專案與成本未來極可能發生問題。

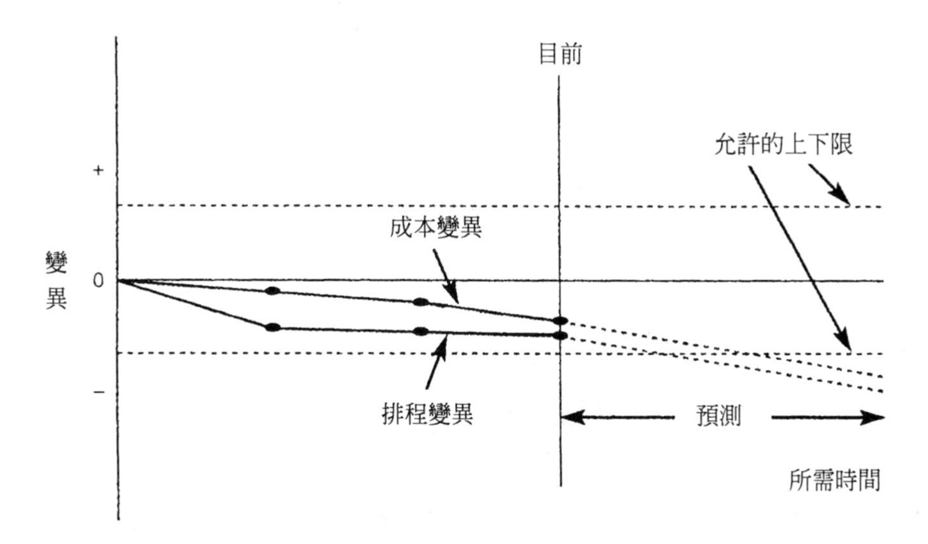

圖 16.12 長期的排程變異與成本變異，並預測未來趨勢

網路規劃

專案規劃與控制最簡便的技術是甘特圖（Gantt Chart）。後來，由甘特圖推演出的技術稱爲網路分析（Network Analysis）。以下探討兩種網路分析法：要徑法（CPM）與計畫評核術（PERT）。利用甘特圖來規劃專案的實例，見圖16.13。

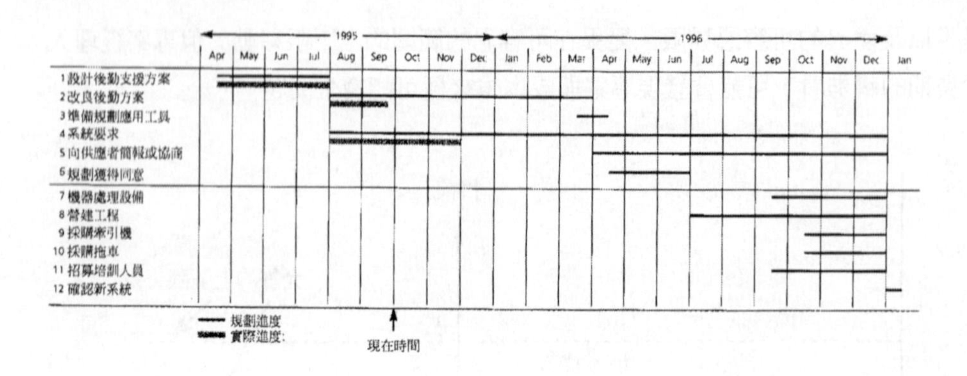

圖 16.13 物流作業的甘特圖

要徑法（Critical Path Method，CPM）

較爲複雜的專案必須先確定各項活動之間的關係，尤其是要釐清活動發生的邏輯順序或因果關係。一般來說，活動之間有兩種基本關係：序列關係（某活動在另一活動完成後才可以開始）與平行關係（兩活動可以同步進行時）。

要徑法是將相關的活動以線路圖表示其順序與關係。先將各項工作項目列出，並標明彼此關係，再用箭頭表示專案各活動的方向，見圖 16.14。各項工作的關係如圖中箭頭所示：每項工作都由一個箭頭表示。此一箭頭示意圖可進一步發展成圖 16.15 所示的網路圖（Network Diagram），以箭頭表示每項工作；以圓圈表示事件，事件是活動開始或結束時的狀態。

規則1　須等到所有相關活動完成後，才會產生事件。如圖 16.15 的第 5 個事件須等 c 與 e 兩項活動完成後才能達成。

規則2　事件達成時，下一個活動才能開始。如圖 16.15 的 f 活動要等第 5 個事件達成才能開始。

規則3　任何兩項活動的頭尾事件不能相同。如圖 16.16（a）的 x、y 兩項活動不能以左邊的方式表示，而須插入虛擬活動（dummy activities）來構成網路圖。虛擬活動不花時間，常以虛線的箭頭表示，主要是爲了維持網路圖的清晰性，使專案的邏輯一致。

動作	須待前項活動完成	工作日數
a 搬走傢具	無	1
b 裝修臥室	a	2
c 粉刷臥室	b	3
d 裝修廚房	a	1
e 粉刷廚房	d	2
f 傢具歸位	c, e	1

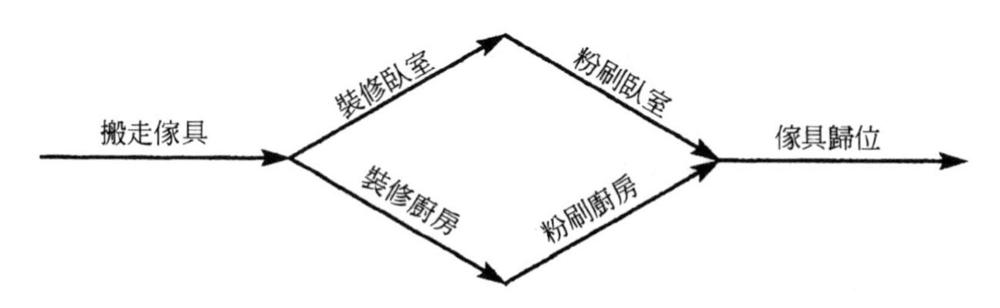

圖 16.14 「裝潢公寓」專案各項活動、關係、完成時間及箭頭示意圖

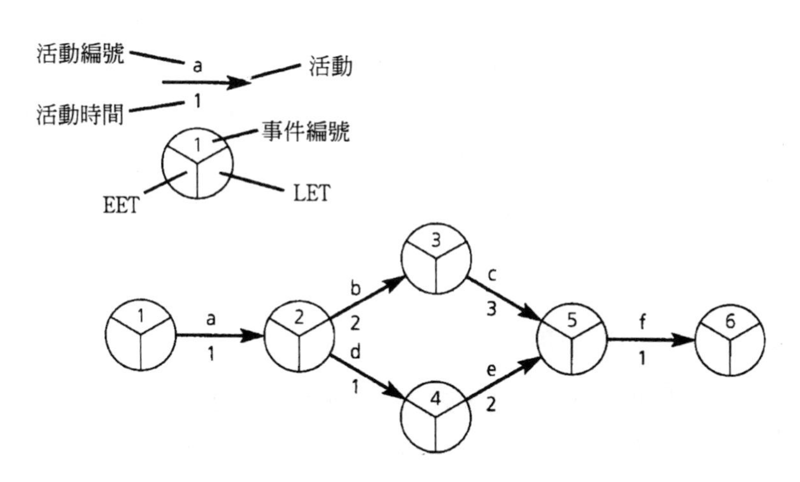

圖 16.15 「裝潢公寓」專案的網路圖

(a) 兩項獨立活動的頭尾都是相同事件時

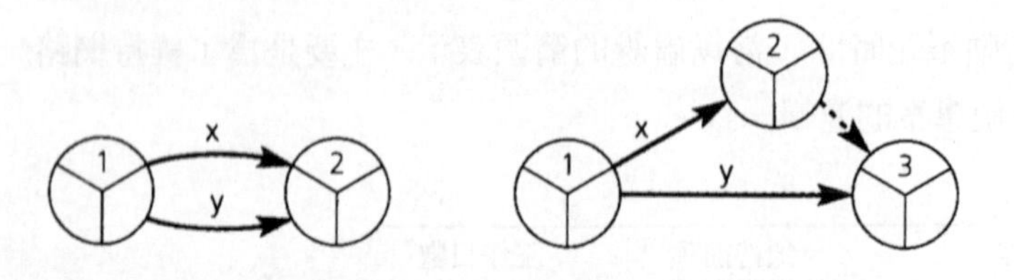

(b) 兩個獨立活動系列共用同一事件時

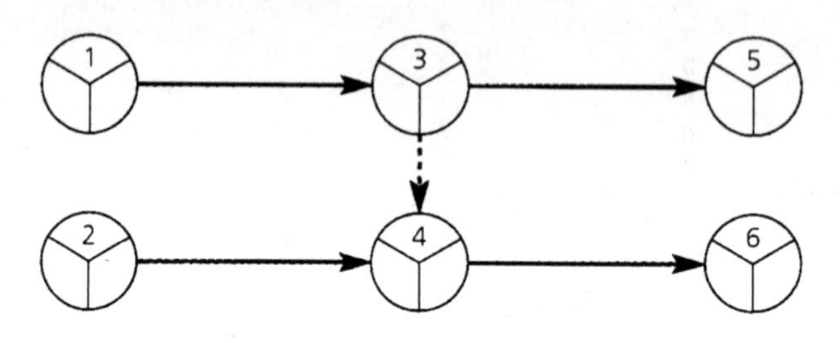

圖 16.16 需要補進虛擬活動的情況

要徑（Critical Path）

任何網路圖若有活動呈平行關係，則該專案從開始到完成的活動順序將不只一種。這些不同的活動順序稱爲網路的路徑（Path）。所需時間最長的路徑稱爲該網路的**要徑**（要徑可能不只一條）。要徑上任一活動若有延誤，一定會耽誤整個專案的進度。其它非要徑上的工作進度延遲，則不一定會影響專案進度。

圖 16.15 所示網路的關鍵要徑是 a、b、c、f，時間總長爲 7 天，也是完成整個專案所需的最少時間。畫出網路圖有助於計算出整個專案所需的時間。

空檔時間（Float）的計算

1. 計算每一事件的最早起始及最晚起始時間。事件的最早起始時間（Earliest Event Time，EET）是指前面各項活動若能盡早完成，本事件的最早起始時間。事件的最晚起始時間（Latest Event Time，LET）是指在不影響專案進度的前提下，該事件可接受的最遲起始時間。

2. 計算每項活動必須發生的「時間窗戶」（Time Window），即箭尾事件（Tail Event）EET 與箭頭事件（Head Event）LET 之間的時間差距。
3. 比較該項活動實際花費時間與時間窗戶的差異，此即爲活動的空檔時間。

圖 16.17 的要徑由 a、b、c、f 等活動構成。活動 a 最早可從第 0 天開始，最早可於第 1 天完成；若活動 b 緊接著開始，可於第 3 天完成；活動 c 可從第 3 天開始，可於第 6 天完成。事件 5 同時是活動 e 與活動 c 的箭頭事件（Head Event），而活動 e 箭尾事件的 EET 是由活動 d 來決定。若活動 d 從第 1 天（即事件 2 的 EET）開始，將可在第 2 天完成。所以，事件 4 的 EET 是第 2 天。如果活動 e 接著開始，將可在第 4 天完成。然而，事件 5 必須等到 e 和 c 兩項活動都結束才會達成，也就是要等到第 6 天（見前述規則 1）。然後，活動 f 可於第 6 天開始，於第 7 天完成。

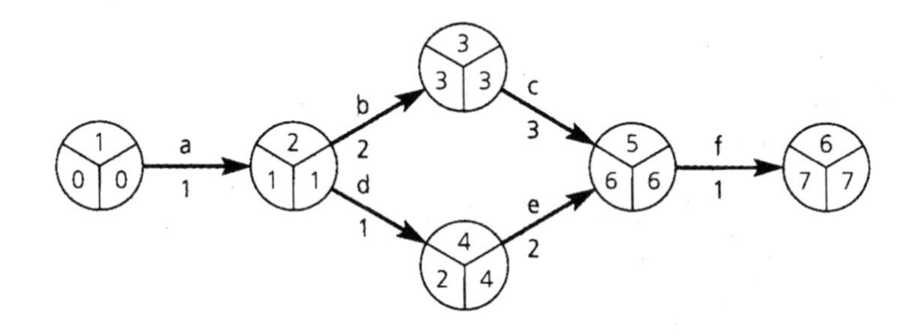

圖 16.17 「裝潢公寓」案例中標有 EET、LET 的網路圖

LET 是運用逆向思考的邏輯推算出來。假如事件 6 必須在第 7 天以前達成，則第 6 天便是事件 5 的 LET；若事件 5 於第 6 天還未開始，事件 6 與整個專案就會延誤。依此類推，若活動 c 最遲於第 6 天要完成，則最遲要在第 3 天開始；而活動 b 最遲於第 3 天完成，則最遲要在第 1 天開始。同樣地，若活動 e 最遲在第 6 天要完成，則最遲在第 4 天要開始；而活動 d 最遲在第 4 天要完成，則最遲在

第 3 天要開始。現在事件 2 同時是活動 b 與活動 d 的箭尾事件（Tail Event），活動 b 最遲須在第 1 天開始，活動 d 最遲須在第 3 天開始。因此，事件 2 的 LET 必須是這兩項當中較小的那一項，所以事件 2 的 LET 是第 1 天。假如活動 b 拖到第 3 天才開始，就會延誤整個專案計畫的進行。

圖 16.18 以甘特圖說明時間窗戶、活動實際工作時間、空檔時間。所有位在要徑上的活動都沒有空檔時間，但活動 d 與活動 e 都有一些空檔。活動 d 的時間窗戶是從第 1 天到第 4 天，但實際作業只需 1 天即可，因此有 2 天的空檔。

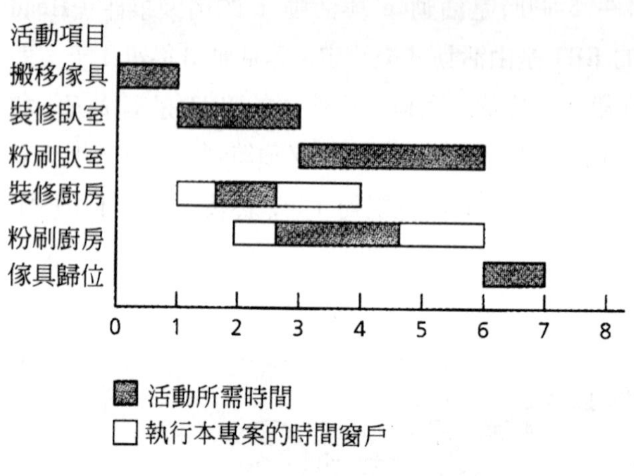

圖 16.18 「裝潢公寓」專案的甘特圖與時間窗戶

節點網路

前述網路圖都用箭頭代表活動，箭頭的交會點，或稱節點（Node），則以圓圈表示事件，此種表示法稱爲「箭頭表示活動法」（Activity on Arrow，AoA）。另一種表示法是「節點表示活動法」（Activity on Node，AoN），其優點有三：AoN 法比 AoA 法更容易將專案活動間的邏輯關係轉換成網路圖；AoN 圖不須添補虛擬活動來維持彼此的邏輯關係；多數的專案電腦軟體都採 AoN 模式來進行規劃與控制。「裝潢公寓」專案的 AoN 網路圖，見圖 16.19。

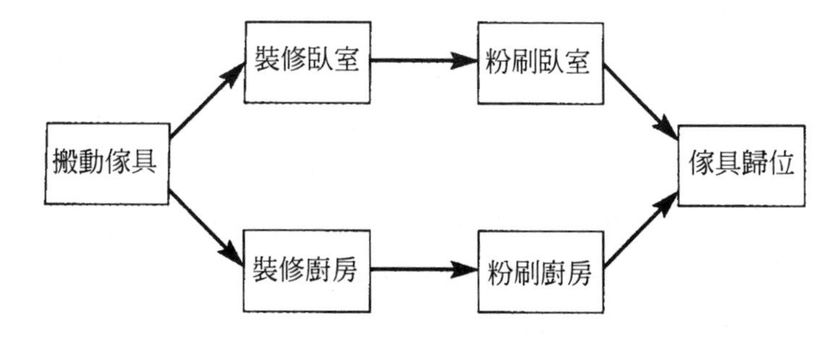

圖 16.19 「裝潢公寓」的節點表示活動圖

實例說明

根據圖 16.13 物流作業的甘特圖，可以繪出圖 16.20 的邏輯思考圖。

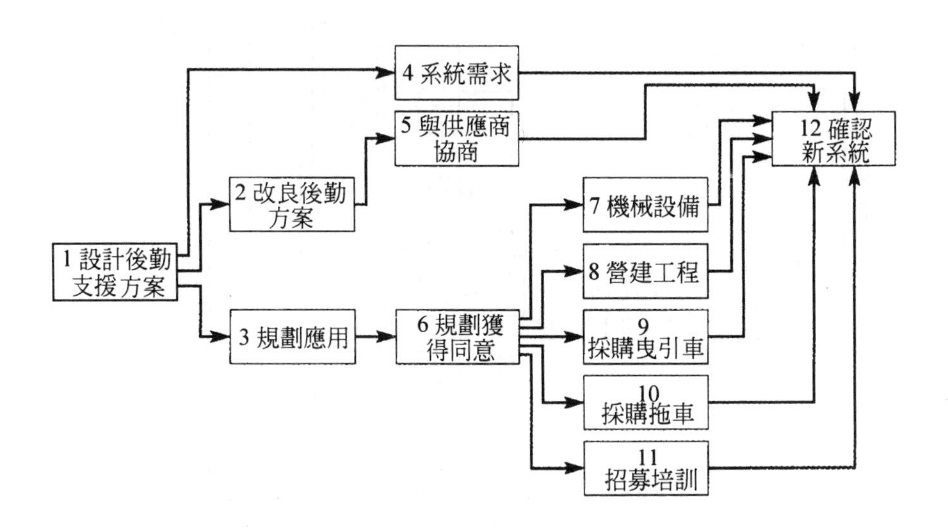

圖 16.20 物流作業系統：邏輯思考圖

時間分析圖

圖 16.21 將圖 16.20 擴張為完整的 AoN 網路圖。活動編號與活動名稱悉如前圖所示。每項活動都由 6 個數字環繞，數字代表的意義見圖 16.22。每項活動的最早開始時間（Earliest Start Time，EST）可自左而右一一求出。若有兩個以上活動的合併，則使用合併活動當中最久的最早完成時間（Earliest Finish Time，EFT），如活動 12 的 EST 就等於活動 4 的 EFT。分裂活動的 EFT 即是接續活動的 EST，例如活動 6 的 EFT 等於活動 7 至活動 11 的 EST。

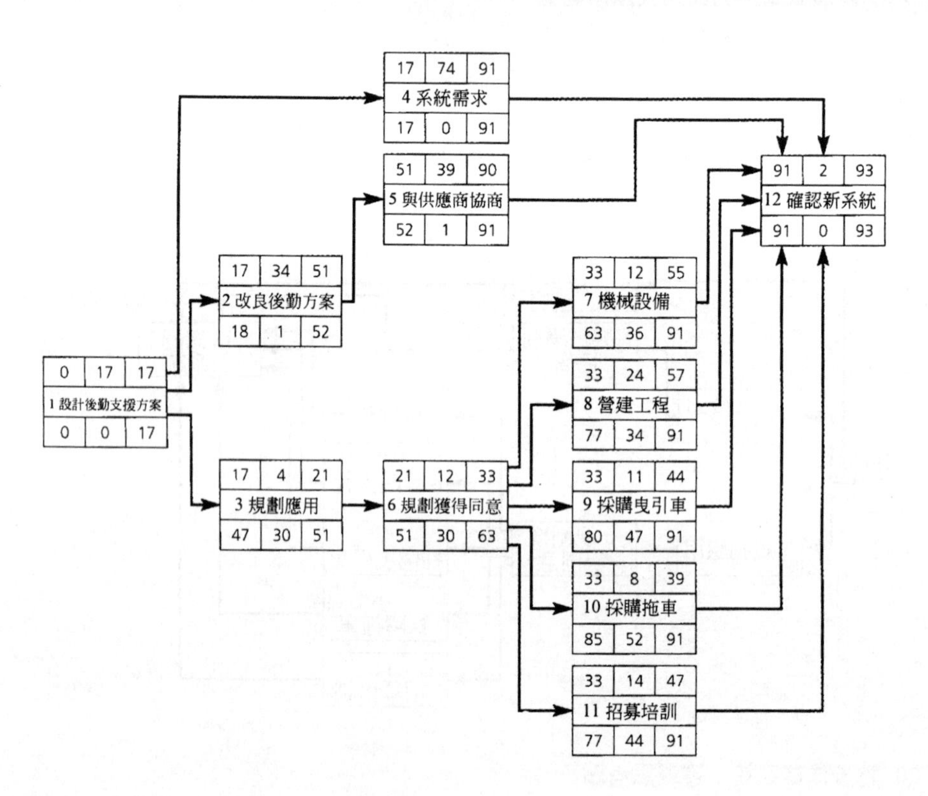

圖 16.21 物流作業系統 AoN 網路圖

最早開始時間	所需時間	最早完成時間
活動序號 活動說明		
最晚開始時間	總空檔時間	最晚完成時間

圖 16.22 AoN 的慣用表示法

根據相同的邏輯，每項活動的最晚開始時間（Latest Start Time，LST）可以自右而左從網路圖倒推出來。網路圖最後一個活動的 EFT 即等於該活動的 LST；而分裂活動的最晚完成時間（Latest Finish Time，LFT）等於接續活動中最早的 LST，如活動 6 的 LFT 等於活動 7 的 LST。

計畫評核術（PERT）

計畫評核術（Program Evaluation and Review Technique）根據樂觀趨勢、最可能發生及悲觀趨勢來估計每項活動所需時間，見圖 16.23。若這些時間估計值符合β機率分配，則其平均數可以估計如下：

$$t_e = \frac{t_0 + 4t_1 + t_p}{6}$$

其中：

t_e=預期所需時間　　t_o=所需時間的樂觀估計值

t_l=所需時間的最可能估計值　　t_p=所需時間的悲觀估計值

該分配的變異數 V 可以計算如下：

$$V=\frac{\left(t_p-t_o\right)^2}{6^2}=\frac{\left(t_p-t_o\right)^2}{36}$$

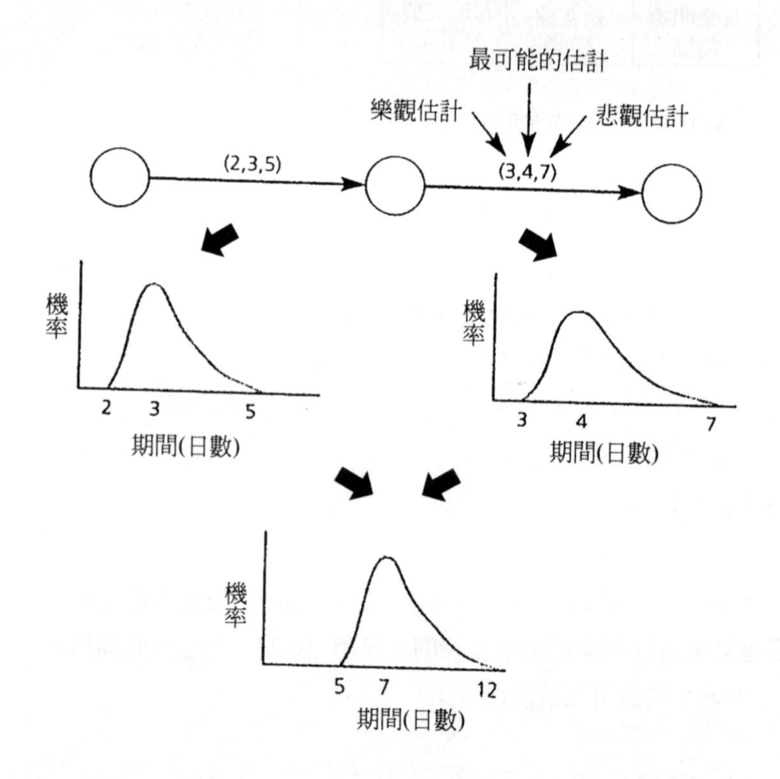

圖 16.23 將機率時間估計值加總可得出整個專案的機率性估計

現身說法——專家特寫

PMS 公司的總經理 Mike Ross

PMS 公司總經理 Mike Ross 專門提供汽車業界專案管理的服務。

我們曾協助一家公司在 36 個月內設計推出一部全新車型。我們的任務是在專案規劃階段，提供許多實務經驗，提醒客户注意外界因素對專案結果可能的影響，也協助客户評估長期專案的風險與世界各地法規變更的影響。小型專案只要甘特圖就夠用，諸如引進新的合金鋼圈輪胎。較大型的複雜專案就須動用電腦設計技術，如開發全新車型。

專案管理最大的挑戰在於人性面。在團隊中放進最適合的人選，能大幅提高成功的機會。控制方面最關鍵的部份在於如何建立檢討專案的最適架構，藉以找出各項工作的優先順序。

本章摘要

- 專案是一組活動，有確定的起點與終點，使用某些固定的資源。
- 專案的特徵包括：擁有一個目標、有某種程度的複雜性、通常是獨一無二的、不確定性高、短暫性的、經過很多個階段。
- 專案可以用兩個向度來描述其特性：複雜性和不確定性。不確定性高的專案很難定義及規劃，複雜性高的專案則難以控制。
- 成功的專案管理有賴於：專案有明確目標、有能力的專案經理人、高階管理者的支持、團隊成員能力足夠、足夠的資源、適當的溝通管道、令人滿意的控制機制、鼓勵回饋、對客戶需求能快速反映、專案人事的穩定性。
- 專案管理通常可分五階段，其中四個和專案的規劃和控制有關，分別是：

a. 階段 1：了解專案的環境；

b. 階段 2：定義專案；

c. 階段 3：專案的規劃；

d. 階段 4：專案技術上的執行（不是規劃和控制程序的部份）；

e. 階段 5：專案的控制。

- 了解專案的環境是很重要的，原因有二：第一，環境影響執行專案的方法；第二，環境的性質是造成不確定性的主要原因。
- 爲使專案管理有明確的目標，定義專案是必須的。
- 專案的規劃是必要的，因爲估計專案成本、持續時間、所需的資源水準等，有助於分配工作、掌控進度，並評估任何改變對專案的影響。
- 專案的規劃通常包括五個步驟：確認專案中的活動；估計每個活動所需的時間與資源；確認活動之間的關係和依賴程度；確認排程的限制；敲定排程。
- 專案控制包括：掌控專案的進度；藉由比較實際情形和專案的計畫，評估專案的績效；干預專案使專案不致於脫離原先的計畫。
- 網路圖可以用 AoN 或 AoA 兩種方式繪出。這兩方式都有助於評估整個專案所需時間、複雜程度、各活動的空檔時間。
- 網路規劃中最常使用的方法是要徑法（CPM），通常使用單一估計的時間。另一種方法是計畫評核術（PERT），通常對時間使用三個估計值（樂觀、最可能、悲觀），以機率的方法估計時間。

個案研究：Lemming 傳播公司

Lemming 傳播公司是一家電視節目製播公司，最近受託製作一系列「夏日街頭秀」的節目，掌管這一系列節目準備過程的是專案製作人 Flo Brown。節目將自 5 月底開始拍攝，最後一集訂於 7 月完成，而播出時間是 7 月初到 8 月底，一切錄製剪輯工作都得按部就班，不得延誤。

專案製作人的職責：需 2 週排定錄影現場；需 4 週研擬多種備選方案，與設計主管討論，界定設計概念；需 1 週與設計主管研商電腦展示圖樣，必須等待所有細部規劃確定後才開始。

設計部門的職責：需 3 週設計宣傳型錄與海報，須待細部規劃完成後才開始。

節目規劃部門的職責：需 1 週預租錄影場地，待設計概念確定才可預租錄影場地；需 2 週完成細部規劃及排程準備；需 4 週印製節目說明書，在設計部門完成宣傳型錄設計後，即可外包印刷廠處理；需 2 週印製宣傳海報，在設計部門完成設計後才開始；需 6 週租賃街頭秀的交通工具，可在完成細部規劃後預訂；需 4 週編寫繪圖設計軟體，要經製作人確定電腦繪圖後才可外包；需 1 週準備最後測試及排演，須待節目說明書印妥、交通工具安排完畢、推廣人員訓練後才開始。

工作室的職責：需 2 週改裝交通工具以符合顧客要求，在交通工具租到、製作人批准電腦繪圖後，才可以進行車輛改裝。

人力資源部門的職責：需要 2 週招募推廣人員；約需 1 週訓練推廣人員，在招募工作完成後即開始訓練，。

問題：

1. Flo Brown 可以整合規劃專案，並照預定的排程開始錄影嗎？
2. 應特別注意哪些工作的管理？
3. 有什麼建議有助於管理本專案？

問題討論

1. 像管理顧問之類的專業服務，如何從專案管理的原則中獲益？
2. （a）專案規劃的最早開始時間和最晚開始時間有何價值？（b）爲圖 16.13 描繪累積成本／時間曲線。假定每項活動的成本如下：

第 1 項活動	$34,000	第 7 項活動	$120,000
第 2 項活動	$68,000	第 8 項活動	$480,000
第 3 項活動	$12,000	第 9 項活動	$1,100,000
第 4 項活動	$370,000	第 10 項活動	$400,000
第 5 項活動	$39,000	第 11 項活動	$42,000
第 6 項活動	$0	第 12 項活動	$20,000

假設總成本隨時間而增加，即持續 4 週的活動，每週成本爲總成本的 1/4。

3. 要徑的概念何以對專案的規劃與控制有幫助？
4. 說明對內與對外的績效報告有何不同。
5. 評估專案經理人的任務（a）爲如期達成任務，是否傾向採用短期的權宜措施？（b）爲何專案經理人易於抗拒改變？
6. 根據專案要素與複雜性一不確定性的分類方式來分析參與過的專案實例。
7. 使用前題的專案實例評估專案是否成功或失敗？原因何在？
8. 大型搖滾音樂會的專案主要規劃階段爲何？
9. 表 16.3 列出撰寫與安裝電腦資料庫所需各項活動的時間及設計先後順序。試繪一甘特圖，並計算這些作業可能的最早完成時間？
10. 試繪一符合下列關係的網路圖：A、B、C 是專案一開始就發生的活動；A 與 B 在 D 之前；B 在 E、F、H 之前；F 與 C 在 G 之前；E 與 H 在 I 與 J 之前；C、D、F、J 在 K 之前；K 在 L 之前；I、G、L 是專案最後的活動。
11. 某外燴經理受託籌辦 100 人的餐宴。表 16.4 列出主要活動所需時間及順序。試指出要徑、繪出所有活動的甘特圖，並計算非要徑活動的空檔時間。

表 16.3

活動	所需時間（週數）	須先完成的活動
1. 合約協商	1	–
2. 與主要用戶討論	2	1
3. 檢討目前的文件流程	5	1
4. 檢討現行系統	6	2
5. 系統分析（a）	4	3、4
6. 系統分析（b）	7	5
7. 編寫程式	12	5
8. （初步）測試	2	7
9. 現行系統檢討報告	1	3、4
10. 系統建議書	2	5、9
11. 準備文件	19	5、8
12. 執行	7	7、11
13. 系統測試	3	12
14. 偵測、修正不良部份	4	12
15. 準備操作手冊	5	11

表 16.4

活動	所需時間	須先完成的活動
A. 準備材料	30	–
B. 清理房間	20	–
C. 整理房間、安排桌椅	20	B
D. 準備塗醬與冷盤	20	A
E. 準備肉品，放入烤箱料理	30	A
F. 迎接賓客、安排入座	50	C、D、E
G. 送上飲料及開胃菜	70	C、D、E
H. 炒菜	30	C、E
I. 將布丁倒在盤上	20	C、E
J. 收走開胃菜，端上主菜	15	G、H
K. 收走主菜，布丁；端上咖啡	15	J
L. 清理餐桌	20	K

12. 某專案資料如表 16.5 所示：（a）最早完成時間為何？（b）要徑活動為何？（c）要徑的標準差為何？（d）專案可在 20 週內完成的機率為何？

表 16.5

活動	所需時間			須先完成的活動
	樂觀	最可能	悲觀	
A	1	2	3	—
B	3	5	11	A
C	5	7	9	A
D	5	7	12	B
E	1	2	3	C
F	7	9	11	C
G	2	3	4	D、E

17 品質的規劃與控制

產品與服務的品質若是優越，便能減少重作、廢料及故障退貨等成本浪費，且能形成公司堅固有力的競爭優勢。圖 17.1 說明本章探討的供給——需求關係。

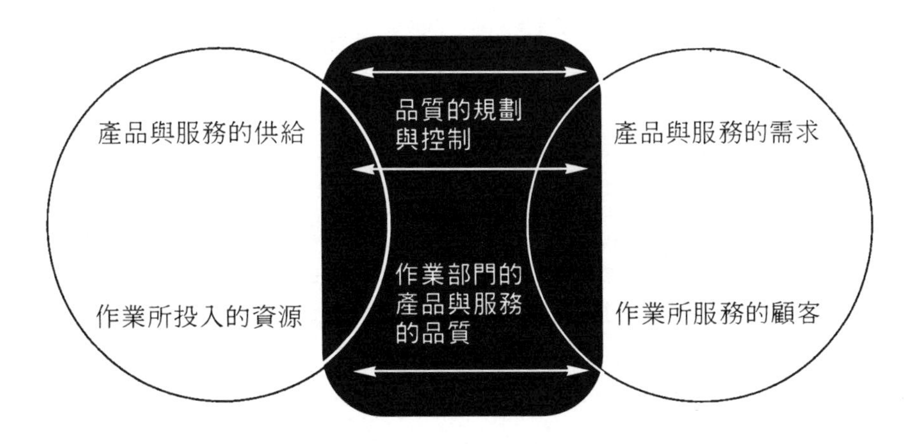

圖 17.1 品質的規劃與控制探討掌控產品／服務品質的制度與處理程序

學習目標

- 品質的各種定義；
- 生產作業中，品質的認知——期望差距理論；
- 產品與服務的品質特性；
- 品質之「定性」與「定量」的衡量，及品質的標準；
- 統計程序控制（SPC）在品質規劃與控制上的應用；
- 允收抽樣計畫在品質規劃與控制上的應用。

品質的定義與重要性

圖 17.2 說明品質改善可藉各種途徑提升其它層面的作業績效。提高品質可強化提升獲利力的兩大因素：營業收入可因銷售能力與價格的提高而大幅提高；營業成本更因生產效率、生產力、資金利用的改善而大幅降低。

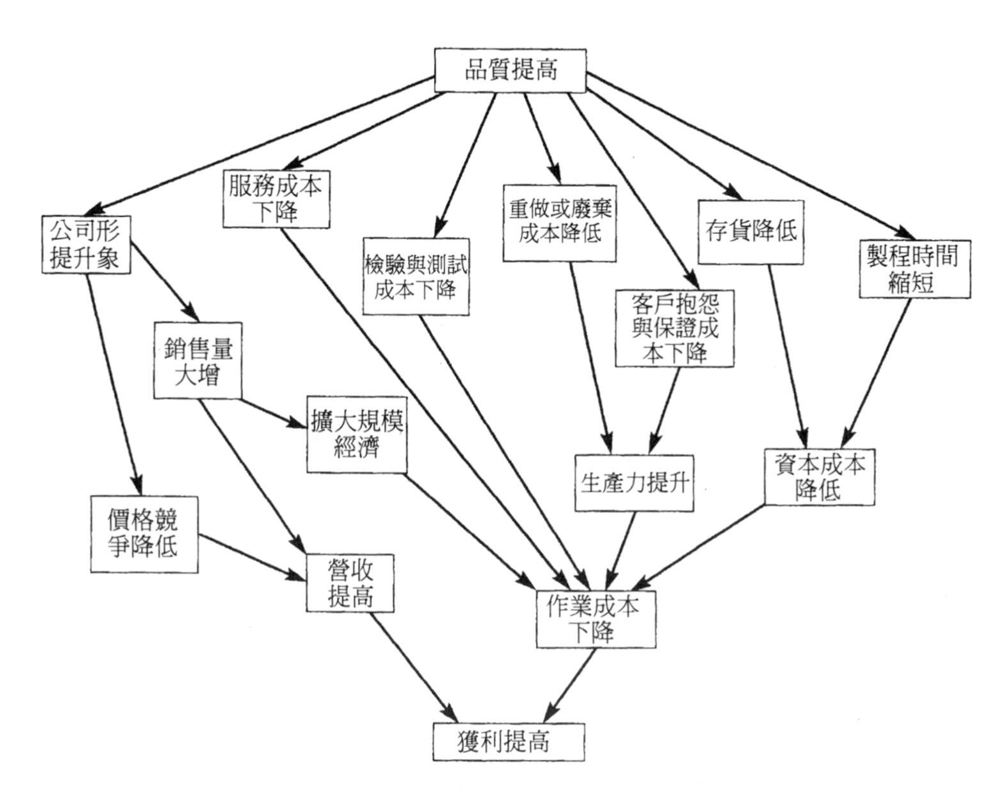

圖 17.2 提高品質對營收與成本的正面影響

品質可歸納為下列五種品質取向：

✏ 卓越取向

卓越取向視品質為卓越的同義詞。例如，新加坡航空提供的就是「品質卓越」的飛航服務。這種方式都是根據最完美的標準來訂定產品或服務的**規格**。

✏ 製造取向

製造取向強調產品製造或服務提供過程的零缺點，而且完全符合設計規格。產品或服務只要遵照設計規格來製造或供應，都屬「符合品質要求」的產品。

✏ 顧客取向

顧客取向是保證產品或服務能滿足顧客的需求。換言之，不單要符合設計規格，而且要求品質規格符合顧客的需要。

✏ 產品取向

產品取向視品質為一組精準且可量測的特性，目的在於滿足顧客。例如，設計一只手錶至少應能保用5年，且誤差不得超過5秒鐘。

✏ 價值取向

價值取向係從製造取向擴充定義，認為品質由**成本**與**價格**來界定，即品質水準繫於價格。顧客若覺得產品或服務的價格低，品質即使較差，也會樂於接受。

品質——作業部門的觀點

確保產品與服務能根據一組可量測的特性去符合規格與顧客的期望，乃是作業部門的關鍵任務。

品質——顧客的觀點

顧客期望固然可作爲品質定義的根據，但顧客期望因人而異。個人經驗、知識水準以及成長背景，都會影響人們的期望。況且，顧客在購買產品或接受服務時，其感受或認知也常因人、因地、因心情的不同而有變化。不常旅遊的人認爲長程飛行是難忘的美好體驗，經常要爲生意飛來飛去的商人則視搭機爲畏途。

調合顧客與作業部門對品質看法的差距

作業部門認爲保證品質是爲了滿足顧客期望。顧客認定的品質是其心中對產品或服務的認知與感受。調合雙方的認知，可將品質定義如下：顧客對產品或服務的期望與認知之間的契合程度，見圖 17.3。

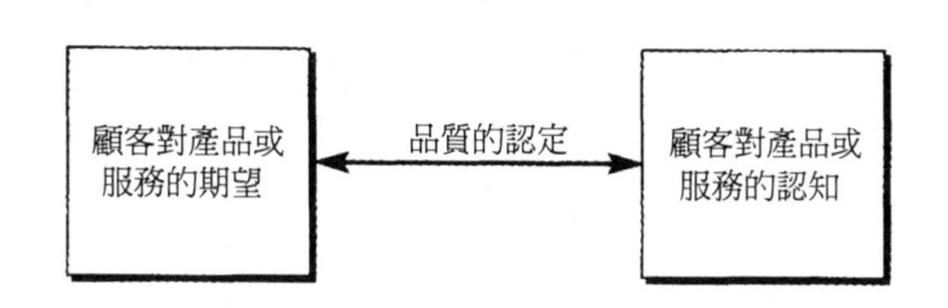

圖 17.3 品質的認定取決於：顧客對產品或服務期望與認知的差距

如果提供的產品或服務比顧客的期望好，那麼品質就得到肯定。但如果提供的產品或服務比顧客的期望差，那麼顧客對品質的觀點就正好相反。如果所提供的產品或服務能符合顧客期望，則這項產品或服務是可被接受的。顧客對品質的期望與認知受許多因素影響。圖 17.4 指出會影響期望與認知差距的一些因素。

診斷品質問題

圖 17.4 可用來診斷品質。品質認定的常見差距有 4 種，如圖 17.5 所示。

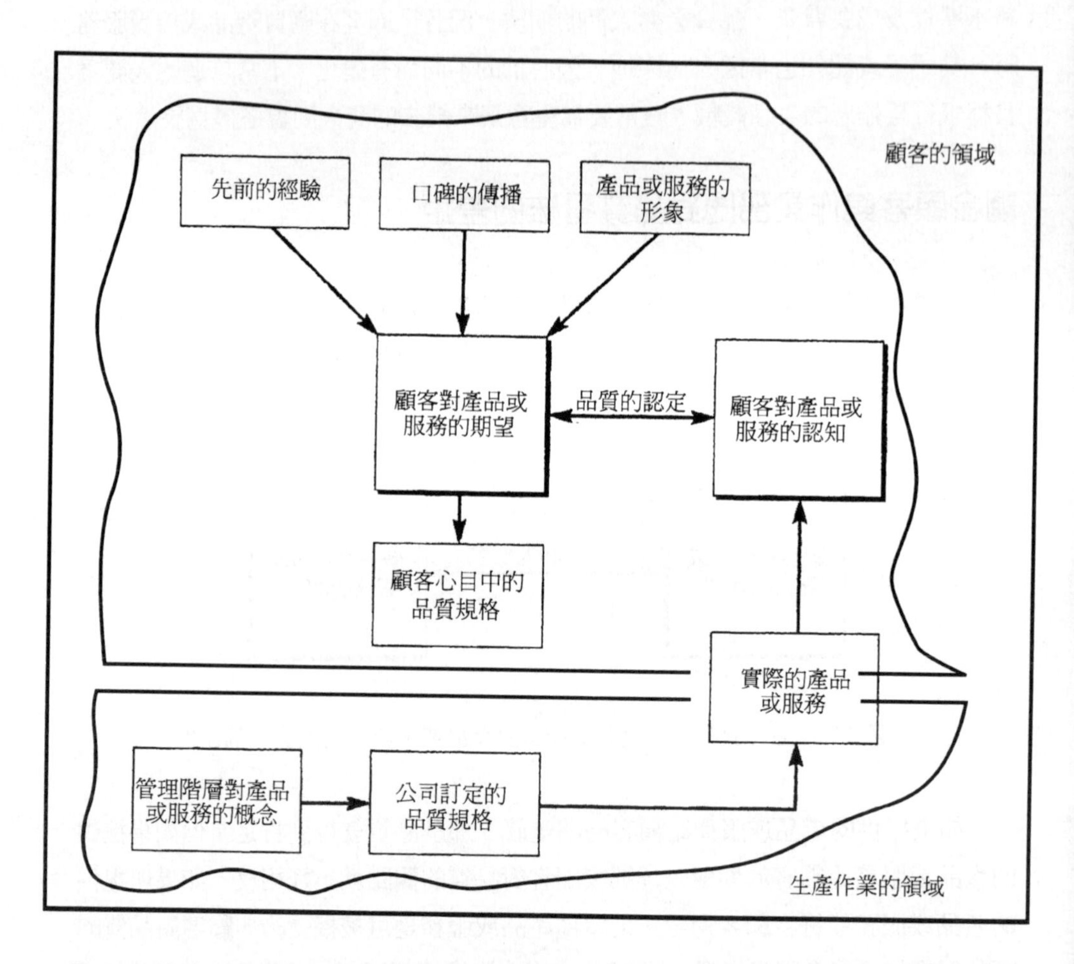

圖 17.4 決定品質認定的顧客因素與作業因素

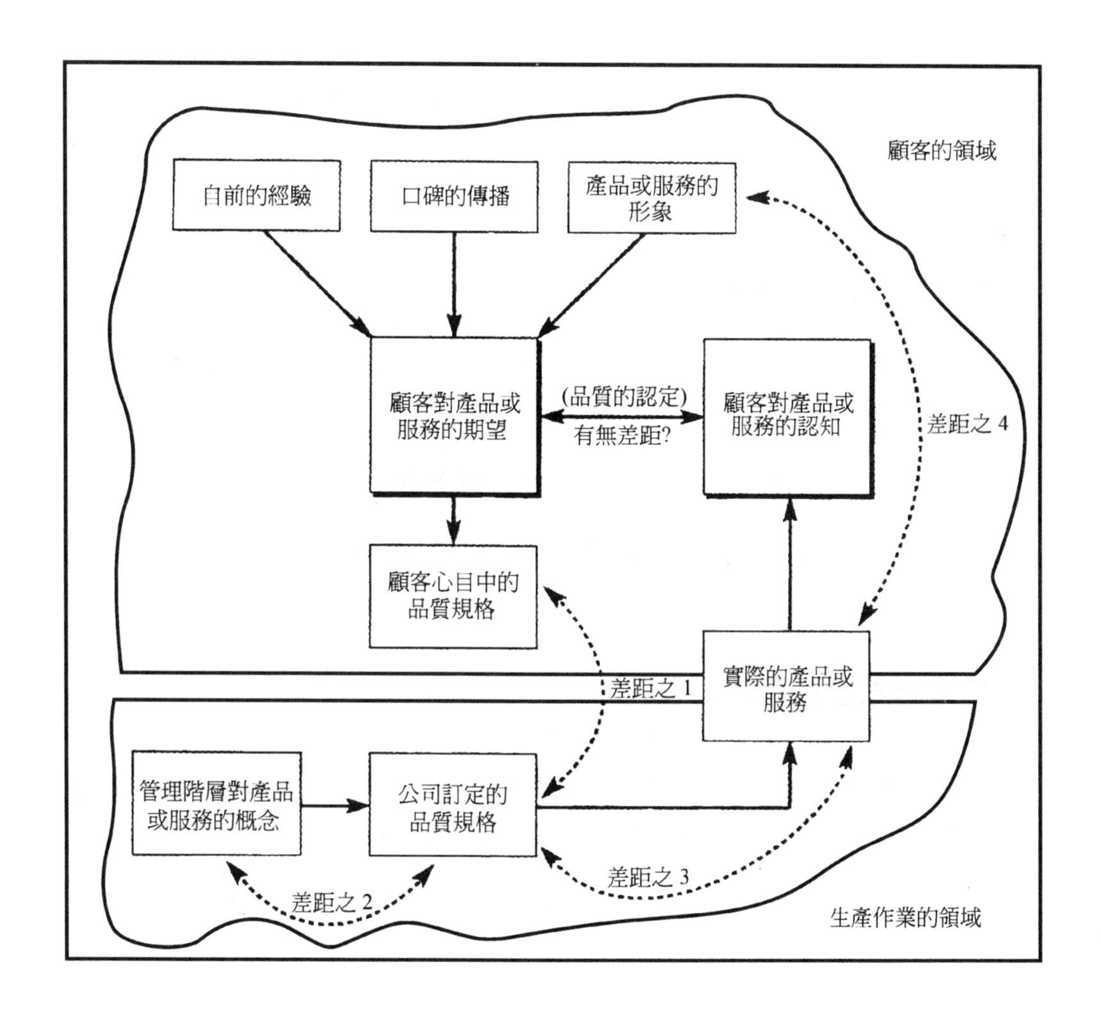

圖 17.5 顧客對產品或服務認知與期望的差距，可由模式中其它差距來解釋

✏ 差距 1：顧客心中的品質規格與作業訂定的品質規格之差距

例如，出廠汽車的設計是在每跑 1 萬公里就須進廠維修，但顧客期望每隔 1 萬 5 千公里才保養。

✏ 差距 2：產品或服務的概念與作業規格之間的差距

例如，汽車的概念是要降低價格並節省能源，但加裝觸媒轉換器只會提高價格並浪費油料。

✏ 差距 3：品質規格與實際品質之間的差距

例如，航空公司規定機上飲料收費，但有些空服員可能免費供應，徒增公司額外負擔，也影響旅客對下一班次的期望心理。

✏ 差距 4：實際品質與公司傳達的形象之間的差距

例如，航空公司的廣告出現空服員正替乘客更換果汁濺髒的 T 恤，但真正的空服員不可能如此體貼周到。

負責消除這些差距的部門

以上任何一種差距的出現，都會讓顧客認爲品質不佳。因此，作業經理人應設法消除這類差距。表 17.1 建議應由公司哪個部門專責處理。

表 17.1 消除品質認知差距的負責部門

差距	確保高品質形象應採取的行動	公司專責部門
第 1 種差距	確保公司訂定的產品或服務品質規格符合顧客的期望	行銷 生產作業 產品／服務研發部
第 2 種差距	確保公司所訂定的產品或服務品質規格，符合原先設計或概念	行銷 生產作業 產品／服務研發部門
第 3 種差距	確保實際的產品或服務，符合公司內部所訂的品質水準	生產作業
第 4 種差距	確保對顧客承諾的產品或服務，生產作業部門確能依照要求提供給顧客	行銷

符合規格的作業方式

符合規格指完全依照設計規格來製造產品或提供服務。如能將設計程序也連結品質管理活動，就能確保產品與服務完全符合規格，見圖 17.6。品質的規劃與控制可分爲六大步驟。本章探討第 1 到第 4 步驟，第 5 到第 6 步驟留待第 18、19、20 章探討。

步驟 1：界定產品或服務的品質特性。

步驟 2：決定每項品質特性的量測方法。

步驟 3：設定每項品質特性的品質標準。

步驟 4：依據品質標準來管制品質。

步驟 5：找出品質不良的原因，並設法修正。

步驟 6：持續不斷地進行改善。

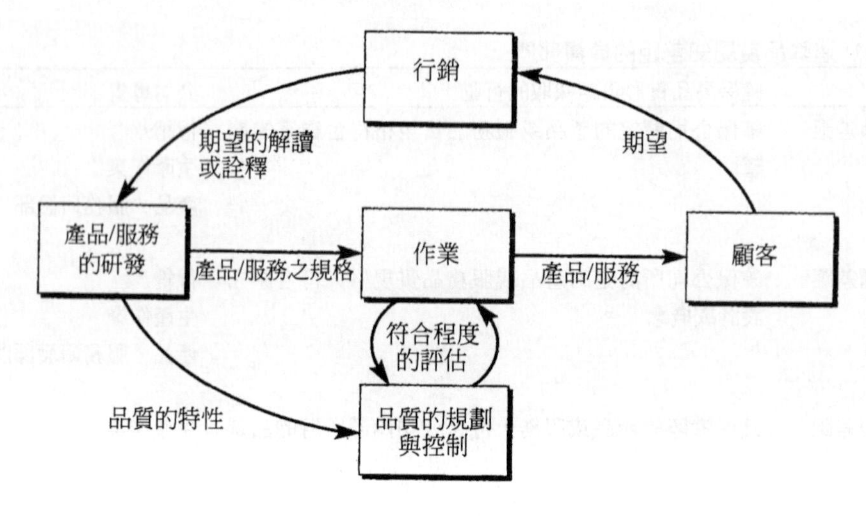

圖 17.6 產品或服務的設計循環中包括品質的規劃與控制

步驟 1：界定產品或服務的品質特性

產品或服務大部份的品質規格隱含在設計中。但並非所有設計細節都有助於產品或服務的品質控制。例如，電視機的規格要求外殼用特殊的夾板，但在檢查電視機品質時，並不一一檢驗其夾板材質，而是評估設計結果——外觀和影像。設計上這些品質經規劃與控制產生的結果，稱爲該產品或服務的「品質特性」。表 17.2 列舉規劃與控制的品質特性表。

步驟 2：決定各項品質特性的量測方法

作業經理人常用來說明品質特性的衡量工具有二：**變數**與**屬性**。變數的衡量係根據連續性尺度來衡量（如長度、直徑、重量或時間）。屬性則是根據判斷與二分法（如對與錯、合格與不合格）來決定屬於何種性質。表 17.3 即以這兩種分類說明汽車與搭機旅行的品質特性之量測方式。

表 17.2 比較汽車與搭機旅行的品質特性

品質特性	汽車	搭機旅行
機能性	速度、加速性、能源消耗、舒適度、平穩度等	旅程的安全、機艙餐飲、接機與旅館預訂服務
外觀	美觀、造型、烤漆、車門縫隙接合情形等	機艙裝潢、整潔及衛生、交誼室及空服員態度
可靠性	平均故障率	按時刻表準時起降
持久性	使用年限（正常維修下）	趕上業界的流行趨勢
復原性	維修簡便程度	服務缺失的補救與處置
與顧客的接觸	銷售人員的專業知識與禮儀訓練	航空公司職員的專業素養、禮貌態度及周到用心程度

表 17.3 衡量品質特性的變數與屬性

品質特性	汽車		搭機旅行	
	變數因素	屬性	變數因素	屬性
機能性	加速與煞車 測試台上的特性	舒適度滿意與否？	實際安抵目的地的次數（不墜機）	食物是否滿意？
外觀	車子外表污損痕跡的數目	顏色是否符合要求？	未清理乾淨的座位數量	服務人員是否穿著整潔？
可靠性	平均故障時間	是否可靠？	準時到達次數所佔比例	有無抱怨？
持久性	汽車壽命	汽車壽命可否預測？	服務創新方面落後同行的次數	航空公司改進服務是否令人滿意？
復原性	故障發生到排除所費時間	汽車的維修保養性令人滿意與否？	圓滿解決服務過失的比例	顧客對服務人員處理申訴方式是否滿意？
接觸	銷售人員的服務水準（分 5 等級）	顧客是否覺得服務好？（是／否）	乘客感到員工服務好的程度（分 5 等級）	顧客是否覺得員工樂於幫助？

步驟 3：設定每項品質特性的品質標準

品質的標準是以介於顧客接受與不接受之間的品質界線作爲衡量的依據。這些標準會受到作業因素的限制，例如，工廠的科技水準、員工的人數、製造成本與預算的限制、顧客的期望。例如，手錶訴求的品質特性可能是 10 年免維修。

步驟 4：依據品質標準來管制品質

三項作業經理人應作的決策包括：

✏ 應在哪些作業時點進行檢查，以確保產品服務符合標準？

主要的檢查時點有三：製程開始、製程期間以及製程結束。在**製程開始**時，先檢驗來料，以確認其符合規格。例如，航空公司常要檢查外購餐點是否衛生可口。在**製程期間**，檢測工作可擇某一階段施行，或每一階段都進行。但下列關鍵時點，尤應確實把關：在著手進行花費特別大的作業前；在檢查工作不易實施的一系列製程之前；緊鄰在作業故障率偏高的製程之後，應加強檢查；在可能暗藏先前的不良品或問題的製程之前；在「不能重來」的作業之前，應好好檢查，否則事後修復幾乎不可能；在可能造成損壞或麻煩之前；在工件即將轉到其它部門之前。**製程結束**後，也應加以檢測，以確保產品或服務是否符合規格。

✏ 逐件檢查所有產品或服務或抽樣檢驗

有時每件產品逐一檢驗的風險太大。例如，醫生只能檢驗一小滴血液採樣，不可能抽光病人全身血液檢驗。有時每件產品或每次服務都檢查會破壞產品、干擾服務的進行。例如，燈泡廠絕對不可能檢查每只燈泡的壽命。此外，每項產品或服務若都要逐一檢查，時間成本的浪費將極爲可觀。

✏ 抽樣檢驗應如何進行？

在實務上，多數作業部門都採用抽樣來檢驗產品或服務的品質。常用的抽樣統計法有二：（1）統計製程管制（Statistical Process Control，SPC），主要用於作業生產過程或服務提供過程；根據抽驗結果判定製程是否受到控制；（2）允收抽樣（Acceptance Sampling），強調每批次進料或出貨驗收的合格率。

統計製程管制

品質管制圖

SPC 的顯著價值不只在於抽驗單一樣本，而是能持續一段時期，偵測許多樣本，以判斷製程是否按計畫順利運作。若發現失控，可採必要措施，事先防患問題的發生。作業部門常利用類似圖 17.7 的管制圖來偵測、追蹤品管績效。例如，每月從 1,000 位餐廳顧客中抽樣，調查不滿衛生環境的百分比。若發現比例雖可接受，但管制圖仍可追蹤、記錄滿意與否之屬性的變化。

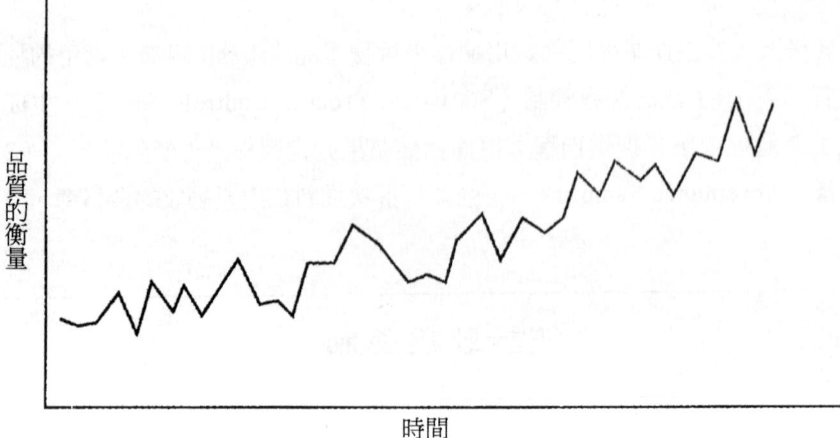

例如：變數，如車門抽樣的平均耐撞力
或
屬性，如顧客抽樣中對餐廳衛生不滿者之比例

圖 17.7 品質衡量值的趨勢圖

製程品質的變異

一般原因

作業環境隨時在變，所以品質的衡量數據（不管是變數或屬性）也經常在變。衍生自這類一般原因的變化在所難免（只能減少，無法消除）。

例如，飯盒自動裝填機的裝填作業無法將每只飯盒都裝得剛好一樣；每盒難免會比平均重量重一點或輕一點。在機器正常運作下（沒有其它影響機器操作的因素），每個飯盒一一秤重後，可描繪出如圖 17.8 的直方圖。圖 17.8（a）爲第一批秤重者，各重量值可能落在製程的常態變異範圍內。隨著抽樣的增加，更多飯盒重量值的分佈逐漸靠向平均值，見圖 17.8（b）和（c）。抽樣持續進行，隨後其分佈漸成一較平滑的分配區間，見圖 17.8（d）和（e）。最後趨近如圖

17.8（f）的常態分配。

通常這類變化以 99.7%的常態分配，容許誤差為 3 個標準差來描述。飯盒米飯的重量呈平均值 206 公克，標準差 2 公克的常態分配。此製程績效的變化是否符合可接受的標準？這個問題要看作業單位允許的規格範圍而定。若米飯重量短少過多，便有欺騙消費大眾之嫌；重量超出平均值太多，將形同浪費成本。此案例的規格範圍介於 198 到 214 公克之間，則裝填製程的自然變異（製程平均值加減 3 個標準差）落在該規格範圍之內。

規格範圍=214-198=16 公克

製程自然變異範圍=6×標準差=6×2=12 公克

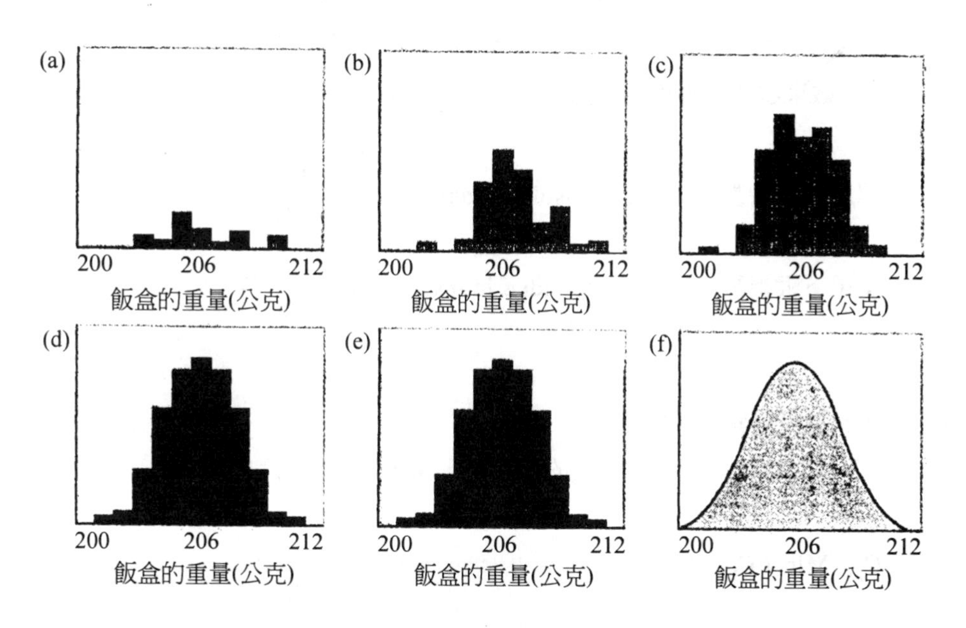

圖 17.8 填飯程序的自然變異可以用常態分配來描述

製程能力

製程能力可以衡量製程變異的可接受性。衡量製程能力的簡單方法是將規格範圍除以製程的自然變異（即加減 3 個標準差）所獲得的比值。

$$C_p = \frac{UTL - LTL}{6s}$$

UTL=規格範圍上限　　LTL=規格範圍下限　　s=製程變異的標準差

一般而言，在常態分配的前提下，如製程能力（C_P）大於 1，表示該製程具有製程能力；若小於 1，則表示該製程不具製程能力，見圖 17.9。

製程能力的衡量方式假定製程變異的平均值落於規格範圍的中心點。然而，製程變異的平均值往往不會落在規格範圍的中點，見圖 17.10。此時，必須使用單尾能力指數來說明該製程的能力。

單尾上限指數（Upper one-sided index）$C_{pu} = \frac{UTL - X}{3s}$

單尾下限指數（Lower one-sided index）$C_{pl} = \frac{X - LTL}{3s}$

其中 X 代表製程變異的平均值。

有時只用製程的兩個單尾指數的較小者，來表示該製程的能力（C_{pk}）：

$$C_{pk} = \text{Min}(C_{pu}, C_{pl})$$

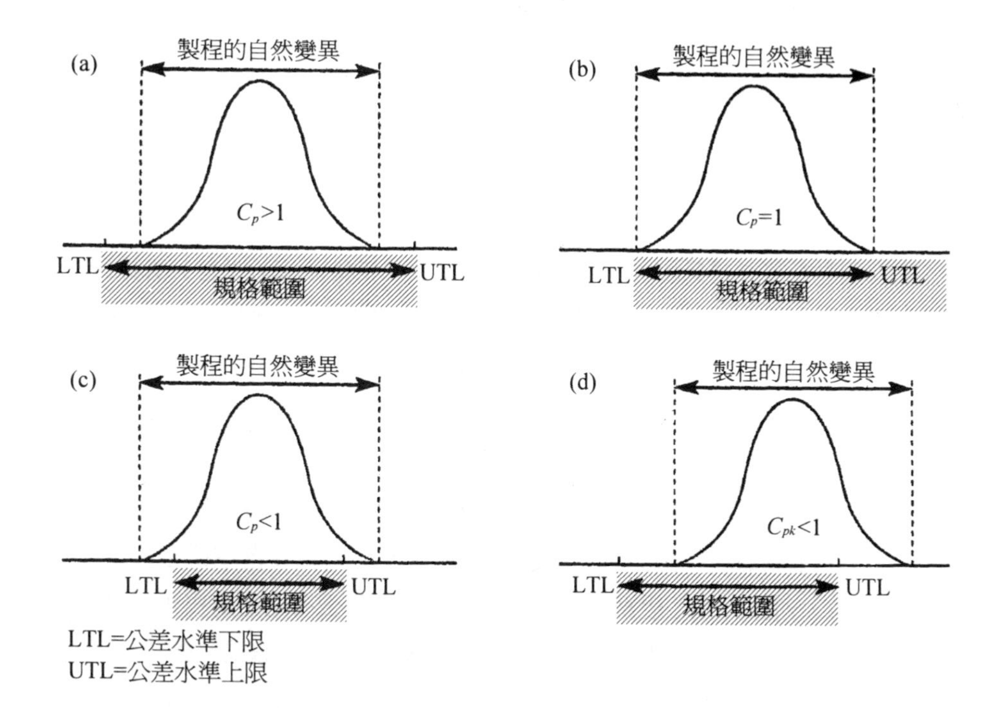

圖 17.9 製程能力係比較製程的自然變異與需求的規格範圍

✏ 變異的特殊原因

並非所有製程的變異都歸咎於一般原因。製程發生變異有時得歸因爲某些特殊且可以避免的原因，如機器磨損或安裝不當、作業人員技術生疏、未按規定作業，這些因素統稱爲「可歸屬的特殊原因」。作業經理人所關切的是製程變異要歸諸一般原因？還是某些可歸屬的特殊原因？圖 17.10 指出一段期間內，車門平均耐震力的管制圖。

摩托羅拉 Motorola 的 6 個 σ 品管運動

摩托羅拉 6-σ品管運動的目標是：承諾提供的產品，在交貨時不能有不良品；不得在保固期限內發生故障。為達成目標，摩托羅拉率先注重在製造階段發現問題，立時排除修正。活動實施不久後發現，許多問題都屬潛在原因。消除這些缺失的唯一良方，先要嚴謹地訂定設計規格及製程能力。

摩托羅拉的 6-σ品管概念是，製程的自然變異（正負 3 個標準差）應為規格範圍之半。換言之，規格範圍應等於製程的正負 6 個標準差。比方說，若某製程的能力（C_p）值以 1 表示品質為「3σ」即每 1,000 件產品有 2.7 件不良品。6-σ品質運動揭櫫的目標遠高於此一標準，即每 100 萬件產品，只容許 3、4 件不良品。

爲了判定變異原因的歸屬，可在管制圖上加註「管制上下限」（control limits），以表示屬於「一般原因」的範圍。如果有任何描點落在這個管制上下限的範圍之外，則該製程可視爲失控；換言之，該變異很有可能是由可辨識的特殊原因造成的。管制圖的上下限可根據特定樣本的平均值，用統計法來設定；例如，車門耐震力的製程經量測，其一般原因呈常態分配，則管制上下限便可根據常態分配來設定。圖 17.10 的管制範圍定在距離樣本平均值加減 3 個標準差的左右兩點。圖中最後一點受可辨識特殊原因影響的機率的確非常高。當製程運作出現偏離「一般原因」的常態範圍時，即可視爲失去控制。當管制點定在距該製程呈「常態分配」的平均值加減 3 個標準差之處，則分別稱爲「管制上限」（UCL）與「管制下限」（LCL）。

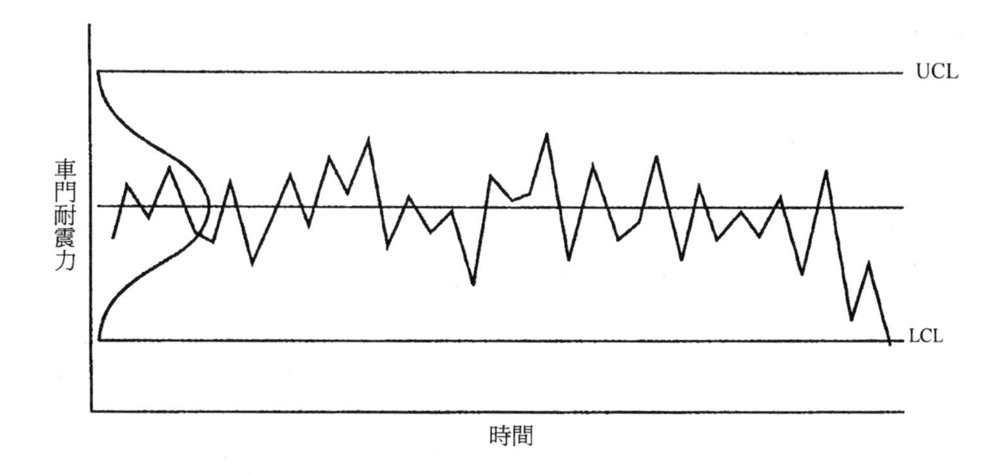

圖 17.10 包含管制上下限的車門耐震力檢驗管制圖

屬性的管制圖

屬性資料只有兩種狀況（例如對與錯），因此統計量係以「錯誤」在樣本中所佔的比例（p）來計算，而這種統計量服膺二項分配。計算管制上下限時，母體平均數（$\bar{p}$）通常係從 m 個樣本（每個樣本有 n 項）中抽出「不良品」之比率的平均數來估計，其中 m＞30，n＞100。

$$\bar{p} = \frac{p^1 + p^2 + p^3 + \ldots\ldots + p^n}{m}$$

標準差以下列公式計算即得：$\sqrt{\frac{\bar{p}(1-\bar{p})}{n}}$

「管制上限」（UCL）與「管制下限」（LCL）可以定為：

管制上限（UCL）＝$\bar{p}$ ＋3 個標準差
管制下限（LCL）＝$\bar{p}$ －3 個標準差

LCL 當然不得為負，若算出結果為負，則取其值為 0。

變數的管制圖

最常用來管制變數的管制圖是 $\overline{X}$-R 圖：一是樣本平均值（$\overline{X}$）管制圖；另一則是管制樣本內部變異的全距管制圖（R）。

樣本平均值管制（$\overline{X}$）圖顯示製程正偏離原認定的製程平均值，儘管製程樣本的內在變異可能仍維持不變（圖形的形狀維持不變），見圖 17.11。

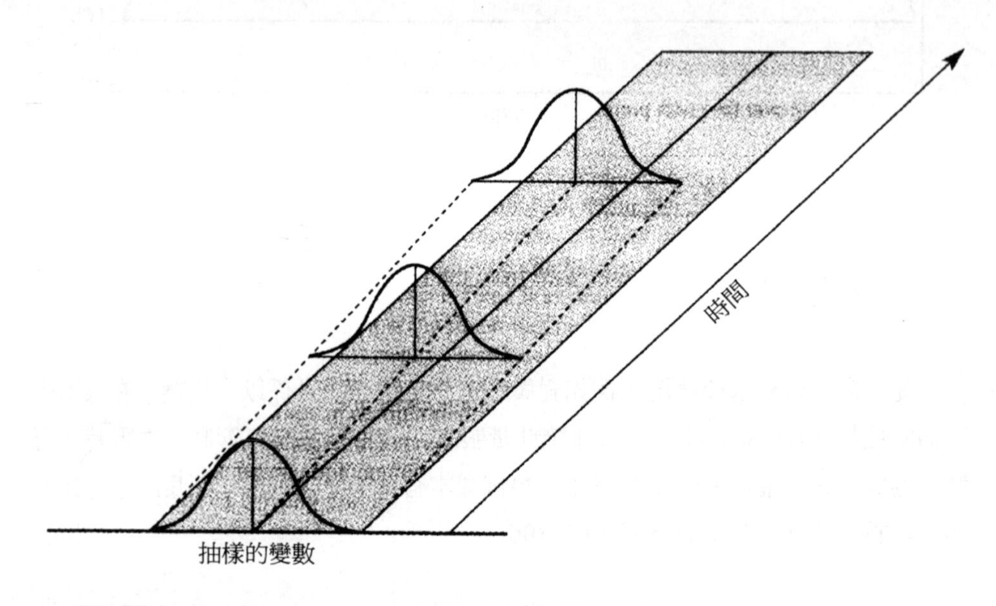

圖 17.11 規格範圍維持不變下，製程平均值隨著時間的變化

全距管制圖（R）繪出每個樣本的範圍，亦即樣本中最大與最小值的差距。即使製程平均值維持一致，仍能偵測樣本的全距的變異性，見圖 17.12。

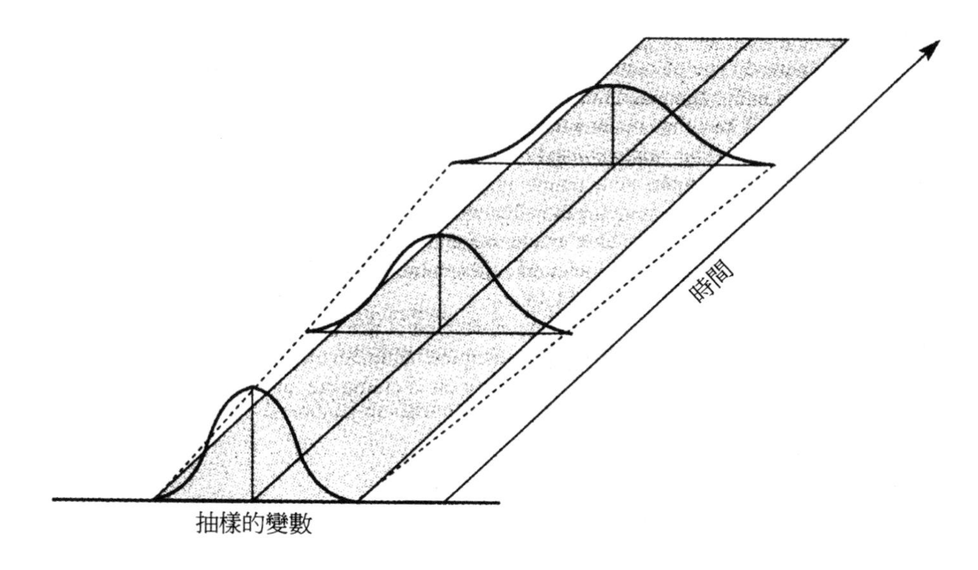

圖 17.12 製程平均值維持不變下，規格範圍隨著時間的變化

✏ 變數管制圖的管制上下限

製程在正常狀況下（沒有可辨識的特殊原因），第一步是利用樣本大小等於 n 的 m 個樣本，來算出總平均數或母體平均數（$\bar{\bar{X}}$）與平均全距範圍（$\bar{R}$）。

母體平均數可將 m 個樣本平均數總和平均而得：

$$\bar{\bar{x}} = \frac{\bar{x}_1 + \bar{x}_2 + \dots\dots + \bar{x}_m}{m}$$

平均全距可由全距總和除以樣本數而得：

$$\bar{R} = \frac{R_1 + R_2 + \dots\dots + R_m}{m}$$

該樣本平均值管制圖的上下管制點：

管制上限（UCL）$=\bar{\bar{x}}+A_2\bar{R}$　管制下限（LCL）$=\bar{\bar{x}}-A_2\bar{R}$

該全距管制圖的上下管制點為：

管制上限（UCL）$=D_4\bar{R}$　管制下限（LCL）$=D_3\bar{R}$

A_2、D_3、D_4諸參數隨樣本大小而變化，見表 17.4。

表 17.4 計算管制上下限的參數值

樣本大小（n）	A_2	D_3	D_4
2	1.880	0	3.267
3	1.023	0	2.575
4	0.729	0	2.282
5	0.577	0	2.115
6	0.483	0	2.004
7	0.419	0.076	1.924
8	0.373	0.136	1.864
9	0.337	0.184	1.816
10	0.308	0.223	1.777
12	0.266	0.284	1.716
14	0.235	0.329	1.671
16	0.212	0.364	1.636
18	0.194	0.392	1.608
20	0.180	0.414	1.586
22	0.167	0.434	1.566
24	0.157	0.452	1.548

平均數管制圖的 LCL 可能為負數（如溫度或利潤可能小於零），但全距管制圖不得為負數。若全距管制圖 LCL 計算結果為負數，則 LCL 應定為 0。

✏ 解讀管制圖

管制圖上的點若是偏離管制上下限，該製程顯然已失去掌控。此外，如圖 17.13 顯示的其它訊息也可用以詮釋或解讀製程作業的變異現象。

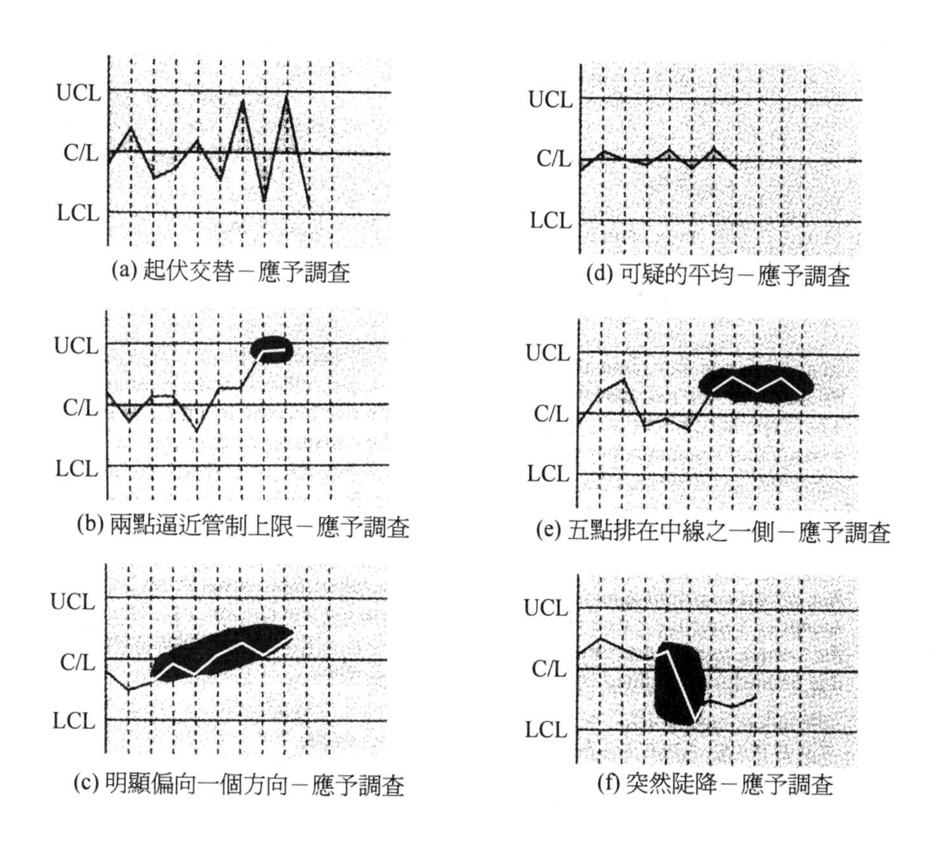

圖 17.13 除超出管制上下限的點之外，如排列怪異或非比尋常都應調查

允收抽樣

許多產品都須在製程開始之前，或等到製程過後，整批數量一起進行檢驗。允收抽樣即是依據抽樣結果判定這整批產品，應予接受或拒絕。允收抽樣通常是調查屬性，並以「不良品」對「合格品」的比例爲取捨。例如，點收的零組件或製成品中，每 1,000 件只有 1 件不良品，算是達到可接受的標準。表 17.5 說明允收抽樣可能的型一誤差和型二誤差風險。型一誤差又稱生產者的風險，因其可能發生作業人員拒收實際是合格的良品。型二誤差又稱消費者的風險，即冒著允收某批不良品的風險，消費者收到的產品或服務剛好是不合格的。

表 17.5 允收抽樣的可能風險

	本批量實際是	
決策	合格	不合格
拒絕這批貨	型一誤差	決策正確
接受這批貨	決策正確	型二誤差

抽樣計畫

允收抽樣的程序是從某批貨抽樣，再根據不良品數目與預先設定之可接受數量作一比對，以決定接受或拒絕該批貨。抽樣程序有兩個決定因素：n 代表樣本大小；c 代表樣本中允許或可接受的「不良品」數量。假如 x 代表實際在樣本中所發現的「不良品」數目，若 $x \leqq c$ 則接受整批貨；若 $x > c$ 則拒絕整批貨。

任何組織、企業在執行允收抽樣時，依據所求的不同 n 和 c 值，可參酌一條作業特性曲線（Operating Characteristic curve，OC），來辨別每批貨是「良品」或「不良品」。理想的作業特性曲線，見圖 17.14。

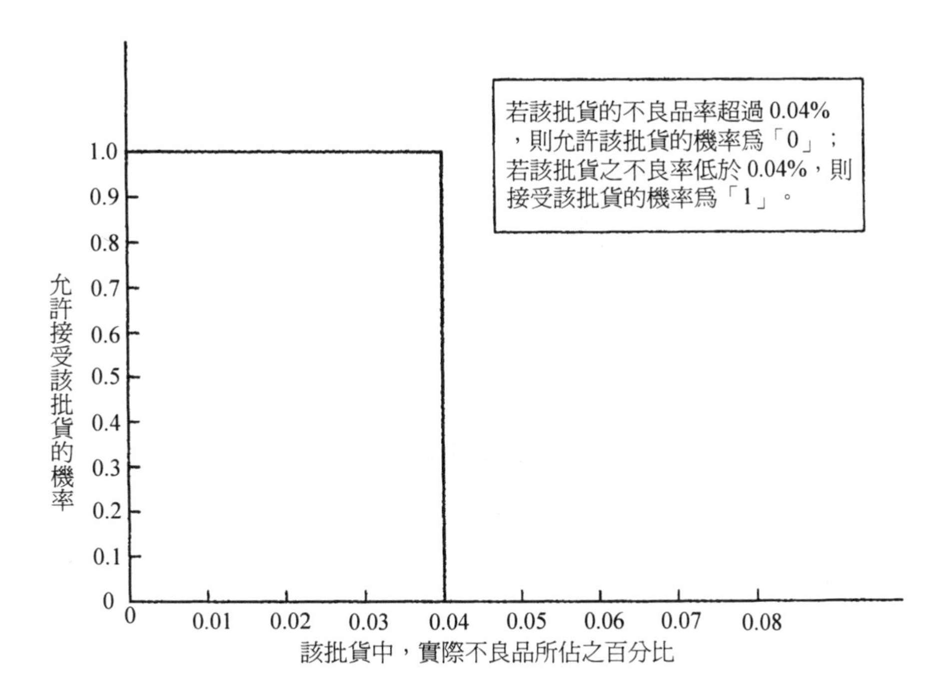

圖 17.14 理想的作業特性 OC 曲線

不管採用哪種抽樣法，都有型一誤差或型二誤差的風險。圖 17.15 顯示某一樣本 n=250 的抽樣檢驗，若抽到超過 1 個不良品（c=1）就拒絕該批貨。

事實上，任何一批貨的實際不良率都是未知數，可能只因從樣本抽出 2 個或更多不良品，就使原本可接受的一批合格良品遭拒收（型一誤差風險，見圖 17.15 上方陰影區域）。然而，即使接受了某批貨（只因抽樣所含不良品數爲零或一），但整批貨的實際不良率也可能超過 0.04%（型二誤差風險，見圖 17.15 下方陰影區域）。作業經理人若覺得風險太大，便應增加樣本規模，使 OC 曲線的圖形移動，使 OC 曲線逼近理想的形狀，見圖 17.16。但此舉表示該批貨的檢驗作業時間勢必拉長，增加成本開銷。

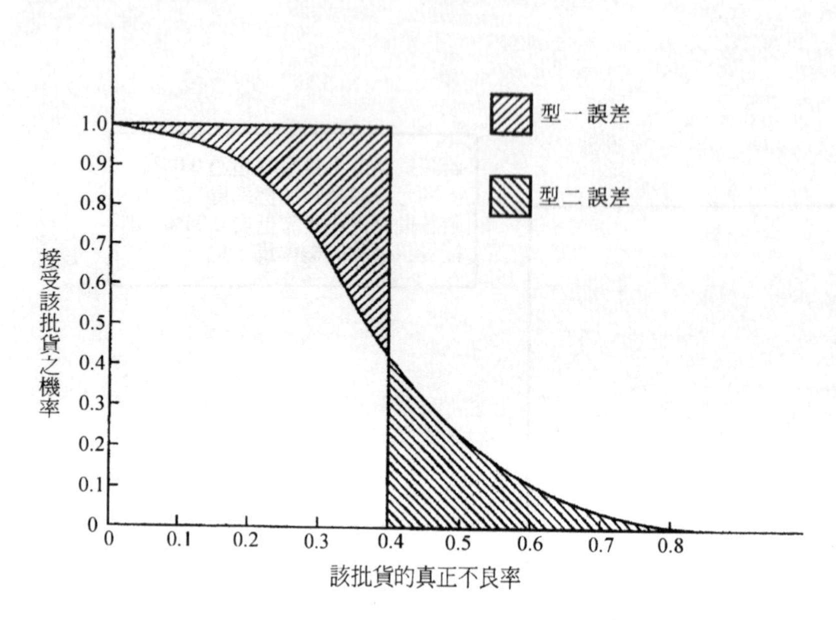

圖 17.15 實際抽樣實務之工作特性 OC 曲線的型一誤差與型二誤差

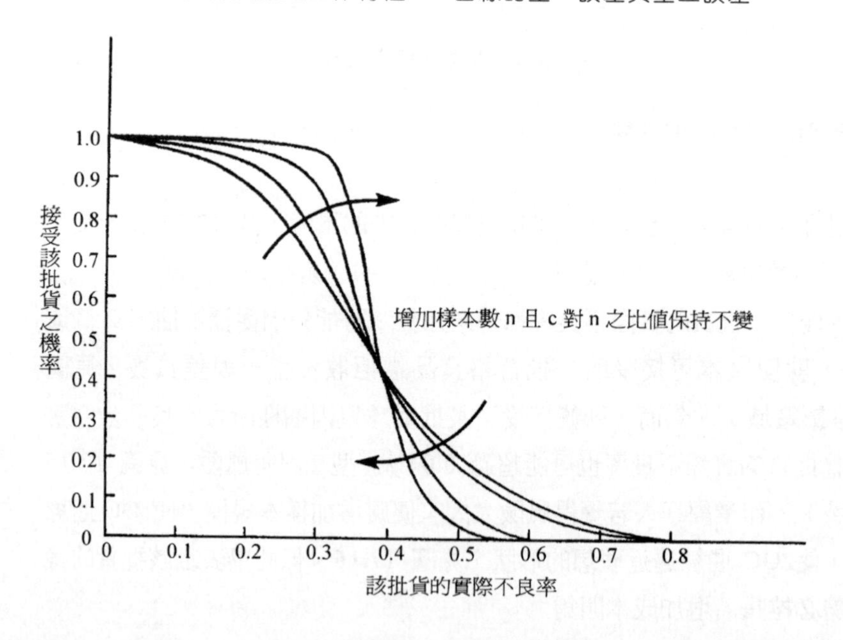

圖 17.16 即使在 c／n 值保持不變下，n 值越大則作業特性 OC 曲線越趨近理想

現身說法——專家特寫

南非 Portland 水泥公司的 Zak Limbada

位於南非的 Portland 水泥公司有 7 座工廠，Zak Limbada 是一家工廠的生產副總，負責督導水泥製造作業的效率與效能，而產品的品質更是關注重點。

由於水泥對下游營建用途影響重大，品質穩定尤為重要，因為任何不符規格的水泥都會影響建築的堅固與居住安全。儘管許多品管工作，都著重於提升生產技術，然而能充分發揮這些技術的潛能者，捨作業部門的同仁莫屬。作業員工都親自參與品管檢驗，製作管制圖，訂定統計管制的上下限，及親手調整製程。

本章摘要

- 品質藉由「五種品質取向」來定義：卓越取向、製造取向、使用者取向、產品取向及價值取向。
- 品質的最貼切說法是：顧客對產品或服務的期望，與對該產品或服務的認知之間的差距。當期望大於認知時，認定品質不佳；當期望小於認知時，則認定品質不錯；若期望等於認知時，則認定品質可接受。
- 以認知－期望之間的差距來決定品質，可構成一個兩因素模型，其一是影響顧客的品質領域，另一是影響作業單位的品質領域。該模型可診斷品質。
- 品質規劃與管制的六大步驟包括：

  第 1 步：界定產品或服務的品質特性。

  第 2 步：決定每項品質特性的測量方法。

第 3 步：設定每項品質特性的品質標準。

第 4 步：依據這些標準管制品質。

第 5 步：找出不良品的原因，並修正改善之。

第 6 步：持續不斷地進行改善。

- 品質特性包括機能性、外觀、可靠性、持久性、復原性以及接觸等特性。
- 每項品質特性可藉變數（以連續尺度表示）或屬性（通常有兩種狀態，如「對」或「錯」）來加以衡量。
- 多數品質的規劃與管制都採抽樣方法，檢核生產作業的效能。抽樣可能導致的判斷錯誤分為型一誤差（不該做而做了）與型二誤差（該做而不去做）。
- 統計製程管制（SPC）是以管制圖追蹤作業的某項或多項品質特性的績效表現。繪製管制圖能依製程變異的常態統計分配，設定「管制上下限」（通常訂在製程樣本之自然變異正負 3 個標準差的位置）。
- 允收抽樣根據對整批產品或服務做抽樣檢驗之後下判斷。任何特殊抽樣計畫的風險都可以用作業特性曲線（Operating Characteristics，OC）來表示。樣本數目越大，抽樣涉及的風險就越小。

個案研究：H&H 五金公司

1995 年 Dave Philips 和 Chris Agnew 在英國創立 H&H 五金公司。該公司專攻特殊造型的金屬門把、傢具配件等，每年總銷售額達 5 百萬英磅。這項成績全拜 H&H 高品質形象與獨特設計之賜，其結合傳統與現代的獨特造型，深受許多建築師愛用，訂為許多大樓的裝潢規格。Dave Philips 說明行銷策略的改變：

由於營建業持續不景氣，從 1999 年起，我們把直銷業務擴展到英國大型的五金零售店，如今已佔銷售總額的 40%，不過毛利只佔 15%。這個客層因對價格比較敏感，故須配合品質精良、造型簡單的標準產品，並以低價與對手競爭。為降低成本，我們推出仿對手品級，質輕料薄的便宜材質。零售客層的訂單量小，務必交貨迅速。營建承包商作業的前置時間雖長，也須按時交貨。面對顧客抱怨交貨拖延或品質的問題，我們在下次的訂單會予以折扣。業務代表每週約花一天處理交貨拖延的問題，並藉機向顧客爭取訂單。五金零售商常要盡快交貨，最好隨叫隨送，因此我們須調整生產製程，使其更具彈性，容易換線生產，俾優先生產需求最殷切的項目。

因加工處理不當，常造成門把凹凸不平或刮痕粗糙的品管問題。我們只在最後的生產階段才抽樣檢驗，如抽樣發現某批樣本的次級品超過所訂標準，這批貨就整批重作，通常一週內可完成重作。即使如此，承包商仍會向建築師抱怨，但問題通常只是一些小瑕疵：例如，磨光不夠亮，甚至在使用時根本看不到的地方出現刮痕等枝節問題。顧客簡直太吹毛求疵了！

負責生產製造的 Chris Agnew 則從另一角度來看問題：

銷售型錄上所印的產品在攝影時為求特殊效果常要打光，因此照片中的產品看起來較亮，但實際產品的色澤則顯得較暗淡。同時，銷售型錄的樣本都是人工特地打造的，大量生產作業，不可能產出手工打造的水準。

檢驗人員隨機抽樣每批零組件，不合規格者一律拒收或重作。每批產品生產之前，工作台表面應該都是乾淨的，所以產品表面的粗糙與刮痕不可能在生產過程發生。我們採用品質優良的原料生產，並確保在出貨前的最後階段能有完美品質。

問題：

1. 該公司如何在市場競爭？「品管」在競爭策略中扮演何種角色？
2. 該公司使用的統計品質管制法是否適當？
3. 將診斷品質的差距模型應用於該公司的品管計畫。

問題討論

1. 界定下列產品或服務的品質特性，並建議每項特性應如何衡量。區別各項特性，何者應歸爲屬性？何者歸爲變數？

   a. 餐廳用餐　　b. 洗衣機　　c. 計程車

2. 試說明 100%檢驗的優缺點，並就下列實例，試論其適用性及如何進行。

   a. 菜餚的冷熱度　　b. 市區公車準時發車不脫班　　c.花園種籽的抽驗

3. 何以經過 100%檢驗，顧客仍會收到品管不良的產品或服務？如何設法將此種錯誤減到最低？

4. 某公司使用 2 部機器切割塑膠射出成型產品。A 機器的產出規格範圍爲：16.7-17.3 公分；B 機器爲 22-26 公分。機器產出的平均值分別爲 17 和 24 公分；標準差分別爲 1.7 和 2.1 公分。已知這 2 部機器的自然變異爲 0.5 和 1.9 公分。若作業經理人擬提高其中一部的效能，應換掉哪一部？

5. 某工廠擔心製程運作會不正常。不良品的正常比率是 6%。該作業經理人過去連續 10 天抽樣檢驗，每次抽驗樣品 100 件。結果如下，試繪出管制圖。

樣本編號	1	2	3	4	5	6	7	8	9	10
不良品數量	3	0	1	4	10	0	6	12	5	7

7. 火車站的站長向乘客保證停靠該站的火車都能準時到站。一連幾週每天抽檢 20 列火車，結果發現火車比時刻表的到站時間平均慢 3 分鐘。平均全距爲 12 分。應該給這位站長什麼建議？

8. 說明利用管制圖偵測製程的優點。討論管制圖是否適用於下列活動：

   a.旅行社的客戶抱怨監控作業　　b.考試成績的監控

   c.飛機引擎的故障率　　d.超級市場結帳隊伍的疏導

9. 某割草機製造廠徹底抽驗其產品，就表 17.6 所列的五大要項一一進行，包括：外觀（外表殘留污點的數目評估）、可靠度（故障發生間隔的平均小時數）、最高速度（MPH）、燃料消耗（mpg）、噪音水準（Db），表中還提供每項因素的 UCL、LCL、平均值以及上次抽檢的結果。試探討該製程有哪些部份需要進一步檢查並檢討改進？理由何在？

表 17.6

因素	外觀	可靠度	速度	燃料	噪音
UCL	5	190	10.5	45	3.4
平均值	2	150	9	38	2.8
LCL	0	110	7.5	31	2.2
樣本					
1	2	112	8.6	41	3.0
2	1	161	8.4	38	2.9
3	2	120	8.7	43	2.6
4	2	182	8.8	35	2.8
5	1	115	9.0	32	2.9
6	2	173	9.6	41	2.7
7	4	143	9.1	34	3.0
8	4	180	9.2	33	2.3
9	4	119	9.8	33	2.3
10	4	175	9.5	32	2.5

18 生產作業的改進

任何作業不論管理得再完善，都還有改進的餘地。本章探討各種改進作業的方法與技術，見圖 18.1。

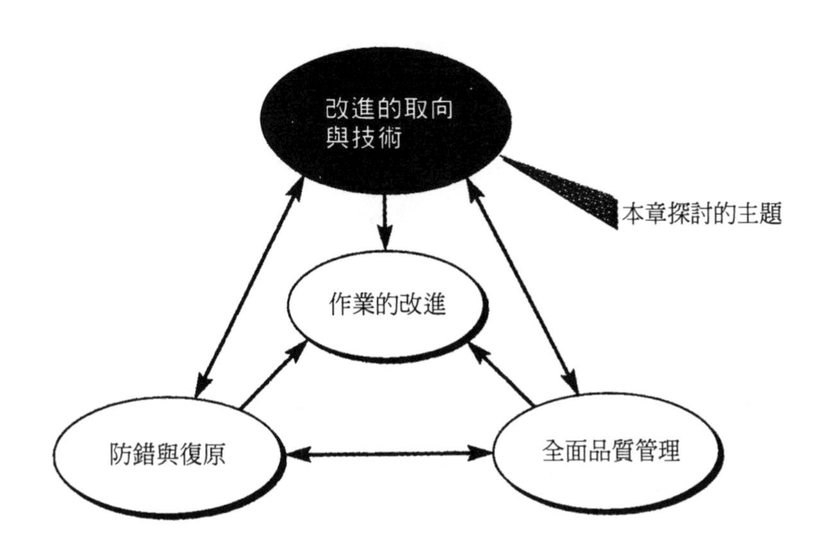

圖 18.1 改進的取向與技術

學習目標

- 如何根據五項績效目標來衡量生產作業的績效；
- 設定績效標竿的原則與實施階段；
- 如何將重要的競爭要素與欲達成的績效予以量化，並進行評估；
- 利用「重要性－績效」矩陣，安排作業改進的優先順序；
- 比較持續性改進與突破性改進的策略；
- 企業再造工程（Business Process Reengineering，BPR）；
- 常見的作業改進技術。

績效的衡量與改進

績效衡量

績效衡量是將作業活動數量化的程序，作業績效是透過管理活動所產生的效果。績效目標可視爲滿足顧客需求的整體績效之不同構面。圖 18.2 說明市場對每種績效目標的需求與期望隨時在變。表 18.1 是作業績效的一些衡量項目。

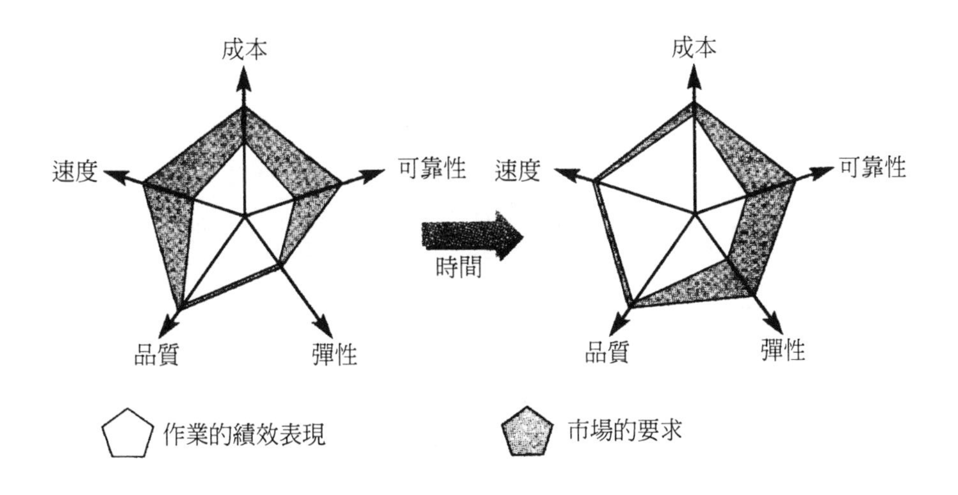

圖 18.2 市場的要求與作業的績效可能隨時間而變化

表 18.1 各績效目標常見的衡量項目舉例

績效目標	常用的衡量項目
品質	各部門單位的故障次數
	顧客的抱怨率
	廢品呆料數量
	保證期間的抱怨率
	故障發生的平均時間
	顧客滿意度評分
速度	顧客是否一再詢問時間
	處理訂單的前置時間
	送貨頻率
	實際產出時間與理論產出時間之比
	循環時間
可靠性	訂單延遲交貨的百分比
	處理訂單延遲的平均時間
	存貨比例
	未按承諾時間送貨的平均誤差
	遵守排程作業的程度
彈性	研發新產品或服務所需時間
	產品或服務提供的範圍
	機器換線的時間
	平均的批量大小
	提升作業活動率的時間
	平均產能或最大產能
	變動排程的時間
成本	最快交貨時間或平均交貨時間
	預算的透支情形
	資源的利用率
	勞工生產力
	附加價值
	每小時的作業成本

績效標準

- **根據先前標準**：比較過去與目前的績效，來評量績效有無差異。根據先前的標準來評量目前的作業固然有效，但卻無從得知目前績效是否滿足需求。
- **設定目標績效標準**：目標績效標準是組織認為適當或合理的績效水準。多數公司的預算編定都是這種目標績效標準的實例。
- **以競爭者的績效為標準**：這種績效標準要先將本身的績效與幾家競爭對手的績效比較。以競爭對手的績效訂定標準，能將公司的作業績效直接轉為市場競爭力，最具有策略性涵義。
- **絕對的績效標準**：這是根據理論上限所訂定的績效標準。如「零缺點」的品管標準或「零庫存」的存貨標準等。

設定績效標竿（Benchmarking）

有些組織參酌其它競爭者的績效來比較本身的作業績效，稱為「設定績效標竿」。標竿的應用可以延伸到許多不同的領域：不僅限於製造部門使用，還擴及採購或行銷部門；不僅限於製造產業界，還普及醫院或銀行等服務業；不僅廣受專家或諮詢顧問採用，組織、企業的一般職員也紛紛跟進；競爭者不侷限於直接競爭的對手，也涵蓋與非競爭對手的比較與學習。

全錄 XEROX 公司的標竿設定

1980 年間，全錄公司面臨日本影印機廠商的競爭威脅，於是著手進行根本變革。為了確定變革的方向與方法，先就外界環境進行評估，即目前的競爭標竿的訂定程序。全錄公司認為標竿設定有助於達成兩項目標：在策略上，有助於設定績效標準；而在作業上，讓公司上下了解最適的作業方法，俾能達成績效標竿。設定標竿程序共分五大階段，見圖 18.3。

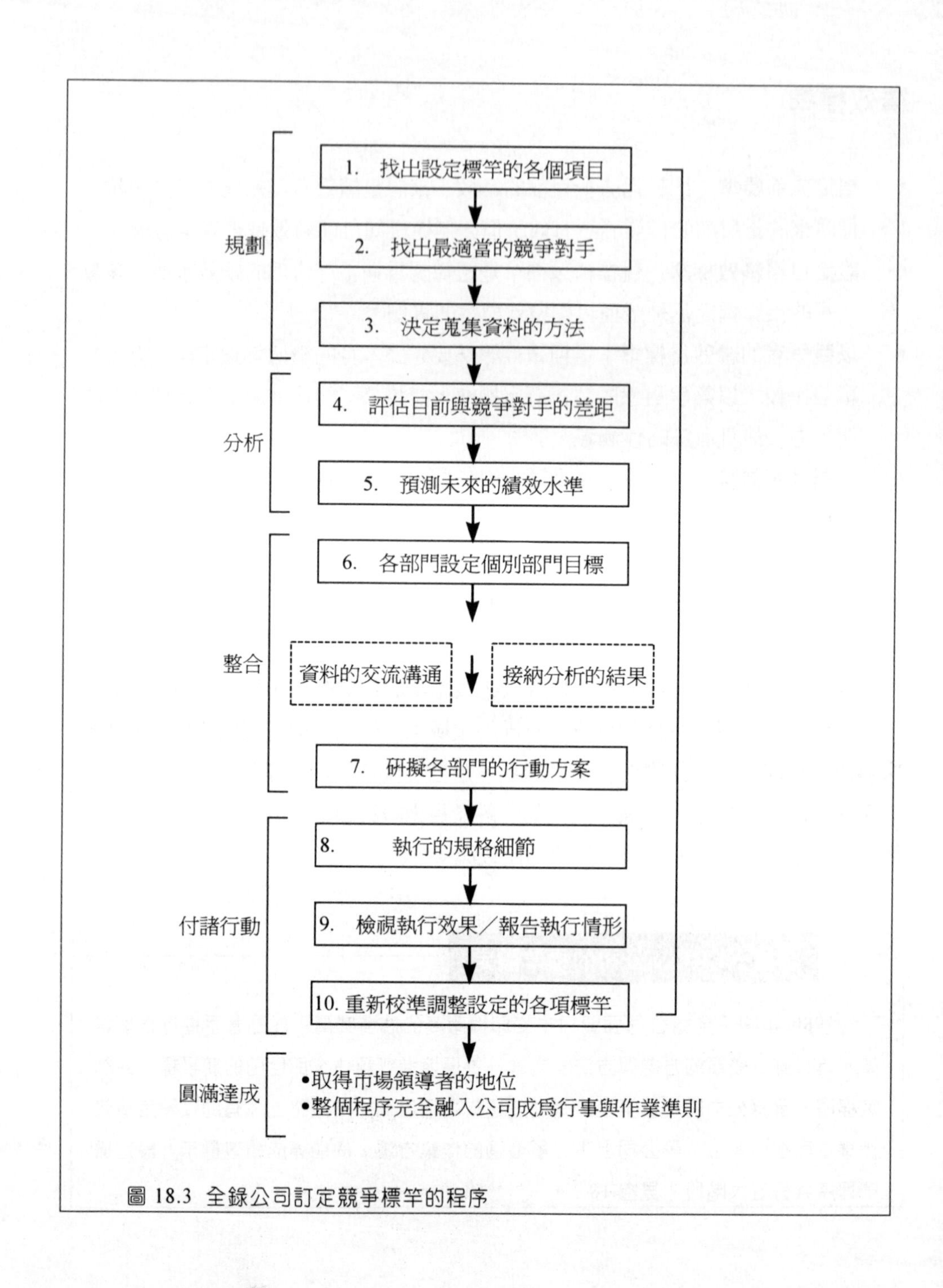

圖 18.3 全錄公司訂定競爭標竿的程序

✏ 標竿設定的類型

- **內部標竿設定**：同一組織不同作業部門或同一部門不同作業單位之間進行比較之後，所訂定的基準或標竿。
- **外部標竿設定**：公司作業部門與其它公司的對等單位進行比較後訂定。
- **非競爭的標竿設定**：與非直接競爭對手進行比較後訂定。
- **競爭對手的標竿設定**：與直接競爭或類似的同業對手進行比較後訂定。
- **績效的標竿設定**：就各種作業所應達到的績效水準進行比較分析。例如，作業本身的績效表現應根據品質、速度、可靠性、彈性以及成本等各項績效目標，與其它規模相當公司的績效表現一一加以比較後訂定。
- **作業執行的標竿設定**：與別家公司的作業方式加以比較。例如，大型零售商可能找百貨公司或同業的存貨水準控制方式與程序加以比較。

✏ 標竿設定的目標

標竿設定的基本目的不只是爲了訂定績效標準或找尋模仿對象，而是爲了激發作業部門的創造力，促使其更了解顧客的需求，進而改進服務。換言之，標竿設定有助於作業單位提升的公司競爭力。

改進的優先順序

在決定改進作業的優先順序之前，必須先一併考慮重要性與績效。作業部門不能只因某些事情對顧客特別重要，就馬上優先處理。說不定在這方面早已勝過競爭對手甚多。同樣地，若與競爭對手相比，某項太差的作業績效也不見得要立即改進，或許這項服務績效對顧客並不十分重要。

如何判定何者對顧客重要

作業部門衡量第 3 章提到的因素：**贏得訂單**、**力求合格**、**較不重要**等三項競爭因素。圖 18.4 進一步區分這些因素的相對重要性。以下舉例說明如何決定改進作業的優先順序。

✏ 實例：EXL 實驗室

EXL 實驗室替許多公司進行研發專案，爲提升客戶的服務水準，EXL 與顧客溝通後，將改進服務的關鍵項目一一列出：

- **技術問題解決方案的品質**：指研究發展方案的結論對客戶的適切性。
- **與顧客溝通的品質**：進行研究調查時，提供給顧客之資訊的適切性與次數。
- **調查報告的品質**：指交給顧客的指引與文件報告之適切性與效用。
- **進行調查的作業速度**：從顧客要求調查研究，到最後繳交報告所花的時間。
- **完成調查報告的可靠性**：能準確預估完成報告的交件日期，並按時交件。
- **調查作業交件的彈性**：因應顧客修訂交件期限，彈性調整調查速度的能力。
- **調查報告的規格彈性**：配合顧客改變的事項，彈性修改調查報告的能力。
- **調查方案的報價**：即執行調查研究的收費標準。

實驗室與顧客討論後，依據圖 18.4 的評估尺度，分別給每項因素打分數。圖 18.5 說明實驗室如何就各項因素，進行評比記分。

競爭因素	強度	說明
贏得訂單的競爭因素	強	1. 提供關鍵性優勢
	中	2. 提供重要的優勢
	弱	3. 提供有用的優勢
力求合格的競爭因素	強	4. 必須達到合格的工業標準
	中	5. 必須達到普通的工業標準
	弱	6. 必須接近其他業者認定的標準
較不重要的競爭因素	強	7. 通常並不重要，但可能變得有點重要
	中	8. 很少爲顧客所重視
	弱	9. 顧客根本不予考慮

圖 18.4 重要性的九點評估尺表

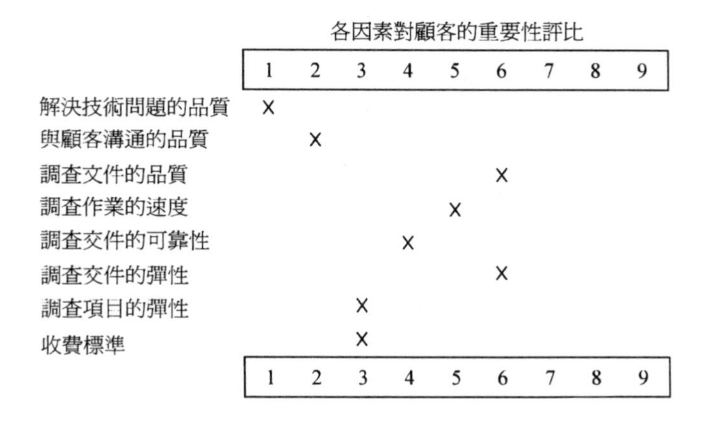

圖 18.5 以九點評估尺度來評比「對顧客的重要性」

以競爭對手為標竿來判斷績效

判斷競爭績效最簡單的方法就是檢視本身的績效是優於、等於、或低於競爭對手的績效。見圖 18.6 的九點績效評比尺度。

✏ 實例：EXL 實驗室（續）

圖 18.7 說明 EXL 實驗室以競爭對手爲標竿，採用九點績效評比尺度來評量實驗室的績效水準。

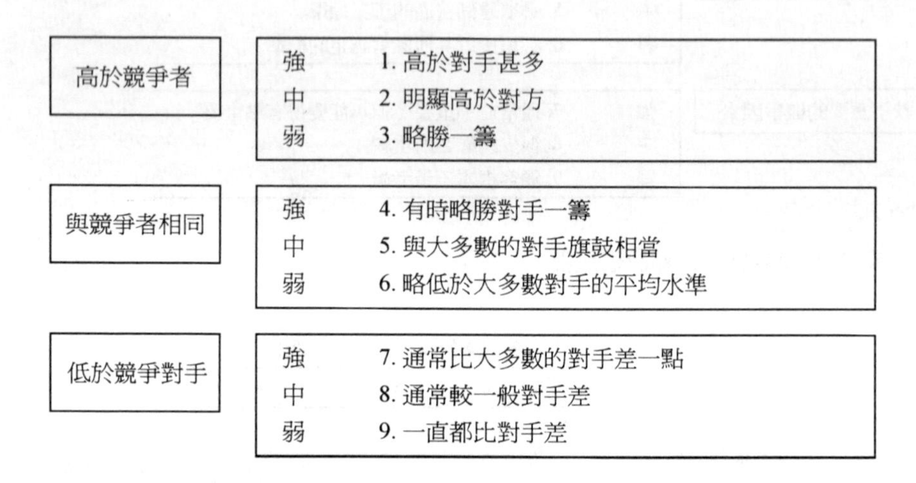

圖 18.6 績效的九點評估尺度

根據競爭對手的績效，評量本身的績效

	1	2	3	4	5	6	7	8	9
解決技術問題的品質		X							
與顧客溝通的品質								X	
調查資料文件的品質		X							
調查作業的速度						X			
調查交件的可靠性					X				
調查交件的彈性					X				
調查項目的彈性				X					
收費標準							X		
	1	2	3	4	5	6	7	8	9

圖 18.7 以競爭對手為標竿，採九點評估尺度評量自己的績效

「重要性—績效」矩陣

圖 18.8 顯示**重要性—績效矩陣**依改進的優先順序，分割成不同的區域。第一道區隔線為「最低接受線」，如圖 18.8 的直線 AB。此線隔開可接受與不可接受的區域。某項競爭因素若屬相當不重要（重要性尺度表的值為 8 或 9），將落於這條線的下方甚低的位置，多數作業經理人還可忍受這種無關緊要的競爭因素落後對手。若競爭因素的評比甚高（重要性尺度表的值為 1 或 2），經理人顯然會擔心其績效的低落，這些因素的最低可接受水準通常位於「比競爭對手略勝一籌」區域。若績效低於 AB 這道「最低接受線」，明顯有改進必要；高於此線尚無改進的急迫性。改進區域由 CD 線區隔為「需要改進」與「亟需採取行動」兩區。高於 AB「最低接受線」的區域由 EF 線再區隔為「適切」與「超越？」的績效水準。整個矩陣共分 4 個區域，分別代表改進作業不同的優先順序。

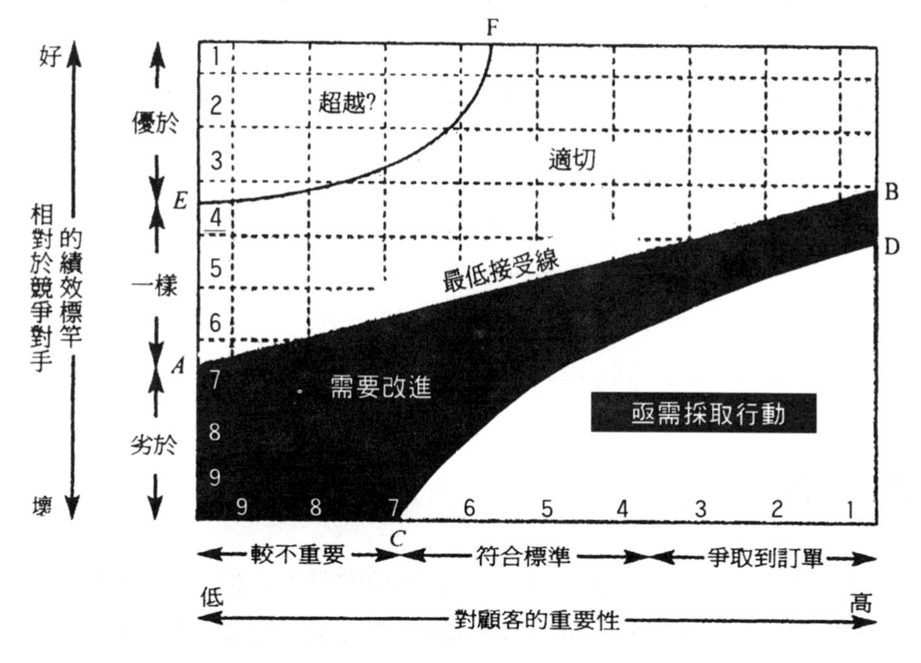

圖 18.8 「重要性—績效」矩陣的優先順序區域

✏ 實例：EXL 實驗室（續）

實驗室根據每一競爭因素的評比，描繪出圖 18.9 的重要性—績效矩陣圖。

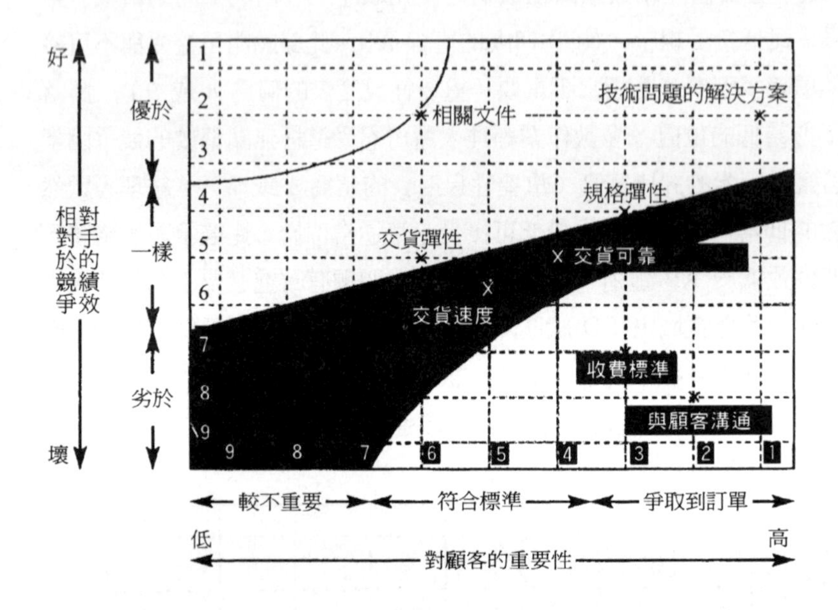

圖 18.9 EXL 實驗室的「重要性—績效」矩陣

改進的方式

突破式的改進

突破式的改進法又稱「創新取向」，乃是針對作業方式進行大規模而根本的改進。例如，工廠引進全新、更有效率的機器，或是飯店的電腦訂房系統全都重新設計。這種突破式的改進需耗費大筆的投資，而且常涉及改變目前的產品／服務或製程技術，見圖 18.10。

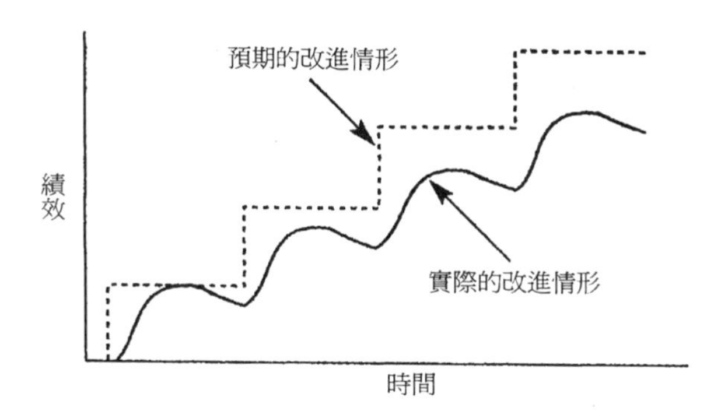

圖 18.10 突破式改進的預期與實際情形

漸進式的持續改進

漸進式的改進從小規模開始，逐漸改進績效。例如，調整機器以適應產品的更換作業，俾減少換機、換線生產的時間浪費。漸進式的改進不是爲了推動每個小改進本身，而是視這些小改進爲達成較大改進的關鍵跳板，見圖 18.11。漸進式的改進，日本人又稱「改善」（Kaizen）。

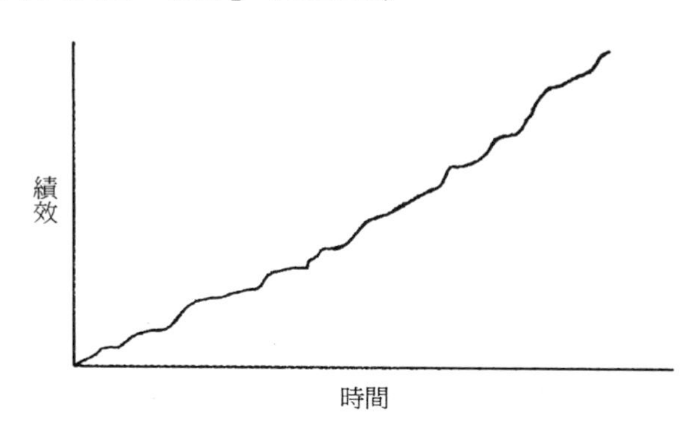

圖 18.11 績效的漸進式改進模式

突破式改進與漸進式改進的差異

突破式改進強調解決問題要靠創意，鼓勵自由發揮想像力。漸進式的改進強調適應眼前、團隊合作、注意細節。兩者的差異與特色，見表 18.2。

表 18.2 比較突破式與漸進式改進的特色和差異

	突破式改進	漸進式改進
影響效果	短期而激烈	長期、持久但不猛烈
步調	大幅度	小規模
進行期間	間歇性且不逐漸增強	持續而漸進，逐步增強
改變	突然粗率、變化莫測	逐漸地，持之以恆
參與者	挑選少數「菁英或英雄」	全員參加
方式	個人主義；凸顯個人的表現、想法或功績	團體行動；集體智慧，以整體性、有系統的方式運作
刺激或動力來源	科技突破、創新發明、新穎的理論	傳統的技術與時興的科技
風險	過於集中；有「孤注一擲」之虞	分散風險；許多案子同時進行
現實條件的要求	要求大額投資、較不注重持續維持	投資金額不大、著重持續維持
主要的資源	科學技術	人力資源
評估準則	獲利率	製程與努力取得更大的成果

PDCA 循環

漸進式改進代表持續不停地檢討各項作業細節，並謀求改進的過程。PDCA 循環即不斷循環的一系列連續改進活動，見圖 18.12。

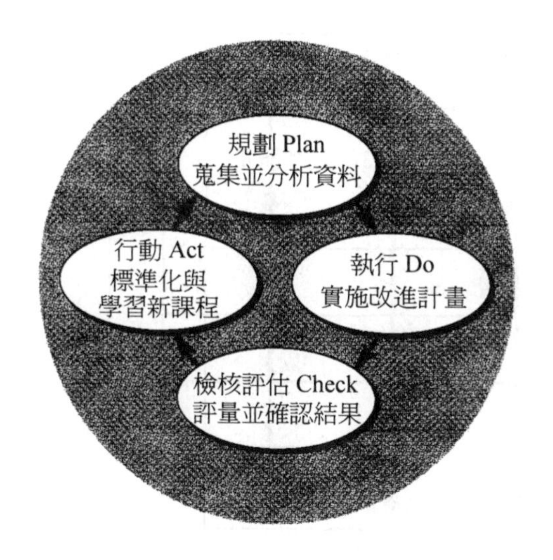

圖 18.12 PDCA 循環

企業再造工程

以突破方式進行急劇變革的典型的實例是「企業再造工程」（Business Process Reengineering，BPR）。BPR 的定義如下：將企業的作業程序從基本面重新思考，徹底予以重新設計，期能針對績效衡量的主要指標，諸如成本、品質、服務以及速度，進行突破性的改進。

程序對功能

BPR 認為：作業的組織方式應以能為顧客增加附加價值的整體程序為主，而不是以執行各階段加值活動之功能部門來組織，見圖 18.13 的比較：（a）是以功能部門來組織的傳統架構；而（b）中的 BPR 則是以程序來組織的架構。

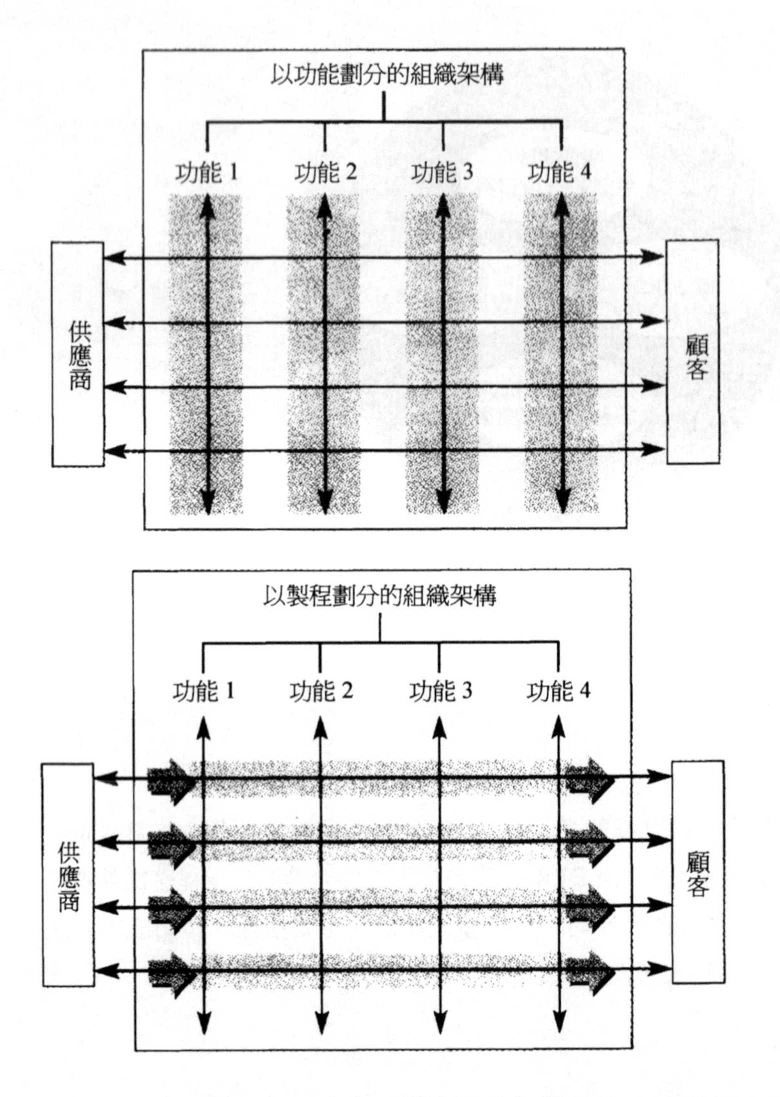

圖 18.13 （a）功能劃分的組織（b）以程序爲主的組織

✏ BPR 的原則

- 以跨功能部門的方式，依資訊（或物料或顧客）合乎邏輯的流程來重新安排工作，即依照程序的結果來安排，而不是依照工作任務。
- 力求激烈地重新思考與重新設計作業程序，俾徹底改進績效。
- 由製程的產品或服務之使用者親自來管理程序作業；檢討是否可直接將內部顧客轉變爲供應者，而不再依賴其它部門的供應。
- 將決策點分散於實際作業的現場。現場作業人員與管理控制人員合而爲一，管理控制與實際作業的「供應商—顧客」關係可因合併而去除。

改進的技術

投入—產出分析

了解「投入—轉換—產出」的作業模式，應先釐清下列三項工作：辨認轉換程序中的投入與產出；找出投入的來源與產出所要供應的對象；認清內部顧客之真正需求，並確定內部供應商對投入的規格要求。

✏ 實例：KPS 公司

KPS 公司專門產製與安裝瓦斯熱水器，其零組件由關係企業 KP 廠供應，安裝工作則由 KP 承包公司執行。英國東南部是 KPS 公司的主力營業區。KPS 公司正面臨許多公司削價競爭的壓力，因此該公司決定由小組團隊推動改進方案。

投入與產出關係圖

圖 18.14 顯示 KPS 公司的「投入—產出」關係圖，此一關係圖因能有效「切

入」問題點，有助於解決問題。

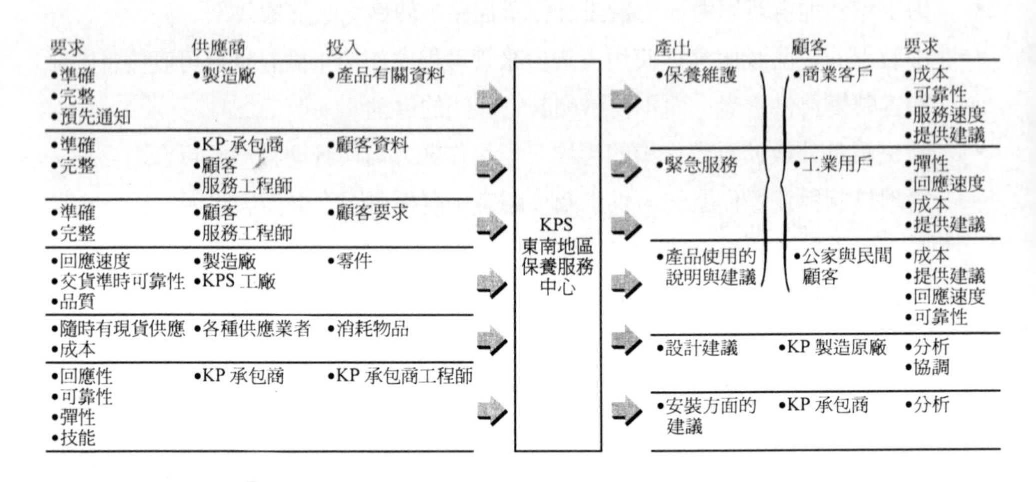

圖 18.14 投入—產出關係圖顯示所有投入的供應商及所有產出的顧客

流程圖

✏ 實例：KPS 公司（續）

圖 18.15 是 KPS 公司回應顧客電話詢問的處理流程圖。

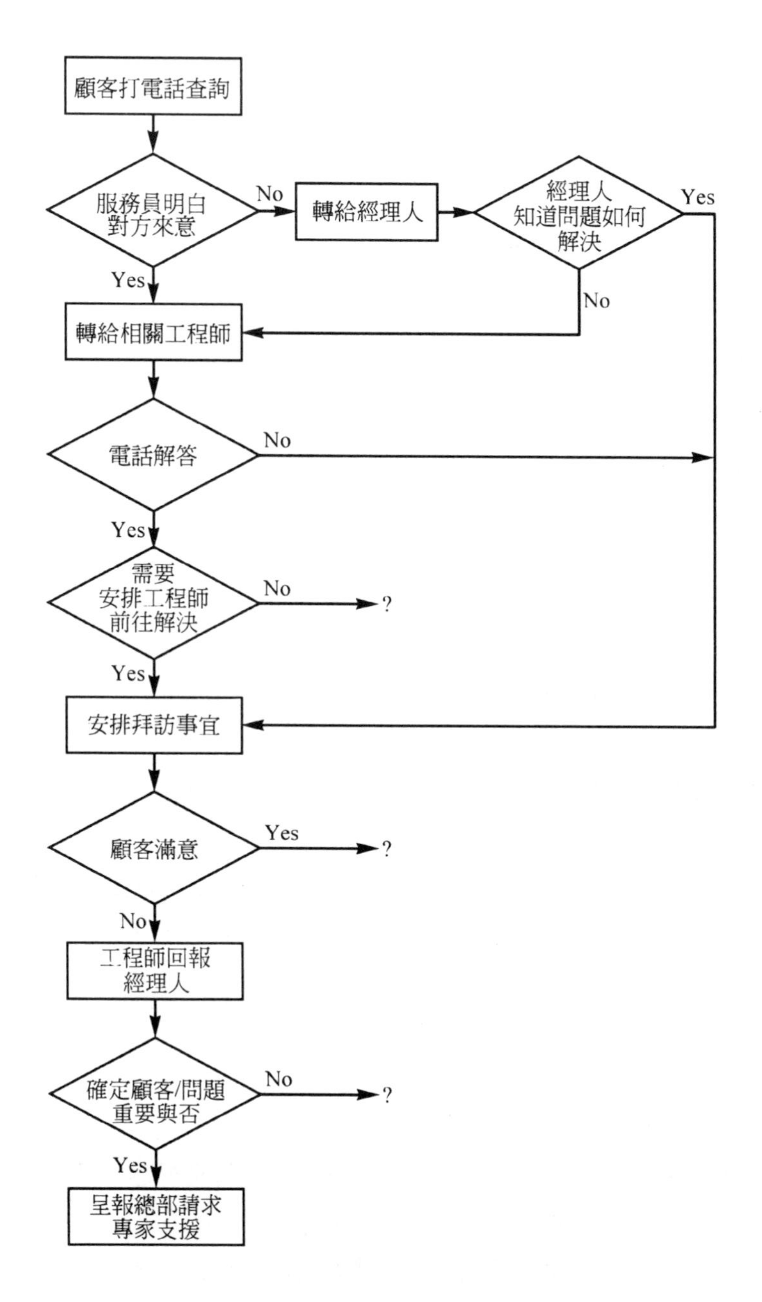

圖 18.15 處理顧客來電查詢流程圖

散佈圖

運用散佈圖可快速找出兩組似乎相關資料的關係。例如，每天出門上班的時間與通勤所花費的時間是否有關聯？圖 18.16 表示某人通勤狀況的散佈圖。

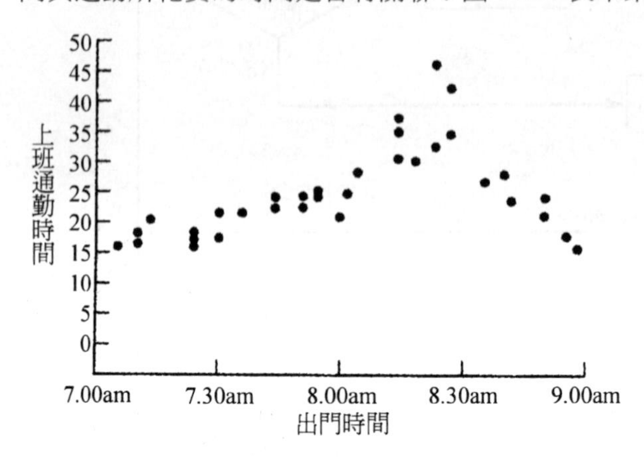

圖 18.16 通勤所需時間與出門時間

特性要因圖（魚骨圖）

特性要因圖是找出問題根源的有效工具。追根究底的最佳方式乃是不停地問：問題是什麼？問題什麼時候發生的？問題在哪裡發生？問題是怎樣發生的？問題爲什麼會發生？特性要因圖又稱魚骨圖，常見的型式見圖 18.17。繪製特性要因圖的步驟如下：

步驟1　在「問題」方格裡填入問題。

步驟2　將問題可能的原因分成幾大類。分類並無特別規定，但通常是依機器、人力、物料、方法程序、資金，分成 5 大類。

步驟3　有系統的追查事實原因，並以集體討論的方式，腦力激盪找出每大類可能發生的原因，絕不放過任何可能的原因。

步驟4　將每大類所有可能的原因，一一記到魚骨圖上的要因方塊，並進行討論，俾能釐清這許多原因，進而予以簡化與結合。

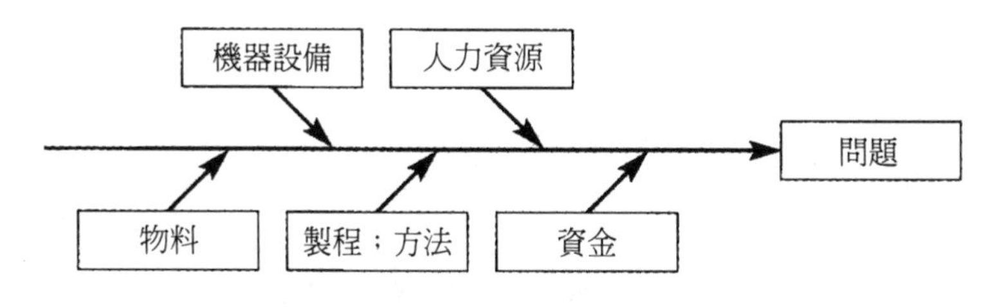

圖 18.17 特性要因圖（魚骨圖）

惠普（Hewlett-Packard，HP）追查問題的訣竅

HP 素以精良產品與卓越服務名聞業界，該公司十分關切顧客退回不良碳粉匣的問題。英國 HP 品管小組懷疑退貨可能導因於產品瑕疵或設計錯誤，於是共同討論以探究問題原因，並繪出特性要因圖如圖 18.18 所示。

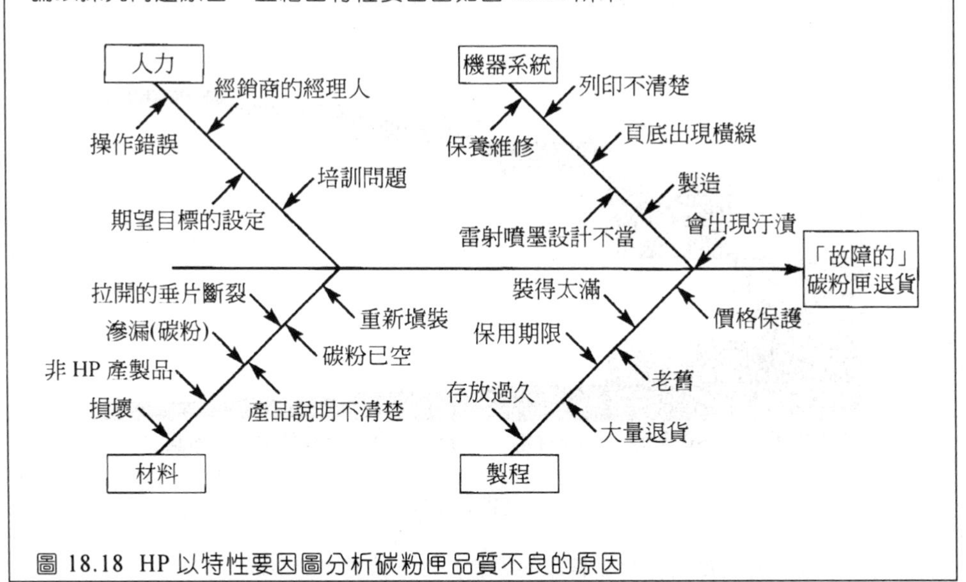

圖 18.18 HP 以特性要因圖分析碳粉匣品質不良的原因

HP 找出三大主要問題。第一，有些顧客對裝匣作業不熟，沒看懂產品使用說明。第二，有些經銷商不知如何處理小毛病。第三，顧客濫用 HP 的包退換新政策。隨後，HP 緊縮退貨政策、改進產品的用法說明，並指導顧客正確的操作方法，結果令人耳目一新。

柏拉圖（Pareto）法

柏拉圖分析法是根據少數原因所導致經常出現的現象，來說明大多數的結果。例如，任何公司的主要收入可能來自極少數的大客戶。

Goodyear 輪胎公司的柏拉圖分析

Goodyear 公司可溶性黏著劑的製程須經過好次大批量的攪混過程，每一批量應包含 30%左右的固體成份。流經不同製程階段時，會衍生各種變異。這些不符規格的原因，經過分類以柏拉圖分析表示，見圖 18.19。

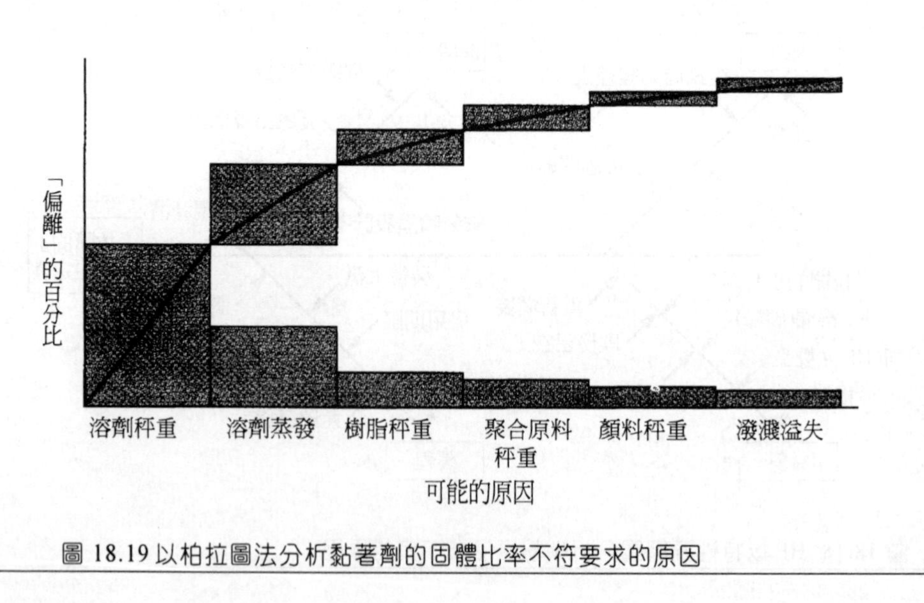

圖 18.19 以柏拉圖法分析黏著劑的固體比率不符要求的原因

現身說法——專家特寫

Cookson 貴金屬公司的 Stella Dorsett

Cookson 貴金屬公司是一家先進的材料科技公司。Stella Dorsett 是該公司的科技系統研發專家，負責分析作業程序、更改系統及改進研發作業。

公司希望能使生產作業結合更多資訊科技，提高營運效能。我首先安裝新的會計系統，將作業本身「耗費成本最兇者」列入管制。之後我負責生產製程的改進任務，找出可能降低產能且會影響製程效能的瓶頸，設法排除瓶頸以順暢生產流程。

本章摘要

- 改進從品質、速度、可靠性、彈性、成本五大績效目標著手。
- 績效標準主要來自：
  a. 根據先前標準：比較過去與目前的績效。
  b. 設定目標績效標準：目標績效標準是組織認爲適當或合理的績效水準
  c. 以競爭者的績效爲標準：將本身的績效與幾家競爭對手的績效比較。
  d. 絕對績效標準：根據理論所界定的最大可能績效水準來設定。
- 改進優先順序的設定可藉由判定各競爭因素對顧客的相對重要性，及相對於競爭對手的績效，兩相參考比較而來。
- 組織改進活動是從突破式改進與漸進式改進兩種作法的連續譜當中選擇。
- 突破式改進和漸進式改進，彼此並非互相排斥。組織可依實際狀況需要，在大規模改進之間，配合小幅漸進的改進措施。

- 最常見的漸進式改進模式是所謂的 PDCA 循環，而突破式改進的典型實例是企業再造工程（BPR）。

個案研究：Raydale 會議中心

Alan Ray 是 Raydale 會議中心的總經理，迄今為止經營績效還算令人滿意。Raydale 會議中心與 3 家競爭對手接受會議中心期刊的評鑑結果摘錄如表 18.3。

> 我們經營的業務有兩件事最受顧客重視：員工待人禮貌的評分很高；因應客人特別需求的彈性卻很差。我認為原因有二：第一，我們的會議中心房間比較小，很難接待大團體；第二，我們的同仁不善於應付突發問題。價格因素對顧客而言較不重要。次於價格的是普通的因素，對顧客雖不是最重要的，但若達不到標準，顧客一定不滿。房間裝潢、客房好不好訂、餐飲品質、文件出錯情形等全屬這些因素。我並不擔心菜色內容變化以及在非尖峰時間打折招徠客人的作法，顧客對這幾個因素都不會特別重視。

表 18.3

因素	Raydale	Miston	Hexley	Stannington
價格	平平	高	平平	低
菜色內容變化	特優	優	優	差
餐飲品質	優	特優	優	可接受
客房服務品質	甚優	優	優	優
員工待人禮貌	甚優	優	優	差
因應特別需求的彈性	差	甚優	優	優
文件出錯率	偶而	無	甚少	無
非尖峰時段的折扣優待	無	有	有	有
房間好不好訂	優	甚優	差	差

問題：

1. Alan Ray 若想改進作業的競爭績效應集中心力於哪些競爭因素？
2. Alan Ray 不擔心菜色變化以及非尖峰時間折扣優待的想法究竟對不對？

問題討論

1. 某大學圖書館擬執行績效衡量計畫。該館訂有各種期刊雜誌，專業圖書放置在專業圖書室，並擁有廣泛的資料庫連線。何種績效衡量方式最適用於該館？應採用何種績效標準？
2. 利用五大績效目標列出評量大學教師績效的方法。
3. 某大學企管系選定外校的企管系作爲設定標竿的參考。哪種績效標準比較適合用來分析比較？應重視哪些績效目標？
4. 討論任一組織的贏得訂單、力求合格、較不重要因素之標準。
5. 將任意選定的一家公司與其競爭對手比較，各績效項目並依照「優於」、「劣於」、「同等」來評比。
6. 某銀行貸款部進行一項顧客抱怨的問卷調查，結果如表 18.4。請畫一柏拉圖與特性要因圖，並分析最重要錯誤類別的可能原因。

表 18.4

抱怨種類	發生頻率
漏蓋授權章	4%
漏填貸款金額	17%
弄錯貸款細節	12%
金額算錯	9%
遺漏了一兩份文件	31%
附上不適合的文件	2%
未載明付款細節	21%
其它	2%

7. 說明突破式改進與漸進式改進的異同，並討論其優缺點。
8. 何以許多經理人都認爲企業再造工程（BPR）是一種艱鉅的改進作法？
9. 爲下列的問題研製特性要因圖：

a. 顧客以電話查詢銀行帳戶，但久等無人接聽

b. 公司餐廳伙食太差

c. 辦公室影印機前總是大排長龍

10. 某電腦系統的地區維修公司想推動「超快維修」的作業策略。服務內容是：接到顧客電話 2 小時內回應，立刻派維修人員在半小時內到達現場維修。經向顧客與競爭對手做問卷調查，結果如表 18.5 所示。

 a. 該公司應如何找出改進其服務的優先順序？

 b. 該公司應如何改進其服務績效？

表 18.5

績效目標	對顧客的重要性	比較主要對手的績效
準時到達	很重要	勝過大多數對手
半小時內修好	很重要	和對手不相上下
服務很有助益	重要	和對手差不多
服務所涵蓋的機器範圍	很重要	較多數對手的範圍窄
與公司總部的同仁接觸是否有幫助	普通	比其它對手好多了

19 防錯與復原

某些產品和服務的最基本要求就是不得出任何差錯。例如，航行中的飛機和手術房的電力供應。萬一錯誤發生，作好萬全計畫，也有助於立即復原。圖 19.1 説明防錯與復原和作業改進的關係。

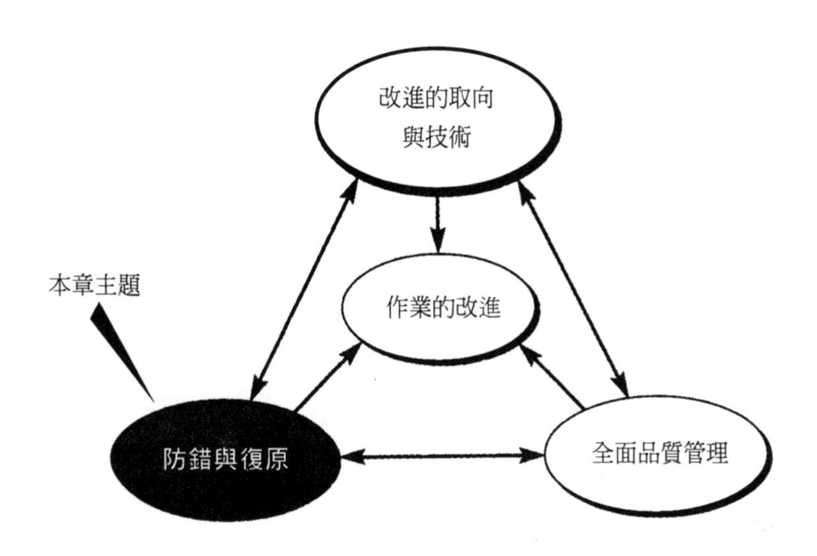

圖 19.1 防錯與復原的作業改進模式

學習目標

- 作業系統爲何會發生錯誤；
- 各種衡量錯誤的方法；
- 如何偵測與分析錯誤與潛在錯誤；
- 作業如何改進其可靠度以防範錯誤發生；
- 處置錯誤的復原策略。

系統的錯誤

在製造產品或提供服務時，錯誤的發生在所難免。然而，接受錯誤的必然不表示可以視若無睹。儘管並非所有的錯誤都同樣嚴重，作業部門不應該放棄防錯的努力，應設法將錯誤降到最低限度。

為何會發生錯誤

作業出錯的原因很多，機器故障、顧客突發的要求、其它作業無法配合、員工疏忽導致停機、供應商的來料錯誤等。茲將各種錯誤分成三大類，見圖 19.2。

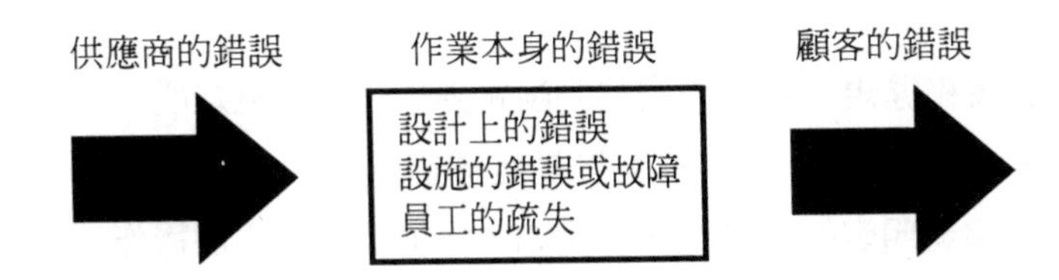

圖 19.2 作業可能發生的三種錯誤

✏ 設計的錯誤

作業的整體設計可能是錯誤的根源。設計階段的紙上規劃作業看似完美無缺，但實際操作時，所有缺點一一浮現。有些設計錯誤是由於忽略或錯估需求的特性。安裝生產線的工廠可能產能不足，無法應付實際需求量；高速公路的設計不當可能造成車流的壅塞。完善的設計應將作業可能遭遇的各種狀況納入考慮。

✏ 設施的錯誤

任何作業的設施（即機器、設備、大樓、配件）都可能發生錯誤。有的錯誤只是局部的（旅館地毯污損、機器效率僅爲正常運作的一半），有的錯誤會造成完全停頓（證券交易所的電腦故障會造成整個股票市場的交易癱瘓）。

兩百萬分之一的機率

隨著搭機人口的成長，飛機失事率已大為降低，但飛機失事總是難以避免。失事主因不是機件故障，而是人為疏失。波音 Boeing 公司曾統計過去 10 年來所發生的事故，超過 60%「主要」肇因於機艙人員行為的疏失。飛機失事的機率每兩百萬航次的飛行才會發生一次。出錯的機率儘管極小，但飛機製造廠與航空公司莫不用心設計各種防錯程序，使機艙人員絕難犯錯，以免事故發生。

員工的錯誤

人爲過失分爲兩種：**犯錯和違規**。犯錯是因爲判斷錯誤，缺乏先見之明。例如，運動器材公司經理不能預知世界杯足球賽會提高足球需求，而未增加供應量。違規是指行事作爲明顯違反明定的作業程序。例如，機器操作員不照操作手冊定期保養潤滑，導致機件故障。

供應商的錯誤

任何供應給作業部門處理的產品或服務之品質都可能發生差錯。作業活動越依賴外界物料或服務的供應，越容易因投入資源的缺失或品質低劣而造成錯誤。

顧客的疏失

產品與服務的缺失也可能是顧客使用不當所致。大多數廠商逐漸擔負起教育並訓練顧客的責任，而且早在產品設計之初，就思慮周詳，以降低錯誤率。

如何衡量錯誤

✏ 錯誤率（Failure Rate，FR）

錯誤率係計算一段時期發生的錯誤次數而得。例如，機場安全違規的次數除以作業時間。錯誤率（FR）可以用受測試產品總數的不良品百分比或以一段時間內錯誤次數的百分比來表示：

$$FR（百分比表示）= \frac{不良品個數}{受測產品總數}，或 FR（時間表示）= \frac{錯誤次數}{作業時間}$$

實例練習

有一批數量 50 個的電子零件，測試 2000 小時，其中 4 個零件在下列情形發生錯誤：錯誤 1 發生於第 1200 小時、錯誤 2 發生於第 1450 小時、錯誤 3 發生於第 1720 小時、錯誤 4 發生於第 1905 小時。

$$FR（百分比表示）= \frac{不良品個數}{受測產品總數} = \frac{4}{50} = 8\%$$

測試的總時數=50×2000=100000 零件小時

第一個零件不能作業的小時數 2000-1200=800

第二個零件不能作業的小時數 2000-1450=550

第三個零件不能作業的小時數 2000-1720=280

第四個零件不能作業的小時數 2000-1905=95

不能作業的總時數=1725 小時

作業時數=總時數-不能作業的總時數=100000-1725=98275 小時

$$FR（時間表示）= \frac{錯誤次數}{作業時間} = \frac{4}{98275} = 0.000041$$

✏ 一段時期內的錯誤率：「浴缸」曲線

對大部份的作業活動而言，錯誤是時間的函數。在任何產品生命週期的各個階段，錯誤率各不相同。說明這種錯誤機率的曲線，稱之爲「浴缸」曲線，通常包含三個不同階段：

- 嬰兒早夭階段：初期發生的錯誤都屬零件問題或使用不當；
- 正常使用階段：通常錯誤率很低，錯誤源自常態隨機因素；
- 磨損階段：隨著零件的使用壽命接近盡頭，即將報廢，錯誤率逐漸提高。

圖 19.3 說明兩條略具不同特色的「浴缸」曲線。A 曲線顯示正常使用期的錯誤率特別容易預測，即一過了嬰兒早夭期（即 x 時點），就很可能會一直熬到磨損期的開始（即 y 時點）。然而，過了 y 時點，其繼續存活的機率就急劇下降。B 曲線的錯誤率極不容易預測，其生命週期的三階段不易清楚區分。

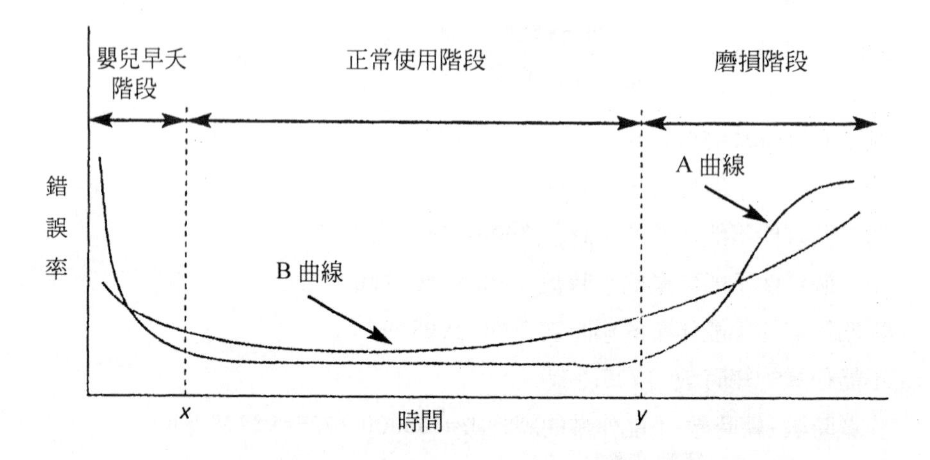

圖 19.3 「浴缸」曲線：曲線 A 代表錯誤率較可預測的部份；曲線 B 則代表錯誤率較隨機出現的部份

✏ 可靠度（Reliability）

可靠度是用來衡量一個生產系統、產品或服務在一段時期內的運作能力。作業系統內的零組件若是互相依存，則任一零件的錯誤都可能導致整個系統停擺。例如，某一彼此相依的系統含有 n 個零件，每個零件的可靠度分別爲 R_1、R_2……R_n，則整個系統的可靠度 $R_s=R_1 \times R_2 \times R_3 \times \cdots\cdots R_n$。

✏ 錯誤發生的平均時間（Mean Time Between Failure，MTBF）

兩次錯誤之間的平均時間是錯誤率（時間表示）的倒數。因此：

$$\text{MTBF「錯誤發生的平均時間」} = \frac{\text{作業時間}}{\text{錯誤次數}}$$

✏ 可使用率（Availability）

可使用率是指作業系統隨時可用來操作的程度。預定保養維護或更換生產線的期間都可能降低可使用率。

$$\text{可使用率} = \frac{\text{MTBF}}{\text{MTBF} + \text{MTTR}}$$

MTTR（Mean Time To Repair）=修理復原的平均時間（錯誤發生到修復）

錯誤的防範與復原

作業經理人處理錯誤的三部曲，第一，先了解作業發生了什麼問題、爲什麼會發生？其次，要檢討錯誤的性質，研擬降低錯誤率，或減輕錯誤的影響後果。第三，若是真有錯誤錯誤發生，還要設計有助於該作業部門復原的一套可行計畫與程序。圖 19.4 分別說明這三部曲。

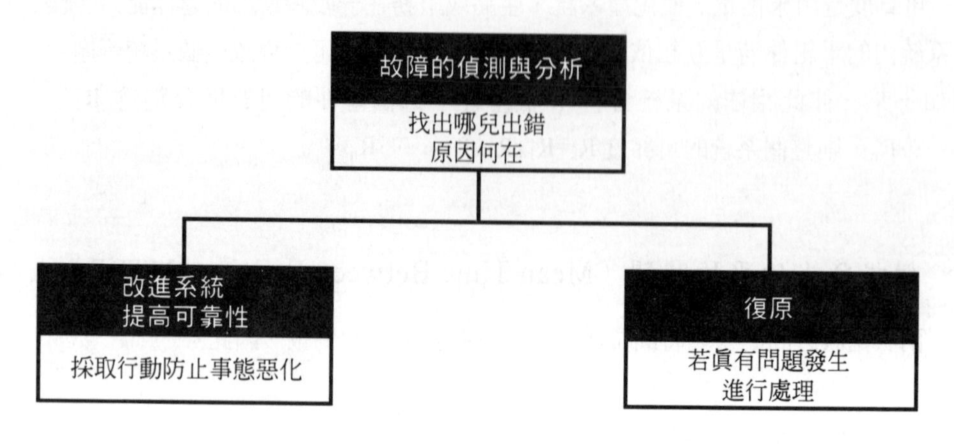

圖 19.4 錯誤的防範與復原三部曲

錯誤的偵測與分析

偵測錯誤的機制

- **製程中檢查**：由作業人員在製程中或供應時，就檢視服務是否合乎要求。
- **由機器診斷檢查**：將機器裝上預先設計的一套測試程式。
- **服務結束，徵詢意見**：在服務終了時，員工可檢查對服務的滿意與否。
- **電話調查**：可以徵詢有關產品 / 服務的意見。
- **潛在顧客小組座談**：邀請顧客代表針對產品或服務的某些層面討論。
- **申訴卡或意見調查表**：許多公司常用這些來徵詢顧客對產品與服務的意見。
- **問卷調查**：所獲得的資料多為普遍性，很難追蹤特定或個別的抱怨案件。

錯誤分析

✏ 調查意外事故

全國性的重大災難，像油輪漏油、飛機失事通常都特別指派專業的意外調查小組，詳細分析事故發生的原因。

✏ 產品責任

許多企業、組織或出於自願，或遵照法律規定，都採「產品責任」制，以確保所有產品都能追蹤得到；任何產品的缺陷都可追蹤到當初的製程；零件也能追蹤到原來的供應商或製造商。如有必要，同樣的不良品都可收回檢查。

✏ 抱怨分析

抱怨的兩大好處是：它們能主動提供意見；而且這些意見都是第一手且最具時效性的訊息。抱怨分析追蹤一段時期內的實際申訴數，分析抱怨的內容。

✏ 重大意外分析

重大意外分析須透過顧客的協助，找出對產品／服務特別滿意或不滿的要素，據以詳細分析，以找出滿意與不滿的要素及原因。

✏ 失效模式分析（Failure mode and effect analysis，FMEA）

失效模式分析係用來找出導致產品或服務發生缺失的要素或特性。它採用含有 3 個關鍵問題的檢核表：錯誤發生的可能性有多高？此一錯誤可能造成何種結果？此一錯誤可否提前偵查出來，以免影響顧客？

針對這 3 大問題所作的定量評估，可算出每一項錯誤潛在原因的風險優先數值（Risk Priority Number，RPN）。若 RPN 數值太高，需優先提出如何防範錯失的矯正行動方案。基本上，這個程序包括七個步驟：

步驟1　辨識產品與服務所有的零組件。

步驟2　列出各個零組件可能發生錯誤的情況，或稱失效模式。

步驟3　確認因該錯誤所可能造成的後果。

步驟4　確認每一種錯誤情形或失效模式可能的原因。

步驟5　評估錯誤率、造成後果的嚴重性及偵察到的可能性，見表 19.1。

步驟6　將步驟 5 的三項評比分數相乘求得 RPN 分數。

步驟7　研擬改正方案以降低 RPN 得分。

表 19.1 FMEA 的評估尺度

A. 錯誤的發生機率

說明	評比	可能錯誤的發生率
發生機率極微	1	0
預期錯誤會發生並不合理		
發生機率低	2	1：20000
通常連接著類似上一種的活動，錯誤次數較低	3	1：10000
發生機率中等	4	1：2000
通常連結著類似上一種的活動，故偶而發生錯誤	5	1：1000
	6	1：200
發生機率高	7	1：100
通常連結著有常見之錯誤問題的活動	8	1：20
發生機率很高	9	1：10
幾乎可確定重大的錯誤一定會發生	10	1：2

B. 錯誤的嚴重性

說明	評分
極不嚴重	1
察覺不出對系統績效有何影響	
低度嚴重	2
只給顧客帶來少許不快的小失誤	3
中度嚴重	4
錯誤會導致顧客不滿，或使績效明顯惡化	5
	6
高度嚴重	7
錯誤的嚴重性使顧客極度不滿（忠實客戶有流失之虞）	8
極高度嚴重	9
錯誤嚴重到危及安全	
大災難臨頭	10
錯誤的嚴重性會損及財產造成嚴重傷亡	

C. 錯誤的偵測

說明	評分	偵察出來的機率
錯誤會觸及顧客的機率微乎極微 此一缺失不可能在檢驗、測試或裝配時未被發覺	1	0 到 15%
該錯誤會觸及顧客的機率很低	2	6 到 15%
	3	16 到 25%
該錯誤會觸及顧客的機率屬中等	4	26 到 35%
	5	36 到 45%
	6	46 到 55%
該錯誤會觸及顧客的機率很高	7	56 到 65%
	8	66 到 75%
該錯誤會觸及顧客的機率極高	9	76 到 85%
	10	86 到 100%

如何改進作業的可靠度

在設計階段預先排除錯誤的可能

圖 19.5 說明汽車修理廠的作業流程圖，其作業活動最易發生錯誤的階段，或服務能滿足顧客的關鍵階段均特別標明。

預留空間：建立備份

給生產作業預留多餘空間，即建立備份系統或零組件，則萬一作業錯誤，便可立即補充。這種減少錯誤率的解決方式可能十分昂貴，但常用於錯誤可能招致嚴重影響的情況。例如，核能發電廠、醫院及其它公共設施都備有輔助或備用的發電機組，以備不時之需。

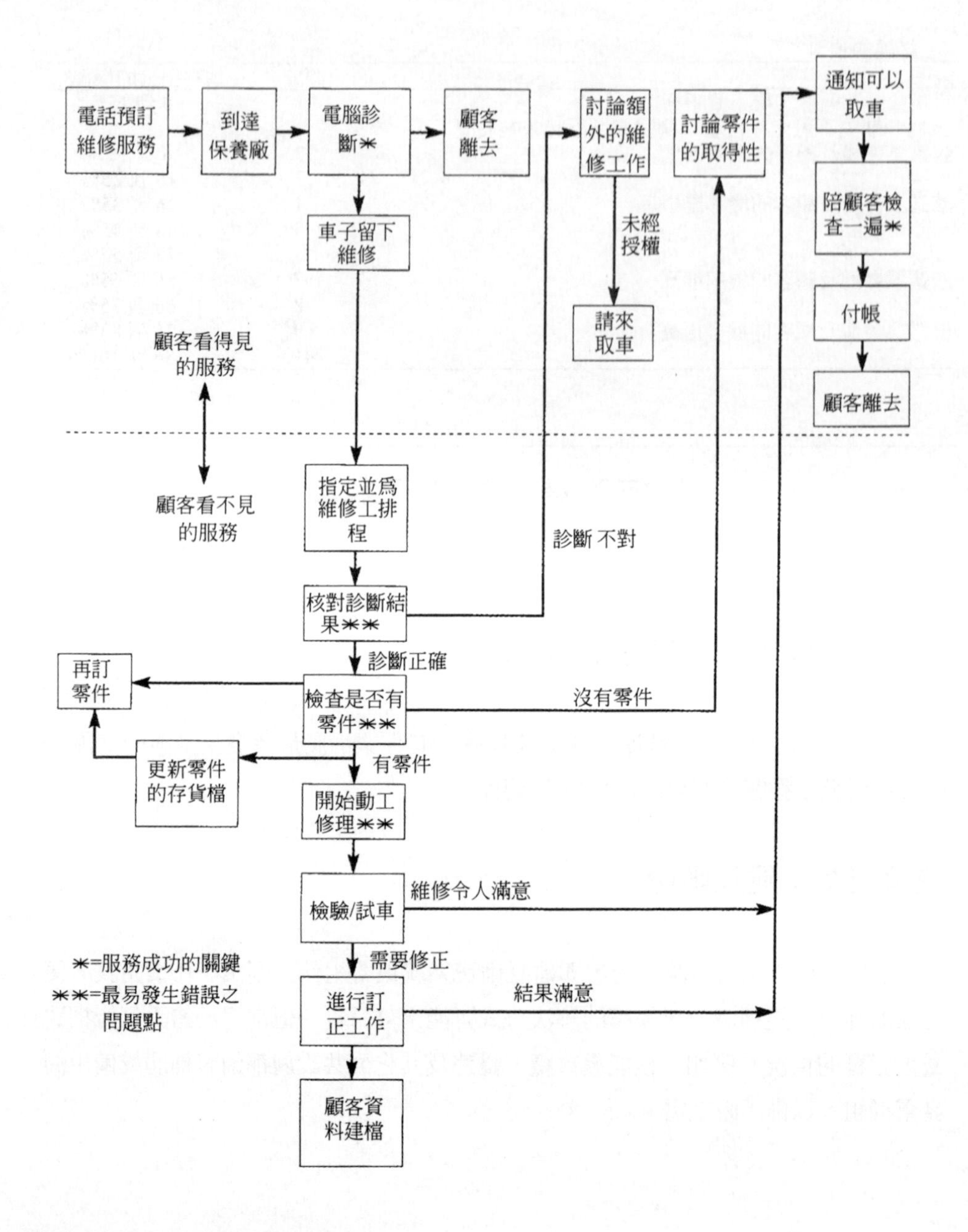

圖 19.5 汽車修理廠的作業流程圖

$R_{a+b}=R_a+[R_b \times P$（錯誤）]

R_{a+b}=零件 a 連同其備份組件 b 的可靠度

R_a=a 單獨存在時的可靠度

R_b=b 備份組件的可靠度

P（錯誤）=因零件 a 錯誤導致用上備份 b 的機率

防呆（Fail-safing）

防呆的概念始自日本的 Poka-yoke 作業改進法。Poka 指無心之失，Yoke 指防範。Poka-yoke 是類似如下的裝置或系統：

- 機器上裝有限制開關，能讓該機器只在送料、下料正確時，才能順利運作。
- 檢核表必須要求作業員在作業活動前或完工時詳實填妥。
- 零件位置不對時，光束會觸動警鈴，作爲警告。
- 收銀機鑰匙以不同顏色標示，以防止鍵錯資料。
- 飛機機艙的廁所門鎖，必須轉到底指示燈才會亮。
- 顧客用過自動櫃員機，若忘了抽出提款卡，機器會嗡嗡叫。

維護保養

✏ 保養維護好處多

- **加強安全防護**：設施如能妥善維護，機器運轉不致頻出意外或脫離標準。
- **提高可靠度**：減少因停機修理的時間浪費，更可降低產出率變異。
- **提高品質**：設備若維護不善，將無法達到預期的績效標準，造成品質不良。
- **降低作業成本**：許多製程技術與設施若定期保養維護，會更有效地運轉。

- **延長使用生命**：定期保養維護、清洗或潤滑，可延長設施的有效作業壽命。
- **提高最終價値**：維護良好的設施，狀況仍佳，可再轉到二手貨市場。

✏ 維護的三種基本方式

- **運轉到錯誤爲止才維護**（Run To Breakdown，RTB）：這種保養方式係讓整個設施繼續運轉下去，直到發生錯誤才進行維護作業。這類錯誤無傷大雅，不致激怒顧客，也不常發生。
- **預防性維護保養**（Preventive Maintenance，PM）：預防性保養係對設施進行定期保養維護，包括清洗、潤滑、更換、檢查等，以消除或減少錯誤的機會。例如，民航機的引擎運轉一定飛行時數得作定期檢查、清洗及校準。
- **特定狀況的維護保養**（Condition-Based Maintenance，CBM）：特定狀況的維護保養是在設施有特別需要時才進行。例如，相紙顯影液塗層的連續性製程設備必須持續長時間運轉，才能達到高利用率；若爲了更換區區一只軸承，驟然停機維護，實不符成本效益。

✏ 綜合的維護保養策略

RTB 常用於較直接的修理需求（因爲錯誤造成的影響較小）。預防性保養常用於錯誤成本太高且錯誤並不全是隨機出現的作業（因此可在錯誤發生前，預作保養維護）。特定狀況的保養用於維護成本極高的場合，不是由於保養本身的開銷大，就是由於保養工作會影響正常作業。多數的作業由於設施各具特性，都是結合幾種方法進行維護保養。同一輛汽車可能採用三種保養維護方式，有些零件只在用到錯誤發生時才更換。例如，大燈、保險絲等；一些較基本的零件不能用到壞時才予以維護，引擎機油一定得採預防性保養；在檢查過程，若發現其它零件有問題也應一併維護更換，量量車胎凹槽是否磨損可知是否該換胎。

✏ 錯誤與預防性的維護保養

許多作業都安排定期做預防性的維護保養，以確保能控制錯誤的發生。圖 19.6 說明保養總成本在預防性保養達到最適水準時能降到最低點。

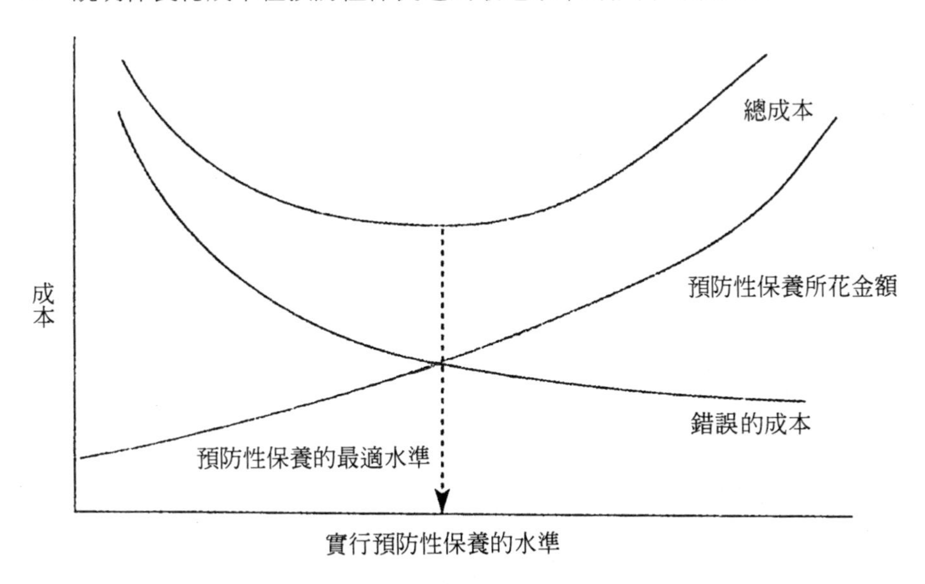

圖 19.6 與預防性保養有關的成本模式導出最適當的保養水準

✏ 錯誤的機率分配

圖 19.7 表示 A 與 B 兩台機器的錯誤機率曲線。A 機器在 x 時點之前的錯誤機率相當低，而在 x 與 y 兩時點之間的錯誤機率甚高。若預防性維護剛好在 x 時點之前定期實施，可能大幅降低錯誤率。反之，機器 B 錯誤率頗高，在 x 時點（或其它任何時點）實施預防性維護保養，不可能大幅降低 B 機器的錯誤率。

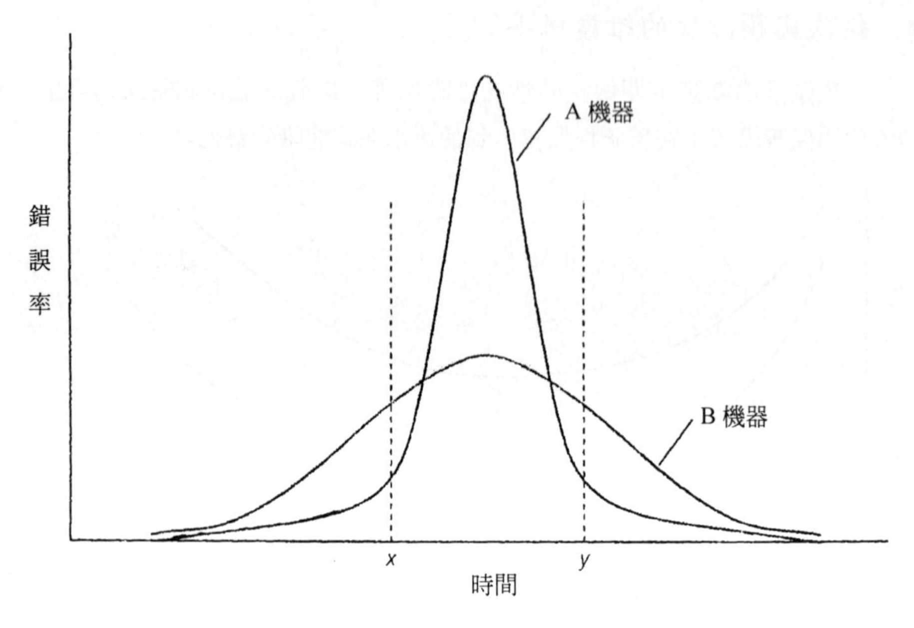

圖 19.7 A、B 兩台機器的錯誤率曲線

全面生產維護（Total Productive Maintenance，TPM）

✏ 全面生產維護的五大目標

1. **改進設備效能**：徹查一切可能的缺失因素，檢討設備對提升作業效能的貢獻。效能低落可能歸因於停機損失、速度損失、不良品損失，見圖 19.8。
2. **達到自主維護**：責成設備操作者或使用人負責部份維護工作，鼓勵保養人員負責提升保養的品質與績效。員工應負三個層次的維護責任：修理層次的員工全依指示辦事，只應付目前問題，不對未來問題預爲籌謀；預防層次的員工預見問題的發生，並採取修正的措施；改進層次的員工預見的問題發生，不只採取修正措施，還提出改進方案，避免重犯錯誤。例如，機器的螺絲若鬆脫，修理層次的工程師修好就交給生產部；預防層次的工程師會找出螺絲

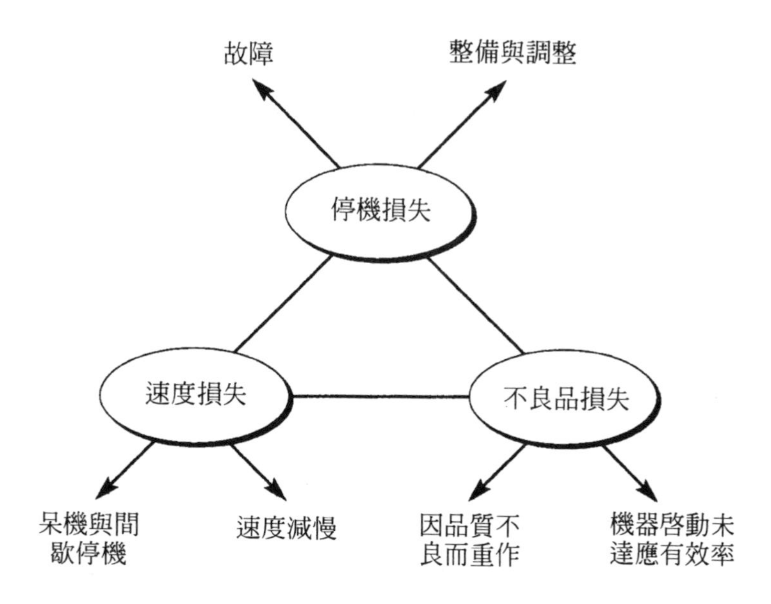

圖 19.8 持續改進設備的生產效能必須徹查各種缺失

鬆脫發生的時點與原因並預爲防範；改進層次的工程師會確認毛病出在設計的問題，而著手修改機器，使類似的問題永不出現。

3. **規劃保養**：針對維護保養活動研擬完備的執行方案，包括每件設備的預防性保養層次、特定狀況的維護標準、作業與保養人員權責劃分，見表 19.2。

表 19.2 在 TPM 中，作業人員與保養人員的角色與職責

	保養人員	作業人員
角色	研擬： • 預防性行動方案 • 錯誤維修	負責執行： • 設施的保管 • 設施的照應
職責	訓練作業人員 設計保養手冊 解決問題 評估作業實務	正確的作業方式 例行性預防維護 例行性特定狀況導向保養 偵測問題

4. **訓練所有員工習得相關維護技能**：表 19.2 列出兩種人員的職責及所需具備的技能。TPM 特別重視持續不斷地接受適當的訓練。
5. **達成初期的設備管理**：期能達到「毋需維護」（Maintenance Prevention，MP）的境界。MP 是要從設計、製造、安裝以及動工使用各不同階段，就考慮到可能的錯誤原因，及設備如何維護等問題。換言之，MP 要設法追蹤所有潛在的保養問題，並設法在一開始就將其排除。

復原

作業經理人一方面要設法避免發生錯誤，另一方面要決定如何處置已發生的錯誤。任何作業活動若能妥善規劃復原問題，遇到錯誤才能從容應付。例如，某建設公司的挖土機壞了，必須馬上找到租賃公司換零件以盡快修復。復原或補救缺失的作法也會影響顧客的觀感。顧客碰到錯誤不一定會感到不滿，引起不滿的也可能是對疏失或抱怨的回應態度與處理方式。復原或補救工作如能做得無微不至，有助於提升顧客的滿意度，增強其忠誠度，有利於公司的永續經營。

服務業的缺失應如何善後

復原或補救措施不只是「回復原狀」而已，而是要提昇更完美的服務形象。服務業的作業經理人必須認清，任何顧客對服務不滿時，莫不盼望對方能適當回應，設法補救。錯誤缺失的復原補救程序應先做規劃，將服務疏失所帶來的不便與成本損失等一併列入考慮，設計出如何適當回應處理的模式，才能滿足顧客的期望與要求。

缺失的規劃

缺失的規劃程序，通常採階段模式，即發生缺失事件時能夠按照步驟加以執行。這種階段式處理模式，見圖 19.9。

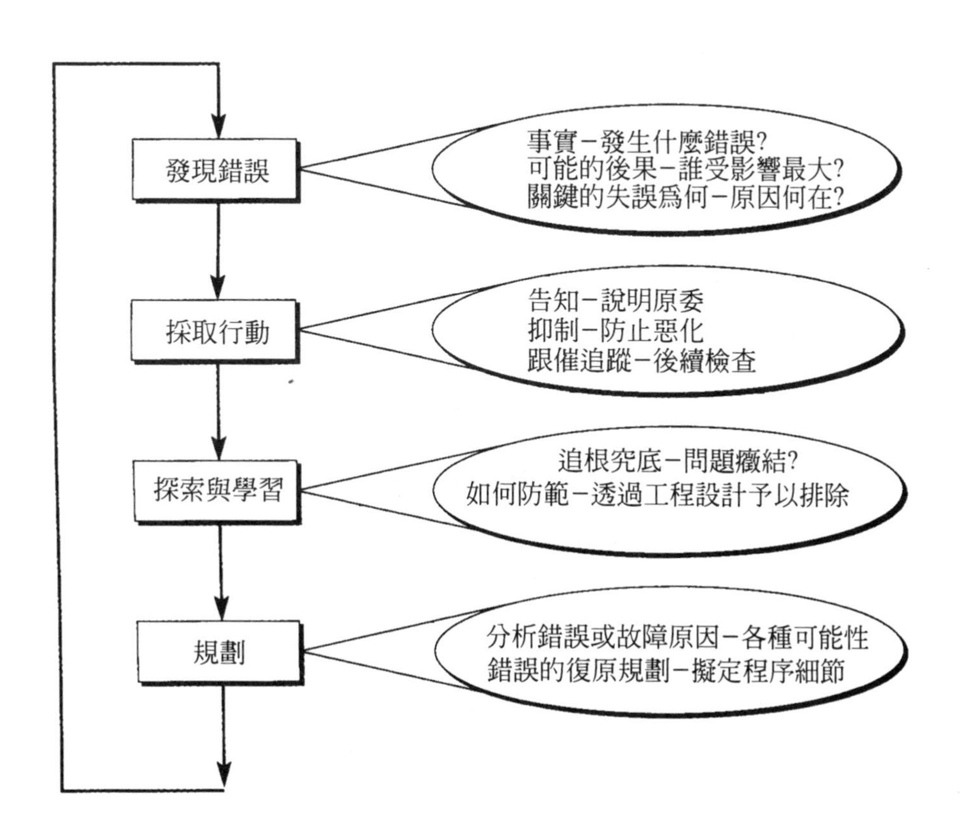

圖 19.9 消弭錯誤的規劃階段

現身說法——專家特寫

英國郵政總局的工程處長Duncan Hine

Duncan Hine負責推動全面生產維護TPM，以發揮郵件處理的最大效能。

自從引進機器設備後，各種產業的作業部門不但沒有減少技術工人，反而基於提高品質與生產力的要求，更需要每位作業員的貢獻。TPM主要的信條是：每個人都需經嚴謹訓練，高度參與，並具高度的工作動機。

我在郵政總局成立專門小組來督導TPM的執行，並開辦許多講習會。集中針對較實用的觀念，研究與設計作業方法，將其融入日常的作業程序，以實際應用於郵件處理的作業線。運用集體腦力震盪，規劃出最適合現場環境的作業方式。

本章摘要

- 設備錯誤與業務缺失難以避免，也是日常作業的常態。作業經理人必須正視錯誤或錯誤的原因與後果，設法減少錯誤發生。並非所有錯誤都同等重要，應區分輕重緩急，凡對作業活動或顧客影響最嚴重者，應予優先處理。
- 作業錯誤的原因有些出於供應商提供產品或服務過程的直接問題，有些因作業本身出了問題，有些則是整體設計有缺失，甚至由於人為過失。
- 衡量錯誤的方法有三：錯誤率表示錯誤可能發生的頻次、可靠度衡量錯誤發生的機率、可使用率則表示錯誤時間扣除後所剩可資利用的作業時間。
- 任何事物的錯誤率可用時間的機率曲線表示。最常見的是「浴缸」曲線，共分三階段：嬰兒早夭期、正常使用期、磨損期。
- 錯誤的偵測與分析包括：察覺發生何種錯誤、分析錯誤並找出根本原因。

- 作業經理人須著手提高作業的可靠度，可在設計階段剔除錯誤發生的機會，或是預留備份、建立防呆機制。最常用來提高可靠度的方法是維護保養。
- 維護保養可分三大類：首先，將設施一直用到錯誤才維修；第二、即使沒發生錯誤，也要定期保養維護；第三，仔細監測設施的錯誤，並設法預知何時可能發生，進行預防性維護。
- 全面生產維護的觀念是保養維護的最新趨勢，和全面品質管理有異曲同工之妙，係將保養維護的責任與實踐轉移給整個組織的每個部門、每位員工。
- 作業經理人須針對錯誤發生時的因應措施妥善規劃，尤應設法降低錯誤所造成的影響。缺失的規劃提供一有系統的架構，作爲因應未來錯誤的對策。

個案研究：蘇聯烏克蘭車諾比（Chernobyl）核電廠事故

1986 年 4 月 26 日 1 點 24 分發生了歷史上最嚴重的核電廠事故。連續兩次突然爆炸，把車諾比 1 至 4 號反應爐 1 千噸重的混凝土密封蓋整個掀開。炸開四射的核心熔解碎片灑遍鄰近地區，解體的物質飄向大氣層。這次事故奪走了好幾百條人命，污染了烏克蘭境內廣大的土地。

此一重大災難可能由許多因素造成：這座核子反應爐已很老舊，當時已高齡 30 年，事發幾天前還在討論是否要安裝精密的電腦化安全系統呢！也因尚未安裝，所以緊急事故的處理程序完全仰賴作業人員的技術。這種反應爐在低功能操作時也經常「失控」。因此，反應爐的作業程序嚴格限制在最大負載的 20%以下。1986 年 4 月 25 日下午排定試驗的內容：一旦廠外電力供應停電，緊急核心冷卻系統在渦輪發電機「空轉」減速時可否運作。核電廠的動力從下午 1 點起開始減速，但下午 2 點反應爐以一半的功能運轉時，基輔 Kiev 管制站要求繼續對柵極供電。

James Resaon 在英國心理學會會刊提出報告，將時間單位細分到小時，追溯與分析事故發生的始末。作業人員採取的重要行動區分為兩種：處置錯誤（Error 以 E 表示）和違反程序（Procedural Violation，以 V 表示）：

1986年4月25日

1:00 pm 為達到試驗所需的25%電力功率，開始降低電力。

2:00 pm 緊急核心冷卻系統從主電路切斷（按原計畫）。

2:05 pm 基輔管制站要求該機組對柵極繼續供電。緊急核心冷卻系統並未連接（V）（此一違規並不是災難元凶，它顯示作業員確未遵守安全作業程序）。

11.10 pm 該機組從柵極釋放電力，並繼續按原試驗計畫，將電力降為25%。

1986年4月26日

12:28 am 作業人員嚴重地未達到預定的電功率設定（E）。電功率驟降至危險的1%（作業員關閉「自動導引」，試圖以手控達期望的水準）。

1:00 am 經一段時間的努力。反應爐的電力最後穩定維持在 7%——遠低於原訂的水準，且漸趨向低功率的危險區。在此一時點，實驗早該放棄，卻未予放棄（E）。這是最嚴重的錯誤，更甚於違規；這表示此後所有活動，都是在反應爐最不穩定的區域進行作業。顯然作業人員都未覺察。

1:03 am 八個幫浦全都啟動（V）。安全規則規定：在任何時點啟動的幫浦不得超過6台。顯見對反應爐的物理性極不了解。結果造成水流增加（蒸汽的部份減少），吸收更多中子，導致使更多控制桿抽回，以維持如此低水準的電功率。

1:19 am 注入 3 倍的水（V）。操作員顯然企圖處置蒸汽磁鼓和水流水位的壓力。然而，該處置動作卻更讓流經核心的蒸汽量減少，導致更多控制桿抽回。他們完全忽視（無視）蒸氣鼓自動停機（關閉）（V）。結果使反應爐的一組自動安全系統失效。

1:22 am 值班領班要求列表標示，爐核心確實有多少支控制桿，只列出剩下的6到8支。依規定反應爐在不足12支控制桿的情況下，嚴禁運轉。然而負責排班的領班卻逕行決定，繼續進行試驗（V）。這也是致命的決策：反應爐因此形同「沒有煞車」的脫韁野馬。

1:23 am 第 8 號渦輪發電機的蒸汽管線閥遭關閉（V）。此舉原是為重複試驗之用，結果切斷自動安全通路。這可能是最不可原諒的違規作法。

1:24 am 試圖扳動緊急阻斷桿，將反應爐來個「緊急煞車」，但卻卡在彎翹扭曲的管件裡。

1:24 am 霎時兩次爆炸連續發生，反應爐的密封頂蓋，炸開飛散出去，造成鄰近地區 30 多處火災。

1:30 am 值班消防人員應召搶救；其它消防單位分別從車諾比趕來。

5:00 am 廠外大火早已撲滅，但反應爐核心的石墨仍繼續燃燒好幾天。

針對災難的後續調查，特別列出一些疑為主因的關鍵重點。

- 試驗計畫規劃不周，安全防護不善。緊急核心冷卻系統在試驗期間不應關閉，致使反應爐的安全堪虞。
- 試驗計畫未經反應爐負責部門批准，就貿然實施。
- 參與實驗的作業與技術人員，專業技能截然不同，毫無交集。
- 作業人員技術水準雖高，但因自以為在停機前完成實驗，較能贏得讚賞；他們自信能在緊急情況下，應付裕如，同時也明白再不成功就沒機會了。很可能他們對操作反應爐的潛在危險「渾然不覺」。
- 設計這項試驗的技術人員，都是來自莫斯科的電機工程師，主要都是來解決複雜的技術問題。儘管設計了這套試驗程序，但對核能廠本身的作業所知仍相當有限。

問題：

1. 造成這次重大災難的根本原因為何？
2. 如何運用失誤規劃來協助防止災難的發生？

問題討論

1. 顧客與銀行往來可能發生哪些錯誤？銀行應如何運用資訊改進作業服務？
2. 以下事物的錯誤各有何種最佳的衡量方法？

   a. 電梯　　　　b. 保全服務　　　　c. 汽車
3. 某製造廠有 4 部機器，依序排列分別爲剝皮機、噴蒸汽機、表皮加工機、磨光機。每部機器的可靠性分別爲 95%、78%、45%、56%。今年經理已同意購置一台新機器以更換其中一台老舊機器。新機器的可能錯誤率見表 19.3。應選取哪一台新機器才能將整個製程的可靠度提高到最大？

表 19.3

新機器	已知錯誤率
剝皮機 A	1/10
剝皮機 B	7/30
定噴汽機 A	1/20
定噴汽機 B	3/40
表皮加工機 A	1/10
表皮加工機 B	4/25
表皮加工機 C	3/25
磨光機	6/70
超級修整機	1/5
快速完工機	1/6

註：超級修整機與快速完工機可替代表皮加工機與磨光機。

4. 某外燴餐飲公司提供到家辦宴會服務。根據過去經驗，經理已找出問題發生的次數及其嚴重性，且已依序排列並推算出顧客可能覺察的機率。資料如表 19.4。經理若有心提升服務品質，應先改進哪一項？

表 19.4

遭遇的問題	問題出現的機率	錯誤的嚴重性	顧客察覺的機率
食物份量不足	1/800	5	50%
男／女主人干涉廚房作業	1/25	1	10%
食物在運送時受損	1/3	7	20%
食物溫度不對	1/30	9	70%
顧客的傢具受損	1/90	7	90%

20 全面品質管理

全面品質管理（Total Quality Management，TQM）的範圍涵蓋作業績效每一層面的品管與改進，尤其是如何面面俱到地全盤改進作業的相關問題，見圖 20.1。

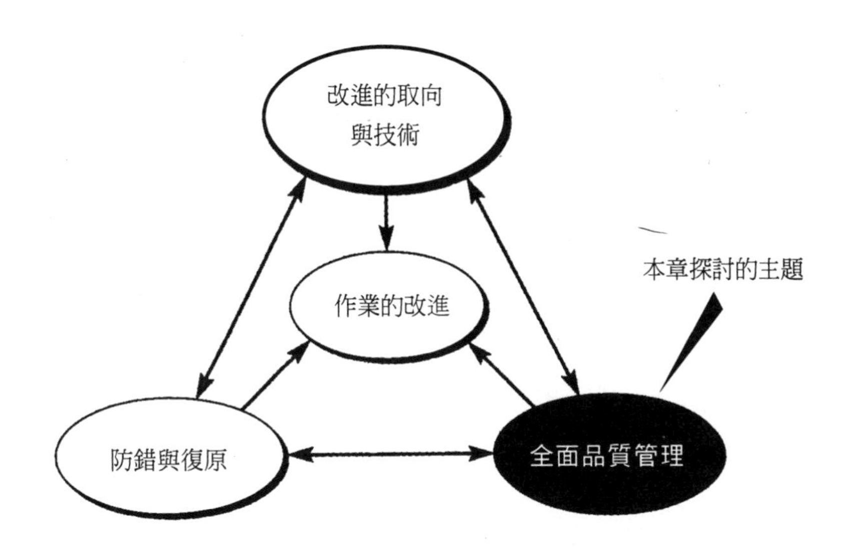

圖 20.1 全面品質管理

學習目標

- 全面品質管理的起源與幾位全面品質管理大師的理念；
- 傳統品管與全面品質管理的差異；
- 如何藉由全面品質管理來推動各項品質改進的行動方案；
- 如何透過 ISO9000 / CNS12680 來進行品質管理；

全面品質管理的起源

品管大師

✏ 費根堡（Armand Feigenbaum）

1957 年時，費根堡首度發表《全面品質管理》一書。他界定全面品質管理（TQM）是一套用來整合組織內不同團體或部門，推行品質發展、品質保養維護及品質改進各項作爲的有效系統，期能使生產與服務，達到最經濟有效的水準，以完全滿足顧客的需求。

✏ 戴明（W. Edwards Deming）

有日本品管之父美譽的戴明堅信：品管要從高層主管做起，且應視爲一種策略性活動。日本產業界的品管之所以有今天的成就，大部份要歸功於戴明在 1950 年代給日本所做的品管系列演講。戴明的基本哲學是：品質與生產力會隨製程變化性的降低而提高。他的**品管改進十四要點**如下：

1. 確立恆久一致的目標，俾有助於持續不斷的改進。
2. 採行新的哲學理念。
3. 不要再依賴大量的檢驗。
4. 不要僅以價格爲採購的衡量標準。
5. 持續不斷的改進生產與服務系統。
6. 施行在職訓練。
7. 實施領導。
8. 排除恐懼。

9. 撤除部門間的隔閡與藩籬。
10. 避免對員工光喊口號，說教告誡。
11. 減少數字配額或工作標準。
12. 讓人們以本身的工作為榮。
13. 開辦教育訓練與自我成長改進的相關課程。
14. 全員動員，致力達成目標。

✏ 裘蘭（Joseph M. Juran）

裘蘭試圖將組織從傳統製造導向以符合規格為重的品管觀念超脫出來，轉變為使用者導向的品管觀念。他首創「適合使用」（Fitness for use）一詞，並強調凡是危險的產品，即使完全符合規格，卻不適合使用，生產它又何用？像戴明一樣，裘蘭也注重管理活動與品管責任。

✏ 石川馨（Kaoru Ishikawa）

石川首創品管圈的概念與特性要因圖。石川認為員工的參與乃是實施 TQM 的成功關鍵，並堅信品管圈是達成目標的利器。

✏ 田口玄一（Genichi Taguchi）

田口的專長是解決工程設計的品管問題。他結合產品最適化設計與應用統計品管法，鼓勵工人與管理階層應經由小組討論，以批判方式來研發產品。田口對品管的定義，係根據產品或服務自創造之日起，可能帶給社會的損失，即所謂品管損失函數（Quality Loss Function，QLF），包括：品質保證的成本、顧客的抱怨以及顧客對產品服務喪失信心等因素。

✏ 克羅斯比（Phillip B. Crosby）

克羅斯比以研究品質成本享譽業界。他所著的《品質是免費的》（Quality Is Free）一書，極力鼓吹「零缺點」的概念，深信推動此概念必可降低品質的總成本，但也強調推動品質計畫的成本與收益的重要。其品質管理的準則：

1. 品質就是符合規格要求。
2. 預防重於事後的評量或檢驗。
3. 績效標準須設定爲「零缺點」。
4. 應衡量「不符合規格的成本」（Price of Non-Conformance，PONC）。
5. 世上並無所謂品質的問題。

表 20.1 摘錄每位大師的理論，並比較相對的優缺點。

表 20.1 摘錄品管大師的理論要點並比較相對優缺點

品管大師	取向的優點	取向的缺點
費根堡	• 提供全面的品管法 • 強調管理的重要 • 涵蓋社會／技術系統的想法 • 推動全員參與	• 未區分不同的品管內容 • 未將不同的管理理論融合爲完整統一的體系
戴明	• 提供系統化與函數性邏輯，以區分品管的不同階段 • 強調管理比技術優先 • 體認領導與激勵的重要性 • 強調統計與數量化的重要性 • 區別日本與北美洲品管內涵的差異	• 行動計畫與方法原理有時模糊不清 • 有人認爲其領導與激勵方式有些怪異 • 未處理政治性、脅迫性的情況
裘蘭	• 強調品管不要唱高調、喊口號 • 強調內部顧客與外部顧客的角色 • 重視管理階層的參與與承諾	• 未引用其它有關領導與激勵的理論 • 因排斥由下而上來推動方案而被認爲貶低工人階層的貢獻 • 過於重視組織的控制面，而忽視人性面
石川	• 以人爲本及鼓勵人人參與解決問題 • 結合統計與人性導向的技術 • 引進品管圈的概念	• 有些解決問題的方法過於簡化 • 未充分說明如何落實品管圈的概念
田口	• 將品管回溯到設計階段 • 體認品質不僅是公司的問題，也是社會的問題 • 品管方法應由現場工程師來研擬，而不是統計理論專家 • 程序控制部份甚強	• 不適用於績效無從評量的作業（如服務業） • 認爲品質主要由專家控制，而不是經理與工人的職責 • 在激勵員工和人力資源管理方面較弱
克羅斯比	• 提供明白而清楚的可行方法 • 重視工人的參與 • 品管實務與激勵員工推動品管程序這兩方面甚強	• 暗示工人應爲品質問題負責 • 過於強調口號與單調的陳腐要點，未能直指實際問題的核心 • 零缺點有時被視爲避免風險 • 不夠重視統計方法

何謂全面品質管理？

✏ 全面品質管理是一般品管的延伸

全面品質管理係由一般性品管活動逐漸演進而來的，見圖 20.2。品質原本是經由檢驗來達成——送交顧客之前，就先將不良品篩選剔除。品管（Quality Control，QC）的概念繼續發展得更有系統，不光是偵驗，還能處理品質問題。品質保證（Quality Assurance，QA）更進一步擴大了品質的責任，使其涵蓋面超越生產作業的範圍，同時也應用更精密的品管統計技術。全面品質管理集其大成，包括大多數以前的品管概念，並發展出自己獨特的品管要點。全面品質管理所著重的要點如下：

- 滿足顧客的需求與期望；
- 涵蓋整個組織、企業的每一部份；
- 公司全員都參與品管；
- 檢討考量所有與品質相關的成本；
- 「第一次就把事情做對」，即品質是設計出來的，不是檢驗出來的；
- 研擬各種推動品管與改進活動的支援系統與程序；
- 發展一套持續不斷的改進程序。

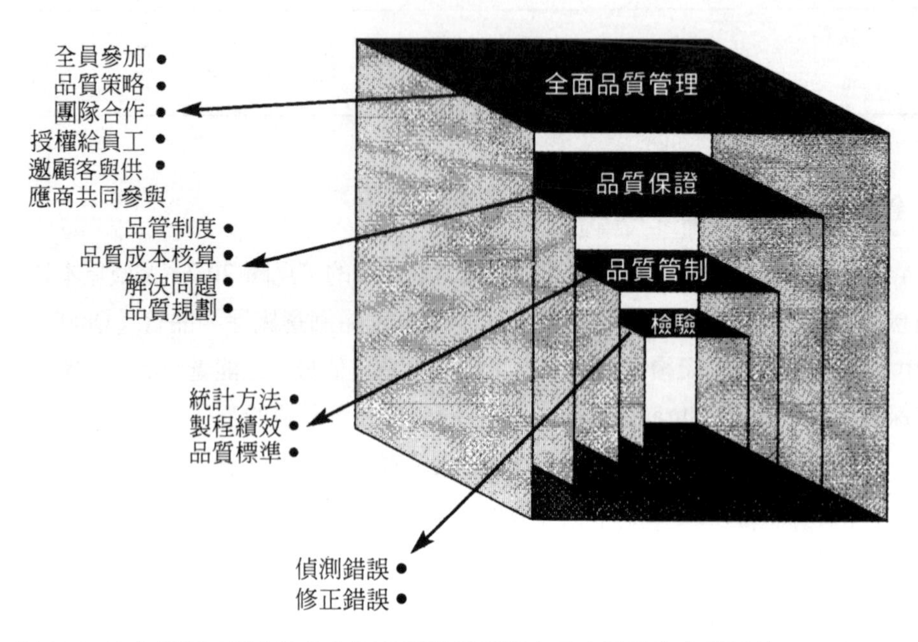

圖 20.2 結合早期品管方法的全面品質管理是過去各家理論的自然延伸

全面品質管理在於滿足顧客的需求與期望

品質的系統雖包括成本的計算、人員的培訓和領導激勵等問題，但唯有符合顧客的要求才有實質的意義。以大多數的組織、企業而言，發現並鎖定顧客的期望是行銷部門主要的任務，但也要事先了解生產部門的作業產能，才不會到時無法交貨或讓顧客失望。以全面品質管理的角度而言，其重點在於強調要**從顧客的觀點**來看事情，也就是要整個組織上下都了解到顧客是企業的重心，企業經營的成敗繫於顧客，顧客應視爲與組織不可割離且最重要的一部份。全面品質管理將顧客擺在所有決策考量的首位，並要求將影響顧客的因素在公司決策與系統建立過程的每一階段都列入考慮，以免背離顧客的經驗。

全面品質管理涵蓋整個組織的每一部份

全面品質管理鼓吹最力的是內部顧客與內部供應商的概念，即認爲組織內的每一個人都是顧客，接受並運用其它內部供應商所提供的產品或服務。另一方面，本身也是內部供應者，提供產品或服務給其它的內部顧客。換言之，在一個組織之內，彼此提供或接受的產品或服務若出了差錯，終歸會影響到提供給外界顧客的產品或服務。因此，保證外界顧客完全滿意最有效的途徑是，讓每位公司成員都體認到滿足內部的顧客是滿足外部顧客的先決條件，見圖 20.3。

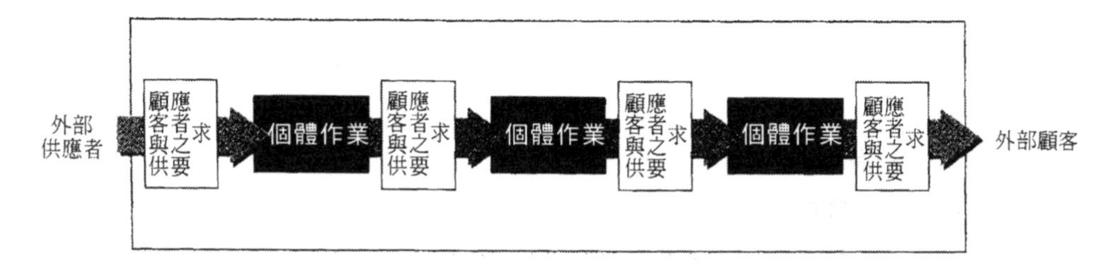

圖 20.3 個體作業的內部供應者／顧客關係

惠普（Hewlett-Packard，HP）的內部顧客檢核表

電腦工業一向是引進品質概念的先驅，因為硬體故障、軟體或服務的缺失不但影響顧客最直接而明顯，也常會嚴重影響對供應者的信任。聞名世界的資訊系統巨擘 HP 是幾家率先將內部顧客的概念，成功施行在作業系統的公司。該公司設計一套簡明有效的「隨身指引」檢核表，來落實內部顧客的概念。由蘇格蘭 Queensferry 廠首先設計的這種口袋型指引，分發給全公司的每位員工，建議公司每位成員都要自問以下 7 個涉及作業的基本關鍵問題：

- 我的顧客是誰？
- 他們需要什麼？

- 我的產品或服務是什麼？
- 顧客的期望與評量的標準是什麼？
- 產品或服務符合他們的期望嗎？
- 產品的製造或服務的提供，透過怎樣的處理程序來達成？
- 我必須採取哪些行動來改進這個處理程序？

HP 還根據以上的 7 道問題，設計出解決問題的方法，步驟如下：

- 選定品質課題；
- 敘述問題；
- 確認處理程序；
- 畫出流程圖；
- 選定評量程序績效的標準；
- 以要因分析圖進行分析；
- 蒐集資料，進行分析；
- 找出品質問題的主因；
- 規劃改進的重點；
- 採取改正行動；
- 再蒐集並分析資料；
- 檢討目標是否已達成？
- 如果達成，作成記錄，將這些改變標準化。

服務水準同意書

有些組織、企業鼓勵（甚至明文規定）不同單位或部門之間簽訂「服務水準契約」（Service-Level Agreement，SLA），試圖透過正式契約的規範來落實此一內部顧客的概念，規範各單位或部門之間的關係與各層面的服務標準。

整個組織內人人都要參與品管

全面品質管理強調每位公司成員對品質都會有影響，以及每個人都有責任把品管做好、做對。作業單位的每位成員，也可能會造成出門的產品或服務嚴重受損。有些員工直接會影響到品質，有些是實際生產產品，有些則是當面爲顧客服務，在在都可能因犯錯而留給顧客不良的印象（經常與顧客接觸的作業可能馬上就可感受到這些效應）。其它較不直接參與產品和服務的製造工作者也會出錯，例如，電腦作業員鍵錯資料、產品設計者弄錯產品實際用途、市調人員未能蒐集作業部門真正有用的資訊。這些人的一點小差錯都可能導致一連串的事故，最後讓顧客看在眼裡，認定是產品或服務品質不良的現象。

全面品管特別強調組織中每位成員都能改進品質，故能讓員工體認到自己對品質的影響力及有責任去避免做錯（最起碼的要求），進而提高品質水準。全面品質管理所期望於每個人的遠超過「不要犯錯」的理解層次。每個人執行任務時，都應對組織產生更正面的影響，設法改進自己的工作方式，並幫助他人也能改進。賦權原理也經常被視爲全面品質管理有利的支柱之一。

考量所有品質的成本

✏ 預防成本（Prevention Cost）

爲防止問題、故障及錯誤的發生所須付出的成本，包含下列幾項：

- 找出潛在問題，繼而修正、調整製程，使其恢復正常，防範不良品的出現；
- 設計與改進產品設計，服務方式以及製造程序，以減少品質問題的發生；
- 以最有效的方法，培訓並挖掘品管人才，以有效執行品管任務。

✏ 評鑑成本（Appraisal Cost）

產品製造或服務提供之後，核算與管制品質等有關的檢驗成本費用：

- 建立統計製程管制計畫與允收抽樣計畫；
- 使用於檢查投入、轉換程序以及產出所需花費的時間與心力；
- 取得製程期間的檢驗資料與測試資料的費用；
- 調查品質問題並提出品管報告的費用；
- 進行顧客問卷調查和品質稽核。

✏ 內部失敗成本（Internal Failure Cost）

這是指作業內部因故障、缺失而產生的成本：

- 廢棄的物料與零件；
- 重作的零組件與材料；
- 因工件處置錯誤而損失的生產時間；
- 爲解決問題排除故障，所浪費原可用來正常作業或改進製程的時間與精神。

✏ 外部失敗成本（External Failure Cost）

這是指作業部門將產出運送給顧客時，因處置錯誤所發生的成本：

- 顧客不滿，破壞形象，影響未來的生意；
- 受到客戶煩瑣棘手問題的糾纏，浪費許多寶貴時間去處理；
- 訴訟費（或避免告訴而支付的和解費）；
- 保用期間免費維修更換所支出的成本；公司提供超出規格要求的過度服務。

✏ 品質與成本間的關係

傳統的品質管理假定：品質的評鑑與預防花費越高，故障可能產生的成本越低，而且可以訂出一個最適當的品管費用，以符合最經濟的總品質成本。換言之，超過此一最適點，施行品管所獲的收益開始減少，即改進品質所花的成本逐漸大於它所帶來的效益，見圖 20.4 說明。

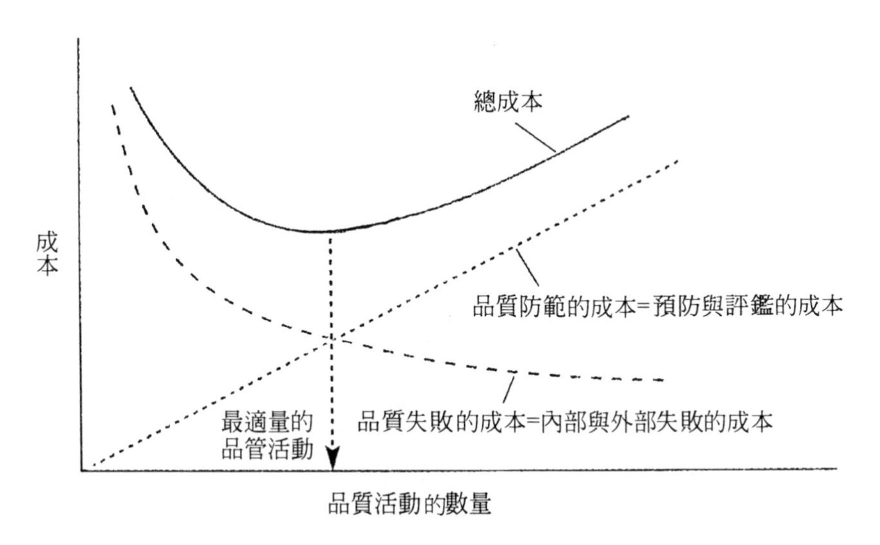

圖 20.4 傳統的品質成本模式

✏ 檢討傳統的品質成本模式

1. 此種妥協的作法暗示可以接受某種程度的不良品，默認「最適點」爲允許故障品錯誤的底線。但並不是任何作業都應接受「不可避免的」錯誤，飛行員絕不苟同座機設定一個「難以避免的」失事率。
2. 傳統上假定品管費用爲已知且能衡量出來。事實上，準確的品質成本不易取得，要將品質成本從整體不可分割的製造成本中分離出來也十分困難，且會計制度並無品質成本的項目。
3. 傳統的成本計算模式嚴重低估失敗成本。事實上，失敗成本應包含因不良品而「重作」的成本；安撫或「重新服務」顧客的成本、報廢零件與廢料的成本、產品形象遭破壞的名譽損失。品質不佳的真正成本實應包括：浪費於重排製程、重作以及修正所消耗的管理時間。品管問題還會造成工作分心，作業部門失去信心及公司形象破壞，這些成本勢必遠高於傳統的算法。

4. 爲達到零故障的目標，顯然要投入相當高的預防成本。TQM 的作業方式強調品質人人有責，促使品質變成每人工作的一部份。傳統的品管觀念則認爲品質提升端賴更多檢驗員的把關，成本自然水漲船高。TQM 的訴求重心是要求每位員工盡責作好本身的品管工作，且要切實做「對」。這當然會增加成本開銷——像增加技能的訓練、衡量準則的建立，都有助於一開始就能防止錯誤的發生——但不同於「最適品質水準」理論的成本曲線。
5. 採用「最適品質水準」模式等於接受妥協的錯誤率標準，徒然造成作業經理與屬下安於現有的品質水準，不思積極謀求改進或突破。

全面品質管理的品質成本模式

TQM 極力反對所謂的「最適」品質水準的概念，並設法藉由防止錯誤與降低故障的發生，來降低所有已知與未知的成本浪費。TQM 支持者不刻意追尋品質活動的「最適水準」，通常較重視各類不同品質成本之間的相對平衡關係。在前述四類不同的品質成本中，預防成本與評鑑成本可完全由管理予以操控，而內部與外部的失敗成本顯然是因前兩類變數的結果，即完全受管理作爲的影響。TQM 強調預防成本（用來防止錯誤，即一開始就把事情做對）勝過評鑑成本。

一旦投入更多精神於防止發生產品或服務的故障，這對於降低內部失敗的成本將產生顯著而正面的影響，從而減少外部失敗成本，建立改進品質的信心，連帶降低評鑑品質的成本。即使預防成本仍佔相當大的比重，但絕對金額可能大幅降低。圖 20.5 闡述此一概念。

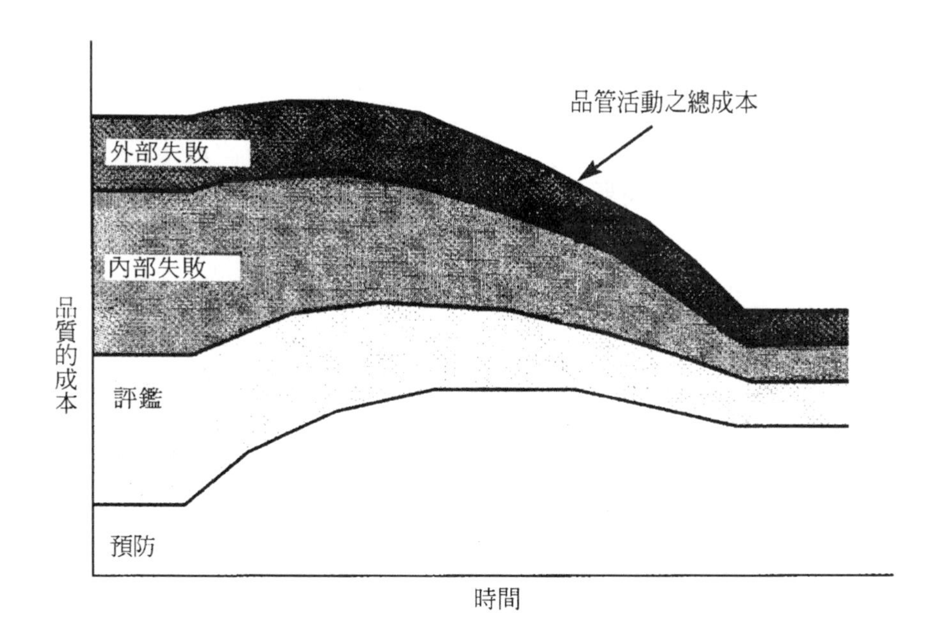

圖 20.5 一開始就投資預防性品管措施能快速降低其它各類的成本

品管系統與程序步驟

改進品質並不光是要求組織中每人「想想品質」就能執行。人們往往受限於公司的體制和規章而無法落實執行改進的要求。品管體系可定義爲：公司爲執行品質管理所採行的組織架構、權責劃分、處理程序、作業程序以及資源分配。品管系統的文件，可分爲下列三個層級：

第1級　**公司品管手冊**：依據公司的品管政策與體系，配合公司目標與組織架構，所編寫的精確摘要。

第2級　**程序規範手冊**：詳述每一部門的系統功能、組織結構及相關權責。

第3級　進行各項活動的工作指示、準則、規格、方法細節。

此外，還須建立資料庫（database）屬第 4 級，涵蓋所有其它參考文件（表格、標準、圖表、參考資料等）。

ISO9000 與 CNS12680 的品質系統

ISO9000 系列這套世界通用的標準，是對組織、企業之品質系統的規格要求，並已是世界各國公認的品質保證架構。大多數的國家都訂有與 ISO9000 標準一致的國家品管標準，例如，台灣的 CNS12680、澳洲的 AS3900、比利時的 NBN X50、馬來西亞的 MS985、荷蘭的 NEN-9000、瑞典的 SS-ISO-9000、英國的 BS5750、德國的 DIN ISO9000。

ISO9000 認證必須委託第三者就申請認證公司的品管標準與品管程序，定期稽核、評估，以確保其品管系統能持續運作：

- ISO9000：品質管理與品質保證的標準及指導原則的選擇與運用
- ISO9001：有關設計／研發、生產、安裝及維修服務各方面的品質保證的品管系統模式
- ISO9002：有關生產與安裝的品質保證之品管系統模式
- ISO9003：有關最後檢驗與測試的品質保證之品質系統模式
- ISO9004：品質管理與品質系統的要素、指導方針

ISO9000 認證的目的是要爲消費者提供產品或服務的品質保證，認可係以符合規格標準的方式製造或提供。此一系統將可用來保證，品質已內建於作業的轉換程序中。因此，ISO9000 對買賣雙方都有好處，通過認證的公司（獲得設計與控制程序的指導細節）與顧客（得以保證所取得的產品或服務係根據廠方特定的作業標準產製）兩蒙其利。以下列舉 ISO9000 認證的優缺點。

✏ 優點

- 許多作業部門認爲獲得 ISO9000 認證，可依循一套明確合理的程序步驟。
- 許多作業單位因採行 ISO9000 而在減少缺失、消弭顧客抱怨，以及降低品質成本各方面獲益不少。
- ISO9000 的認證審核（即接受認證公司的檢驗與核准，或經本國政府的授證）普爲各國業界所接受，業已取代其它像顧客查核等檢定方式。
- ISO9000 的認證程序能夠找出現存不必要的作業程序，並予以精簡改進。
- 通過認證可向現有的顧客與潛在客人宣示該公司推行嚴謹的品質政策，這一點就足以構成行銷上的競爭優勢。

✏ 缺點

- 強調凡事按標準與程序作業，無形中鼓勵「依照手冊管理」的方式，凡事依系統規範，易使決策程序變得過於僵硬，缺乏彈性。
- 從許多 ISO9000 系列，檢選一個完全適合本身需求的標準相當不容易。
- ISO9000 的標準太偏重工業工程導向；有些專用術語，對其它行業十分陌生，實行成效因而大打折扣。
- 品管程序規範的編寫、人員的培訓以及內部稽核的實施，整個過程曠日費時，花錢費事，形成資源浪費。
- 同樣的，爲達到 ISO9000 認證所訂的作業標準，通過後欲長久維持標準，更是一條花錢費事的不歸路。
- ISO9000 認證對於持續改進與統計品管等關鍵課題缺乏鼓勵與指引。

施行全面品管改進計畫

影響 TQM 無法順利施行有兩大原因：TQM 的推動方案未能有效地引進與執行；TQM 引進成功，但經過一段時期後，改進成效逐漸減弱，終至喪失殆盡。

TQM 的執行

以 TQM 爲核心的績效改進方案，影響成功的因素包括：

✏ 品質策略

品質策略旨在提供落實 TQM 計畫的目標與指引，俾朝向配合公司其它策略目標而推動。品質策略應考慮以下幾點：

- 組織的競爭力之優先順序，以及期望如何利用 TQM 來提高競爭力；
- 組織各不同部門在品質改進行動中的功能角色與職責任務；
- 可資運用於品質改進的資源；
- 組織內推行品質改進的理念與一般性作法。

✏ 高層主管的支持

組織、企業內高層管理主管的參與程度，包括：充分認識、支持及領導，已漸成左右 TQM 計畫執行成敗的關鍵。高層管理當局的支持比提供資源來支應計畫重要得多，因其負責制定整個組織策略的優先順序。TQM 計畫經由「高層主管背書」通常表示上級也須投注更多心力於作業活動。

✏ 品管指導委員會

委員會先要規畫品質計畫的執行步驟。其次要認清品質任務若無法完全作好，其指導角色就會逐漸喪失。因此，其首要工作是根據計畫所欲達成的目標，規劃全盤計畫的方向包括：決定從哪裡開展、第一階段的參與人員及遴選督導小組，以確保在計畫推動過程中，所獲的知識與經驗皆可派上用場，並傳承下去。後續任務的達成則端賴自行組成的改進團體之支援與努力。

✏ 以團隊為主的改進

實地操作人員最清楚整個作業程序，包括機器的性能、機器故障如何防止、如何變換產品線、最須做哪些調整等，因此 TQM 計畫都是以小組團隊爲基礎。這種小組的性質與成員依情況而定，圖 20.6 說明不同類型改進小組的特色。

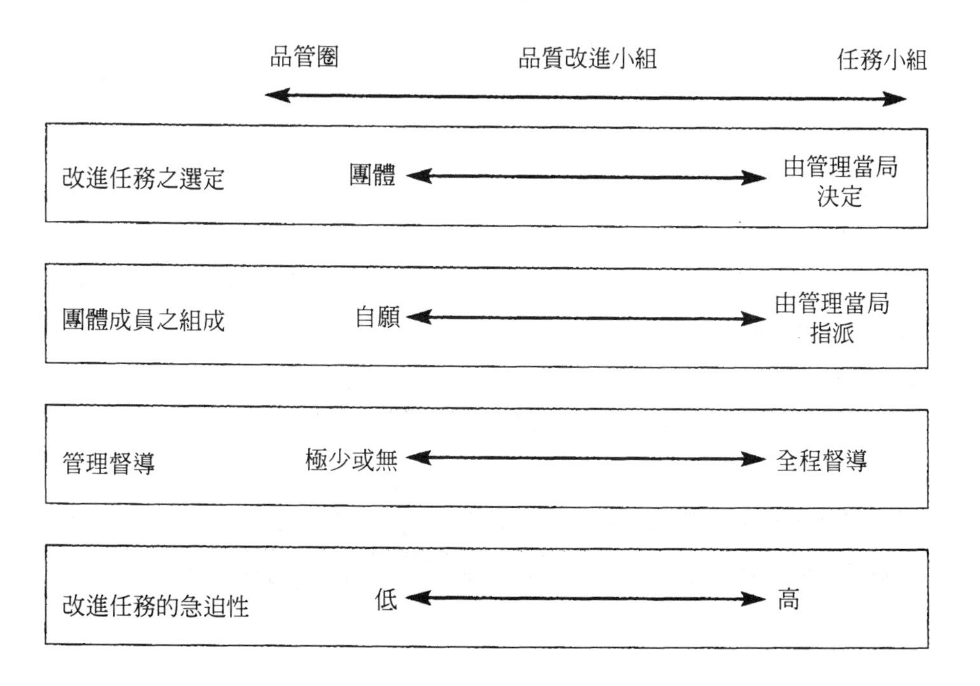

圖 20.6 不同類型的改進小組各具不同特色

訓練乃品質改進的重心

許多成功計畫背後都有一位稱職的專案經理作爲主要的推動力。TQM 的推動端賴心態上的改變，因此，訓練的工作乃是執行變革最基本的一環。

全面品管方案的失效

即使能成功開展、推動 TQM 計畫，也不一定保證改進工作能長久的持續下去。過了一段時間，人們會失去誘因或衝勁不再，逐漸浮現所謂的**品質幻滅**（Quality Disillusionment）或**品管熱退燒**（Quality Droop）現象。圖 20.7 說明此等效能喪失的現象。針對品質幻滅，標準的處理方式列舉如下：

- 不要將 TQM 中的「品質」作狹義的解釋；品質應包含績效的各個層面，即前述的「作業管理的績效目標」。
- 所有的品質改進均應結合作業的績效目標。TQM 本身不只是目的，而且還是手段，用來落實改進措施。
- TQM 並不能主導日常例行的管理功能，不能取而代之。別想以 TQM 來改進績效不彰的管理。
- TQM 並不是「強行添加」於公司的附屬品，因此不能脫離公司其它活動而獨立；TQM 應該整合、融入公司的運作，構成日常例行活動的環節。
- TQM 務必踏實，不可虛矯，避免耍花招，少用宣傳八股。許多人直覺上就會爲 TQM 所吸引；與其濫用口號，訓誡，格言，宣傳，倒不如紮紮實實，周詳計畫一套按部就班的實踐方案，循序漸進。
- 採用 TQM 應配合公司組織特有的情境與需求。不同公司各有不同的需求，端視當時的情況而定，因此要善用 TQM 不同層面的訴求特色。

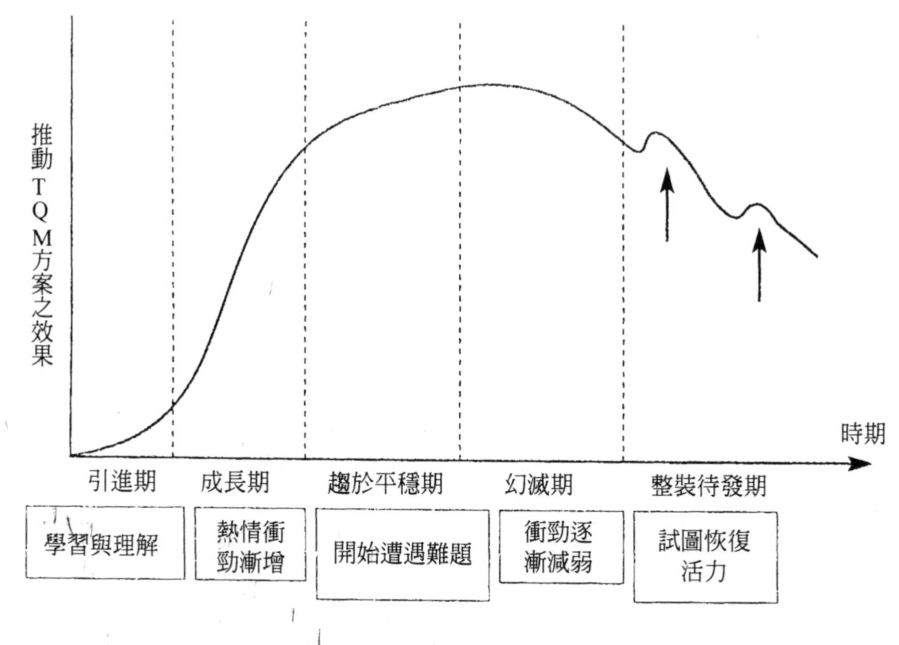

圖 20.7 有些 TQM 計畫失去熱誠的模式

現身說法——專家特寫

Honeywell 公司的 Martin Kruger

Martin Kruger 是工業控制系統廠商 Honeywell 公司的品管處處長。

Honeywell 採用 TQM 的理念之所以會成功，主要是由於我們的執著以及所有員工都已培養出品管技能。身為品管主管，我經常耳提面命地要求第一線同仁，負起個人的職責，確保產出的品質能符合顧客真正的要求——此處所指的顧客，當然包括內部與外部顧客。我們還強調，員工都須經常學習新技能，接觸新工具、新技術。我訓練高階經理人如何有效領導部屬去進行

TQM 的組織文化變革，並負責引進有關持續改進的最新想法。TQM 的作法之一是——降低每件事的成本，或減少品質的成本開銷。然而，Honeywell 更重視顧客的需求，永遠擺在經營理念的首位。

本章摘要

- TQM 可視爲傳統品質管理的延伸。品質控制由品質保證的概念所替代，隨後又爲 TQM 所取代。
- TQM 把顧客擺在品管決策的優先地位。衡量品質目標是否達成須優先考慮顧客的需要與期望。
- TQM 是適用於組織各部門單位的一種理念，每一成員都可能影響公司的作業效能。TQM 的中心概念是運用內部顧客一供應者的概念，使得組織內的每一份子都可找到提升整體品質的貢獻空間與功能角色。
- TQM 極重視組織內每位成員影響品質的角色與職責。TQM 經常鼓勵授權個人去改進本身的作業與任務。
- 由 TQM 導出的成本模式迥異於傳統對品質成本的觀點。後者往往強調規劃出「最適化」的品管活動，企圖以最少的成本，獲取因錯誤減少所得的效益。TQM 則著重於調節不同類型的品質成本，並從中取得平衡。成本類型分爲：預防成本、評鑑成本、內部失敗成本、外部失敗成本。TQM 認爲增加預防成本與心力投入，則其它類型的成本必相對地降低。
- 當今世界流行最廣，影響最大的品管系統規範當屬 ISO9000 認證標準，旨在確保產品或服務的購用者所取得的物品，係以符合顧客要求的規格製作供應。然而，也有人批評 ISO9000 的標準過於欠缺彈性。
- 影響 TQM 推動方案的成功因素包括：擬定一套可行的品質策略、高級主管的支持、成立指導委員會指導方案的推行、以小組團隊爲基礎的改進活動、表揚推動品管有功的小組或個人、重視人員適當的培訓。

個案研究：Waterlandfer 旅館

Waterlandfer 旅館昨晚所辦的宴會簡直是場大災難。此刻總經理 Walter Hollestelle 正從一大早連續不斷的訴苦電話中回到現實生活。首先，是 Plastix 公司國際行銷副總裁打來的電話：

過去 2 天你們旅館出錯連連，從放錯錄影帶，到咖啡杯不夠，之後我還禱告最後的晚餐不要出亂子，但我們事先預訂的冷飲拖到最後一刻才送到，灑落在餐盤上的點心也沒馬上清乾淨。還有，酒會為什麼要拖這麼久？餐桌顯然也沒準備好，有些桌子沒有擺花飾，而有擺花飾的餐桌所用的花種花色也都不對。供應的菜餚也是我嘗過最差勁的一次！服務生先送來肉片和馬鈴薯，但是沾醬和蔬菜卻到了快吃完時才姍姍來遲。主賓客桌上的麥克風又是怎麼一回事？攝影師也沒露面。幸好沒有來！因為甜點吃完，餐桌都還沒有完全收拾好，放眼看去，一片杯盤狼藉，照了丟人現眼。

接著是 Alsmeer 電子公司的經理打來的電話：

有人告訴我說，公共播音系統在下午 7 點前必須裝好。這工作我們預計 2 小時內就可裝好，另外預留半小時的時間，所以提前在下午 4 點半開始。但你們的人不讓我們上桌架線，只好等他們把桌子都挪開再動工。

然後是飯店服務部經理的報告：

我們通常都是等餐具擺好，才擺出花飾，不巧的是，昨天沒時間每桌都一一檢查。至於花的形式，沒人告訴我們客人指定紅色、粉紅色相間的插法。是我作主建議用其它顏色的，因為紅色和餐廳的裝潢色調並不搭配。

會議經理，也有話要說：

沒有人向我們預訂錄放影機。我們機器剛好下週要送修，而且客人沒繳回器材需求單且在需要項目上打勾。如果有，預先安排就不致於發生問題。這些問題都要歸咎客人沒照規定事先申請。

主廚也提出辯駁：

通常我會收到宴會領班詳盡的程序表。魚、沾醬、蔬菜以及餐後甜點水果完全根據該程序表行事。假如像昨晚那樣慢半拍，一定會出問題的。有些會議代表也對服務生咆哮，客人的粗言相向顯示修養不夠。

接著，是餐飲部領班打來的電話：

沒有人通知我們有電工要來拉電線。而正當我們在鋪桌巾、擺座位及桌面花飾時，他們開始架設擴音器和喇叭。接著領班要我們把桌子挪開，這下子能在半小時不到就把桌子都排好，已經很不簡單了！

最後，輪到攝影師的告白：

我們約定晚上 10 點到，而會議部經理告訴我們，顧客只要我們在演講那半小時拍照。但我們到達時，他們還在用餐。不過，當晚 11 時我們又得趕赴另一個約，所以實在不能等。早知道這樣，我們就安排專人來這兒等著。

問題：

1. 這次旅館的晚宴何以會出錯？
2. TQM 的方法能如何幫助這家旅館的作業人員，將來不會再重蹈覆轍？
3. ISO9000 能如何協助這家旅館進行改進？

問題討論

1. 評估 TQM 對整個組織的影響、意義及優缺點。
2. 列舉一些高級餐館常見的個體作業實例。說明一些可能出錯或故障的環節，並評估這些對外部顧客的影響。
3. 某大學正考慮與教師簽訂服務水準合約。說明何謂服務水準合約？並建議一些衡量績效的方法。
4. 確認下列組織主要的品管成本：
   a. 大學圖書館　　b. 洗衣機製造廠
   c. 核能發電廠　　d. 教堂
5. 說明品質成本的傳統觀點與 TQM 觀點有何不同？
6. 索取一份 ISO9000 或類似文件，評估其對品質可能的影響。

21 作業管理所面臨的挑戰

本章探討作業策略的程序，並指出作業經理人未來可能面對的一些挑戰，見圖 21.1。

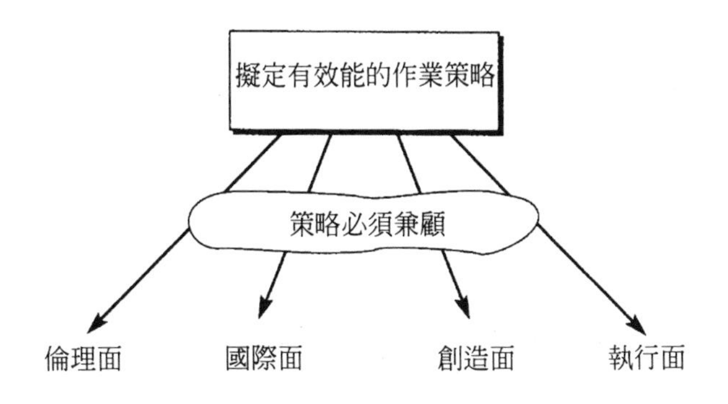

圖 21.1 本章所要探討的課題

學習目標

- 整合作業策略的理由與作法；
- 作業策略的決策如何從倫理層面思考問題；
- 作業經理人如何從國際觀點來考慮作業策略；
- 何以有創意的作業策略會面臨作業典範的轉移；
- 作業經理人如何擬訂「作業執行時程表」，以執行策略。

策略的挑戰

✏ 任何作業都應先有策略

作業部門為何要不憚其煩研擬策略？有效能的作業策略顯然有助於提升組織的競爭優勢，因為正式研擬的作業策略有助於確保作業部門所執行的政策能夠配合連貫。許多作業經理人深深體會，策略的擬訂過程不僅饒富意義，還能激發參與者的創造力與規劃力。良好的作業策略可強化組織文化，集中其競爭優勢。

✏ 研擬作業策略的困難

研擬策略常見的四個難題：第一是作業人員分散各處的問題。作業經理人負責研擬核心策略，但工作場所較其它部門分散。其次，作業經理人的任務都屬及時性的現場作業，作業目標訂在達成產量的要求，除非是重大的策略壓力，否則並不考量公司整體的需求。第三，運用作業資源的習慣性使得經理人作風趨向保守，無形中扼殺有創意的策略性變革。最後，作業經理人不習慣從策略的觀點來思考與影響組織，因此作業部門很少在策略研擬過程提出見解與發揮影響力。

一般性的作業策略

英國 Cranfield 大學的 Mike Sweeney 教授曾建立實用且涵蓋廣的作業策略分類法，見圖 21.2。他將製造業作業粗分為兩大構面：一是考量公司在製程設計方面的取向。有些公司以傳統方式設計，並未涵蓋技術創新、廠房佈置、工作設計、人事組織等要素。有些則採更先進的製程設計，涵蓋再造工程、模組製造、及時化製造等概念。另一個構面是服務顧客的方式及服務水準。有些組織僅提供系統所設定的基本水準，有些則提供較週到完善的服務水準。簡言之，一般性的作業策略可分爲守成者、行銷者、重組者、創新者四種。

- **守成者策略**：組織或企業若未取得競爭優勢，自揣無法超越競爭對手時，常會採用此一策略。作業部門盡可能在投資不大、改變少的前提下，替公司其它部門提供有效可靠的服務。
- **行銷者策略**：行銷者策略多用於面臨競爭激烈而必須提高顧客服務水準的公司企業。作業本身的實體設計與人事架構無需作任何變更，但要有行銷導向市場競爭的心理準備。因此，作業部門應設法研發基礎設施的資源。
- **重組者策略**：重組者策略表示企業組織會改變設計與管理製程的方式，例如引進新技術，甚至改革產品製造或服務提供的方法。採取及時化作業就是典型實例。新製程常能提高作業彈性，有效因應行銷策略的改變。
- **創新者策略**：創新者的策略結合行銷者與重組者兩種策略，不僅作業本身採用先進的設計，顧客服務也大幅改善。易言之，創新者提高的效能非僅止於作業本身的結構，而且連同基礎設施的功能也一併提升。這代表產品與服務的設計、生產作業與行銷高度整合，能在短期內因應競爭壓力，更快速地推出新產品與服務以超越競爭對手。組織、企業在經過一段時間後，都應採創新者策略。然而，策略轉型的過程也是十分重要。採用守成者策略或行銷者策略的組織，都應先革新作業結構，朝向重組者策略，再歷經更艱難的基礎設施之改變，進一步朝向創新者策略。

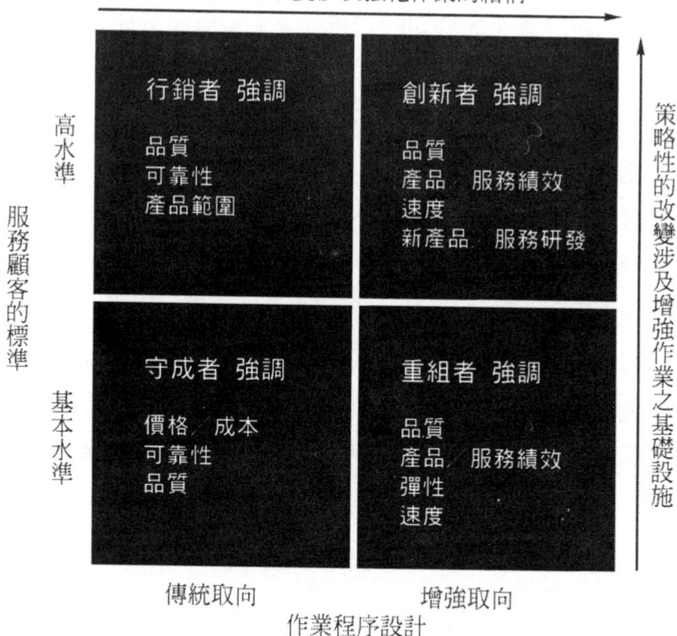

圖 21.2 Mike Sweeney 的一般性策略

策略的研擬程序

大多數的企業組織不管採行何種一般性策略，還要針對自身特殊的競爭情境研擬出作業策略。研擬作業策略有多種程序，以下介紹兩種由管理顧問公司發展出來的程序：Hill 法與 Platts-Gregory 程序。

Hill 法

London Business School 的 Terry Hill 教授最早提出作業策略的研擬方法，其方法主要與製造業有關，見圖 21.3。其中有五個步驟。第一步是要了解公司組織的長程目標，使最終的作業策略能以是否達成這些目標來衡量。其次，要了解行銷策略是如何制訂來達成公司的目標，這個步驟是要確定作業策略所要滿足的市場及產品或服務之特性，並訂出作業所須供應的產品範圍、配套以及數量等。第三步，將行銷策略轉換成第 3 章所提及的「競爭因素」，即作業活動爲贏得商機或滿足顧客所不可或缺的要素。第四步，即是 Terry Hill 所謂的「程序選擇」，類似第 4 章所探討的「產量一種類」分析，目的是要界定一組前後連貫且適合公司競爭方式的作業結構特性。第五步係類似的程序，但以作業的「非製程面」之基礎設施爲主。

Hill 法的策略研擬程序，雖宜從第一步到第五步循序以進，但也可根據重點作調整。作業經理人可以了解長程策略對作業的要求，以及開發支援策略所需特定資源之間的循環。在這個互動程序中，第三步驟相當關鍵。在此一階段，作業所能提供的若不能配合組織策略的要求，就會變得很明顯。

步驟 1	步驟 2	步驟 3	步驟 4	步驟 5
公司目標	行銷策略	產品或服務如何贏取訂單?	作業策略	
			製程選擇	基礎設施
• 成長 • 獲利 • 投資報酬率 • 其他財務衡量項目	• 產品/服務市場區隔 • 產品範圍 • 配套組合 • 數量 • 標準化或配合顧客要求 • 創新 • 領導者或跟隨者	• 價格 • 品質 • 交貨速度 • 交貨可靠性 • 產品/服務的範圍 • 產品/服務的設計 • 品牌形象 • 技術性服務	• 製程技術 • 製程中的互換 • 存貨的角色 • 產能、規模時點、地點	• 功能性支援 • 作業的規劃與控制系統 • 工作的結構 • 薪資結構 • 組織結構

圖 21.3 Terry Hill 的作業策略制訂法

✏ Platts-Gregory 的策略研擬程序

此爲劍橋 Cambridge 大學的 Ken Platts 和 Mike Gregory 兩位教授所創，其架構見圖 21.4。共分 3 階段：第 1 階段，先評估競爭環境的機會與威脅，徹底了解組織在市場中所處的地位，尤其要找出市場的競爭因素，並比對自己達到的績效水準（根據作業滿足市場的能力）。這便是 Platts-Gregory 程序的要旨，也是異於 Hill 法之處。由於 Hill 法係從顧客的觀點來看競爭因素，故其程序直接比較市場的要求與作業的績效，有如第 18 章介紹的「重要性－績效」矩陣。本程序則不用矩陣，改採市場要求與所達到績效之「剖析圖」來表示作業策略必須彌補的差距，見圖 21.5。Platts-Grogory 程序的第 2 階段，主要是評估其作業能力，即確認目前的作業實務，以及評估此等作法有助於達成第一階段所澄清之重要績效的程度。第 3 階段著重於研擬新的作業策略，並評估組織可行的各種策略方案以及從中挑選一個最能滿足前兩個階段所訂的標準。

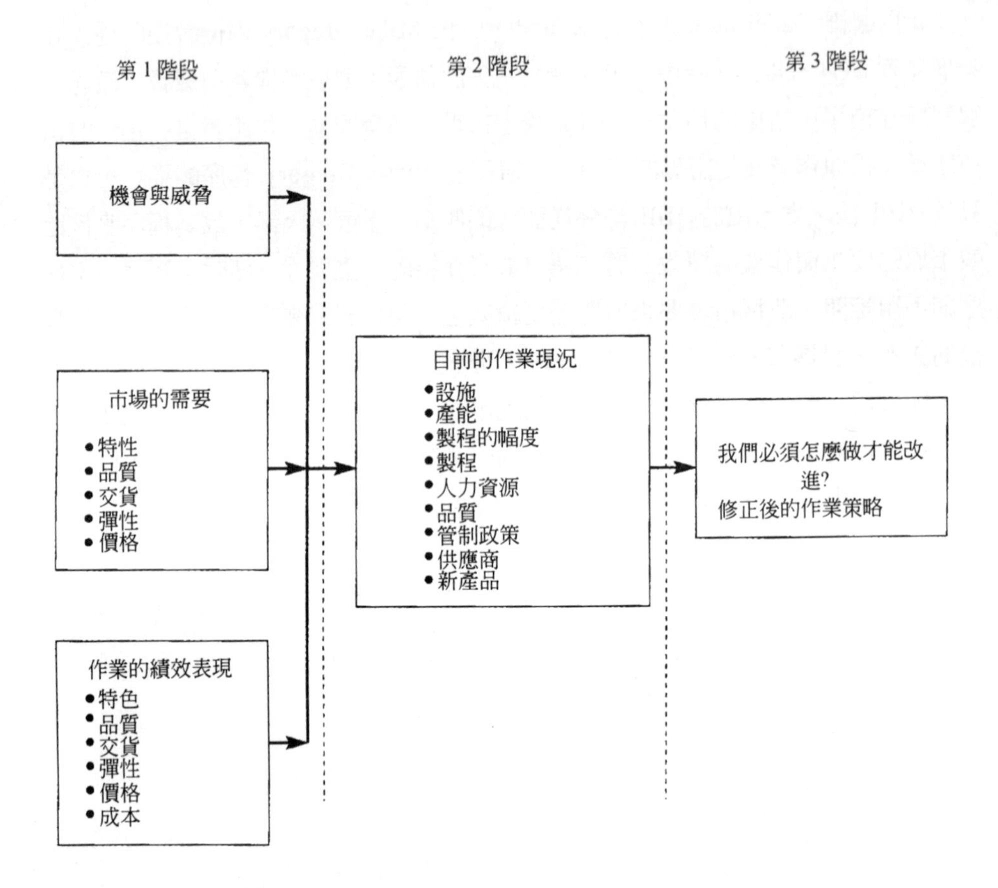

圖 21.4 Platts-Gregory 的策略擬訂程序

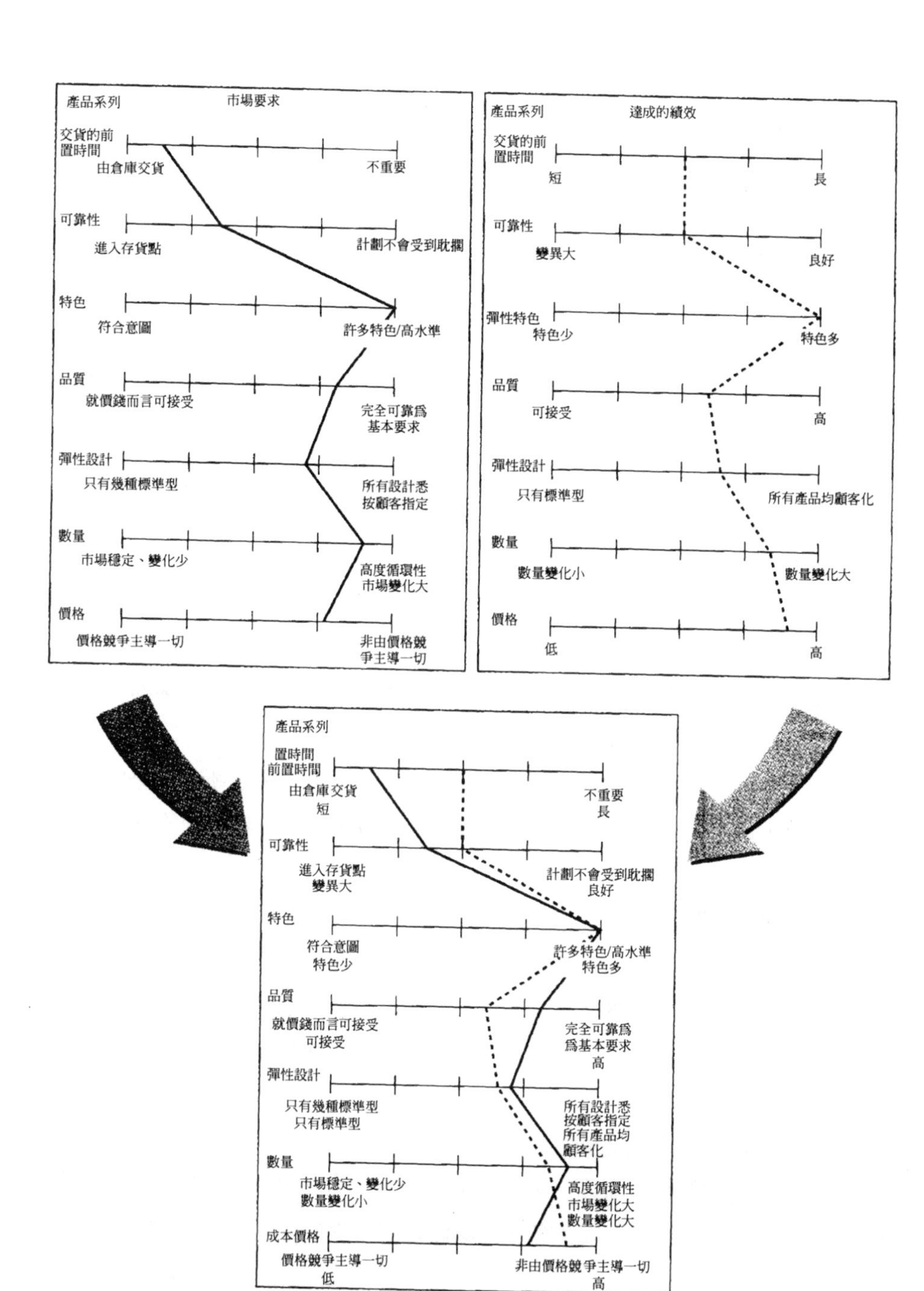

圖 21.5 Platts-Gregory 策略擬訂程序的剖析圖

✏ 研擬作業策略的共同要素

上述兩種具代表性的策略制訂程序，固然可適用於一般情況，但都無法涵蓋各種不同的作業策略之重點與問題。一般性的研擬程序，通常包括下列要素：

- 有一程序正式結合整個組織的策略性目標（企業策略）與資源層次的目標。
- 使用贏得訂單、關鍵成功要素等名稱的競爭因素，做爲企業策略與作業策略之間的轉換工具。
- 採取一個步驟，依據顧客的偏好，來判斷各種競爭因素的相對重要性。
- 有一步驟會對照競爭者的績效水準，來評估目前本身的績效。
- 強調作業策略的擬訂是個互動的程序。
- 運用「理想的」、「尙待開發」或「從零開始」作業等概念，來比較目前的作業。常會問的問題是：如果一切從無開始，以最理想的方法，應該如何設計作業以迎合市場的需求？然後利用這項問題來估算目前的作業績效與理想的作業目標之間的差距。
- 採用「根據差距，縮短差距」的方法解決問題。這是擬定所有策略的良方，通常以市場要求爲標準，比較作業目前的績效，算出兩者差距後進行改善。

判斷作業策略的效能

有效的作業策略應能讓公司取得所需的作業資源，以有效執行整體的競爭策略。該策略應能夠回答「下一步該怎麼做？」等問題。例如：我們打算以最有利的價格條件與對手競爭——這表示我們需研發出何種製程技術才能辦到？」或問「我們若要滿足各種產品的顧客之不同需求，那麼我們該如何設定績效目標？」或問「我們所處的是競爭激烈、變幻莫測的市場，產品須不斷推陳出新，我們下一步要如何組織生產作業，安排各作業環節之間的界面？」

更明確地說，作業策略應具有：

- **適切性**：作業策略的擬訂既然應結合作業活動與組織整體的競爭概念，則必須能提出適切的改進之道。換言之，策略應導引作業變革，使其能發揮最大績效，支援公司的整體競爭策略。
- **完備性**：作業策略雖未訂出作業決策的所有細節，卻須明訂每一作業功能的預期績效。這些績效目標都會影響整體績效，故各個單位都應善加督導。
- **連貫性**：有效的作業策略除了須融入作業活動的每一層面之外，還應使每個作業環節大致上都朝同一方向，同時要消除它們之間的矛盾、衝突。
- **長期一致性**：雖然策略不宜訂得太僵硬，但在一段合理的時間內，須維持一致性。若無一致性，會使組織的步調紊亂，甚至導致袖手旁觀的冷漠心態。
- **可行性**：組織若認爲策略不可行，將得不到支持，整個研擬過程，形同白費心機。因此，任何策略性的改變應先凝聚確實可行的信心與共識。

作業策略須有倫理觀

作業部門的許多決策都須具有倫理觀念。本書幾乎在所有決策領域都一再強調倫理問題的意涵或影響。見表 21.1 列舉的一些涉及倫理問題的決策領域。

表 21.1 作業管理決策須考慮的倫理問題

決策領域	相關的倫理課題
產品／服務設計	• 顧客安全 • 物料資源回收 • 能源消耗
網路設計	• 工廠地點對員工的影響 • 工廠關閉對員工的影響 • 垂直整合對員工的影響 • 工廠地點對環境的影響
設施佈置	• 員工安全 • 殘障顧客進出的方便性 • 能源效率
製程技術	• 員工安全 • 廢料與不良品的處置 • 噪音污染 • 黑煙與廢氣的排放 • 重複性／與人隔離的工作環境 • 能源效率
工作設計	• 員工安全 • 工作場所的緊張氣氛 • 重複／與人隔離的工作環境 • 爲社會所不許的工作時間 • 顧客安全（與人接觸頻繁的作業）
規劃與控制（包括 MRP、JIT 以及專案計畫的規劃與控制）	• 對等待服務的顧客應如何安排優先順序 • 物料的利用與浪費 • 違反社會規範的工作時間 • 工作場所的緊張氣氛 • 組織文化的約束

表 21.1 續作業管理決策須考慮的倫理問題（續）

決策領域	相關的倫理課題
產能的規劃與控制	• 「聘雇與解僱」員工的政策 • 工作時間變化不固定 • 違反社會規範的工時 • 緊急時的服務水準 • 與承包商的關係 • 以低於成本的價格「傾銷」產品
存貨的規劃與控制	• 在設限的市場操縱價格 • 能源管理 • 倉庫安全 • 過期的產品與廢料
供應通路的規劃與控制	• 對供應商坦誠無欺 • 成本資料透明化 • 不剝削開發中國家的供應商 • 對供應商付款迅速 • 在配銷過程，把能源浪費降至最低
品質的規劃控制與 TQM	• 顧客安全 • 員工安全 • 工作場所是否令人緊張 • 廢棄物料與廢物
防錯與復原	• 製程故障對環保的影響 • 顧客安全 • 員工安全

此處的倫理考慮可視為衡量每項決策正確與否的道德行為準則。作業管理一如其它領域的管理，不易做出直接而明確的道德判斷。然而，所有作業經理人都應先體察一些益受重視的倫理問題。遇到這類問題，首先要確定對哪些團體負有道德責任。這些團體分為：公司的顧客與員工、物料與服務的供應者、生產作業所處的社區環境、股東以及投資業主。

公司顧客　作業經理人的許多決策會直接影響顧客的權益者，首推安全問題。不良的決策可能傷及顧客，例如產品裝配不對。除了這些製造與保養的因素之外，作業部門是否誠實標示產品成份或有效日期，也會影響顧客的安全與權益。一般而言，作業決策的倫理規範會影響對顧客的公平性，例如，銀行對顧客採差別待遇，獨厚大戶，漠視小戶，勢利似此是否符合商業倫理？

公司員工 員工的日常工作會受到組織倫理架構的影響。組織應保障員工的安全，免受工作危險或重複性工作過度之害。而更周到的道德責任是減少作業環境不必要的緊張，明訂工作規範、安全規定、應具備的技能與訓練，以及作業決策可能的後果等。然而，涉及倫理問題且影響員工的作業決策往往不易直接以明文規定，例如，公司因應競爭對手所擬的人事緊縮政策，要將員工蒙在鼓裡？

物料與服務的供應者 該不該向供應商施壓，要求獨家供應，阻斷競爭對手的貨源？誰有權根據本身的倫理標準，要求對方違背商業倫理？儘管企業不願見到開發中國家工人受壓榨，但能要求其供應商也嚴守倫理道德標準，甚至願爲此負擔較高的進貨成本嗎？近年來，要求供應商的成本透明化，更凸顯此等倫理決策的兩難問題。

社區 社區有權要求公司組織負起社會責任；例如工廠會排放廢氣、污水等污染社區環境。作業應如何控制環境污染，並考慮成本問題？大多數的國家都訂定最低的環保標準，公司組織若技術允許，須設定較高的標準？此外，產品、貨物出門後，公司對產品的廢棄處置、回收、使用年限或品質保證，應做何種承諾？承諾的多寡，顯然會影響到公司的盈虧。公司是否也應和社區的公益團體、學校、醫院等攜手合作推動環保方案？

股東 投資應得的合理利潤都應開誠佈公，明白規範。

公司的價值觀

有些作業決策比較需要考慮倫理問題。例如，電視製作人員編制的決定主要考慮規模經濟，不像醫護人員的編制那樣攸關人命。醫院的編制決策當然也涉及經濟預算，這也是作業經理人面對兩難的原因。組織、企業若能體認倫理因素，對作業決策的重要性，就會未雨綢繆，擬定一套明確的行事準則，據以做出符合倫理規範的決策，避免模稜兩可，進而逐漸建立作業部門的組織文化，成爲全員認同的倫理規範。這類公司都會公開宣佈一套明確的價值觀。

3M 的環保政策

近幾年來，企業、組織主動訂定環保政策的情形日益蔚成風氣。早在 1974 年，3M 就正式公佈環保政策，針對該公司可能引起的環境污染問題，揭櫫維護環境、力謀解決的基本目標，並以具體數字訂立量化標準，定期修正更新；例如，其目標之一是要在 2000 年前，將廢氣排放量降低到 1987 年水準的 1／10。該公司早年曾提倡一項名為「污染防治，人人受益」（3P-Pollution Prevention Pays），簡稱 3P 環保活動，目標是要減少甚至消除製程或產品所造成的污染。該計畫付諸實施的前 14 年，3M 的總污染量就減少了一半。該項計畫屢經更新，迄今仍繼續在執行。該公司早期的污染控制策略偏重於控制污染的「終端」，換言之，基本製程維持不變，但所有污染廢氣排放都在開始危及環境之前，預先找出，加以遏止，再予以控制。這種污染防治方式須大量投資購置偵測、過濾及處理廢氣的科技設備。3M 後來發現，更省錢且基本上更健康的控制良方，即灌輸「預防」重於「遏止」的觀念。此等概念主要是透過防範措施，將所有污染在可能發生的源頭，將之消弭阻絕。目前，3P 的環保計畫係以下列作法試圖阻絕污染的源頭：

- 產品重新配方：使用不同的原料，以減少產品的污染。
- 製程的修改：實際更改製程技術，以減少副產品與污染物質的產生。
- 設備的重新設計：改變機器設備的設計，提高能源使用效率。
- 資源回收：將廢物與副產品回收、利用或轉化為 3M 產品的原料。

擬訂策略必須具有國際觀

當今的組織、企業不能再把作業策略侷限在國內，除非公司規模極小，完全不必仰賴外國供應，也不必將產品或服務行銷國外。今日作業經理人決策的「環境空間」已快速擴展到世界各地，通常有下列 4 種策略性的作業決策要做：

1. 作業的生產設施應設於何處？
2. 跨國作業網路應如何管理？
3. 不同國家的作業活動應否令其各自發展，採用本土化經營方式？
4. 在世界某個地區成功的作業方式應否移植到另一地區？

國際廠址的選定

✏ 策略 1：本國境內的工廠配置

這是最簡單的模式，僅以本國為作業基地，產品行銷全世界。事實上，絕大多數的公司都採此法，以避免海外的作業網路難以控制。另一理由是產品技術新穎，必須與總部的研發部門毗鄰，或由於公司作業總部地處產品行銷的中心。

✏ 策略 2：區域配置

根據不同區域，將公司的國際市場分別管理。例如，歐洲地區、亞太地區、美洲地區等。這種公司都盡量讓各地區獨立自主，自負盈虧，但先決條件是每個地區都擁有完備的作業能力，生產全系列的產品，行銷整個地區。

✏ 策略 3：全球協調的作業配置

這種策略是到全球各地設廠，又稱為全球協調分工的作業佈局，各種作業專注於一組狹隘的作業活動與產品，再將產品行銷到世界市場。例如，公司可將勞力密集的作業移往勞工低廉的地區，集中在該地加工裝配。另一地區若具備成熟的技術支援能力，便可將技術要求較高的產品製造設置在該地區，即透過總部協調與分配，善用每個地區的特定技術、資源，互通有無。所有產品的調配、作業產能調整以及產品服務的運送，全都有賴總部的居中協調，集中規劃。

✏ 策略 4：結合區域與全球協調的佈局配置

區域策略的好處是組織簡單，而全球協調策略的優點是能善用全球各地的資源、人力與技術。這類公司常要設法協調這兩者之間的差異，截長補短。在這種策略之下，區域須具有合理的自主能力，但某些產品仍利用不同地區的優勢，作策略性的分工與互補。許多產品分別在世界不同地點製造，而每個區域市場又由該區域內的不同工廠來服務。有關上述 4 種策略配置圖解，見圖 21.6。

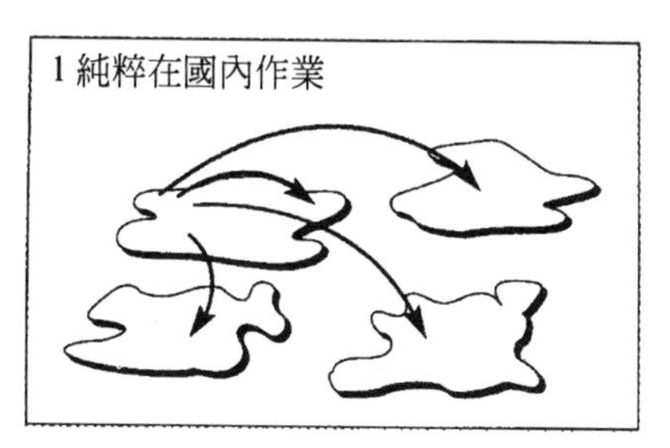

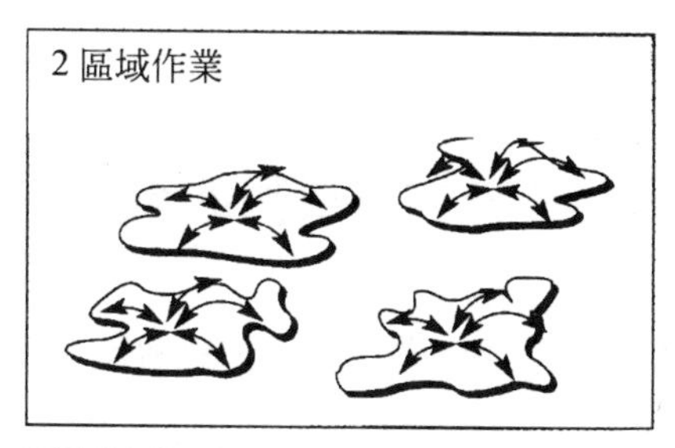

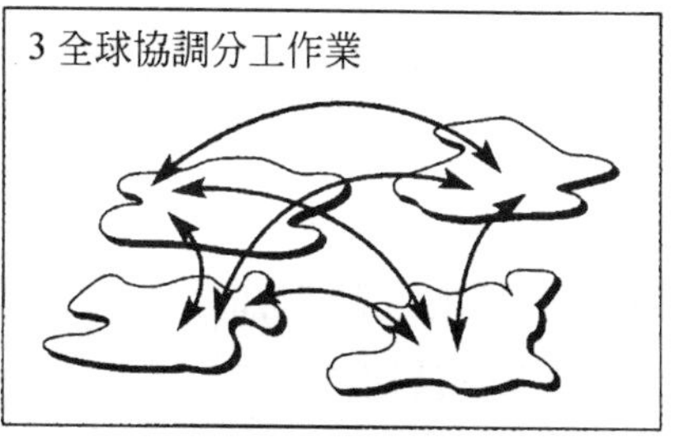

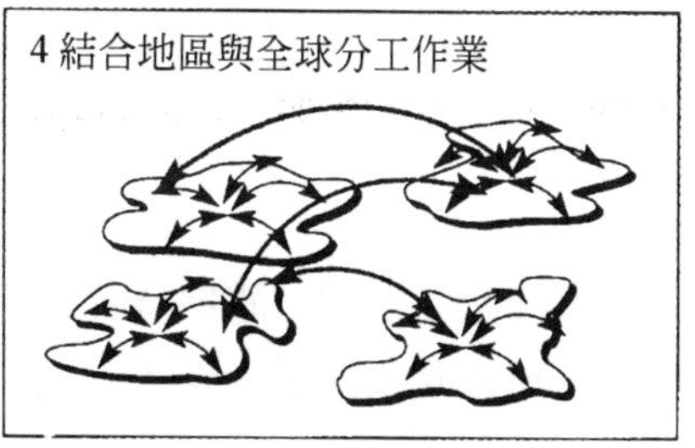

圖 21.6 國際作業網路的四種佈局

跨國界的管理

國際生產作業網路完成佈署之後，如何有效管理每天的運作事宜也不容易。分屬世界各地作業經理人的語言、文化、背景殊異，且面對不同的問題，公司如何獲取特別的競爭優勢？如何能避免網路中某地的工廠利益凌駕整個網路的利益？如何能鼓勵作業網路內的所有成員作有建設性的競爭？

例如，柯達 Kodak 訂有一套全球作業績效的評量制度，讓所有工廠都能根據世界各地的工廠標準來評估本身的作業績效。每項績效評量表現最優的工廠都有義務協助友廠超越其本身目前的成就。維持績效評核資料庫的運作需要投注心力去協調，及專業知識去管理解釋。

多國籍公司也能從其散布世界各地的分支機構，協助各子廠培養國際觀與多元文化價值觀。多元文化正是大多數跨國企業追求的目標之一，公司應融入身處的各地社區，成爲休戚與共的一分子。

入境問俗：作業方式因地制宜

世界各地由於語言文化、經濟狀況、歷史淵源、市場需求、人口分佈等差異，可能發展出各種不同的作業方式。多國籍企業最常面對的問題包括：應否讓散佈世界各地的工廠獨立自主，發展一套適合當地情境的作業策略？或者應鼓勵其採行反映公司價值觀的統一作業方式？

有些公司嚴禁任何饋贈。此種組織文化應否在有收受禮物傳統的國度調整？還是依公司規定禁止餽贈小禮物給顧客或供應商？同樣地，國際性的品牌形象是否允許各地分廠依當地情境進行調整，以迎合各地的風俗民情？

作業方式可否移植？

世界各地由於風土民情不同，各自發展出特有的作業管理方式。適合某地獨特國情的作業方式能否成功轉移到情況迥異的另一地區？日本及時化作業的外觀或硬體固然容易轉移，但日本傳統的文化因素則不易移植，如重視共識的決策程序等。及時化作業雖已風行世界，但在北美與英國所實施者多少與日本有些出入。技術層面的作法固然雷同，但執行面非得遵重本土、配合國情文化不可。

話說回來，有時在某地一炮而紅的作業方式，不見得能成功地移轉到世界的另一角落。例如，美國聯邦快遞 Fedex 公司首創的隔天交件服務，係透過全美的「中心輻射」的作業架構，以田納西州 Memphis 爲單一中心點，保證所有包裹函件隔天送達。隨著歐洲整合，美國聯邦快遞 Fedex 也想在歐洲如法炮製，但終因語言、貨幣、文化、稅率等差異，功敗垂成，草草收場。

擬訂策略必須具有創意

不同的績效目標可以互換？

任何作業部門都須判定績效目標的相對重要性，以確定其優先順序。某種改善績效目標的方式可能要以犧牲其它目標爲代價。換言之，在考慮某一層面之績效的同時，還須考慮到對另一層面績效的負面影響，此謂「互換模式」（Trade-off Paradigm），見圖 21.7。

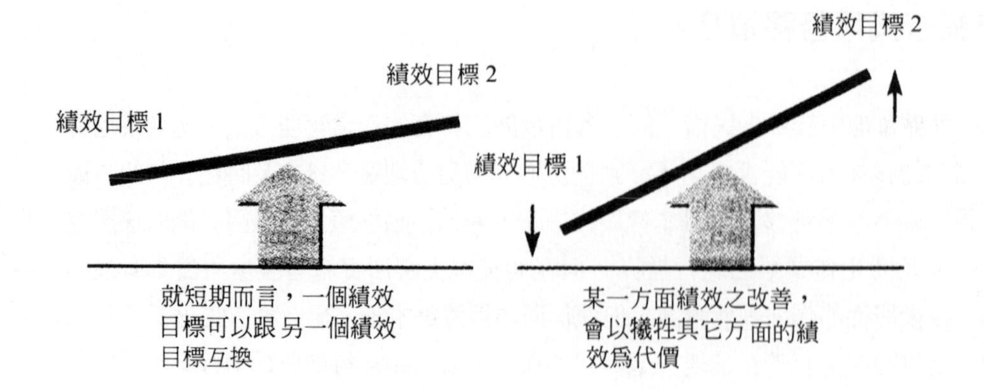

圖 21.7 互換模式

多數的經理人都認爲：設計飛機或卡車的過程都要做某些妥協或條件交換。以設計飛機爲例，列入交換的項目包括：航速、起降距離、初步成本、維護保養、燃料耗損、乘客舒適程度、載貨或載客量。即使在今天，仍然沒有人能夠設計出在航空母艦上起降的 500 人座超音速飛機。然而，這種績效目標的互換規範，已面臨挑戰——尤其是深信能以兩全其美的作法用心滿足顧客的公司。許多作業已經打破了品質與成本之間的互換必然性。以往一部品質精良、零故障汽車的標價必定很高，如今我們都能買到物美價廉且安全可靠的車子。

這項進步主要是由於作業經理人態度的改變。由日本汽車廠帶頭示範，從過去「將不良品挑出來」的作法，演進到今天「一開始就根絕錯誤」。圖 21.7 槓桿模式中，要改進某一端績效目標的方法有二種：其一，壓低另一端的績效目標；其二，升高槓桿支點，俾能在不致影響另一端的情形下，提升這一端的績效目標，或同時提升兩端。實際作業中的支點便是阻礙兩方面績效同時改善的限制。有時，這種限制屬於技術面，有時則屬心態面。因此，改進支點可視爲任何改進程序的首要目標，也是發展創造性策略方案的基礎，見圖 21.8。

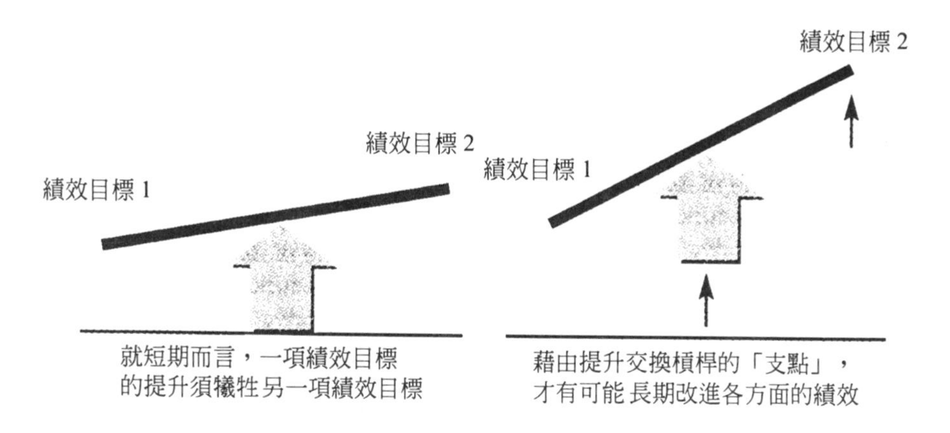

圖 21.8 提高支點以挑戰互換模式

✏ 減少互換

有些互換的情況看似難以避免，其實也可以設法減少其發生或影響。例如，超市經理必須決定每個時段應開放幾個結帳口。結帳口開得太多，顧客雖可享受完美週到的服務，但可能會造成結帳員人力閒置；結帳口開得太少，結帳員忙得不可開交，顧客又得排長龍。顯然員工的利用率或薪資成本與顧客的等候時間或服務速度，兩者存有直接的互換典範。若該經理加強訓練工作不熟練的結帳員，或在尖峰時段臨時多調派員工，這種彈性的人員調度制度既可改善服務，又可維持員工的高度利用率。

策略必須切實執行

✏ 何時開始？

策略執行時程表上所列的問題若是全都釐清，便是開始執行的時機；對策略如何執行若還沒有清楚的概念，成功機會不大。事實上，執行時程表已明白描繪出應當如何進行的藍圖。不過，一定要掌握最有利的時機，成功的勝算才會大。開始執行的最理想時機應是確定取得足夠資源之時。因此，作業部門最好把握大型計畫穩定之後來開始執行策略，而不宜選在進行重大的組織變革（例如：搬遷新址、新產品上市或引進新製程技術）時。

✏ 何處開始？

先參考兩派學者的看法。第一派建議：從作業有直接最大益處的項目開始執行。換言之，投入人力物力在最能創造最大收益之處。第二派學者偏好從成功機率最高的項目著手，最好先拿較無關緊要的部門或業務做實驗，萬一發生問題也不致危及整體策略。這兩派作法都合宜可行，但若改進計畫存有先天的風險，或執行小組對相關變革的經驗不足時，則多數專家傾向採用循序漸進的作法。

✏ 以何種速度進行？

管理監控改進的速度決定於突破式改進與漸進式改進兩種改進計畫的適用性，及兩相結合運用的可行性。有關細節見第 18 章。

✏ 如何協調計畫的執行？

作業策略必須獲得組織成員的重視與認同，才易爭取到預期所需的資源。在執行過程中，該策略計畫會遭遇哪些狀況？如何解決？預計執行該計畫的同時，有沒有其它產品或服務的改進計畫，或新產品、服務的推出計畫也在進行？會不會對該作業策略的執行造成影響或帶來干擾？其它部門是不是也在進行某項變革，而可能影響該策略方案的執行？

執行方案所需的人力資源也應事先規劃。作業經理人須確定每位成員都能清楚方案的真正要求，及大約何時可達成。計畫依序展開時，每一領域的進展標竿也須先行設定，俾在規劃階段就可評估其可行性，在整個執行過程中，更能隨時據以檢核進展，督導並調整執行進度。

執行作業策略的關鍵成功要素

- **高級主管的支持**：這項重要關鍵因素通常排第一位，尤其在突破式改進時期，執行成員需要高級主管迅速有效協調並取得所需資源。漸進式改進則須給與長期穩定的關懷、期許與支援。
- **企業導向、全公司動起來**：任何作業策略的變革只是提升競爭力的手段之一。任何組織的整體競爭優勢都須與作業策略方案的每一環節密切連結。
- **策略推動技術升級**：作業策略應作爲推動技術升級的火車頭，而不應反其道由技術驅動策略。競爭力應成爲作業策略的推進器；應先有作業策略，才決定該研發什麼技術，朝著哪個方向去研究、發展策略性技術。
- **整合各項變革策略**：如欲成功執行作業變革策略，必須通盤衡量技術、組織及文化等各方面的變化。切忌單單考量某一方面而受限於偏狹的觀點，應結合各項改進策略，使彼此相輔相成以發揮綜效。
- **人才與科技並重**：有些組織不願投資人力資源，相較於科技的鉅額投資，人員培訓的預算總是少得可憐。然而，作業的方法、組織的安排以及技術的改進，實有賴全體員工改變工作態度，提升人性面的管理境界來配合。技術面的「重新整備」必須輔以人文社會面的「重新整備」。
- **管理人力與技術**：有些組織大筆投資高科技後，往往不去用心「管理」。技術需要融入作業環境，更需要像人力資源的管理一樣，採用嚴格的準則。
- **全員參與**：任何有效的作業策略都須讓組織全體成員明白其內涵與目標。否則，變革的執行工作又將陷入「原地踏步」的傳統窠臼，導致前功盡棄。
- **目標訴求宜清晰明白**：員工若能徹底明白組織對自己的期望與要求，策略較易成功。由於作業策略常涉及跨部門的變革，故應清楚地訴求，務使公司人人知所遵循，這乃是執行策略性變革的先決要件。
- **師法專案管理，注重時效排程**：持續不斷的監督、控制是常保有效支援的必備條件。

本章摘要

- 作業策略的研擬程序是指實際擬出策略的過程，而作業策略的內容則是作業策略研擬程序產生的結果。
- 作業策略常可粗分爲四大類：守成者策略、行銷者策略、重組者策略、創新者策略。
- Terry Hill 的策略研擬程序運用 5 個步驟，包括（1）設定組織的長程目標；（2）考量行銷策略；（3）確認各組產品配套或服務的競爭因素；（4）作業製程的結構性選擇決策；以及（5）作業之基礎設施的決策。
- Pitts-Gregory 程序比較強調市場要求與作業達成績效兩者之間的關係與比較。它使用剖析圖來確定競爭因素的重要性與作業的績效之間的差距。
- 作業策略可依下列標準來評斷：所擬策略合適嗎？所擬策略完備嗎？所擬策略前後連貫嗎？所擬策略長期一致嗎？所擬策略可行嗎？
- 任何作業經理人在做決策時，幾乎都得考慮倫理道德的問題。這種倫理層面的考慮影響下列成員或團體：作業的顧客、作業部門的員工、作業的供應商、作業周遭的社區民眾、作業的股東與投資業主。
- 國際企業組織都採下列四種作業的佈局：純以本國爲基地、區域配置（如東南亞、北歐等）、全球協調的作業配置、結合區域與全球協調的佈局配置。
- 世界不同地區各展現不同的經濟、社會、文化及政治情勢等風貌與特色，也因此各自發展出不同的作業方式與慣例；有些作業方式經過修訂調整，可移植到其它地區，有些則水土不服，不易適應。
- 成功執行作業策略可先排定組織變革的時程表。程序訂定之前，應先回答下列問題：何時開始執行？從何處開始施行？執行進度要多快？執行時應如何協調？

個案研究：BES（Evoara do Sul）銀行如何民營化

葡萄牙於 1980 年代中期的金融法規鬆綁，造成幾家大銀行開放民營。開放民營的銀行當中，BES（Evoara do Sul）銀行在貸款風潮排山倒海之際，表現雖不很積極，但也對市場造成一定的衝擊。

> 多年來，我們業務的推展飽受政府干預，如今我們已和全歐洲主要的金融機構合作佈建聯盟網路，並計畫在全國境內各地推出跨行連線，銷售我們的金融商品服務方案。（語出 BES 顧客服務部門經理）

個人貸款業務的發展

BES 一向是小額貸款業務的佼佼者，尤其是購車貸款與家用設備貸款。BES 還引進資訊科技，並重新裝潢各地分行，成為葡萄牙消費金融界最有創意的銀行。大多數的分行都裝設互動式電腦，顧客可自行申辦抵押或貸款償還手續。過去 2 年內，80%以上的分行都已煥然一新。電腦化作業的小小投資，大大拉近銀行與顧客的關係，但這創意已造成競爭對手馬上跟進。

個人貸款商品

BES 組成一個特別工作小組研究其個人貸款商品的市場潛力。BES 的商品又稱 Besloan，跟對手的商品差不多，只不過將原來小額貸款提高額度到 5 萬美元，並使其更為標準化，但利率仍舊一樣。標準化作業使得這項商品的業務成長快速，獲利率也水漲船高。由於不需特定主管的授權即可核貸，顧客填妥申貸書，基層行員根據一套簡明的「評分」程序即可決定核貸與否。撥款和繳款手續也予以標準化。事實上，用來改善作業的開支佔銀行的總成本簡直微不足道。

該小組決定全面蒐集資料，研究顧客對 BES 與其它銀行的貸款處理方式有何不同看法。從學術研究單位的報告發現：葡萄牙所有銀行的客戶都在同一銀行申辦個人貸款的比例從 9%到 15%不等，大型銀行平均為 12.5%，BES 的比率為 10.7%。

該小組彙總目前所蒐集的資料。表一是成員出席消費金融研討會的資料。表二是行銷部連續5年的顧客研究報告。表三是業務部針對其對手銀行的研究報告。表二與表三所採用的個人貸款標準略有出入。

如今，工作小組所面臨的問題是如何善用這些資料，並擬定「Besloan」的作業策略。要怎樣才能一開始就在各分行把服務顧客的策略執行得正確適當。個人貸款對我們而言，是獲利特高的項目，因為顧客一般似乎都不太在意到底繳了多少利息。話說回來，我們也必須壓低成本，才能維持獲利率，此外還必須提升服務品質。（語出BES顧客服務部門經理）

表一 消費金融研討會摘要：1994年4月

消費金融服務業概況

- 外商銀行的威脅短期雖可解除，但長期影響仍不可小覷。
- 歐洲大銀行的結盟可能是爲5到6年內拓展全歐商務、旅遊的「相關金融服務」作準備。
- 服務品質是短期內與眾不同、領先群倫的競爭利器。

商品

- 大多數的銀行已認清過去 10 多年來採行的「商品多元化」或「擴張產品線」策略已到了必須徹底檢討、改弦更張的關鍵時刻。
- 今後 5 年內，商品項目的成長將很有限。產品創新將成爲明日之星，不管是替代產品或是一般分行業務都要注入創意。
- 標準商品與非標準商品的區分將更爲明顯。
- 針對分行容許依顧客要求而更改條件的作法，可能須加強督導管制。
- 所有銀行行員對銀行本身商品的熟悉度仍嫌不夠，有待加強培訓。

作業與組織

- 分行的地點部署：可維持強化分行功能並適時擴充的作法。
- 儘管服務改善方案一再推出，但所有銀行的服務品質仍待改進。

- 分行的內部配置邁向「開放環境」的設計，以提高與顧客的互動與接觸。

  分行的「後場作業」已大為減少，理由如下：

  a. 分出一些後勤作業項目轉移給各區或全國性行政中心統籌辦理。

  b. 資源分配資訊系統，尤其是與顧客相關者，其精確性與成熟度已大為提高。

  c. 許多新推出的專家電腦系統能協助日常例行的作業決策。

  d. 許多後台的功能或作業，可以委託或轉包給外面的專業公司。

表二　顧客研究報告

日期：1994 年 6 月 30 日

	摘要		
主題：影響顧客[1]選擇商品的因素	得分[2]	與顧客有共識的程度[3]	與上次調查比較[4]
現有客戶的惰性[5]	4.3	0.3	-0.4
價格	3.9	0.7	+0.1
廣告	4.0	0.2	一樣
所提建議的「可信度」	4.7	0.1	+0.2
技術能力的信賴度	3.1	0.3	-0.1
回應時間	4.5	0.3	一樣
回應的可靠性	3.6	0.5	+0.1
店址裝潢設施等因素[6]	2.8	0.1	一樣
先前的服務品質	3.7	0.6	+0.3
分行的建議與諮詢	4.6	0.5	+0.3
分行服務態度[7]	3.6	0.1	+0.1
分行的排隊等候情況	3.7	0.2	一樣
地點的方便性	4.0	0.1	-0.2

表二註釋：

1. 此調查涵蓋因素不只這些。有些因素為複合因素。
2. 5 點尺度中，以 1=非常不重要；5=非常重要。
3. 展延（spread）代表受訪顧客顯示共識的程度。
4. 比較上次調查（即 14 個月之前），正號代表該因素的重要性評比提高比重；負號表示變得較不重要。
5. 目前客戶的惰性：目前在銀行有戶頭的客戶自動申請私人貸款的傾向。

6. 設施因素：分行的裝潢與配置。

7. 複合因素指與顧客接觸的「友善度」與品質。

表三 競爭銀行的研究報告[1]					
日期：1994年6月4日					
摘要					
產品－個人貸款					
因素	BES	銀行 A	銀行 B	銀行 C	銀行 D
形象維持的期間[2]	3.2	4.2	3.7	3.0	2.9
形象差距[3]	3.0	3.5	3.0	3.1	3.0
分行的專業水準[4]	4.5	4.0	4.3	3.8	3.0
分行的吸引力	4.1	3.3	3.5	3.9	3.9
接觸待客技巧	4.2	4.0	3.9	4.3	3.8
可取得的資訊	4.0	4.2	4.0	4.0	4.2
表格設計	3.3	4.2	3.8	3.5	3.0
文件打錯					
• 建立檔案	2.5	3.1	3.3	3.2	4.0
• 作業過程	3.8	3.5	3.3	3.9	3.8
回應時間					
• 提供建議	3.0	2.9	2.8	3.3	3.5
• 核准	2.5	3.0	2.8	3.0	3.2
回應的可靠性	3.0	3.5	3.7	3.6	3.6
分行地點評分	4.1	4.2	4.1	4.0	4.7
營業時間	4.0	4.0	3.5	3.5	4.7

表三註釋：

1. 以無預警方式，對競爭銀行與旗下分行，進行抽樣調查。也採用發佈的資料。1=很差；5=很好。
2. 廣告「形象」留存在顧客腦海的程度。
3. 顧客表達的感受與產品廣告形象之間的差距。1=差距甚大；5=差距很小。
4. 分行可提供高水準金融服務的估計。

問題：

1. 從作業經理人的觀點敘述 BES 的小額貸款業務（特別是 Besloan 商品系

列），並找出銀行經理最應關注的問題。

2. 該銀行應如何擬訂作業策略？
3. 應用 Hill 法或 Platts-Gregory 程序（或「重要性－績效」評比矩陣，見第 18 章），找出銀行應當改進的競爭因素，以提升個人貸款方案的競爭力。
4. 該銀行應該怎麼做，才能改進這些競爭因素？
5. 「業務國際化」與小額貸款金融服務有何關係？

問題討論

1. 以下兩個案例在擬定作業策略時可能遭遇什麼問題或困難？
   a. 一家行動電話製造商，每年成長率超過 100%。
   b. 一家國際豪華飯店集團，連鎖飯店遍佈全球。
3. 採用「創新者」比採用「守成者」作業策略的績效總是來得好？
4. 使用 Hill 法與 Platts-Gregory 程序評估電影院、圖書館、速食連鎖店、公車站的作業策略。
5. 使用 Hill 法與 Platts-Gregory 程序兩者有何重大差別？
6. 試列舉你認為作業管理決策對以下項目的影響：
   a. 作業員工的安全　　b. 顧客的安全
   c. 環境污染　　d. 能源效率
7. 如果組織、企業所造成的直接或間接的環保成本，透過稅制由其自行負擔吸收，作業經理人的日常作業會受到怎樣的影響？
8. 列舉任一作業管理部門為達績效目標所可能面對的互換模式問題。針對這些問題一一找出可以同時改進兩種因素的雙贏作法。

生產與作業管理 合訂精簡本

原　著／Nigel Slack · Stuart Chambers · Christins Harland
Alan Harrison · Robert Johnston
譯　者／李茂興 · 黃敏裕 · 蔡宏明 · 陳智暐
出版者／弘智文化事業有限公司
地　址／台北縣深坑鄉北深路三段 260 號 8 樓
電　話／（02）8662-6826 · 8662-6810
傳　真／（02）2664-7633
發行人／馬琦涵
總經銷／揚智文化事業股份有限公司
地　址／台北縣深坑鄉北深路三段 260 號 8 樓
電　話／（02）8662-6826 · 8662-6810
傳　真／（02）2664-7633
製　版／信利印製有限公司
初版二刷／2008 年 03 月
定　價／600 元
弘智文化出版品進一步資訊歡迎至網站瀏覽：
http://www.ycrc.com.tw

ISBN 957-0453-47-8

國家圖書館出版品預行編目資料

生產與作業管理 / Nigel Slack 等著；李茂興，
黃敏裕，蔡宏明譯. -- 初版. -- 臺北縣新店市
：弘智文化，民 90
面；　公分
合訂精簡本
譯自：Operations management
ISBN 957-0453-47-8

1. 生產管理

494.5　　90019268